企业知识产权培训教材◎

国家知识产权局人事司组织编写◎

专利经营管理

袁真富 著

知识产权出版社

内容提要

本书以研究分析企业专利工作中的实际问题及解决实际问题的办法为目标，充分运用实际案例、数据、图表，从专利经营的体制建设、信息管理与分析、资源规划与布局、成本控制、营销管理策略、逆向管理策略、风险预警等方面出发，全面实证化、形象化地分析了企业在经营管理中已经或者即将涉及的专利经营管理策略、法律问题，并提供了一些可资借鉴的参考解决方案，是我国企业运用技术及专利资源进行战术性和策略性实践运营的实用指导手册。

读者对象：企业专利管理人员及相关领域工作人员。

责任编辑：卢海鹰　　**责任校对**：韩秀天
特邀编辑：王　晶　　**责任出版**：卢运霞
版式设计：卢海鹰

图书在版编目(CIP)数据

专利经营管理/袁真富著．—北京：知识产权出版社，2011.1
（企业知识产权培训教材）
ISBN 978－7－80247－100－9
Ⅰ．专… Ⅱ．袁… Ⅲ．企业管理—专利—技术培训—教材
Ⅳ．G306.3　F273.1
中国版本图书馆 CIP 数据核字（2009）第 060701 号

企业知识产权培训教材
国家知识产权局人事司组织编写
专利经营管理
ZHUANLI JINGYING GUANLI
袁真富　著

出版发行：知识产权出版社
社　　址：北京市海淀区马甸南村 1 号　　**邮　　编**：100088
网　　址：http://www.ipph.cn　　**邮　　箱**：bjb@cnipr.com
发行电话：010－82000860 转 8101/8102　　**传　　真**：010－82005070/82000893
责编电话：010－82000860 转 8122
印　　刷：保定市中画美凯印刷有限公司　　**经　　销**：新华书店及相关销售网点
开　　本：787mm×1092 mm　1/16　　**印　　张**：23.5
版　　次：2011 年 1 月第 1 版　　**印　　次**：2011 年 1 月第 1 次印刷
字　　数：415 千字　　**定　　价**：48.00 元
ISBN 978－7－80247－100－9/D·616（2154）

序　　言

当今世界，随着知识经济的不断发展和经济全球化趋势的不断加深，知识产权在自主创新和经济发展中的地位日显重要。大力提高知识产权创造、运用、管理、保护能力，已成为促进我国科技进步、经济发展和增强国家核心竞争力的必然选择，也是增强我国自主创新能力、建设创新型国家的迫切需要。

提高对知识产权的创造、运用、管理、保护能力，关键在人才，培养和造就一大批知识产权人才是赢得未来知识产权国际竞争的关键所在。胡锦涛总书记在中共中央政治局第31次集体学习时指出，要加强知识产权专门人才的培养，加强对企事业管理人员的知识产权培训，提高他们做好知识产权工作的能力和水平。这是总书记对我们知识产权管理部门提出的明确要求和光荣任务，我们一定要身体力行，做好这项工作。

“企业知识产权培训教材”是由国家知识产权局人事司组织、专门面向国内企业知识产权培训工作需要而编写的系列教材。这套书立足于企业知识产权管理实际应用，根据修订后的《专利法》及其实施细则、《专利审查指南》以及其他相关知识产权法律的最新规定，结合我国企业知识产权工作的具体实践，以案说法，深入浅出，针对企业知识产权工作中面临的实际问题，生动翔实地提出了切实可行的解决办法、建议和法律依据。相信这套书的出版，将有利于我国广大企业知识产权工作者提高运用有关知识分析问题、解决问题的能力，成为一套学有所得的实用教材。

衷心希望企业知识产权培训工作能够深入持久、持之以恒地开展下去，并通过以点带面的示范作用，带动全国企业知识产权工作的深入开展，把我国企业知识产权创造、运用、管理、保护能力提高到一个崭新的水平。

田力普

二〇一〇年十二月

《企业知识产权培训教材》
编 委 会

目　录

第1章　专利经营的新思维

学习要点

1. 专利的价值体现。
2. 专利经营的观念。
3. 专利管理的基本框架。
4. 专利经营管理的目标。

农业经济时代一去不返，工业经济时代渐行渐远，知识经济时代方兴未艾。在知识经济时代，企业财产价值的重心逐渐由有形的物质资产转向无形的知识产权。在世界贸易组织（WTO）的框架下，知识产权已经与货物贸易、服务贸易并列为WTO这个经济联合国的三大支柱，并深深渗透在货物贸易与服务贸易之中。随着知识经济的逐渐兴起、科学技术的纵深发展，知识产权日益显示出不可替代的重要性和蓬勃发展的生命力。在某种意义上，知识经济就是知识产权经济，也即具有知识产权的知识构成了知识经济的基础。

> 世界未来的竞争，就是知识产权的竞争。
>
> ——温家宝

我国已经成为全球制造中心，但制造大国的特质在于技术在外、资本在外、市场在外，只有生产在内，这导致许多中国企业"有工业制造无发明创造"，"有知识技能无知识产权"。我国早在20世纪90年代中期，就正式提出"科教兴国"的战略决策，开始引领我国从制造大国向创新强国的方向转变，期待通过激励科技创新，尤其是自主创新，掌握核心技术和自主知识产权，提高我国科技竞争的能力。

2004年6月，温家宝总理在山东考察工作时强调："世界未来的竞争，就是知识产权的竞争。""入世"以来，发达国家凭借知识产权对我国政府横加诘难、指手画脚，批评之声不绝于耳；跨国公司凭借知识产权对我国企业海关封锁、诉讼打压，警告威胁纷至沓来。这些现象已经充分证明了我国正面临着知识产权的严峻形势和激烈挑战。

仅以美国国际贸易委员会（ITC）“337知识产权调查”为例，中国企业近年来已经成为国外企业挥舞“337大棒”的主要攻击目标，几乎占据了美国“337调查案”总数的半壁江山❶（如表1-1所示）。许多中国企业为此付出了惨重的代价。

表1-1 2002～2005年美国“337调查案”统计分析

时间（年）	针对中国企业的“337调查案”（件）	同期针对全球企业发起的“337调查案”（件）	针对中国企业的“337调查案”占总数的比例
2005	10	21	47.6%
2004	11	26	42.3%
2003	8	18	44.4%
2002	5	17	29.4%
总计	34	82	41.5%

有鉴于此，从2004年起，国家知识产权局等相关部门集聚专家资源，整合社会力量，牵头研究知识产权国家战略的制订与实施。2008年6月，国务院颁布了《国家知识产权战略纲要》。国内一些地方早已积极探索、迅速推进，省市层面甚至区县层面的知识产权战略已经先行一步，或已登台亮相，或呼之欲出。上海、北京、武汉等地已经先行推出区域知识产权战略，并付诸实践。

2006年5月26日，在中共中央政治局第三十一次集体学习时，胡锦涛同志讲话强调：“大力提高知识产权创造、管理、保护、运用能力，是增强我国自主创新能力、建设创新型国家的迫切需要。”由此可见，在我国从制造大国、商标大国向创新强国、品牌强国的转变过程中，知识产权不再扮演微不足道的角色，而是开始登上举足轻重的位置，并且被提升到国家战略的高度。

> 一个没有专利战略的企业乃至国家工业就如同坐在一个暂时沉默的活火山上，危机随时都可能爆发。
>
> ——《专利战略忧思录》

事实上，日本已经明确提出从科技立国到“知识产权立国”的基本国策，作为“强大日本”的七大战略❷之一，日本知识产权战略的主

❶ 武长海. 我企业遭美337调查呈现几大特点［EB/OL］.［2006-08-17］. 中国第一纺织网.

❷ 日本政府提出了建设“强大日本”的七种战略，包括：推进基础研究；推进科学技术战略上的重点化；推进产业界、大学和政府研究机构的合作；进一步激活地区的技术开发；推进项目方式的研究与开发，构筑下一代产业基础；改革研究与开发的税制；知识产权国家战略。

要内容包括四个方面：开创知识产权的创造战略（创新战略）、保护知识产权的战略（保护战略）、充分利用知识产权的战略（应用战略）、谋求充实人的生存基础的战略（人才战略）等。美国早已将知识产权当作国家基础性的战略资源，把强化知识产权保护作为重要的竞争手段，把深化知识产权管理特别是对专利的管理作为指导科技创新、经济结构调整以及产业技术结构优化升级的重要手段。从国际大环境来看，知识产权的保护范围正在不断扩大，保护水平逐步提高，知识产权的国际竞争日渐加剧。

在知识产权的大家族中，专利通常最富有技术含量、商业价值和战略意义，也是企业核心竞争力的重要支撑和坚实保障，因而知识产权竞争最突出地表现为专利竞争，尤其是专利数量和质量的竞争。我国企业已经开始借鉴跨国公司的成功经验，发掘自己已有的技术潜力，占据专利制高点，突破专利封锁线，绕过专利地雷阵，透过专利等核心技术，集聚自身的智力资源，打造自身的技术优势。经过 20 多年来的积累，我国专利申请总量已经走在世界前列，跻身于专利大国之林，正朝着专利强国的方向努力。

但是，在这个努力奋进的过程中，如果单纯追求数量增长，一味关心权利保护，将难以实现专利强国的梦想，难以适应建立创新型国家的战略需要，也难以将专利权转化为企业的核心竞争力。因此，我国企业需要跨越专利发展的模式，尤其要以专利的经营利用为重心，将专利权从法律的保护下释放出来，使之成为企业发展壮大的护身符和核动力，成为企业创造利润的发动机和加速器。

1.1　专利价值：数字会说话

世界知识产权组织（WIPO）2008 年 2 月发布消息称，2007 年 WIPO 受理的 PCT 国际专利申请数创历史新高，共计 156 100 件，较 2006 年增加 4.7%。全球同此凉热。截至 2010 年 3 月，我国累计受理专利申请总量突破 600 万件，显示了中国专利数量高速增长的态势。在美国专利商标局（USPTO）发布的年度最多专利获得者排名中，2009 年批准的企业专利达 167 350 件，其中 IBM 公司获得 4914 件，专利数量创下了 17 连冠的新纪录。

从上述数据可以看到，专利竞赛十分激烈，尤其是科技型的企业都祈求在知识经济时代，能在“微笑曲线”的研发端占有一席之地，并希望借由专利创造更多价值，脱离微利经济的困局。

> 无专利意识之经营者应退出。
>
> ——杜勒喀

现代社会，以专利为核心的知识产权是一些企业的生命线，甚至是商业竞争的经济手段。所谓“四流企业卖劳力、三流企业卖产品、二流企业卖服务、一流企业卖专利”，即为专利等知识产权在现代商业竞争中之重要性的生动演绎。被誉为“经营管理之神”的杜勒喀先生，在他的著作里曾提到：“无专利意识之经营者应退出。”[1]

1.1.1 专利创造企业利润

专利权原初的意义是通过法律保护权利人独占专利技术，进而排斥他人利用的权利。所以，专利本质上是一种法律资产，是法律保护下的技术资产，一方面可防止他人侵夺自己的技术资产，一方面也可防止自己侵犯他人的专利权。

但法律防御层面的技术资产是消极的、静止的，它本身并不是专利保护的目的。只有当专利能够为企业创造利润的时候，专利权才是有用的资源。当此之时，专利从法律保护资产中，释放出商业资产的活力，不再固守防御企业侵权风险的使命，而是培植企业获取利润的根基。

IBM在1993年专利收入只有2亿美元，经过新任执行长全力调整公司策略后，2001年共获得3411件专利，权利金收入高达近15亿美元，占IBM年度税前收益（81亿美元）的近1/5，如果通过产品销售赚到相等的金额，则相当于额外销售出160亿美元的产品。[2]

施乐公司曾有8000多件专利，每件专利的对外许可收入约1000美元/年。20世纪，它攻击惠普公司专利侵权后，每件专利的对外许可收入涨到7500美元/年，不过尚远远低于IBM每件专利7.5万美元/年的对外许可收入水平。[3]

惠普成立了知识产权特许经营部，专门致力于管理和运作惠普公司关于专利、版权、商标以及商业秘密等相关事项。该部门2003年使惠普公司的技术授权费收入增长了50%。[4]

专利许可还可以帮助公司降低成本和获得商品，从而增加盈利。例如，

[1] 丰泽丰雄．提案制度与专利管理［M］．蔡竹根，编译．北京：光明日报出版社：134.
[2] 刘江彬，黄俊英．智慧财产管理总论［M］．台北：华泰文化事业公司，2004：9.
[3] 魏衍亮．专利怎么变成钱［N］．中国知识产权报，2005-07-06.
[4] 林木．从麻将到桥牌：中国IT企业寻求“标准”突围［N］．中国知识产权报，2004-02-19.

戴尔计算机公司1999年在一宗与IBM公司签订的数额为160亿美元的交叉许可协议中，以专利组合作为抵押担保，获得了低成本的计算机元件。❶

这些例子表达了一种新趋势：专利许可与技术转移已经成为企业赢利的另一个重要渠道。专利不只是一纸尘封的证书，它可以是创造企业利润的商业宝藏。从这个角度，专利已经被看做一种带来经济利益的资产。

1.1.2 专利增加企业价值

宏碁集团的创始人及前任董事长施振荣先生，在1992年左右提出了“微笑曲线”（如图1-1），这是一条说明产业附加价值的曲线，充分表达了知识产权对于企业价值创造的作用。“微笑曲线”显示一个产业中附加价值较高的部分处于研发和营销阶段，而研发和营销都与知识产权密不可分，可以说，正是专利、商业秘密、商标等知识产权，保护和提升了研发成果的价值，创造和强化了品牌营销的威力。

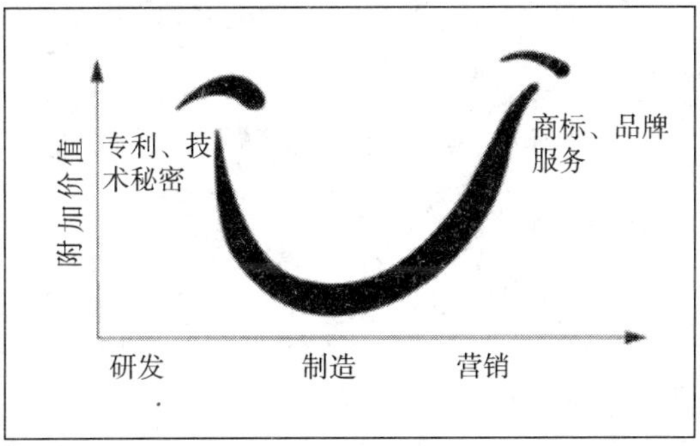

图1-1 微笑曲线

事实上，在美国产业发展的过程中，许多大公司目前只剩下“创新研发”（Innovation）及“市场营销”（Marketing）这两大主轴，而创新研发与市场营销都需要专利、商标等知识产权的激励与保护。正因为如此，知识产权的价值在美国上市公司股票市值（上市公司的市值=公司上市交易股票价格×公司所有股票）中的比例，连年大幅增加、直线上升。

1982年，在500家美国代表性上市公司的市值中，有形资产与无形资产的比例，前者占62%，后者占38%；到了1992年，情况发生逆转，前者为38%，后者占62%；到了2002年，有形资产的比例进一步缩小，仅占到13%，而无形资产的比例高达87%（如图1-2）。❷以专利为代表的知

❶ 辛西娅·加纳迪．知识产权资产的开发与管理：经济增长的一个关键性战略［C］．［2006-12-01］．第四届上海国际知识产权论坛会议．

❷ 张玉瑞，周燕，顾伯兴，查志奇．外国大企业如何在中国实现专利价值？挥舞许可和诉讼两大利器［EB/OL］．［2004-06-22］．http：//www.sipo.gov.cn/sipo/zscqb/guancha/t20040622_30329.htm.

识产权，作为无形资产的重要组成部分，其价值自然节节攀高，连年上升。

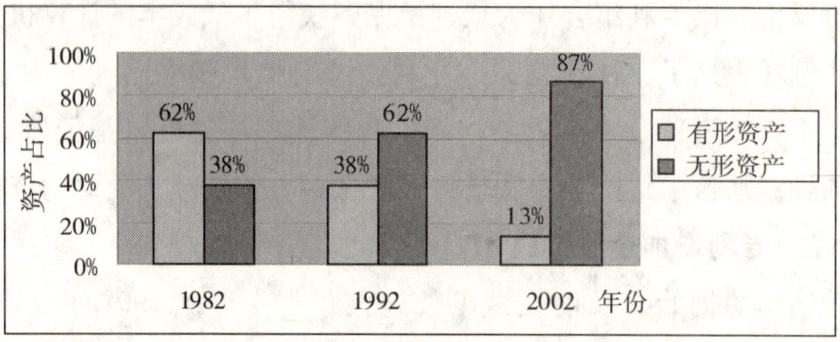

图 1-2 美国 500 家上市公司市值中有形资产与无形资产的比例

美国第一大生物技术公司安进（Amgen）公司，是知识产权超过有形资产之价值的典范。安进公司能在短短 20 多年间一跃成为股票市值达 800 多亿美元、年销售收入近 80 亿美元的大型跨国公司，其成功全赖公司的拳头产品 Epogen、Neupogen、Aranesp、Neulasta 和 Enbrel，这些产品因为拥有专利权，处于市场垄断地位。[1]

因此，尽管前几年安进公司的有形资产仅为 25 亿美元，但其资产总值评估却为 150 亿美元，这 150 亿美元的价值正是源于公司拥有人红细胞生成素（EPO）和人粒细胞集落刺激因子（G-CSF）2 件基本专利，垄断了这两个畅销生物药品的市场。可见，知识产权提升了企业的价值。

1.1.3 专利表彰企业实力

许多跨国公司都拥有数量巨大的专利组合，每年的专利申请量数以千计。根据 USPTO 每年发布的“年度最多专利获得者排名”（如表 1-2），位居前列的大多是大名鼎鼎的跨国公司，显示了这些企业持续而强劲的研发能力。

表 1-2 美国年度最多专利获得者排名

排名情况	2006 年度		2005 年度		2004 年度	
	公司	数目	公司	数目	公司	数目
1	IBM	3651	IBM	2941	IBM	3248
2	三星	2453	佳能	1828	松下	1934
3	佳能	2378	惠普	1797	佳能	1805
4	松下	2273	松下	1688	惠普	1775
5	惠普	2113	三星	1641	镁光	1760

[1] 文建平．安进：生物产业的奇迹［N］．医药经济报，2004-08-13.

其实，专利数量的多少以及专利质量的优劣，也是企业技术实力和竞争能力的体现。美国《商业周刊》早在1992年就运用专利统计分析的方法为世界上创新实力最强的200家大企业排定座次，其统计研究结果认为，企业获专利权的数量越多，竞争力就越强。❶

佳能公司曾经把专利占有量作为广告内容，在中央电视台播出。它在广告中宣称，公司在数码相机方面拥有1100多件专利，在复合复印机方面拥有5600多件专利，在喷墨打印机方面拥有2600多件专利，在扫描仪方面拥有200多件专利等。这些数字充分显示了佳能公司的技术实力和创新能力，也表明了佳能产品的优良品质和较高信誉。

1.1.4 专利提升企业优势

专利还可以提升企业在同业者中的竞争优势。比如，IT行业的客户（通常是品牌厂商，如惠普、戴尔等）多会要求代工厂商签署“共同履行诉讼保证责任”条款，负担日后专利侵权诉讼所衍生的巨额法律赔偿费用，或尽到即时告知及协助防卫的义务。这对代工厂商是相当沉重的负担，大多数代工厂商总是在这类条款上与客户有所争执，而这又会影响客户下订单的意愿，因此，代工厂商往往对此感到头痛。

相比之下，我国台湾的鸿海公司由于拥有为数众多的专利件数，以及阵容庞大的知识产权法务团队，从而构筑了一道坚强的防护网，自然在对客户的担保上可以承诺做到比一般厂商更完善的风险承担，这也就是许多国外一线大厂会找鸿海代工的主因之一。

当鸿海针对客户所要求的法律风险担保做出百分之百的承诺（即无风险的保证）时，成交便有如探囊取物了。相形之下，其他的代工厂商缺乏强大的专利防护网以及法务军团，要这些厂商毫不迟疑地承担客户的法律风险，似乎有些为难。光在这一点上，鸿海的竞争优势便高人一等。❷

> 美国特尔菲（Delphi）研究和咨询集团曾经报告说：75%的受调查的商业公司都将知识产权管理视为新的公司战略问题。

当然，专利的价值并不限于上述几个方面，在后面的阐述中，我们可以陆续发现专利更多的价值贡献。反过来讲，如果不重视专利问题，则可能损失巨大，甚至给企业的生存发展带来毁灭性打击。

❶ 郭豫榕．从日本专利战实践看我国企业的专利战略［J］．现代情报，2000（1）．

❷ 方裕盛．专利：行销策略的战术武器［EB/OL］．［2007-08-30］．http：//udn.com/NEWS/FINANCE/FIN11/3922814.shtml.

1990年10月12日，美国法院判决伊斯曼·柯达公司在一起长达14年之久的专利纠纷中败诉，导致柯达公司必须支付9.095亿美元的巨额赔偿，价值2亿美元的设备被迫闲置，而且，由于瞬时相机和胶卷的停产，还使约800名全日工和3600名非全日工失去工作。此案轰动整个美国，金融、工商界无不为之震惊，成为高技术专利战中一桩可怕的案例。柯达公司的失败在于在产品研发时，没有做好专利的回避设计，导致侵犯了竞争对手的专利权。❶

所以，一位西方学者曾经这样夸张地说："要么拥有专利，要么迎接死亡。"因为专利已经成为强化自身优势、打击竞争对手的商业工具，如果自己没有专利在手，在市场上就极有可能处于被打击和被驱逐的不利地位。

正因如此，许多成功的企业，尤其是跨国公司，早已意识到以专利为代表的知识产权并不只是一种单纯的法律权利，更是一种可以广泛运用的竞争工具和商业策略，可以成为增强企业技术能力、竞争能力和获利能力的法律筹码。因而，围绕专利经营的体制建设、信息处理、经营策略、风险管理和战略规划，已是成熟企业经营管理的重要内容。

1.2 专利经营的观念改造

1.2.1 技术专利化：专利经营的前提

1. 技术专利化的意义

只有拥有专利，才谈得上所谓专利经营。

剥开专利的外壳，实质上就是一种技术或者设计（统称"技术"），或者说专利是保护技术的法律外衣。依赖这层专利外衣的法律保护，技术真正成为一种权利，成为权利人自己独享、自主支配，并可排除他人擅自实施等侵害的产权。如果技术没有变成专利，即使是自己独立研发的，只要别人通过合法途径取得，都可以免费使用你的技术。重视技术的专利化，就是重视企业的财富、重视企业的市场、重视企业的未来。

当然，有些企业热衷于技术专利化，则是出于一些投机性的考虑。我国一些地方政府，出于激励技术创新、促进专利事业的目标，同时也夹杂着专利政绩的考虑，制定了一些诸如专利申请资助扶持、专利产品税收优惠等地方政策，意欲拉动地区专利申请量。有的企业本来对专利毫无兴致，

❶ 戚昌文，邵洋，等. 市场竞争与专利战略［M］. 武汉：华中理工大学出版社，1995：113.

但一旦了解这些面向专利的优惠政策，立即兴趣盎然，成为专利竞赛中的明星企业。

既然专利申请费用有政府为企业买单，搭上专利的产品还有税收减、免的优惠，而且在有的地方，专利占有量还有杠杆作用，是评选某些称号的评估指标，一旦拿到这些称号，还可获得税收优惠或土地受让优惠等好处，一些企业就对于申请专利表现出极高的热情，甚至没有值得申请专利的技术时，仍然千方百计地申请了一堆专利，以用足、用尽政策空间。但其后果则是滋生了大量的垃圾专利，在技术创新的道路上阻挡了后来的进入者。❶

这些技术专利化的动机，与专利立法、专利授予的目标背道而驰。一个有社会责任感的企业，应当和这些投机行为避而远之。相关政府部门也意识到问题所在，开始通过种种措施，限制这些投机行为。

2. 技术专利化的流程

首先，在技术开发过程中，应当进行专利检索，看看自己准备开发的技术，是否已有他人申请专利保护，从而防止重复开发，因为在他人取得专利后，不能就相同内容的技术再次申请专利。在整个技术开发过程中，要注意采取保密措施，防止因技术公开而破坏可专利性（丧失新颖性），或者被他人窃取而捷足先登申请专利（见表1-3）。

表1-3　专利意识始于研发阶段

注意事项	简要说明
技术开发之前的专利检索	避免重复开发，防止研发成果侵犯他人专利权等
技术开发过程的信息保密	防止因技术公开而破坏可专利性（丧失新颖性），防止他人窃取技术而捷足先登申请专利等
研发记录的写作与保存	证明研发过程的合法性，或用于证明原创性、新颖性，或作为认定专利侵权与否的文件
不要单纯为了专利而研发	技术开发要因应市场需求与产业需要，专利只是工具，而非目标

技术开发的成果完成后，应当交由企业内部主管部门（比如技术评审委员会等）从技术层面（如有无技术价值）、商业层面（如有无商业价值）和法律层面（如有无专利授权的可能性），全面衡量、综合考虑，初步决定是否将技术提交专利申请。然后，填交专利申请表（如表1-4），经相关主管部门批准后，正式准备专利申请事宜。

❶ 袁真富．中国专利竞赛：理性指引与策略调整［J］．电子知识产权，2006，11.

表 1-4　专利申请表

编号：　　　　　　　　　　　　　　　　　　　　　　年　　月　　日

发明创造名称			
申请单位		发明人	
申请何种专利		申请日期	
技术主管部门审定意见			
专利主管部门审定意见			
申请单位审定意见			
专利申请日		专利申请号	
专利授权日		专利号	

注：请附“申请专利技术交底书”。

如果确定要提出专利申请，则应委托专利代理人或安排内部员工，撰写专利申请文件。申请发明专利的，申请文件应当包括：发明专利请求书、说明书（说明书有附图的，应当提交说明书附图）、权利要求书、摘要（必要时应当有摘要附图）。涉及氨基酸或者核苷酸序列的发明专利申请，说明书中应包括该序列表，并把该序列表作为说明书的一个单独部分提交，同时还应提交符合国家知识产权局规定的记载有该序列表的光盘或软盘。申请实用新型专利的，申请文件应当包括：实用新型专利请求书、说明书、说明书附图、权利要求书、摘要及其附图；申请外观设计专利的，申请文件应当包括：外观设计专利请求书、图片或者照片以及对该外观设计的简要说明等文件。要求保护色彩的，还应当提交彩色图片或者照片（见表 1-5）。

表 1-5　申请专利需要提交的文件

专利类型	申请专利时要提交文件	备注
发明、实用新型	专利请求书	各一式两份
	权利要求书	
	说明书（附图）	
	说明书摘要（附图）	
外观设计	专利请求书	各一式两份
	外观设计图片或照片	
	外观设计的简要说明	

正式提交专利申请时，可以自己或者委托专利代理机构，将申请文件

和其他有关文件，直接提交或寄交到国家知识产权局专利局受理处（地址：北京市海淀区蓟门桥西土城路国家知识产权局专利局，邮编：100088），也可以提交或寄交到设在地方的国家知识产权局专利局代办处（以下简称"专利局代办处"）（见图 1－3）。

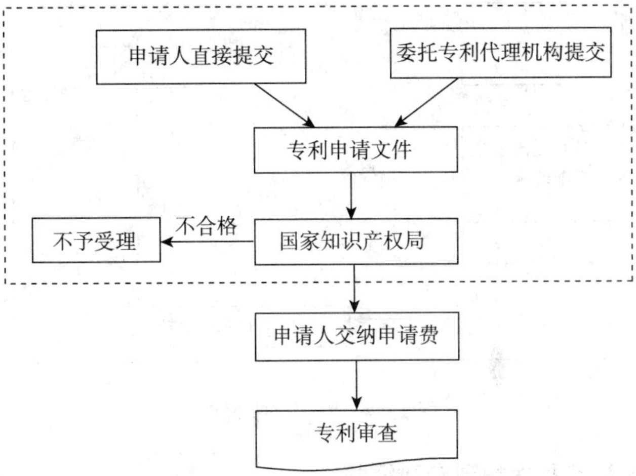

图 1－3　递交专利申请

目前在北京、沈阳、济南、长沙、成都、南京、上海、广州、西安、武汉、郑州、天津、石家庄、哈尔滨、长春、昆明、贵阳、杭州、重庆、深圳、福州、乌鲁木齐、南宁、南昌、合肥、银川等地都设立了国家知识产权局专利局代办处（具体联系方式可登陆国家知识产权局网站查询）；国防专利分局专门受理国防专利申请。

从国家知识产权局专利局受理专利申请到决定授予专利权，要经过初步审查、实质审查（实质审查仅限于发明专利）、授权并公告等一系列程序。完成这些程序所需时间的长短取决于各个环节的进展情况。由于实用新型和外观设计专利的申请程序相对简单，只进行初步审查（也称为"形式审查"），即只审查专利申请是否具备专利法规定的文件，这些文件是否符合规定的格式，以及确定申请的条件是否符合法律的要求等，因此，实用新型专利申请自申请日起大约一年可以获得专利授权；外观设计专利申请自申请日起约需半年到一年可以获得专利授权；而发明专利由于在初步审查之后，还要进行实质审查，即需要审查发明专利是否符合新颖性、创造性、实用性等实质条件，因此，一般需要三年以上时间才能获得专利授权（见图 1－4）。

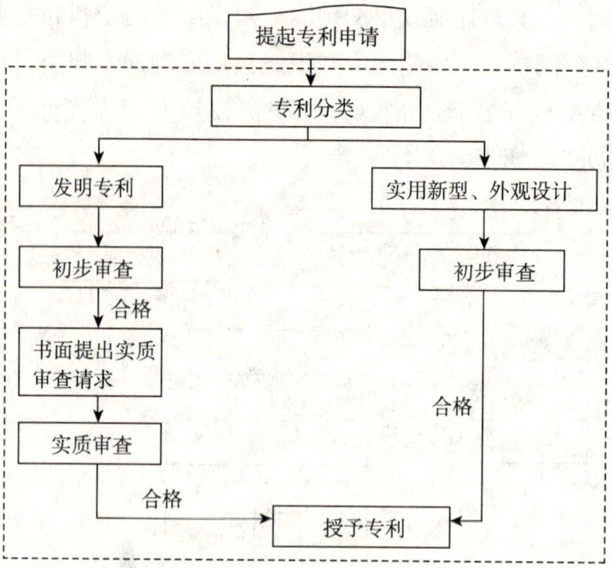

图 1-4　专利授权程序

1.2.2　从专利保护到专利经营

2005 年，伦敦知识产权研究所主席、英国技术集团前行政总裁伊恩·哈维在英国《金融时报》发表文章说："西方必须关注中国在全球专利竞赛中的崛起。"[1]如果观察近年来专利数量的增长态势，就会发现我国确已稳固了专利大国的地位，并开始在全球专利竞争中扮演重要的角色。

我国《专利法》[2]自 1985 年 4 月 1 日施行以来，到 2000 年 1 月 11 日，用了 15 年左右的时间，专利申请总量突破 100 万件大关，作为中国专利事业发展的一个重要里程碑，它标志着中国已经进入世界专利申请大国行列。过了 4 年零 2 个月，到 2004 年 3 月 17 日，我国专利申请总量又突破 200 万件大关。短短 2 年零 3 个月以后，在 2006 年 6 月 27 日，中国专利申请总量达到 300 万件，再度实现了跨越式发展。而在 2007 年 12 月 24 日，仅仅过了 1 年 6 个月，中国专利申请总量历史性地达到 400 万件（如图 1-5）。

[1] 佚名．中国在全球专利竞赛中崛起［EB/OL］．［2005-10-10］．http：//www. patent-star. com/cachehtml/2005/100/2819. htm.

[2] 本书中所涉《专利法》条文均已根据 2008 年 12 月 27 日第 11 届全国人民代表大会常务委员会第六次会议《关于修改〈中华人民共和国专利法〉的决定》进行了更新。——编者注。

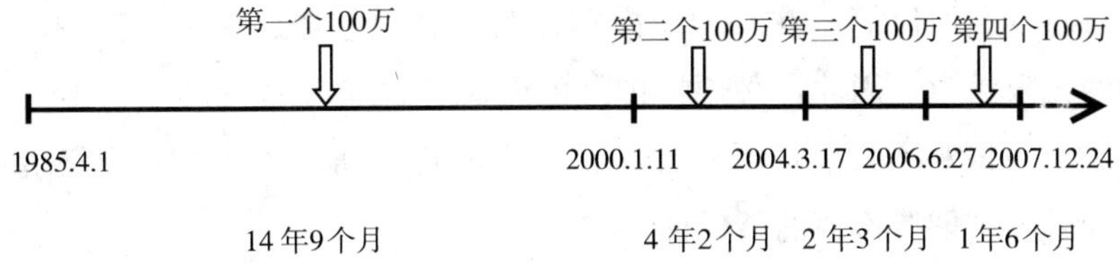

图 1－5　中国专利发展速度

目前，我国专利申请总量突飞猛进，使我国稳居世界“专利大国”行列。不过，我国距离专利强国，还有相当差距。因为专利强国不仅要强在数量增长，更要强在质量提升、强在实施利用、强在做大产业。我国企业专利申请数量虽然节节攀高，但多数企业还处于累积专利数量、规避侵权风险的防御阶段。与之相应，目前推动自主创新的专利激励措施，诸如专利申请的扶持资助政策，或专利产品的税负减免措施，也主要着眼于拉动专利数量的增长。

数量累积虽然不可或缺，但这只是专利经营的第一步，专利占有数量的增加并不能保证企业收益上涨、成长提速，相反，有时还会成为企业发展的绊脚石。试想，一家公司如果拥有上百件专利，那么专利年费等维护费用是十分惊人的。

与专利数量成倍增长形成反差的是，我国企业的专利转化却不尽如人意，大多“养在深闺人未识”。不计其数的专利因为种种缘故，在授权之后即被束之高阁，甚至不久以后就如弃敝屣。造成这种局面的原因纷繁复杂，或者是由于缺少技术移转的机制，难以授权转让获得收益；或者是因为专利申请另有所图，比如被当作职称评定的工具；或者是为了专利战略储备，以应对商业策略实施的不时之需。

> 当前社会不是一场技术上的革命，也不是软件的速度的革命，而是观念的革命。
>
> ——德鲁克

也许是多年来受制于发达国家的贸易报复和外交压力，以及跨国公司的侵权指控和诉讼威胁，无论是作为宣传喉舌的媒体，还是作为创新主体的企业，对待专利多半陷入“保护”的狭隘观念，主要表现为消极、被动地占有专利，看重数量，而忽视了专利的经济意义，更弱化了专利的经营管理。

只有从经营管理的角度重视专利的商业价值和战略意义，摒弃只从法律保护层面关注专利的传统观念，才能使企业认识到从事自主创新活动、占有自主专利的价值所在，才能内在地激发企业创造、管理、保护和运用专利的无限活力。因此，必须将传统的专利“保护”观念转变为专利“经营”观念，将专利与技术研发方向、企业经营活动、产业结构升级等相结合，开启专利创造价值的新局面。

1.2.3 专利经营的模式变迁

专利经营的观念带动了传统研发营利模式的变迁。

从研发到收益的传统模式往往体现为：研究开发→专利获取→生产商品→销售商品→赚取利润。当前多数占有专利的企业仍然执行这一模式，通过自行实施专利，销售商品获得利润。

但新的研发营利模式却省略了生产/销售商品的环节，主要表现为：研究开发→专利获取→专利经营→赚取利润（见图 1-6）。[1]因为正如前面所阐述的，专利本身即是利润的源泉，可以直接通过专利许可、转让或合资等经营模式来赚取收益。有的企业甚至只从事研发，获取专利，并不直接生产或很少直接生产产品，专门依靠专利许可来获得丰厚的利润，成为“知识产权专卖店”。

美国高通公司就是直接通过出售专利许可和技术标准，来创造商业利润的标杆式企业。高通公司依靠其占有的大量专利，通过发放专利等许可证，每年收入数以亿计的美元，被媒体称为“知识产权专卖店”。

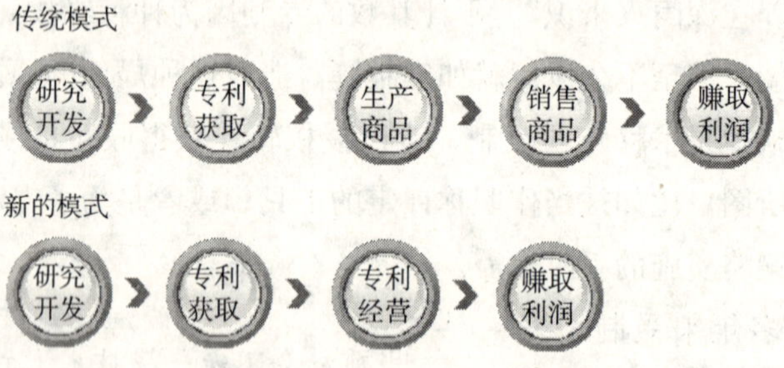

图 1-6 研发营利模式的变迁

高通公司的总部设在美国圣地亚哥。一堵厚厚的墙上镶嵌着高通公司所持有的移动通信网络 CDMA 的上千件专利，横亘在一进大门的地方。高通公司的一切都凝聚在这里：财富、地位、声望，这是高通公司生命的基础。

[1] 张志成，刘晓慧．跨国公司知识产权战略研究及评析［M］//郑胜利．北大知识产权评论（第 2 卷）．北京：法律出版社，2004：250-286.

20 多年前，已经准备退休的高通公司创始人艾文·雅各布才开始他的 CDMA 梦想。在业界一片嘲笑声中，高通公司自己做芯片、做系统、做手机，一切都是自己来。高通公司当时清一色的工程技术人员也许不懂经营，但是他们做了最重要的两件事：第一，把高通公司的 CDMA 技术提交到美国标准组织 TIA 和世界标准组织 ITU，申请成为世界移动通信标准；第二，高通公司把 CDMA 研发过程中所有大大小小的技术一股脑儿都申请了专利。标准和专利，成为高通公司日后抵御比自己庞大百倍的对手的利器。

高通公司现在放弃了制造业，将手机部卖给了日本京瓷，将基站部卖给了爱立信。留下来的两大业务是知识产权授权和芯片。这两大业务是高通公司目前占绝对优势地位的收益来源。通过与拥有少数 CDMA 知识产权的公司交叉许可专利，高通公司拥有了 CDMA 全部的知识产权。等到把芯片——最后剩下的产品独立出去，高通公司就成了知识产权的专卖店。[1]

这个专卖店的商业模式看起来很简单：假如你是一家公司，首先你需要和高通签订 IPR（知识产权）授权协议，交纳 CDMA 的入门费和使用费。然后你就有权购买 CDMA 芯片，制造出产品，拿到市场上去卖。高通的 IPR 转让费通常在产品售价的 6%左右，这是一种明码标价又非常单一的赚钱模式。即便很多人不习惯这种模式，但是，一个不可否认的事实是：高通已经从这种模式中收取了数以亿计的美元（我国包括中兴通讯、华为技术、TCL、海尔等业界巨头，无一例外都成为这数以亿计美元的贡献者）。[2]

依靠专利和标准，高通公司在激烈的竞争中占据了立足之地，其创造的赢利模式已成为知识经济时代顶尖企业的生存方式。许多跨国公司遵循“技术专利化、专利标准化、标准垄断化、利润最大化”的路线，赚取了令人惊羡的利润。

1.3　创造价值的专利管理

1.3.1　专利管理的基本框架

从技术开发到专利获取，需要通过法律程序来确认；而从专利获取到

[1] 佚名．“知识产权”专卖店［N］．中国知识产权报，2002－11－01．

[2] 赵莹．浅析标准知识产权战略［EB/OL］．［2004－07－01］．http：//www.szip.org.cn/llyjzl13.html.

创造价值，则需要企业采取积极主动的行动和策略，通过经营管理来实现，而且必须把专利的经营管理纳为企业整体商业计划的组成部分。

专利的经营管理大致可分为以下几个方面的内容：

• 体制方面，主要包括专利的管理组织、管理制度、员工关系、流程管理等内容。

• 经营方面，主要包括专利的实施、授权、许可、合资合作以及专利标准化等内容。

• 风险方面，主要包括如何预测、评估和避免在专利形成、应用和保护等过程中可能遭遇的法律风险和商业风险。

• 策略方面，主要包括如何运用专利的策略、技巧配合企业的技术研发、授权许可和诉讼攻防等内容。

比如，当积累了大量的专利之后，企业需要从财务和技术层面对专利进行稽查审核，借此了解、评估现有专利技术是否切合产品市场需求、有价值的专利技术是否妥善运用、策略性的专利技术是否已经占有等现在以及未来攸关企业竞争力优劣的核心议题，进而作出专利权存留或淘汰的决定。美国Dow化学公司就成功地将知识产权管理与企业商业运作结合起来，根据不同专利对于公司价值创造的贡献差异，采取了区别对待的经营策略与管理措施。

Dow公司首先确定对公司核心业务有价值的专利。公司的全部专利被划分为：①对公司将来发展有利的，应当保留和发展；②对于其他公司适销的专利，要合资开发，因为在这些专利出售的过程中增加了其自身的价值；③那些短时间内不会适销而没有价值的专利应当被放弃。

然后，任何被Dow公司保留的专利必须被分配到一个核心业务中去。通过开发专利的价值，将专利作为潜在收入的推动器。

> 对产业潜力极大的专利技术要像保护濒临灭绝的动物一样重视。
>
> ——腾讯公司法务总监王小夏

在1994年，这一做法使Dow公司将专利总量从29000件降到了16000件。专利总量减少立即产生了金钱的回报：节省了800万美元的更新手续费和大约4000万美元的税款。许可使用费从2500万美元开始以60%的速度增长，根据当时的测算，到2000年该收入的数额有望达到1.25亿美元的目标。

作为削减专利计划的一部分，Dow公司将一部分专利捐赠给大学和非营利组织。其他的专利一部分被许可，一部分通过经纪人处理掉，有一些和其他化学公司进行了交换，而另外一些任其自己终止。[1]

Dow 公司的个案经验向我们展示了专利经营管理的冰山一角。本书在后面还将从更为广泛的视角，以更为丰富的内容，阐述面向企业的专利经营管理。

当然，由于专利是一个复杂的领域，专利经营管理所需的知识、经验和技术，已经超越了纯粹的法学领域。不过，虽然专利经营管理不能局限于法律思维的束缚，但从本书的视野来看，如果没有专利的法律背景，可能很难展开专利的经营管理。

1.3.2　专利管理的目标面向

如果更为细致地分析专利经营管理的目标，则可以大致分为保护性目标、经济性目标和战略性目标三个层面，从表 1-6 中，已经能够“管中窥豹，可见一斑”。

表 1-6　专利管理的目标面向

目标层次	内容说明	行动策略
保护性目标	保护技术利用自由	申请并维持专利
	阻止他人的仿冒制造	申请并维持专利
	防范他人抢先申请专利	及时申请专利
	保护产品的差异化竞争	把差异化的特质用专利保护
	制止他人的侵权行为	采取诉讼干预
	作为竞争防御的筹码	被诉侵权时以专利相交换
	保障产品海外营销	申请并维持国外专利
	……	
经济性目标	提升产品价值	通过专利改善产品性能
	获得许可收益	通过专利许可证贸易
	变换现金收益	通过转让专利权
	获得贷款支持	通过专利质押
	取得风险投资	以专利吸引风险投资
	以专利作价入股	将技术变成股份
	打造知识产权组合	把专利、商标等放入一个组合
	开展专利合作	通过交叉许可实现
	获得政策优惠	获得专利申请资助、税收优惠等
	……	

[1] 甘吉力．知识产权：释放知识经济的能量［M］．宋建华，姜丹明，张永华，译．北京：知识产权出版社，2004：353-354.

续表

目标层次	内容说明	行动策略
战略性目标	控制未来市场	面向未来市场的专利布局
	以专利建立研发实力形象	广告宣传专利占有量
	阻止竞争者的市场进入	用专利排除竞争者的产品制造和销售
	攻击竞争对手	借专利攻击消耗竞争对手的资源
	防止同业干预	申请数量庞大的专利，取得防御空间
	成为业界领袖	通过庞大的专利组合，把握业界话语权
	形成技术标准	把专利纳入标准，形成市场垄断优势
	建立专利联盟	通过专利联营，组建策略联盟
	……	

1. 保护性的专利管理目标

从事专利经营管理，首先是期望达到保护性的专利管理目标，即通过专利经营管理保护自己的技术成果，并避免与他人发生侵权争议。简单地讲，就是保障自己利用，防止他人利用，避免侵权利用。

专利首先是一种借以排除他人侵权行为、保护自己合法权利的保护工具。企业取得和占有专利权，最基本的考虑就是为了获得法律对其技术成果的保护，这样不仅可以防止技术流失，收回研发投资，避免自己的技术成果变为公共的技术资源，而且可以保护技术领先的优势，保障产品的差异化，使得自己的产品通过专利保护而增加了竞争优势。如果企业的产品没有申请足够的专利保护，而竞争对手却抢占了相关的专利，那么，企业随时都可能受到竞争对手的牵制。因此，申请专利可以防范他人抢占技术制高点，防止受到专利攻击。

从制药行业的专利保护，可以证明达成专利保护性目标的重要意义。在 2004 年全球药品市场，辉瑞（Pfizer）公司的降血脂专利药物 Lipitor（立普妥）创下历史，销售收入高达 109 亿美元，占这个制药业巨人营业收入的 21%，也成为史上第一个全年营业收入超过百亿美元的畅销药物。类似 Lipitor 这样的畅销药物，为大型药厂撑起了一片天，而对某些中型药厂而言，一种畅销药物甚至可以代表整个药厂的命脉。以美商 Kos Pharmaceutical 为例，其降血脂药物 Niaspan 在 2004 年为该公司带来 3.2 亿美元的

营业收入，相当于该公司营业收入的65%。❶

假如没有专利的保驾护航，这些制药巨人丧失独占其利的地位后，会发生怎样的状况呢?

英国最大的制药公司葛兰素（GLAXO），在20世纪80年代，特效胃药雷尼替丁（ZANTAL）每年为其带来十亿英镑的收入。1997年7月，当其在美国的专利到期后，不到半年时间，在全球的销售额急降33%。❷而Takepron药物在美国的专利到期后，不到半年时间，在全球的销售额急降50%。❸

这些后果的发生都是因为失去专利保护后，药品市场被仿制的药厂抢占了。因此，专利等知识产权是制药厂商的命脉。对于它们而言，不仅创新的技术重要，稳定的专利更重要。没有专利的保护，仿制药厂将会卷走滚滚财源。

通过经营专利，还可以使之作为竞争防御的筹码。在目前激烈的专利竞争态势下，形成了所谓的“专利灌木丛”(patent thicket)❹，即那些相互交叉重叠的专利权构成了一个稠密的网络，致使企业必须穿越这些专利障碍，才能利用新的技术。企业之间竞相专利圈地所引发的一个后果，就是仅仅在一种产品上即可能布满了成百上千个专利权，这导致企业（特别是中小企业）在产品开发、销售等过程中，随时都可能遭遇“专利灌木丛”的阻挡，一不小心就会侵犯别人的专利权，甚至保持小心谨慎，也会不可避免地发生侵权。正如陶鑫良教授所言:“一举手就碰到知识产权的高压线，一抬足就踏进专利权的地雷阵。”毫无疑问，这增加了企业经营的不确定性和投资风险。

因此，如果企业长期经营专利，当遇到他人的专利攻击时，就可以拿出自己拥有的专利，与其协商谈判，进行交叉许可，以化解专利危机。所谓交叉许可（cross licenses)，简言之就是相互交换专利的使用权。

当然，有的企业需要收购，甚至是应急性收购他人的专利，来达到保护性的专利目标。1998年以前，S3公司是一家存在严重问题的芯片设计小

❶ 曾念国．从百亿畅销药的专利争讼看畅销药获利模式的窘境［C］//台湾清华大学创新育成中心．电子报．2005-04-25-29.

❷ 雷明，董菁，于东江．技术创新与制度创新的互动原理［J］．科技进步与对策．2001（7）．

❸ 王美心．Biotech知识产权vs科技法律．上海大学知识产权学院讲座．2005，10.

❹ “patent thicket” is a “dense web of overlapping intellectual property rights that a company must hack its way through in order to actually commercialize new technology.” See Federal Trade Commission，To Promote Innovation：The Proper Balance of Competition and Patent Law and Policy（October 2003）［EB/OL］．［2004-04-04］．http：//www. ftc. gov/os/2003/10/innovationrpt. pdf.

公司，该公司知道，其开发的高质量图形处理芯片技术最终将成为 Intel 公司恐惧或嫉妒的对象，而它被 Intel 公司控告侵权也是迟早的事。于是，S3 公司实施了解决该问题的一个办法。

在一次拍卖会上，S3 公司采取隐姓埋名的方法，斥资 1000 万美金，先于 Intel 买下了濒临破产的芯片制造商指数技术（Exponential Technologies）公司的专利。通过这个方法，S3 公司获得了该公司的专利，从而领先于 Intel 公司的 Merced 芯片技术，极大地威胁着 Intel 公司的下一代处理器技术。S3 公司的大胆行动果然有效。当 Intel 发现是 S3 公司购买了该件专利后，不得不勉强同意 S3 公司继续使用其许可证。作为交换，S3 公司也承诺不挑战 Intel 的 Merced 芯片技术。❶

2. 经济性的专利管理目标

经济性的专利管理目标，顾名思义，就是通过专利经营管理去获得实际的或潜在的经济收益。1997 年，美国 Amgen 公司将神经免疫因子配体 FKBP 的专利权转让给 Guilford 公司，其交易额高达 3.92 亿美元。❷这个案例为企业从事专利经营提供了巨大的鼓励。

现代社会，透过专利转让和许可，是获取利润的重要途径。1990 年得州仪器（Texas Instruments Corp.）的财政年度报告显示，该公司的专利许可费收入超过了产品销售收入。考虑到得州仪器公司自认为是生产型企业而非研究型机构这一事实，这件事的意义非同小可。❸这表明通过专利收取许可费，也可以成为企业生存和发展的基础。

通过专利取得收益，并不只是大公司的特权。一些小公司也在获取专利许可费方面有不俗表现。例如，ScanSoft 公司已经把自己的手机音响激活式拨号技术专利许可给 700 多家企业。为了震慑拒绝对该专利交费的其他企业，该公司于 2004 年 2 月、4 月分别对 Voice Signal 技术公司、Advanced Recognition 技术有限公司提起专利侵权诉讼，要求两被告支付赔偿金，并要求法院签发永久禁令。Forgent 网络公司已经用存储数字图片和图像的压缩方法专利从亚洲、欧洲、美洲的 30 多家被许可人那里收取了 9 亿多美元的专利使用费。❹

❶ 凯文·里韦特，戴维·克兰．尘封的商业宝藏——启用商战新的秘密武器：专利权［M］．陈彬，杨时超，译．北京：中信出版社，2002：155.

❷ 魏衍亮．专利怎么变成钱［N］．中国知识产权报，2005-07-07.

❸ Stephen C. Glazier. 商务专利战略［M］．北京：北京大学出版社，2001：3.

❹ 同本页注❷.

对于新兴的公司而言，专利等知识产权可能还是其获得风险资本青睐的一个重要筹码。来自 Pennsylvania 大学的 Ziedonis 教授介绍，专利是一些芯片（布图设计）公司的重要商业资源，但这些公司寻求强有力的、完整的专利保护，主要是出于两个原因：筹措风险资本和优先占据垄断地位。❶

美国电脑硬件制造商也谈到，他们经常使用商业秘密而不是专利来保护其发明，因为很难发现竞争对手是否侵犯一件享有专利的有关制造工艺的发明。电脑硬件制造商通常宁愿让发明保持秘密状态，也不愿将其申请专利，公之于众，以避免第三人盗用其专利，而自己却难以发现。不过，电脑硬件公司，特别是那些只从事硬件设计以及没有制造能力的公司，却把专利保护当作筹集风险资本的一种方式。❷

中欧工商管理学院的报告也表明，越来越多的创投公司对中国市场上“拥有知识产权资产”的公司很感兴趣。许多的银行和知识产权供应商都会帮助企业寻找机会，利用知识产权融资（证券化，Securitization），这种方式可以直接提高企业现有知识产权的收益。❸

风险资本之所以青睐拥有知识产权的公司，是因为拥有知识产权，就意味着竞争优势，意味着垄断利润，意味着投资前景。所以，一些公司迎合风险资本家的口味，不管是否真正需要，都申请和占有大量的知识产权，以作为获得风险资本的工具。从这个角度来看，这些中小企业把专利当作提高自己形象的手段了。

在我国，包括专利在内的知识产权融资也逐渐开展。山东烟台龙源电力技术有限公司用“等离子点火装置”等 14 件专利作为质押资产，从烟台市商业银行开发区支行拿到贷款 1200 万元，成为山东省首家利用专利质押获得贷款的企业。❹

北京市科委通过北京科技金融促进会等渠道与有关金融部门加强沟通，积极探讨新的融资模式，促成了交通银行北京分行在全国率先推出“知识产权质押贷款”金融产品。2006 年 10 月，交通银行北京分行与北京市经纬

❶ See Federal Trade Commission. To Promote Innovation：The Proper Balance of Competition and Patent Law and Policy（October 2003）［EB/OL］.［2004 - 04 - 04］. http：//www. ftc. gov/os/2003/10/innovationrpt. pdf.

❷ 同本页注❶.

❸ Paul Vega. IBM 知识产权资产管理战略［EB/OL］.［2005 - 03 - 09］. 王晨，译. http：//cho. manager2. com/htmlnews/2004/02/12/79165. htm.

❹ 马先征，张涛，孙致霞. 专利质押贷款缔造亿元企业［N］. 中国知识产权报，2002 - 10 - 09.

律师事务所、连城资产评估有限公司、北京资和信担保有限公司等共同推出知识产权质押贷款金融产品——“展业通”，截止到 2007 年 6 月 8 日，在短短 7 个月时间内，贷款余额已经突破亿元人民币。[1]

3. 战略性的专利管理目标

战略性的专利管理目标，是通过专利经营管理获得长远经济利益、市场领导地位等战略利益，或者借用专利协助企业的战略发展和长远规划。一些大公司利用数量庞大的专利组合，让竞争对手，特别是中小企业，难以绕开其精心布置的专利地雷阵和专利包围圈，从而在特定市场上，压制、排斥甚至消灭这些竞争对手。

一个典型的例子是思科公司的“私有协议”。由于互联网发展迅速，国际标准和中国的国内标准一开始都未制定，思科公司作为最早的网络产品供应商，占据了 80％以上的市场份额，其“私有协议”即成为事实上的标准。华为公司数据通信产品线总工程师李贺军和路由器产品线总监吴钦明说，虽然在 1999 年时数据通信产品已经有了国际标准和国内标准，但思科公司已有的市场很大，要和思科产品兼容，就不得不使用思科公司的“私有协议”。但是，出钱换取专利许可这条路在思科公司这里行不通。思科公司的“私有协议”与一般专利不同，目前是不公开、不授权他人使用的。[2]思科正是依靠其“私有协议”，垄断产品的竞争，消灭了三代竞争对手，保证了高额利润的获取。可见，专利标准化策略，尤其是事实标准化策略，也可以成为跨国公司反对合理竞争、攫取垄断利润的商业工具。

在 20 世纪 90 年代中期，摩托罗拉公司凭借其手中独占的几件技术，在 GSM（Groupe Special Mobile）领域中获得了领导权。同时参与竞争的还有诺基亚、阿尔卡特和飞利浦，它们手中掌握着交换技术、语音编码技术、无线电传送技术和加密技术。然而，摩托罗拉却依靠“三叉式”知识产权战略在欧洲市场独占鳌头。

首先，1982 年首次 GSM 会议上，摩托罗拉就支持在欧洲建立移动电话通用标准，并且自从 13 家移动电话运营商一致接受 GSM 作为国际标准以来，它始终支持着这项标准。其次，在 GSM 标准建立前后，摩托罗拉加强对知识产权的管理并牢牢把握各种依赖 GSM 的关键技术的专利所有权。

[1] 北京“知识产权质押贷款”破亿激活中小企业融资［EB/OL］．［2007－08－05］．http：//www.china8881.com/POParticle/51/336.Html.

[2] 孙丽．华为与思科的商业游戏［C］//孙丽．思科与华为之争［M］．北京：中国言实出版社，2003：89－105.

第三，1988年摩托罗拉在与其他运营商关于电话采购的谈判中拒绝放弃独有的知识产权。拥有国际标准的部分技术的专利，采取精明而讲究实际的特许策略，进行富有远见的投资，摩托罗拉赢得了单个企业通常难以得到的技术优势。❶

由于标准拥有如此强大的力量，一些企业已经将专利战略提升为专利标准化战略，以期为公司的长远发展提供战略支持。所谓专利标准化战略，是一种将专利战略与技术标准紧密结合起来的战略模式，它将专利技术纳入到技术标准之中，并通过标准的制定与实施，获得有利的市场竞争地位，如向应用标准的企业发放专利许可证，或者垄断专利使用，排斥竞争。

株式会社崛场（Horiba）公司对于获得的专利，为尽力争取使其成为国家或世界标准，还向我国环保总局做工作，希望成为中国的标准。株式会社崛场（Horiba）公司认为，宁肯放弃独占权利，也要成为标准，因为从占领市场角度看，公司并不吃亏。❷

如何让自己的专利或专利组合成为技术标准呢？很多企业为此可谓煞费苦心。如果企业自己使用专利技术，形成技术标准则存在一定难度。如果没有将相关产品的市场份额提升到很有优势的地步，那么其专利技术也很难形成事实上的技术标准。这时通过发放专利许可证的方式，借助被许可人的产品销售，可扩大产品的市场占有量，进而为形成技术标准铺平道路。

日本录放机标准之争的案例可以印证技术许可对于公司营运的巨大影响。日本索尼公司选择自行使用方式运用其BATA录放机技术，抢先上市，攻占市场；但松下公司则选择以授权他人使用之方式运用其VHS录放机技术，使之形成标准技术，使得索尼公司BATA录放机产品在苦撑数年后终告不支，造成索尼公司营运的严重危机。❸

思考与练习

1. 专利对于企业的价值，体现在哪些方面？
2. 专利管理的基本框架包括哪些内容？

❶ 马库斯·利特兹格．知识产权的战略管理［J］．崔文杰，译．新华文摘，2005（10）．
❷ 姜颖，赵国虹，姜丹明．走出去扩眼界 转观念促创新［J］．知识产权．2003（1）：18－24.
❸ 樊志齐．专利授权面面观［J］．智慧财产权管理季刊，1999（21）．

3. DOW 公司在专利管理方面的做法，对我们有什么启示？

4. 专利经营管理的目标包括哪些层次、哪些内容？

5. 风险资本为什么青睐拥有知识产权的公司？

重要词汇

知识产权立国：作为“强大日本”的七大战略之一，日本政府提出并实施了知识产权战略，包括四个方面：开创知识产权的创造战略（创新战略）、保护知识产权的战略（保护战略）、充分利用知识产权的战略（应用战略）、谋求充实人的生存基础的人才战略（人才战略）等。

微笑曲线：宏碁集团施振荣先生提出的“微笑曲线”，是一条说明产业附加价值的曲线。微笑曲线显示一个产业中附加价值较高的部分处于研发和营销阶段，而研发和营销都与知识产权密不可分。

知识产权专卖店：是指专门依靠知识产权转让许可作为主要利润来源的公司。如高通公司依靠其占有的大量专利，通过发放专利许可证，每年收入数以亿计的美元，被媒体称为“知识产权专卖店”。

保护性的管理目标：通过专利经营管理保护自己的技术成果，并避免与他人发生侵权争议。

经济性的管理目标：通过专利经营管理去获得实际的或潜在的经济收益。

战略性的管理目标：通过专利经营管理获得长远经济利益、市场领导地位等战略利益，或者借用专利协助企业的战略发展和长远规划。

专利标准化战略：是一种将专利战略与技术标准紧密结合起来的战略模式，它将专利技术纳入到技术标准之中，并通过标准的制定与实施，获得有利的市场竞争地位。

第2章　专利经营的体制建设

学习要点

1. 企业专利管理的组织形态。
2. 企业专利管理组织的职能。
3. 企业专利管理人员的配置。
4. 企业专利管理制度的设计。
5. 研发记录的规范。
6. 技术交底书的内容。

2.1　专利经营的组织建设

2.1.1　有效的管理组织

专利经营离不开组织建设、制度建设、信息管理和员工管理等方面的支持与保障，否则专利经营难以扎实推进、有效执行。建立有效的专利管理组织，将有助于企业积极从事专利经营与管理，并将其置于比较核心的地位。

1. 专利管理的组织形态

(1) 面向不同导向的专利组织形态

目前，企业的专利管理组织形式尚无统一的固定模式。企业依据本身的需求与特性，会采取不同形态的专利管理组织形式。比如，有的企业由技术部门主管专利管理工作，有的企业由法务部门主管，有的企业由营销部门主管。有的企业则成立一个灵活的知识产权领导小组领导专利管理工作，而技术部门、行政部门等机构则是专利管理工作的日常机构。

总体上看，如果从研发、经营、行政和决策四个导向出发，专利管理的职能归属及其对应的组织形式，可以粗略分成四种形态（见表2-1）。

表 2-1 专利管理的组织形态

组织导向	研发导向	行政导向	经营导向	决策导向
组织归属	设置于研发部门或技术部门	设置于法务部门或行政部门	设置于技术授权或营销部门	直属单位领导或单位决策部门
组织属性	偏重技术研发	偏重法律事务	偏重技术营销	偏重决策指挥

①以研发为导向的组织形态

这种形态下，专利管理职能多归属于研发部门或技术部门，有利于专利管理人员了解专业技术知识及其动向，有利于整合专利规划与研发战略，以实施专利情报分析、专利申请评估等专利管理工作。

②以行政为导向的组织形态

这种形态下，专利管理职能多归属于法务部或行政部门（如企业办公室），有利于掌握专利侵权信息，有利于处理专利日常事务，以开展专利侵权诉讼、专利年费缴纳等专利管理工作。

③以经营为导向的组织形态

这种形态下，专利管理职能多归属于技术转移部门或市场营销部门，有利于了解专利产品的市场需求，有利于专利技术的转让许可，以进行专利授权谈判、专利合同履行监督等专利管理工作。

④以决策为导向的组织形态

这种形态下，专利管理职能多直属于最高管理层，结构简单，层级较少，有利于专利管理人员同企业高层管理者的沟通，并影响企业专利决策，也有利于从公司战略角度制定和实施专利战略。

上述四种形态的专利管理组织形式，既各有优势，又各有缺陷。比如置于技术管理部门的专利管理组织，无法有效发挥专利授权的经济价值；而置于法务部门和营销部门的专利管理组织，又难以辅助企业的研发活动。诸如此类的缺陷，使得面向不同导向的专利管理组织形态，不能充分发挥专利管理的职能。

有鉴于此，有的企业成立了独立的知识产权部门，甚至与技术部门、法务部门等机构并列，并整合与研发、行政、经营和决策有关的各种专利管理工作。当然，只有知识产权在企业的地位和作用日益突出和明显，才有可能与必要成立独立的知识产权部门。

许多跨国公司都建立有专门的知识产权部门，以管理和支持本企业的专利、商标、版权等知识产权活动。比如，德国西门子（Siemens）公司、荷兰飞利浦（Philips）公司、芬兰诺基亚（Nokia）公司、日本东芝（Toshiba）公司都有自己的知识产权部。

表 2-2　东芝公司知识产权本部的内设机构及其职责分工❶

内设机构	主要职责
策划部	负责推动全公司的中长期知识产权策略，管理知识产权行政事宜
技术法务部	负责处理知识产权诉讼事宜
软件保护部	负责软件著作权的登记、运用、补偿事宜
专利第一、二部	负责统筹管理技术契约工作
专利申请部	集中管理国内外专利申请事宜
设计商标部	负责设计和商标的申请、登记
专利信息中心	负责管理专利信息，建立电子申请系统

不过，我国大多数企业还没有专门的知识产权部门，只是从一些既有部门（如法务部、办公室）中抽取人员专司知识产权管理工作。但是，近年来，有些技术力量强、专利数量多的企业开始相继成立独立的知识产权部门，这些知识产权部门或者由法务部门分离而出，或者从研发部门中独立而出。当然，一些新近成立的科技企业，考虑到知识产权的重要性，在成立之初即建设有独立的知识产权部门。

可以预见，随着企业对知识产权的依赖性越来越强，关注度越来越高，未来很多企业，特别是科技型的企业，将会逐渐建立自己的独立知识产权部门，以因应企业专利等知识产权的管理需要。

（2）矩阵式的专利组织管理

从经营管理的角度，企业在规划配置专利的管理组织时，应当从组织层级的设计上，保障专利管理部门的权限范围或人员配置能够涉及企业各项经营机能，以利于整合与研发、行政、经营和决策有关的各种专利管理职责。

> 在大多数公司里，管理无形知识产权资源的仍是律师或单个的业务部门的工作。结果，用《CEO》杂志的话说："决策层看不见知识产权资源，整个公司也不知怎样确定或恰当评估其知识产权。"
>
> ——《尘封的商业宝藏》

前述四种典型的专利管理职能归属及其组织形式，虽然在企业发展中都可以发挥重要的作用，

❶ 于涛．国外企业知识产权管理模式分析［J］．电子知识产权，2003（6）．本书根据引用资料整理成为表格。

但是这四种组织形式往往属于直线职能式组织结构，刚性大，信息传递具有纵向的特点，难以胜任目前企业内部信息畅通与共享的要求，需要加以改进或完善。

由于专利管理部门本身并不产生专利权，需要与研发部门、营销部门等职能部门互为依靠，互为支持，才能发挥最大化作用；因此，专利管理部门与其他职能部门之间，应当加强以信息为纽带的横向协调。为加强部门之间的横向联系，一些大企业逐渐倾向于矩阵式知识产权管理结构，即在企业内部设立独立的知识产权管理部门（如知识产权部），并通过向其他职能部门派驻专利人员，或在其他职能部门指定联系人员等方式，与各职能部门建立联络关系，从而支持整个企业的知识产权活动。比如日本欧姆龙株式会社的知识产权组织架构，即为其典型（如图 2-1 所示）。❶

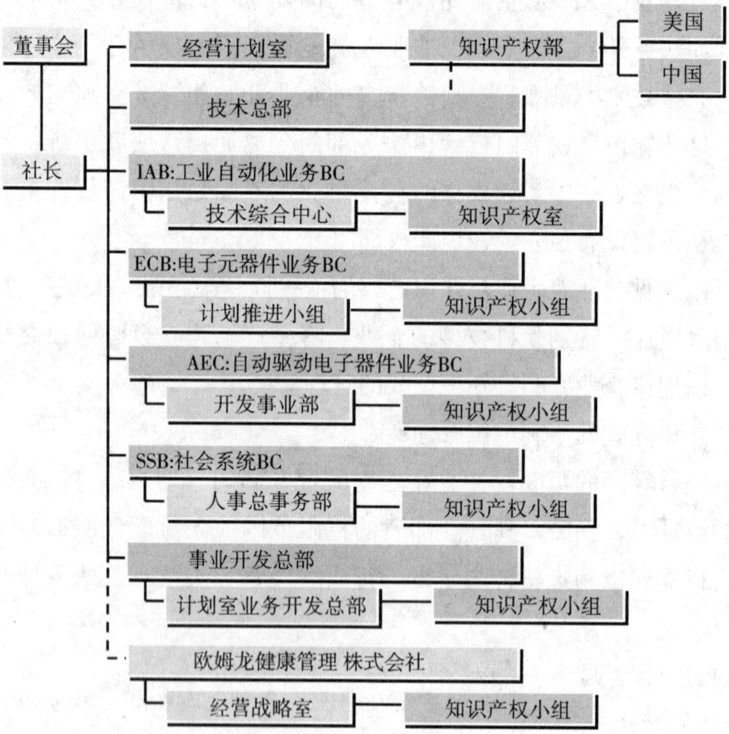

图 2-1 欧姆龙株式会社的知识产权组织架构

❶ 北尾善一．知识产权的管理经营——欧姆龙的创业与知识产权战略．北京大学演讲，2005-10-10.

资料链接：中兴通讯公司的知识产权矩阵管理

在中兴通讯的公司层面，知识产权领导小组决定着涉及公司的所有知识产权战略问题，而中兴通讯高级副总裁周苏苏则是这个小组的主要负责人，主管这个公司层面的知识产权业务。作为具体业务部门，法律部直辖于总裁办公室，共有 20 多位知识产权经理，管理着公司所有的知识产权业务，这些知识产权经理基本上都具有工学和法学两个专业的背景，既懂技术，又懂法律，从而能够站在公司知识产权管理高度，充分把握知识产权的具体操作。

同时，公司在产品事业部、技术中心、市场营销部设置有 30 多个知识产权工程师，通过这 30 多位知识产权工程师，协助总部的知识产权经理推动知识产权战略在各个具体层面的实施。

这种集中管理与分散管理有机结合的知识产权管理架构，知识产权经理和知识产权工程师协同作业，形成一个完善的知识产权管理体系，使知识产权工作的触角延伸到每一个基层单位，确保知识产权战略的实施。

在每年的知识产权高层研讨会上，这个团队将对一年的知识产权工作作汇报。

资料来源：刘永．知识产权战略助跑中兴通讯［EB/OL］．［2005-03-21］．http：//tech. tom. com.

2. 专利管理组织的设计

从前面的阐述来看，专利管理组织要克服上述四种形态的缺陷，必须进行改进。从便于决策管理、便于分工明确、便于信息沟通的角度，专利管理组织可以采取矩阵式的典型框架设计（如图 2-2）。

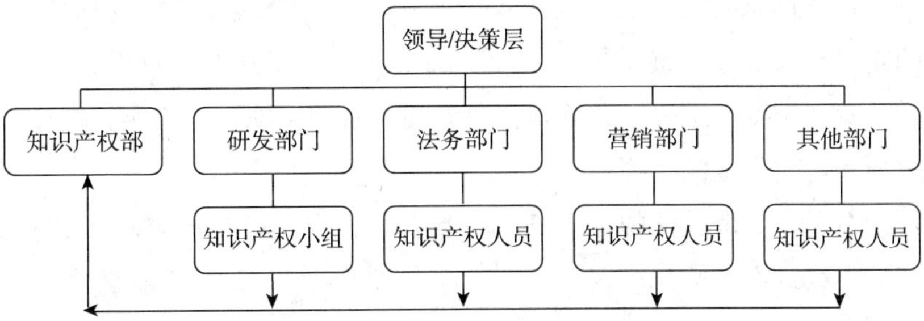

图 2-2　专利管理组织的典型框架设计

在这种架构下，在企业领导或决策层设置独立的知识产权部门，与研发部、法务部、营销部、人力资源部等职能部门比肩而立，直接面向企业最高领导层负责。同时，在研发部、法务部等与知识产权联系较为紧密的职能部门，设置专职或兼职的知识产权工作人员，这些工作人员由知识产权部和其他相关部门双重领导，起到知识产权部门与其他职能部门信息沟通的桥梁作用。

必须指出的是，知识产权部门只是集中处理专利等知识产权事务的组织机构，但在一个组织体内，不能认为只有知识产权部门的人员才应该关心知识产权问题。“事实上，市场营销和产品策划人员、工程师和产品设计人员、产品推广和广告宣传人员都应该高度重视知识产权。更不必说，公司董事会、首席执行官、首席财务官、企业家和其他经理人员必须要对知识产权有充分的了解并给予高度的关注。”[1]

> 知识产权管理已经不仅仅是一项法律意义上的活动了。支持知识产权管理的活动涉及各种职能部门：法律、研发、营销、财务以及公司企划。
>
> ——《董事会里的爱迪生》

不过，上述这种典型的专利组织架构模式只适用于知识产权事务与知识产权管理人员均比较多的大型企业，对于中小企业或知识产权事务相对较少的企业而言，并不合适，因为独立的知识产权部门需要较大的运营成本和管理成本。

因此，可以在上述典型框架设计的基础上进行调整，以适合企业各自专利等管理工作的需要。

①省略独立的知识产权部，在领导层下面设置一个松散性质的知识产权领导小组。

由企业正职或副职领导兼任知识产权领导小组组长，负责管理企业总体的知识产权事务或重要的知识产权决策，比如专利发展目标、职务发明奖励、专利制度制定等。尤其是企业专利战略的实施，需要实行高度集中、高效能和比较稳定的指挥。

②在企业各个具体的职能部门（比如研发部门、法务部门）中设置知识产权小组或安排知识产权人员。

其中，根据企业的具体需要和发展重心在某一个职能部门（一般是在

[1] 亚历山大·I. 波尔托拉克，保罗·J. 勒纳. 知识产权精要［M］. 于东智，谷立日，译. 北京：中国人民大学出版社，2004.

研发部门或法务部门）里面设置一个知识产权工作小组，集中负责和执行企业的知识产权事务。

比如，在技术研发占据重心的企业，可以在研发部门设置知识产权工作小组，全面负责专利信息检索、专利申请、专利维持、专利淘汰等事务，同时也协助或参与法务部门、营销部门、人事部门等机构处理专利侵权争议、知识产权许可、知识产权培训等与知识产权相关的事务。在这种架构下，法务部门、营销部门等其他部门可以不设置专职的知识产权专业人员，但在各种工作会议和相关活动中，尤其是与知识产权可能有关的事务中，应当邀请研发部门知识产权工作小组的工作人员参加，以整体把握、全面推进，并适当调整专利战略等知识产权工作的开展实施（如图 2－3 所示）。

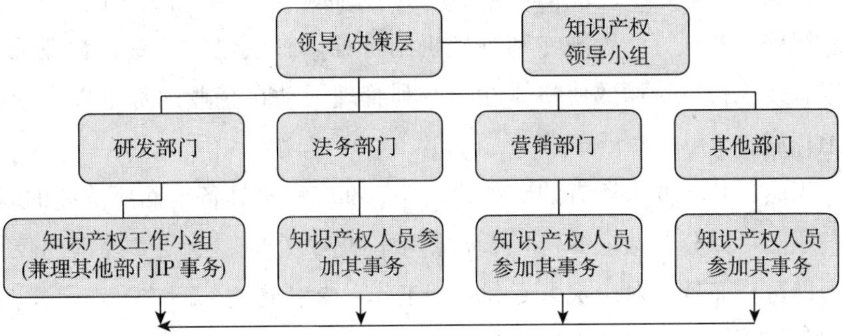

图 2－3　调整后的专利（知识产权）管理组织设计

3. 专利管理组织的职能

如果企业专利组织架构不同，那么其职能分工也多有差异。总的来看，专利管理组织（部门）的职能主要涉及以下几个方面。

表 2－3　专利管理部门的职能

职能类型	职能描述
专利制度建设	完善企业内部的专利制度与程序，比如制定专利管理办法、专利申请流程管理办法、专利申请评估办法等
专利信息管理	对外收集、跟踪、整理和分析专利信息；对内管理研发记录、发明呈报、专利合同等相关信息
专利取得维持	负责专利申请、维持等工作，比如进行专利申请文件撰写、辅助研发人员发现潜在的专利等
专利经营利用	负责处理专利转让、许可、质押以及价值评估等事务，尤其是起草、签订合同，监督合同执行等
专利纠纷处理	向侵权人寄发侵权警告函，处理他人的侵权指控，提起专利诉讼，支援外聘专利律师等

续表

职能类型	职能描述
专利教育培训	通过举办专利讲座、印发专利资讯等方式，培养员工的专利意识与检索专利的技能等
专利奖酬激励	通过各种物质与非物质的激励方式，鼓励员工从事发明创造、专利转化的积极性等
专利战略实施	根据企业发展目标与技术实力等因素，制定并实施专利战略，提升企业核心竞争力等
对外交流合作	参与专利法制、专利管理等研讨会议，加强与行政机关、司法机关、立法机关以及行业组织的沟通和协调等
其他专利事务	除上述工作以外的，与专利管理相关的各种事务，皆可由专利管理部门打理

由表2-3可见，专利管理工作的涵盖面十分丰富，需要企业给予独立的组织编制及预算，否则专利管理机制将难以有效建立，专利管理工作也难以有效执行，从而致使整体性的专利管理活动在企业内部难以广泛而深入地开展。

当然，并不要求所有的专利管理部门都应完全具备上面所陈述的职能，有的职能可以分散给法务部门、营销部门集中处理，专利管理部门仅协助执行即可。而且，对于很多专利管理工作，专利管理部门应当与研发部门、营销部门等进行良好的沟通和配合，否则难以实行。

> 我同其他专利顾问们聊过，他们说只有在确实发生了一些糟糕的事情以后才能够得到管理层的注意。
>
> ——强生公司首席专利顾问比尔·弗兰克

由于专利管理需要支出许多成本，包括人事薪资、设备成本、申请费用、维护费用、调查费用、律师费用、专家费用等等，而专利管理活动难以迅速产生经济效益，需要经过相当时间及资金投入，才能积累经验及成果，所以，许多企业对于专利管理缺乏兴趣，多数都以零星个案方式安排专利事务，没有比较明确、全面性的工作任务指派。

对于这种轻视专利管理职能的做法，如何加以改变？一方面，可能需要政府主管部门、社会舆论，以及专利工作者，向企业领导者进行观念上的疏导；另一方面，一旦企业遭遇专利上的困境或者灾难性后果，自然会对专利管理工作重视有加。

资料链接：国外公司的专利管理

◆ **美国 IBM 公司的专利管理**

IBM 知识产权管理部门（IBM Public License，IPL）的职责范围是处理一切有关 IBM 业务的知识产权事务，如专利、商标、著作权、集成电路布图设计保护、商业秘密、字形及其他 IPL 的事务。至于法务部门则负责 IPR（知识产权）以外有关法律的事务。

由于 IBM 每年都必须花费其总收入的一成以上用于研究开发活动，因此 IPL 最重要的用途之一就是适当地保护其研究开发的成果，在确保其营业活动自由的必要范围内，持久地维护较好的专利财产。

（1）申请专利

一般来说，有关专利的申请，都是由 IPL 的专利律师以及专利代理人来提出，发明人只要简单地以书面或口头方式向专利律师说明其发明即可。

关于有关产品 IPR 的调查以及制造产品的有关技术，技术人员只要对专利律师说明技术特征，专利律师会从专业的角度来调查及判断有无侵害他人 IPR 之可能。

（2）寻找合适的发明

IPL 的另一个用途就是与研究开发部门的经理人员、技术人员等密切合作，一方面向其灌输 IPR 的观念，一方面从中发掘优良的发明。

对研究开发中的产品必须调查有关专利问题，因此尽早发现这些信息便显得更加重要。

（3）授权合同的谈判

IBM 在调查其有关产品的 IPR 时，同时也监视别人的产品有无侵害 IBM 的 IPR，然后再促成他人与之订立授权合同。因此，拟定授权合同的谈判策略也是 IPL 的重要用途之一。

（4）有关 IPR 条款之审核

最后，IBM 与其他公司所签订的开发合同、买卖合同、委托制造合同、合并合同等，有关 IPR 的条款，例如 IPR 的归属、机密信息的取得等规定，也是由 IPL 负责审核。

资料来源：张瑶．浅谈国外企业的知识产权管理战略［J］．现代情报．2004（6）．

◆ **德国拜耳公司的专利管理**

拜耳公司是德国最大的化工企业之一，其设有专利委员会和专利处，二者是平行的组织机构。专利委员会的职责是：（1）分析判断哪些发明项目可以向国外申请专利；（2）去哪个国家申请；（3）对已获权的专利进行管理；（4）根据专利项目登记表，决定哪些项目的专利权需要维持，哪些可以放弃。

专利处受公司总部直接领导，下设两个科，一个是专利科，另一个是许可合同和技术协调科。

专利科的主要职责是：（1）申请专利直至授权专利的管理；（2）申请专利前和产品投放市场前的专利信息的调查，若发现相同技术，就设法买下他人的专利权；（3）处理专利纠纷，一是协商解决，二是通过诉讼裁决；（4）业务上与各级法院有联系。

许可合同和技术协调科共有8人组成，负责许可合同工作，包括专利许可、技术秘密及技术合作。日常管理工作主要有：（1）接待技术许可询价，组织许可谈判、签订有关合同；（2）技术合作，与需要使用拜耳公司技术的公司签订使用合同书。

资料来源：于涛．国外企业知识产权管理模式分析［J］．电子知识产权．2003（6）．

2.1.2 专责人员的配置

专利经营管理涉及面比较广泛，因此，一个良好的专利管理部门应当由众多具有不同知识和技术背景的员工组成，才能保证团队人员的合理配置和专利管理工作的有效开展。正如上海大学知识产权学院陶鑫良教授指出的，知识产权人才应当是懂科技、懂文化、懂法律、懂管理、懂经营、懂外语、懂网络的复合型、综合型、经营型的知识产权应用人才。[1]当然，要求每一个专利管理人员都达到这么高的素质要求，都满足这么多的知识背景，是不现实的，也是不必要的。但是，可以配备不同背景的人员组成专利管理团队。

> 知识产权人才应当是懂科技、懂文化、懂法律、懂管理、懂经营、懂外语、懂网络的复合型、综合型、经营型的知识产权应用人才。
>
> ——同济大学知识产权学院陶鑫良教授

从理想的角度讲，专利管理部门的人员应该由企业高层管理者、专利工程人员、技术人员、法律人员、市场人员等组成。高层管理者根据企业的发展规划制定专利

[1] 谢作昱．知识产权人才如何培养［N］．中国知识产权报，2005-07-01.

战略，在专利管理部门中起着领导、协调和决策作用；专利工程人员主要从事专利文献的检索、分析，为制定专利战略提供定性和定量的数据；技术人员则关注如何开展专利工作更有利于企业的技术研发；法律人员主要从事专利贸易合同和处理专利法律纠纷；市场人员由于直接面向市场，因此其作用在于充分了解专利产品的市场现状和前景，为企业制定、调整专利战略提供准确的信息。

不过，基于企业的专利现状和人、财资源，企业专利管理部门的组成人员，可以由专职人员和兼职人员两部分构成。其中专职人员是在专利管理部门中承担日常管理事务的人员，主要由具有知识产权法律背景和理工科技术背景的人员构成。

专利管理部门的兼职人员有两方面的来源。

（1）单位内部的人员，比如企业的主管领导兼任专利管理部门的负责人，各职能部门的人员兼任专利管理部门的人员。例如：中国船舶重工集团第七一一所根据研究所各基层单位地域分散，以及研究所管理重心逐渐下移的策略，成立了由所级和基层单位组成的二级工作小组，为有效进行专利等知识产权管理提供组织保障。工作小组组长由所高层管理人员担任；技术管理部（专利等知识产权归口管理部门）负责人和各基层单位负责人为副组长；组员则由技术管理部和各基层单位有关人员（兼职）组成，落实研究所的知识产权各项具体事务。[1]

（2）单位外部的人员。比如，聘请高校知识产权学院的专家担任专利顾问，负责指导企业专利战略的制定；聘请律师事务所的律师担任法律顾问，处理企业的专利纠纷等事宜；聘请专利代理公司的专利代理人，从事企业国内外专利申请等代理工作。

适格的专利管理人员，无论是法律背景，还是技术背景，除了具备丰富的法律知识及实务经验外，尚须对其所任职企业之经营有关的技术、产品、生产、制造、市场、财务、税收、竞争者、企业组织及文化，具备相当的知识与经验。因为专利管理工作需要有效配合其他部门执行与专利相关的业务，例如研究开发、市场营销、生产制造、技术移转、人力资源、商业模式、商业竞争、投资行为及行政管理等业务所涉及的专利事务。[2]

从前述专利管理的职能可知，专利管理人员所从事的工作范围，并不

[1] 中国船舶重工集团第七一一研究所知识产权战略建设情况分析［R］. 上海市科研机构的知识产权战略及其相关制度研究分析报告，2006.

[2] 周延鹏. 中国大陆知识产权战略试探［C］. 第五届海峡两岸知识产权研讨会会议论文，2004.

仅局限于专利申请、专利侵权等业务。而且，专利管理工作的重要性，可能关系到企业的生存与发展。比如，世界第三大的纸尿裤生产商美国PARAGONG公司，前几年被一宗专利侵权案的赔偿压垮了。法院判决其对P&G及KIMBERLY-CLARK公司的专利构成恶意侵权，赔偿4.2亿元美金，而如此巨额的赔偿，仅仅是因为仿造了对方纸尿裤的一条松紧带的制造工艺。[1]此案也印证了专利管理在企业中的地位。

> 大部分中国企业很少为知识产权管理人员提出前程规划。这样的环境，将阻碍优秀的法律或技术人才投入及积极发展知识产权事业。
>
> ——台湾政治大学智慧财产研究所 周延鹏

然而，大部分国内企业的专利管理人员不仅从事的工作范围相当狭窄，而且所处的岗位层次也相对较低，甚至属于应急性、点缀性的兼职人员，很难有职位提升的空间以及令人鼓舞的职业前景和前程规划。长此以往，恐怕难以吸引优秀的法律或技术人才投入企业的专利管理工作，进而影响企业的专利事业。

2.2 专利经营的制度规范

2.2.1 管理制度的设计

1. 专利管理制度概述

专利管理应当常规化，而这需要可操作的管理制度的保障。一些比较重视专利工作的企业，都颁布并完善了一系列与专利有关的规章制度。比如，中国船舶重工集团第七一一所颁布实施了《知识产权管理办法》《专利管理办法》《商业秘密保护管理办法》《合同管理办法》《科学技术研究档案管理办法》等规章制度。

（1）专利管理制度的模式

专利管理制度的内容大致可以用两种模式来确定。

一种模式是制定一份统一、全面的专利管理制度。比如，制定一份内容详尽的《××公司专利管理办法》，规定公司各种可能的专利事项。对于规模较小、专利事务不太多的企业来说，采用这种模式比较合理。

另一种模式是将一些比较原则性的内容集中在一份综合性文件中加以

[1] 好孩子集团．“好孩子”实施知识产权战略的实践和体会［EB/OL］．［2005-03-24］．http://www.100ipu.com/TmpFile/EEditor/ContentFile/10/1004/news/200503/14/100527.asp.

规定，而将较具体、有较强操作性的内容放在其他一些特定的文件中规定。比如，制定一份《××公司专利管理办法》，总领公司专利工作，再制定《××公司发明创造奖酬办法》《××公司专利资产评估管理办法》《××公司专利信息管理办法》《××公司员工专利教育培训办法》等文件，规范细节问题，指导具体操作。对于经营规模较大、专利事务繁多的企业来说，采用这种模式更为合理，以适应复杂的专利工作需要。上海电气（集团）公司采用的就是这种模式。

（2）专利管理制度的要求

首先，专利管理制度应当具有完备性。即要求专利管理制度应当预见企业可能发生、并需要规范的绝大多数专利事项，而且应针对这些事项采取合理的措施。

其次，专利管理制度应当具有一致性。比如制度本身与关联制度所使用的概念应当一致；整个制度的不同部分应当相互支撑。

此外，专利管理制度应当具有可操作性。比如，不仅要确定具体的专利事项，而且还要规范完成各种事项的程序。

由于企业战略灵活多变，专利工作与时俱进，因此，专利管理制度不可能解决未来可能发生的所有情况，需要经常进行修改。比如，每年定期对专利管理制度进行评估，征询意见，发现不适宜或者空缺的部分，立即完善补正。

建立有效的专利管理制度，需要培养员工的知识产权意识，建设企业的知识产权文化。由于行业特点、经营规模以及成长阶段等因素的不同，每个企业都存在差别，因此，企业应当结合自己的状况，制定最适合自己的专利管理制度。

2. 专利管理制度的基本结构

典型的专利管理制度主要有：①综合性的专利管理制度，即专利管理办法；②特定主题的专利管理制度，包括发明创造奖酬办法、专利资产评估管理办法、专利信息管理办法、员工专利教育培训办法等等。以下兹简述这些制度的基本结构。

（1）专利管理办法的基本结构

表 2-4　专利管理办法的基本结构

制度内容	涵盖范围
总则	制定目的，适用的范围，职务发明创造的定义与范围，职务发明创造的权利归属，专利信息的利用，员工保密义务等

续表

制度内容	涵盖范围
管理机构	专利工作的领导机构与执行机构，专利工作领导机构的职责，专利工作执行机构的职责等
专利申请与维持	专利申请的保密制度，申请专利的程序，专利申请过程中各方关系的协调，专利申请与维持有关费用的承担，专利放弃或终止的决定与执行等
专利转让与实施	专利转让的程序，专利价值的评估等
专利奖励与惩罚	奖励范围与金额，专利实施的报酬支付，专利转让、许可的报酬支付，专利工作失职的责任等
其他或附则	档案管理制度，专利不申请的规定，制度解释权，制度实施日期等

（2）发明创造奖酬办法的基本结构

表 2-5 发明创造奖酬办法的基本结构

制度内容	涵盖范围
总则	办法制定目的，适用范围，领导部门、执行部门及其职责等
奖励	各类职务发明创造在专利申请时的奖励金额，各类职务专利授权的奖励金额，奖励的时间，奖励的程序，发明人或设计人之间对于奖励的分配，奖金的财务保障等
报酬	职务发明创造实施的报酬支付标准，职务发明创造转让、许可的报酬支付标准等
附则	办法的解释权，办法的施行日期等

（3）专利资产评估管理办法的基本结构

表 2-6 专利资产评估管理办法的基本结构

制度内容	涵盖范围
总则	制定目的，适用的范围，专利资产的定义与范围等
管理机构	专利资产评估的执行机构及其职责等
评估管理	需要专利资产评估的情形，资产评估的委托，资产评估的程序等
附则	制度解释权，制度实施日期等

（4）专利信息管理办法的基本结构

表 2-7 专利信息管理办法的基本结构

制度内容	涵盖范围
总则	制定目的，适用的范围等
管理机构	专利信息的管理机构及其职责等

续表

制度内容	涵盖范围
信息的范围	专利信息的定义，专利信息的范围，专利信息的分类等
信息的管理	专利信息的借阅程序，借阅对象，借阅时限，借还手续等
奖励与罚则	奖励的条件，惩罚的条件等
附则	制度解释权，制度实施日期等

（5）员工专利教育培训办法的基本结构

表 2－8　员工专利教育培训办法的基本结构

制度内容	涵盖范围
总则	制定目的，适用的范围等
管理机构	专利教育培训的管理机构及其职责等
培训形式及对象	培训的形式，培训的对象，外部培训的规定等
培训的管理	培训的内容、时间、次数，培训程序等
培训经费	经费预算，经费的申请等
附则	制度解释权，制度实施日期等

2.2.2　配套的操作规程

1. 操作规程概述

“徒法不足以自行”。如果只有专利管理制度，而没有相关配套的操作规程，即使这些制度的条款再详细，内容再丰富，也不能有效地得到执行。因此，在制定、完善专利管理制度之后，还需要编制可供执行的操作规程及相关文本，比如专利工作程序、合同示范文本等。

根据企业的实践，下列操作规程及相关文本，企业最好加以制订或整理，以辅助企业专利管理制度的施行。

表 2－9　专利管理的操作规程及相关文本

操作规程	相关文本
·专利工作程序（包含专利申请、专利维持等） ·专利资产评估程序 ·发明创造奖励工作程序 ·专利信息管理工作程序 ·专利教育培训工作程序 ·专利海关保护工作程序 ·专利战略制定程序 ·技术研发记录撰写指南 ·技术交底书撰写指南 ……	·技术交底书 ·专利申请表 ·专利代理委托书 ·企业专利工作年度汇总表 ·企业专利工作预报表 ·专利实施许可合同 ·专利权转让合同 ·专利权质押合同 ·公司员工保密合同 ·委托研究合同 ……

2. 典型操作规程介绍

从专利管理的角度，前面罗列了一些操作规程与相关文本的目录，这里我们再简单讨论两个典型的操作规程，以吁请企业的注意，并提供可借鉴的思路。

(1) 研发记录

技术开发是一件辛苦的工作，其中蕴含了许多开发人员的经验。如何把开发人员的经验累积成可用的知识，在企业内部得以扩散及传承，以避免新开发工作从零开始，甚至走冤枉路呢？这里就涉及研发记录的写作与保存。

研发记录是研发过程及其成果的记载。一般而言，研发记录记载的内容可包括任何灵感或初步构想、计算、讨论摘要、访谈内容、研究心得以及工作上所得之经验与资讯数据等。惟需强调的是，除了成功的研发活动之外，失败的研发活动也应当做成记录，作为宝贵的经验，以避免错误的重复发生。

①研发记录的意义

从技术的角度看，一方面研发记录可以提供技术自我完善的依据。一项发明创造在初期常有不尽如人意的地方，研发记录就成了技术人员总结、改进这项技术的根据。另一方面，研发记录可以保持研发工作的连续性和协调性。当某个开发人员离开企业后，或者当不同技术人员合作开发某项或相互关联的技术时，研发记录可以让后来进行接续研发的人员以及合作开发的人员，迅速了解技术研发的进展，掌握该项技术的要点。

从法律的角度看，一方面研发记录可用作证明研发过程的合法性，以辅助侵权认定与否的文件。另一方面研发记录可用作证明原创性、新颖性的文件，尤其是在美国这样的专利授权采用“先发明主义”的国家。

因此，要求员工善加记载其研发记录，对于企业因应技术持续发展和相关法律程序上的需要，具有相当的价值。

不过，开发人员往往质疑：若通过研发记录将技术传承，我的地位、价值如何保障？如何释解开发人员的心结，的确需要管理层的疏导。

我们认为，技术人员的价值之一就是传承知识与经验，如此才能提升。研发记录是技术人员对企业的贡献，也是对企业的责任，只有不断作出贡献，不断履行责任，才能获得更多的肯定和更高的评价。

另外，即使有研发记录的存在，但他人若未亲身经历相关的研发过程，也很难得心应手地运用其中的经验，何况真正关键技术在最后的5%，乃

Know -why，这是一种亲身体验的感觉及累积出的智慧，谁也偷不走。❶

②研发记录的规范

基于法律上证据规范的要求以及企业的实践，研发记录的撰写自有一套规则及格式文本。现择其要点，简介如下：

→实验记录簿填写时，应使用能够永久保存字迹之书写工具，如原子笔、钢笔等，切勿使用铅笔。

→记录错误时，切勿擦掉或涂改（修正液），而应以线条划掉即可。

→每页记录前，需写上研究项目的名称或代号、开发人员姓名和开发日期。项目不同或日期不同，最好记载于不同页。

→记录时切勿留下空白，应接续使用，如未能写完，则需划掉剩余部分。切勿在其他纸上记录后再粘贴于记录簿上。

→若有照片、图表需要粘贴时，须于接缝处签上姓名、日期及见证人姓名。

→若有重要结论或发明时，应请两位以上的见证人在相关页次上签名并署明日期。注意，一般不要以盖章代替签名。签名的证人应当熟悉该技术。❷

对于研发记录本最好有编号，用完后上交企业统一妥善保管。在开发人员离开企业时，所有的研发记录本必须上交给企业。企业不论对内或对外都应将研发记录列为机密资料加以管理。

③研发记录的标准化

在实务上，研发记录的撰写往往受到开发人员的抵触。开发人员多以工作繁重或对工作无益为由，不愿填写或草率地填写研发记录。对于此问题，主管部门应当积极宣导研发记录对于企业的价值和意义，获得开发人员的理解和支持。同时，也要建立严格的管理制度，通过不定期抽阅，监督开发人员是否填写或是否依规范填写研发记录。

当然，更重要的是，企业应当指导开发人员如何迅速有效地撰写研发记录。如果在不增加负担的情况下，举手之劳便可留下研发记录，开发人员自然不会发生抵触情绪，企业也不会因为研发记录的写作影响技术开发的效率。这便是研发记录标准化的功用。

华硕公司的经验值得借鉴。首先，他们将研发记录相关的表单格式化，

❶ 佚名．掌控研发工作［EB/OL］．［2003－12－16］．www. aspsky. net.

❷ 王本耀．专利管理问答篇［J］．智慧财产权管理季刊，8；李兆阳．公司知识产权的保护和管理［M］．北京：清华大学出版社，2002：154.

并印好各项工作内容，填写者仅需勾选，只有极少情况才需填文字。其次，将其他表单，如测试报告等，尽量合并，避免重复填写。最后，利用电脑存档的功能，凡电脑中能留存的资料，即不必额外填写。如此一来，每天只需一两分钟即可填好研发记录的日志。❶

当然，研发记录可能记载了发明创新成果的产生过程，但毕竟只是一系列相对粗糙的技术记录，因此，需要将其中的技术创新，提炼整合成为系统的技术报告或技术交底书，以向技术主管部门报告，使其能适时评估发明创造的应用前景，并进行专利申请的评估。

(2) 技术交底书

技术交底书是技术人员将自己的发明创造内容，以书面形式提交给技术管理部门或者专利代理机构的技术文件。技术交底书一方面可以固化企业的技术知识，另一方面可以作为企业作出技术应用、专利申请等决策的依据和参考。这里我们从专利申请的角度，讨论技术交底书的撰写。

从专利申请的角度，技术交底书主要是为了提高专利申请文件的撰写质量和效率，使专利代理人更容易理解发明人发明构思的特点。撰写技术交底书时，一般应当包括以下主要内容。

①发明或者实用新型的名称

名称应清楚、简明，采用本技术领域通用的技术名词，以清楚地反映和体现发明的主题以及发明的类型。不要使用杜撰的非技术名词，不得使用人名、地名、商标、型号或者商品名称，也不得使用商业性宣传用语。名称最好与《国际专利分类表》中的类、组相对应。

②所属技术领域

所属技术领域是指该发明创造直接所属或直接应用的技术领域，既不是所属或应用的广义技术领域，也不是其相邻技术领域，更不是发明或者实用新型本身。

③背景技术

又称现有技术，这一部分应对申请日之前的现有技术进行重点描述和评价，即记载发明人所知悉，且对理解、检索、审查该发明创造有参考作用的背景技术。一般至少要引证一篇与本发明创造最接近的现有技术文件（也可以采用指出公知公用状况的方式），必要时可再引用几篇较接近的对比文件，它们可以是专利文件，也可以是非专利文件。

❶ 佚名．掌控研发工作［EB/OL］．［2003-12-16］．www.aspsky.net.

对现有技术的简介应包括三方面内容：

• 注明其出处，通常可采用给出对比文件或指出公知公用情况两种方式；

• 简要说明该现有技术的主要相关内容，例如主要的结构和原理，或者所采用的技术手段和方法步骤；

• 客观地指出现有技术存在的问题和缺点，在可能的情况下说明存在这些问题和缺点的原因以及解决这些问题时曾经遇到的困难，切忌采用诽谤性语言。

④发明目的

指发明或实用新型要解决现有技术中存在的什么问题。通常针对最接近的现有技术存在的问题，结合本发明或实用新型取得的效果，提出所要解决的问题。

具体要求如下：

• 应与发明或实用新型的主题以及发明的类型相适应；

• 应采用正面语句直接、清楚、客观地写明目的，明确说明要解决的问题，也可以进一步说明其技术效果；

• 应具体体现出要解决的技术问题，避免采用“节省能源”、“提高质量”等笼统的提法，但不得包含技术方案的具体内容。

• 不得采用广告性宣传用语。

⑤技术方案

这一部分是撰写专利说明书的核心部分，这部分的描述应使所属技术领域的技术人员能够理解，并能达到发明或实用新型的目的。

一项发明或实用新型所采取的技术方案，往往是由若干技术特征的集合构成的。应清楚完整地写明技术方案，包括达到发明目的的全部必要技术特征。如果是产品发明，应该表明产品的构成及各部分之间的关系，各部分的作用，其中属于该发明的部分是什么；如果是方法发明，应该表明该方法由几个步骤构成，每个步骤要求什么条件，各步骤之间是什么关系，各起什么作用等。一般情况下，应用构成该发明或实用新型所必要的技术特征总和的形式公开其实质内容，但有时为了使要求保护的技术范围更加明确，避免产生误解，还应当包括阐述发明或实用新型所需要的重要的附加技术特征，以使人们清楚地了解为达到所说目的，应当采取的技术解决方案是什么。

⑥有益效果

这一部分应清楚、有根据地写明发明或实用新型与现有技术相比具有的优势。

通常有益效果可以由产率、质量、精度和效率的提高，能耗、原材料、工序的节省，加工、操作、控制、使用的简便，环境污染的治理或根治，以及有用性能的出现等方面反映出来。具体要求如下。

• 可以用对发明或实用新型结构特点或作用关系进行分析方式、理论说明方式、实验数据证明的方式或者以上结合来描述，不得断言其有益效果，最好通过与现有技术进行比较而得出；

• 对机械或电器等技术领域，多半可结合结构特征和作用方式进行说明；

• 对化学领域中的发明，可借助实验数据来说明；

• 引用实验数据说明有益效果时，应给出必要的实验条件和方法。

⑦附图说明

附图是为了更直观表述发明或实用新型的内容，可采取多种绘图方式，以充分体现发明点之所在，诸如示意图、模块图、各向视图、局部剖视图、流程图等。对于说明书中有附图的发明专利申请以及所有的实用新型专利申请，在说明书中应集中给出附图说明。

其具体要求为：

• 应按照机械制图的国家标准对附图的图名、图示的内容作简要说明；

• 附图不止一幅的，应当对所有的附图按照顺序编号并作出说明；

• 附图说明不必包括对附图中具体零部件名称和细节的说明；

• 应注意不要标尺寸、公差配合等。

⑧最佳实施方式

这一部分通常可结合附图对本发明或实用新型优选的具体实施方式作进一步详细的说明。不应该理解为说明书内容的简单重复。其目的是使权利要求的每个技术特征具体化，从而使发明实施具体化，使发明或实用新型的可实施性得到充分支持。

一般来说，这一部分至少应具体描述一个最佳实施方式，这种描述的具体化程度应当达到使本专业普通技术人员按照所描述的内容能够重现其发明或实用新型。在描述具体实施方式时，并不要求对已知技术特征作详细展开说明，但必须详细说明区别现有技术的必要技术特征和各附加技术特征，以及各技术特征之间的关系及其功能和作用。

实施方式和实施例的描述应当与所要求保护的技术方案的类型相一致。例如，如果要求保护的是一种产品，那么其实施方式或实施例就应当是体现实施该产品的一种或几种最佳产品；如果要求保护的是一种方法，那么就应当是说明实施该方法的一种或几种最好的实施方法。[1]

资料链接：专利申请技术交底书

发明或者实用新型名称：（可提出本人希望的名称，最后与代理人商定）

发明人（设计人）：（必须是自然人，名额不限）

申请人：（可以是单位，也可以是个人，也可以单位与个人联合）

单位名称：　　　　　　　　　　机构代码：

个人姓名：　　　　　　　　　　身份证号：

地址：　　　　　　　　　　　　邮政编码：

电话：（包括区号）

联系人：（单位的指定一人。个人的一般是申请人，也可以不是申请人）

姓名：　　　　　　　　　　　　电话：（包括区号）

地址：　　　　　　　　　　　　邮政编码：

拟申请专利类别：（发明、实用新型或者外观设计）

技术内容交底提纲（适用于发明和实用新型）

1. 与拟申请专利的发明创造最接近的现有技术的状况，特别是现有同类技术存在的缺陷。

2. 本发明或实用新型要解决的技术问题。

3. 解决该技术问题的技术方案。对工艺方法专利，需详细描述其工艺过程。

4. 应用本发明或实用新型所能产生的积极（有益）效果的举证。对涉及药品的专利，要以动物实验或临床实验报告作为举证材料。

5. 发明或实用新型说明书附图和附图说明。对产品专利，必须绘有产品结构附图，对所描述的部件做出统一的编号，并结合附图详细描述该产品的结构特征，说明各部件的名称、连接关系、位置关系及工作原理。对电子产品，要有电路原理图或者给出模块结构图、信号流程图。

6. 发明或实用新型的具体实施方案（举一个或多个实施例）。

另外，外观设计专利申请应提供产品的设计图片或照片，最好提供实物以便拍照。

[1] 佚名. 申请人如何撰写技术交底书?［EB/OL］.［2008-03-09］. http://www1.shaanxi.gov.cn/bszn/xxxx1.asp?no1=180.

2.3 专利经营的员工管理

企业为免于庞大的投资因为专利问题而毁于一旦，不但应在外部关系上重视专利问题，而且在内部关系上对专利问题也应格外小心。这些内部关系中，专利管理中的员工管理首当其冲。如果不能处理好员工关系，并与员工妥善建立和谐的专利管理制度，稍有不慎，就会给企业带来无尽的烦恼。重视专利的企业都相当重视员工的管理，从而达成双赢的结局。

比如，台湾地区的力捷电脑公司就具有相当完备的员工管理制度。

• 新进人员讲习。凡新进人员在来公司报到后一个月内，即由人资课举行新进人员讲习，其中有一堂课程即为知识产权观念介绍，以避免员工因为不了解知识产权，而在有意无意间发生侵权事件。

• 签订聘雇协议书。新进人员于上完新进人员讲习课程后，即签订一纸聘雇协议书，其内容主要有：专利权、著作权等权利归属、保密义务等条款。

• 离职处理。凡人员离职均需签妥离职申请单，其中一栏是由法务人员填写。法务人员必须收回研发人员的工作日志，并重申公司的保密政策。资料中心则检查离职人员（主要是针对研发人员）是否有交回研发资料。

• 法律实务课程。为使相关人员具备知识产权知识，法务课协同人资课，经常举办各项法律讲习，如专利及商标实务。尤其是专利课程，更是每年定期举办，以增进研发人员对专利的了解。

• 制作法务大事记。为使公司主管时时留意一些知识产权事件，唤起他们的重视，借由公关人员之助，法务课即定期搜罗一些法律事件报导，加以收集整理成法务大事记，并透过公司内部网络，发送给公司经理级以上主管阅读。❶

对于企业的专利经营，从员工管理的角度来看，有许多工作要开展，比如保密协议、竞业禁止协议的签署等。在这里，我们仅从权利归属、法律培训等角度谈论专利经营中的员工管理问题。

2.3.1 权利归属的界定

1. 我国法律关于专利权利归属的规定

我国专利法等法律法规对于职务发明创造的专利申请权与专利权的归属，有专门的规定（如表 2－10 所示）。

❶ 方裕盛．力捷电脑的智财权管理制度（上）[J]．智慧财产权管理季刊，18.

表 2-10　规范专利权利归属的主要法律法规

法律条文	条文内容
《专利法》第 6 条	执行本单位的任务或者主要是利用本单位的物质技术条件所完成的发明创造为职务发明创造。职务发明创造申请专利的权利属于该单位；申请被批准后，该单位为专利权人。 非职务发明创造，申请专利的权利属于发明人或者设计人；申请被批准后，该发明人或者设计人为专利权人。 利用本单位的物质技术条件所完成的发明创造，单位与发明人或者设计人订有合同，对申请专利的权利和专利权的归属作出约定的，从其约定。
《合同法》第 326 条第 2 款	职务技术成果是执行法人或者其他组织的工作任务，或者主要是利用法人或者其他组织的物质技术条件所完成的技术成果。
《专利法实施细则》第 12 条	专利法第六条所称执行本单位的任务所完成的职务发明创造，是指： （一）在本职工作中作出的发明创造； （二）履行本单位交付的本职工作之外的任务所作出的发明创造； （三）退休、调离原单位后或者劳动、人事关系终止后 1 年内作出的，与其在原单位承担的本职工作或者原单位分配的任务有关的发明创造。 专利法第六条所称本单位，包括临时工作单位；专利法第六条所称本单位的物质技术条件，是指本单位的资金、设备、零部件、原材料或者不对外公开的技术资料等。
《合同法》第 326 条	职务技术成果的使用权、转让权属于法人或者其他组织的，法人或者其他组织可以就该项职务技术成果订立技术合同。…… 职务技术成果是执行法人或者其他组织的工作任务，或者主要是利用法人或者其他组织的物质技术条件所完成的技术成果。
《最高人民法院关于审理技术合同纠纷案件适用法律若干问题的解释》（法释［2004］20 号）第 2 条	合同法第三百二十六条第二款所称“执行法人或者其他组织的工作任务”，包括： （一）履行法人或者其他组织的岗位职责或者承担其交付的其他技术开发任务； （二）离职后一年内继续从事与其原所在法人或者其他组织的岗位职责或者交付的任务有关的技术开发工作，但法律、行政法规另有规定的除外。 法人或者其他组织与其职工就职工在职期间或者离职以后所完成的技术成果的权益有约定的，人民法院应当依约定确认。
《最高人民法院关于审理技术合同纠纷案件适用法律若干问题的解释》（法释［2004］20 号）第 3 条	合同法第三百二十六条第二款所称“物质技术条件”，包括资金、设备、器材、原材料、未公开的技术信息和资料等。

续表

法律条文	条文内容
《最高人民法院关于审理技术合同纠纷案件适用法律若干问题的解释》（法释［2004］20号）第4条	合同法第三百二十六条第二款所称“主要利用法人或者其他组织的物质技术条件”，包括职工在技术成果的研究开发过程中，全部或者大部分利用了法人或者其他组织的资金、设备、器材或者原材料等物质条件，并且这些物质条件对形成该技术成果具有实质性的影响；还包括该技术成果实质性内容是在法人或者其他组织尚未公开的技术成果、阶段性技术成果基础上完成的情形。

由上可知，我国现行立法对职务发明创造的权利归属是从职责履行和资源利用两个角度加以认定的。以下兹分述之。

（1）履行职务责任的职务发明创造

《专利法》第6条第1款所称“执行本单位的任务所完成的发明创造”，即为履行职务责任的职务发明创造。《专利法实施细则》第12条、《最高人民法院关于审理技术合同纠纷案件适用法律若干问题的解释》（法释［2004］20号）第2条第1款进行了具体的细化。以下主要根据《专利法实施细则》的规定，简要介绍一下履行职务责任的职务发明创造的内涵。

①在本职工作中作出的发明创造

理解这种职务发明创造的关键是本职工作的范围究竟为何。所谓本职工作就是发明人或者设计人的职务范围，即具体的工作责任、工作职责的范围，而不是单位的业务范围，也不是个人所学专业的业务范围。❶每个工作人员都有本职工作，但并非所有本职工作执行的结果都有可能产生发明创造，这里所说的本职工作是指研究、设计和开发的工作，其他的工作不包括在内。❷随着经济的发展，单位的业务范围不断扩大，内部职能分工越来越细。按照岗位责任制的要求，职工只对本人所任岗位的职能承担责任，而不能对其他岗位职能也承担责任。如果把职工一切与本单位业务有关的发明创造都认为是本职工作，无疑扩大了职工的责任范围，这显然是不合适的。

②履行本单位交付的本职工作之外的任务所作出的发明创造

工作人员（雇员）的本职工作虽然不是研究、设计或开发工作，但是经单位分配参加比较短期或者临时的研究、设计或开发工作，从而作出发明创造的，也应认定为职务发明创造。❸

❶ 程永顺．中国专利诉讼［M］．北京：知识产权出版社，2005：126.

❷ 汤宗舜．专利法教程［M］．北京：法律出版社，2003：60.

❸ 同本页注❷.

履行本单位交付的任务，是指本职工作以外的任务，是单位领导根据工作的特殊需要要求工作人员承担的特定工作，如参加为特定目的设立的研究、设计小组等。其范围要严格加以限定，不能把一般的号召、要求、构想或提议看成是单位交付的任务，随意扩大单位交付任务的范围，否则在职人员的发明创造积极性将会受到影响。

③退休、调离原单位后或者劳动、人事关系终止后 1 年内作出的，与其在原单位承担的本职工作或者原单位分配的任务有关的发明创造

对这种职务发明创造，需要注意的是，首先，“1 年内”的起算日应以正式办理完退休、调离或者终止劳动、人事关系手续之日为准；其次，此种发明创造“作出的”的日期系发明创造的实际完成日，而非专利申请日，当然如果无证据证明的，可以以专利申请日推定为该发明创造的作出日期；另外，所谓“有关的”发明创造是指在完成本职工作中作出的，或完成本单位交付的任务过程中作出的发明创造。❶

（2）利用单位资源的职务发明创造

①主要是利用本单位的物质技术条件所完成的发明创造

《专利法》第 6 条第 1 款所称“主要是利用本单位的物质技术条件所完成的发明创造为职务发明创造”即为利用单位资源所形成的职务发明创造。《专利法实施细则》第 12 条第 2 款将《专利法》第 6 条所称的“本单位的物质技术条件”，解释为“本单位的资金、设备、零部件、原材料或者不对外公开的技术资料等。”《最高人民法院关于审理技术合同纠纷案件适用法律若干问题的解释》（法释［2004］20 号）第 3 条也认为：“合同法第三百二十六条第二款所称‘物质技术条件’，包括资金、设备、器材、原材料、未公开的技术信息和资料等。”这与《专利法实施细则》的相关解释基本相同。

需要注意的是，主要利用单位的物质技术条件，是为了完成某种发明创造，而不是在完成该发明创造以后为了检测或者试验该发明创造。❷所谓主要利用，是指“利用本单位的物质条件、费用较大或者该物质技术条件在发明创造完成过程中起了主要作用，如果缺少这种物质技术条件，该发明创造就可能完不成。”❸

《最高人民法院关于审理技术合同纠纷案件适用法律若干问题的解释》

❶ 程永顺．中国专利诉讼［M］．北京：知识产权出版社，2005：137.
❷ 汤宗舜．专利法教程［M］．北京：法律出版社，2003：61.
❸ 程永顺．中国专利诉讼［M］．北京：知识产权出版社，2005：136.

（法释［2004］20号）第4条规定："合同法第三百二十六条第二款所称'主要利用法人或者其他组织的物质技术条件'，包括职工在技术成果的研究开发过程中，全部或者大部分利用了法人或者其他组织的资金、设备、器材或者原材料等物质条件，并且这些物质条件对形成该技术成果具有实质性的影响；还包括该技术成果实质性内容是在法人或者其他组织尚未公开的技术成果、阶段性技术成果基础上完成的情形。但下列情况除外：（一）对利用法人或者其他组织提供的物质技术条件，约定返还资金或者交纳使用费的；（二）在技术成果完成后利用法人或者其他组织的物质技术条件对技术方案进行验证、测试的。"

②利用本单位的物质技术条件所完成的发明创造

《专利法》第6条第3款规定："利用本单位的物质技术条件所完成的发明创造，单位与发明人或设计人订有合同，对申请专利的权利和专利权的归属作出约定的，从其约定。"此种情形下的发明创造，在权利归属问题上确立了合同优先原则，其目的一是想调动科研人员的积极性，使其自筹资金，按照市场需求立课题；二是想利用单位的闲置资金、设备等，达到智力资源和物质资源的优化组合；三是可以减少权益纠纷，使个人和单位之间有更多的选择余地，充分实现专利法鼓励发明创造的立法宗旨。[1]

2. 企业与员工之间的专利权归属

一般而言，作为职务成果的专利申请权与专利权都归属于雇用单位，此点为法律所确认。企业无须与员工特别约定，也可依法律之规定，直接取得这些职务成果的知识产权。

但是，企业应当在员工的新进岗前培训或职业手册中，特别告诉员工职务成果归单位所有的事实。因为员工并非法律人士，未必了解这些规定。企业履行告知义务后，能让员工明确职务成果的法律归属，以避免因不知法律规定而擅自处置的情形发生。此外，这种告知义务，也表明企业对权利归属的重视程度，以警示员工不要恶意处置职务成果，否则会带来相应的法律责任。

需要注意的是，对职务成果的归属，法律并不排除当事人的特别约定，即可约定归属于员工（完成人）所有。此种法律规定上的灵活性，企业也可资运用，尤其在引进高级人才时，可以以此作为优惠，吸引其从事研发工作。当然，此时企业虽不要求取得知识产权之所有，但务必主张优先使用

[1] 王林，何敏．对职务发明成果归属的新思考［J］．南京师大学报（社会科学版），2002（2）．

权，否则会一无所得。

从专利纠纷的角度，确定专利权归属这个问题不容忽视。专利权纠纷可分为“权属纠纷”、“合同纠纷”和“侵权纠纷”等，而有些“侵权纠纷”案件的审理，首先面临的也是权属的确定问题。也就是说，专利的权属不确定，侵权也就无法确定。尽管我国现行专利法上对权属问题有所规定，但仍不够清晰，这也是实践中经常发生权属争端的一个重要原因。如果能够通过合同在有关当事人之间明确约定专利权的归属，则会减少此类纠纷发生的机会，从而避免不必要的诉讼及花费。

如果企业要避免与员工就职务成果发生争执，只是简单地引用法律声明职务成果归企业所有，并不能解决问题，因为员工会对什么是职务成果提出疑问。比如，在工作之余，主要利用单位物质技术条件开发的技术，员工可能认为这并不是企业交给自己的任务，也不是在上班期间作出的，只是顺便利用了一下企业的场所、设备等物质条件而已，应该归自己所有。于是，争议就会发生，不仅耗费精力，而且影响企业员工的情绪。企业想最大限度维护自己的利益，可以在合同中对职务成果作出明确的定义，对什么时间、什么情况下发明创造属于职务成果，进行合理的界定。

在与专利权相关的员工管理中，除了明确约定职务成果的归属外，还应当约定，员工必须为所开发的职务成果的专利申请等事项提供便利和必要的文件，以避免员工跳槽后，对企业的知识产权事宜置之不理。

为了避免不必要的法律纷争，有些企业还专门制定了单位内部解决权属纠纷的办法。例如，北京某大型国有工业企业，就曾专门制定了解决本单位与员工之间关于职务技术成果与非职务技术成果争议的程序性制度。该制度的要点是，凡是员工本人认为其取得的某项技术成果是非职务技术成果时，应当首先向单位提出书面主张，并全面陈述理由，单位审查后认为理由成立的，给予明确的书面确认；如果单位不同意员工的理由，但双方又不能达成一致意见的，任何一方可以向法院（或仲裁机关）起诉（或申请仲裁）；如果员工未向单位提出过书面主张的，即为职务成果。这一内部制度施行后，该单位便未再出现员工与单位间的权属争议。[1]

[1] 刘东进．企业合理维护知识产权的操作方法［EB/OL］．［2004－08－31］．http：//www.cnpatent.com/peixun/peixun9/peixun9－5.htm.

管理提示：不要让职务成果成为公司的火药桶

很多公司意识到知识产权的重要性，开始在合同里明确职务成果归属于公司。不过，在有关权利归属的合同中，不能只是简单地给出一个职务成果的定义，而需要根据不同员工的岗位和职责，在合同中细化哪些情形下产生的成果属于职务成果的范围。因为职务成果这个词组的内涵并不十分清晰，就像医生的处方，是属于医院的职务成果还是医生的个人创造，往往争论不休。

在实践中，员工往往会就什么成果是否属于职务成果提出疑问，从而与公司在知识产权的归属问题上发生争议，甚至激化矛盾，两败俱伤。如果能够通过合同在有关当事人之间明确约定什么是职务成果，并建立相应协调机制，辅以人性化的处理方式，以确定知识产权的权利归属，则会减少此类纠纷的发生，避免不必要的诉讼及花费，更能促进公司的和谐发展。

当然，公司在界定职务成果的范围时，一般难以穷尽所有的可能。但有必要就公司目前已知的状况，清晰地列举职务成果的范围，同时再给出一个认定职务成果的标准，以解决未尽的职务成果范围问题。总之，不要让职务成果的模糊范围，成为公司与员工之间的火药桶。

2.3.2 专利奖酬的激励

1. 专利奖酬：激发创新的源泉

《专利法》第16条规定："被授予专利权的单位应当对职务发明创造的发明人或者设计人给予奖励；发明创造专利实施后，根据其推广应用的范围和取得的经济效益，对发明人或者设计人给予合理的报酬。"可见，雇用单位在取得职务成果之专利权后，应给予员工相当的奖励或适当的报酬。

在激励发明创新方面，通常采用奖励制度，特别是企业准备追求专利数量的积累时，就必须鼓励内部所有的技术人员来搞发明，设计一个奖励制度，使他们有动力。很多知名企业都十分重视针对员工的发明奖励制度。

Canon公司不但重视技术研究发展，而且对于有贡献的技术提案奖励也相当关心，除了给予发明人适时的职务升迁外，在专利申请及授权时也有一套奖励办法。另外，对公司业绩有特殊贡献者也会相应的给予奖励。[1]

[1] 林茂如．CANON公司的智慧财产权管理制度［J］．智慧财产权管理季刊，13.

为了鼓励员工研发、累积专利，IBM在内部也创设了一套奖金制度（见表2-11）。凡是IBM员工的第一次提案（First File），给予奖金1500美元。从申请到核准均设有奖金。针对积极提案的发明人，创设Plateau（类似积分制——当某人的提案量达到一定分数以上者，可再加发额外的奖金）。公司内部也针对专利的使用价值，另外从第一年的权利金收入中拨出一定比例的金额作奖金。❶

表2-11　IBM的奖金制度

奖励项目	奖金制度
第一次申请（First File）	$1500
提出专利申请（Filed Patent）	每一个发明人$750
取得专利（Issued Patent）	每一个发明人$500 【以第一个取得国家授权为颁发标准】
专利积分制（Plateau）	$1200
部门专利价值奖金	每一项发明人$2500～25 000
合作专利组合奖励	每一项发明人$25 000以上

台湾英业达公司也对员工有奖励的设计。在申请专利的阶段，有三段时期的奖励措施。第一个时期是指在申请前就给提案奖金；专利工程师会根据提案去预先评估，若认为其具可专利性，在备齐技术资料，与事务所及创作人商谈后，确定可以申请专利时，即获得申请奖金，此为第二时期；一旦取得专利，当年度会取得奖金，此为第三时期；此外，每年都有效益奖金，被称作老人年金，有人每年可以领四十几万元台币。❷

2. 员工的奖酬方式

（1）发明人或设计人的奖酬

在实务上，对作为发明人或设计人的员工，主要有三种典型的发明或专利奖酬形式。

①专利申请奖金

当发明创造通过企业内部评审且完成对外申请文件时，企业即给予发明人或设计人专利申请奖金。如此可鼓励员工尽力协助公司准备专利申请文件。因为专利的申请授权往往需要2～3年，若一个工程师提出方案，3年以后才拿到奖金，激励性不强，故在专利申请时奖励，可以让发明人或

❶ 方裕盛．拜访国际商业机器（IBM）公司［J］．智慧财产权管理季刊，16.
❷ 罗得良．专利管理制度［J］．智慧财产权管理季刊，20.

设计人得到立即鼓励。

当然，专利申请不等于能真正取得专利权，因此，为防止员工提出质量低劣的技术方案，企业应当完善内部的发明评审制度。而且这部分奖金是固定金额，不应太高，否则企业会面临较大的成本负担。

②专利授权奖金

等到专利获得主管部门的授权，并获得专利证书后，再发给发明人或设计人专利授权奖金。这部分奖金是固定金额，也不应太高，毕竟专利尚未实施。有的企业还会在此阶段另外再颁发奖牌，或于公布栏公布该专利证书，让发明人或设计人获得无形的荣誉感，也借此激发员工发明创造的风气。

前两种奖金一般采用定额计算，大约在数千元到数万元不等，视企业财力及对发明创造的重视程度而定。

③专利运用奖酬

有的企业在发明创造运用于对外授权或销售产品上有明显贡献时，也会再颁发给发明人或设计人专利运用奖金。

此种奖酬一般是依据专利运用带给企业利润的一定比例计算。

当然，奖酬的形式不能只限于物质。非金钱的鼓励，比如职位晋升、出国访问、奖牌发放有时更能激励员工的士气，使员工在企业内部感受到温情的人性关怀和较大的发展机会。

（2）其他相关员工的奖励

发放专利奖酬时，除了要关注发明人或设计人的奖酬问题，还要关注其他与该专利相关员工的奖酬问题。对于促进专利实施转化等工作的其他员工，也要给予奖酬和鼓励。

2007 年 4 月施行的《上海市发明创造的权利归属与职务奖酬实施办法》第 13 条第 2 款即鼓励这样的做法："被授予专利权的单位在专利权有效期限内，实施、许可他人实施、转让其职务发明创造后，单位应当对发明创造的转化作出突出贡献的人员给予奖励。"

2.3.3 专利知识的教育

一些著名公司都非常重视知识产权的教育培训，比如富士通公司的"特许教育"（知识产权相关的训练）相当完整，从事业部门的知识产权教育，到专利部门人员的海外实习进修，都有全盘的计划。其短期课程包括：公司专利管理现状，技术开发的意义与方法，发明之认识与掌握方法，外国申请注意事项，各国专利制度概要，发明评估，技术调查，专利调查等。对一般新进人员、资深职员及新任经理人员，都给予不同的训练课程。在训练课程中力求专利意识之灌输，对于如下四项更是特别注意：(1) 本公司专利管理现状与问题；(2) 专利制度之基本知识；(3) 专利相关业务，如专利权生成计划、专利评价及技术调查等；(4) 专利取得之方法等。[1]

为有效经营专利，企业应当规划设计完整而系统的教育训练，并长期执行，以培养员工对于专利的认知，培育员工经营专利的意识，这是建立与执行专利管理制度所不可或缺的重要一环。

1. 教育训练的对象

遵循“分层管理，分类培训，因地制宜，因材施教”的原则，专利教育训练在面向的对象上，应当区分为专责管理人员与非专责的员工，并根据不同对象的不同需求，量身订制不同的教育训练方案。

(1) 专责管理人员

专责从事专利管理的人员，自然是专利教育训练的重点对象。当然，这些专责人员多半具有专利方面的知识和经验，因此在教育训练上应当有更高的要求和层次，以提升已有的知识修养和观察眼界。特别提请注意的是，专责管理人员不可把知识和经验局限于法律的层面，否则难以提供技术发展、专利经营等业务所需的专业见解，可能会影响企业开展专利经营方面的事务。

(2) 非专责的员工

专利教育培训不能只限于专责从事专利管理的人员，应当尽可能地面向与专利工作有关的所有员工。因为专利管理尚需要技术研发人员、公司管理人员等员工的密切配合或通力支持。比如，每年可以针对新进员工开展职前知识产权教育培训，普及新进员工的知识产权意识，让其了解本企业的知识产权现状，尤其是专利现状。对于新进的技术人员而言，尤其要教育其避免在研发过程中，因抄袭或模仿而导致侵权的发生。

[1] 刘江彬，黄俊英．智慧财产管理总论［M］．台北：华泰文化事业公司，2004：113－114.

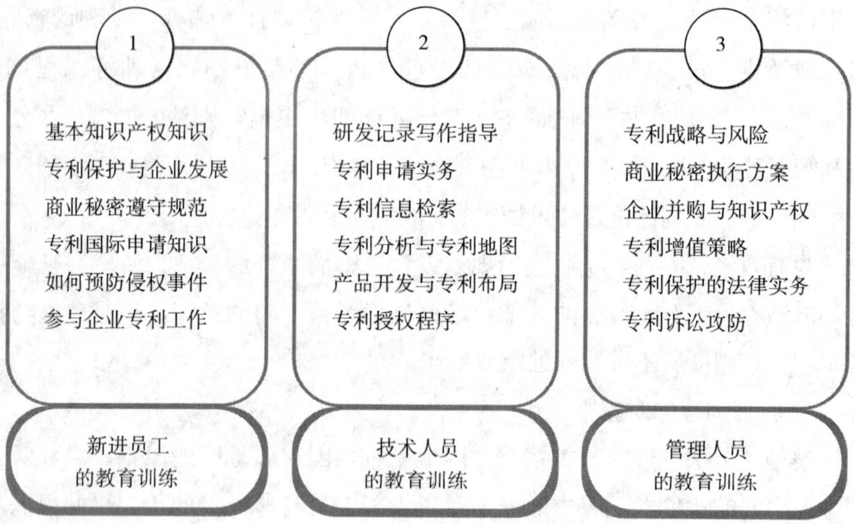

图 2-12 针对不同员工的教育训练

2. 教育训练的形式

专利教育训练的形式多种多样，既可以采取企业内训的方式，也可以用外部进修的方式。从训练形式的固定与否来看，可以分定期与临时的教育训练。

(1) 定期的教育训练

定期的教育训练是比较固定的教育培训方式。比如，每年派遣专利管理人员脱产前往专利代理所或律师事务所，研修知识产权相关事务；或者前往各大学知识产权学院或其他机构举办的研讨班，学习专利法、专利经营管理等有关课程。

(2) 临时的教育训练

在特别的时机或者逢有重要的机遇时，也可以临时进行教育训练工作。比如专利法新近的修改，可能会影响企业的研发或经营策略，则需要进行相关的教育培训；或者幸会优秀的专业律师或资深专家，也可及时安排讲座。

3. 教育训练的课程

企业内部的员工从技术研发人员、技术管理人员、市场营销人员、人力资源管理人员，到中高层管理人员和决策领导人员等，层次丰富，职责各异，因此，在安排教育训练的课程上，也需要多元化和多层化，以适应各自岗位职责、工作任务的需要。

除了常规的培训课程，企业还应当根据发展规划或临时需要，适时提供面向特定主题、特定事件，具有针对性、操作性和实务性的专门培训，比如应对某一特定诉讼的专门培训等。

一门优秀的训练课程，不仅可以避免可能发生的侵权纠纷和损害赔偿，还可以保护和增强企业的核心竞争力，从而让企业受益无穷。因此，与专利（可扩展到知识产权）相关的教育培训，应当列入企业，特别是科技型企业的工作计划，并给予专门的经费预算。

另外需要强调的是，专利经营的教育训练可以侧重专利方面培训课程，但也不能受限于此，因为专利与商标、版权（著作权）、商业秘密等其他知识产权关系密切，不可人为割裂。表 2 - 12 中的内容是作者设计的部分培训课程纲要，其中有些课程已对一些企业作过培训，可以作为企业规划知识产权课程的参考。

表 2 - 12　知识产权培训的课程设计

◇ 法律实务课程	◇ 管理实务课程
• 专利法律实务课程 发掘公司的专利宝藏 评估专利授权的可能 获得专利的程序 如何维持专利权 专利诉讼攻防之术	• 专利经营管理课程 专利经营的资源规划 专利经营的成本控制 专利利用的新思维 专利营销的策略管理 专利经营的反向策略
• 版权法律实务课程 识别享有版权的材料 如何正确行使版权 发现公司的版权风险 如何打击盗版 保护软件开发的利益	• 专利战略管理课程 如何通过专利强化竞争力 专利布局与增值策略 专利包装及运用策略 专利联营与策略联盟 标准与专利的结合
• 商标法律实务课程 商标注册的准备工作 如何取得商标注册 商标使用的规范 驰名商标的保护 商标侵权的处理	• 专利风险管理课程 研发风险预测与评估 专利风险的尽职调查 专利的预警机制 专利风险的回避设计 专利危机的管理
• 商业秘密法律实务课程 界定商业秘密的范围 商业秘密的侵权表现 如何认定商业秘密侵权 商业秘密侵权的举证责任 商业秘密的诉讼攻防	• 公司商标管理课程 商标选择与注册的规划 驰名商标的战略发展 品牌传播中的商标管理 品牌发展与商标战略的整合 商标战略的执行

续表

◇ 法律实务课程	◇ 管理实务课程
• 新进员工知识产权培训课程 知识产权对于企业的价值 应有的知识产权认知 避免侵犯知识产权的行动 消除常见的知识产权误解 如何融入公司的知识产权事业	• 商业秘密风险管理课程 公司商业秘密的威胁 商业秘密的合同规范 商业秘密的档案与信息管理 商业秘密与员工教育 商业秘密保护的执行程序
◇ 专题培训课程	
• 管理层的知识产权战略规划课程 公司管理层应有的知识产权观念 透过知识产权提升公司竞争优势 知识产权如何成为市场壁垒 借助知识产权影响产业结构 有效适应知识产权战略的组织结构	• 驰名商标的法律实务课程 为什么要打造驰名商标 驰名商标的认定途径与优缺点比较 驰名商标认定的证据与案由 驰名商标与广告宣传 中国驰名商标典型案例的解读
• OEM/ODM 与知识产权管理课程 OEM/ODM 涉及的知识产权问题 识别 OEM/ODM 中的知识产权风险 避免 OEM/ODM 的知识产权陷阱 OEM/ODM 的知识产权合同保护 OEM/ODM 与自主知识产权发展	• 技术开发的知识产权管理课程 技术开发与专利分析 专利地图的绘制与应用 专利回避设计的方案分析 技术成果的专利性评估 技术成果的保护方式规划
◇ 定题培训课程 根据企业的需求，量身订制知识产权培训课程。	• 技术转移的法律实务课程 技术转移的流程管理 技术授权谈判要点 影响技术价格的因素分析 技术合同的陷阱与防范 促进技术转移的策略运用

思考与练习

1. 企业专利管理的组织有哪些形式？比较它们的异同。
2. 企业专利管理部门的职能可以涵盖哪些范围？
3. 专利管理制度的模式有哪些？
4. 在企业的专利管理实践中，常见的操作规程有哪些？
5. 研发记录的意义体现在哪里？
6. 撰写技术交底书主要应当包括哪些内容？
7. 如何规范企业与员工之间的专利权利归属？意义何在？

8. 针对企业不同的员工，如何设计专利教育课程？

重要词汇

矩阵式知识产权管理结构： 即在企业内部设立独立的知识产权管理部门，并通过向其他职能部门派驻专利人员，或在其他职能部门指定联系人员等方式，与各职能部门建立联络关系，从而支持整个企业的知识产权活动。

研发记录： 描述研发过程及其成果的记载。

技术交底书： 技术人员将自己的发明创造内容，以书面形式提交给企业技术管理部门或者专利代理机构的技术文件。

专利申请奖金： 当发明创造通过企业内部评审且完成对外申请文件时，企业所给予发明人或设计人的奖金。

专利授权奖金： 专利获得主管部门的授权，并获得专利证书后，企业所给予发明人或设计人的奖金。

专利运用奖酬： 企业在发明创造运用于对外授权或销售产品上有明显贡献时，所给予发明人或设计人的奖金。

第3章　专利经营的信息管理

学习要点

1. 专利经营之信息资源的发掘。
2. 专利经营之信息资源的档案管理。
3. 专利信息的内涵及其类型。
4. 专利信息的基本作用。
5. 专利分析的基本方法。
6. 专利地图的制作及其表现形式。
7. 专利经营之信息安全的合同管理。
8. 专利经营之信息安全的执行措施。

3.1　专利经营的信息资源

从事专利经营，必须依靠信息的支持，所谓“知己知彼，百战不殆”。跟踪产业与技术发展趋势，获取竞争对手的商业情报，已经成为企业生存、发展的重要保障。

摩托罗拉公司在20世纪70年代曾因不关注日本竞争对手的技术情报，在彩色电视机产业中败于竞争对手，于1974年退出彩电行业。80年代，摩托罗拉公司开始全面搜集日本主要竞争公司的技术情报，评估其技术实力，预测其发展趋势和战略，同时搜集公司运作模式方面的情报。

经过情报分析、综合考量后，摩托罗拉最终将生产超过日本标准的产品确定为公司新的战略目标，首先对公司产品的研发方向进行调整，研制新产品，同时提高原产品的生产工艺技术，改进销售及售后服务质量，最终生产出竞争力很强的产品，成为国际移动通信设备市场的巨人。[1]

[1] 夏芸．他山之石，可以攻玉——分析专利文献，获取企业竞争情报［J］．电子知识产权，2003（6）：25-28.

3.1.1 信息资源的发掘

惟需强调的是，这里所谓专利经营的信息资源，并不限于“专利信息”管理，而是包括所有与专利活动相关的信息。比如，专利化之前的技术秘密，以及与专利相互搭配、相得益彰的技术秘密，并非通常意义上的“专利信息”，但对于专利经营却又至关重要。如果技术秘密不幸公开，则可能影响专利的授权，或者降低专利的价值。

与专利经营相关的信息资源非常丰富，主要来自企业内部与外部两个层面。表3-1所列举的信息形式，只是其中的一部分。发掘各种信息资源时，有的信息只需要临时收集整理，如应付侵权诉讼时的法律规范。而有的信息需要定期收集、持续跟踪，比如竞争对手的专利信息。至于研发记录等信息的管理工作，更应该列入日常的工作范畴。

表3-1 专利经营的信息资源

内部信息	外部信息
• 研发记录	• 竞争对手的专利信息
• 技术报告或技术交底书	• 本产业专利状况
• 专利基本信息（数量统计等）	• 法律制度及其改革
• 专利申请状况	• 产业政策的变化
• 专利覆盖的产品状况	• 专利文献
• 专利合同信息	• 法院判例
• 配合专利实施的技术秘密	• 媒介信息
……	……

当然，不同信息的重要性并不一样。比如，专利文献的信息价值相对较高，而法律制度的信息价值相对较低。以专利文献❶为中心的信息资源是企业从事专利经营应重点关注的领域。

许多跨国公司十分重视专利信息的采集、分析等管理工作。日本丰田汽车公司专利部拥有200名工作人员，重要职责即是翻看专利文献，追踪竞争对手的技术发展动向。他们从中找出对手尚未涉足的领域，深入进去建立自有技术。❷日本三菱公司专门由专利部分离出一个“专利情报中心”，

❶ 根据WIPO1988年编写的《知识产权教程》，“专利文献是包含已经申请或被确认为发现、发明、实用新型和工业品外观设计的研究、设计、开发和试验成果的有关资料，以及保护发明人、专利所有人及工业品外观设计和实用新型注册证书持有人权利的有关资料的已出版和未出版的文件或其摘要的总称。”一般是指各国专利局的正式出版物。

❷ 李立．中小企业知识产权管理——警惕陷入7大误区［EB/OL］．［2005-03-23］．http：//news. sina. com. cn.

在三菱公司申请专利之前，都要由该中心先行调查。[1]

对于信息资源的累积，主要通过以下几个渠道：

（1）信息的自我生产。比如，研发记录的撰写，技术秘密的研发。

（2）内部数据的整理。比如，企业对其占有的专利，统计出专利数量、申请日、发明人或申请人、申请号、专利号、代理事务所、缴纳年费记录、专利失效期限等信息。

（3）外部信息的收集。比如，通过专利检索下载竞争对手或目标范围的专利文献，通过互联网对适用等同侵权原则的专利侵权判例进行收集和整理。

（4）现有信息的加工。比如，对检索得到的专利文献进行专利分析，形成专利地图和专利报告；整合适用等同侵权原则的专利侵权判例，形成一份分析研究报告。

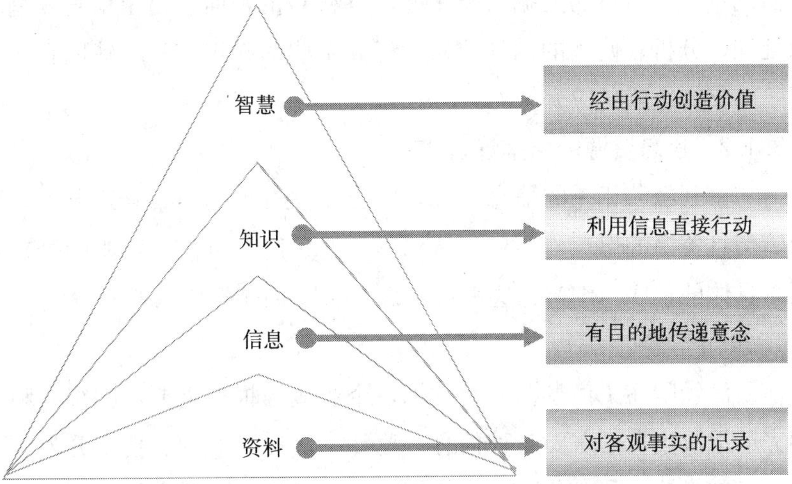

图3-1　从资料到智慧

资料来源：高佐良．专利资料检索与应用．本文稍有文字改动。

需要强调的是，信息资源的发掘，不是从一堆事实记录的资料中抽取一堆信息出来，堆放在一起，而是有目的、有计划地挖掘信息，并借由信息提供的知识，采取相应的行动，经由行动创造企业的价值（如图3-1）。比如，针对竞争对手进行专利检索得到专利文献（资料），分析这些专利的技术领域和数量规律（信息），从中获知竞争对手的技术发展路线（知识），然后，有目的地制定自己的技术研发战略（智慧）。

[1] 张瑶．浅谈国外企业的知识产权管理战略［J］．现代情报，2004（6）．

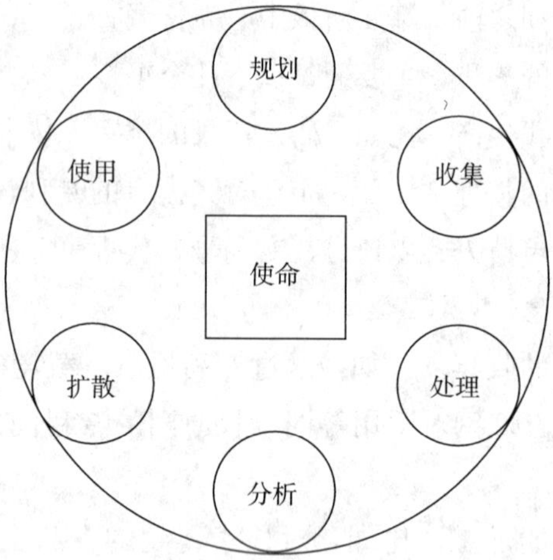

图 3-2 信息周期

由此可见，信息的发掘与累积并非终极目的，而是借由信息规划、收集、处理、分析、使用的循环往复，提升企业的知识结构、辅助企业的市场竞争，支持企业的应变能力。

3.1.2 信息资源的档案管理

对与专利经营相关的信息资源，应当建立有效的档案管理制度，以充分保障信息资源的保存与利用。从档案学的角度，对信息资源的管理牵涉到很多具体的程序与细节，这里只介绍一些基本的原则。

1. 全面完整

前面已经阐述了信息资源的发掘，企业应当根据需要，围绕专利经营全面完整地收集自己需要各种信息。比如，从技术立项、技术开发、专利申请、专利维持，到专利实施、专利许可等环节，全面收集与专利相关的文件资料。

对于收集的相关信息，应当根据一定的标准或类别，制成规范的档案，进行分类整理，便于快速检索、有效利用。比如，把专利相关的信息档案，分为技术开发档案、专利申请档案、专利利用档案、专利保护档案、专利效益档案、专利法规档案等。

2. 统一管理

与专利经营相关的信息资源，往往分布在企业内部不同的部门，或者掌握在不同的员工手中。这种分散的状态可能会对企业经营产生致命的危害，比如，掌握商业秘密信息的员工离职后，相应的商业秘密也可能会随之流失，企业可能连其商业秘密是什么都不知道。这些流失的信息资源可能会让已有的部分工作（比如研发设计）无法继续或无法立即继续开展，甚至让企业的运转一时陷于瘫痪。

因此，对于相关信息应当交由专门的部门统一保管、统一存档，一方面可以防止因分散保管而容易丢失；另一方面也便于资源的查找利用。尤其是对于员工掌握的有价值的信息，应当尽量固定下来，比如输入计算机存储或形成纸版文件，作为企业的一笔财富统一保存起来，即使员工跳槽，这些信息资源仍然保留在企业。

3. 保障安全

在档案管理过程中，必须高度关注信息资源的安全性，特别是防止失窃、失密或泄密现象的发生。在信息网络时代，电子化或数字化的信息资源日益增多，但这些形式的资源，安全性极其不稳定，经常因为电脑中毒、黑客攻击或盘片损坏等原因，而导致信息不复存在或无法读取的严重后果，因此必须做好数据备份和保存工作。

为了信息资源的安全，企业必须加强安全措施，比如在档案管理区域，采取门禁等措施，防止无关人员进入其中；对电子文档进行加密处理，防止他人浏览阅读，等等。

4. 区别对待

专利经营的相关信息并不具有同等的价值，必须综合考量相关信息的商业价值和保密程度，依照其对企业重要程度的大小，进行分类排列，区别对待。比如把相关信息档案分为绝密、机密、秘密、一般或公开等级别，并进行统一的标记。

根据档案的不同级别，在资料的复印、公开、传送等方面，应当采取不同的措施或规定。比如，对外公开时，哪些资料必须得到特定人员的同意？复印资料时，哪些资料只有原制作单位才能印？传送资料时，哪些资料必须密封才可传送？

5. 定期更新

信息资源每天都可能发生变化，因此应当定期更新其中的信息，增补未曾收录或者最新出现的信息资料。如果企业的专利战略发生变化，相应的信息资源范围也会随之发生改变，这都需要通过定期更新来解决。

特别要强调的是，企业应当定期更新作为商业秘密的信息资料。最好每年检查一次标记为商业秘密的信息，评估它们是否仍有保密的价值。定期更新商业秘密的信息，可以使商业秘密的保护更有效率和针对性，企业应当给予足够的重视。

管理提示：清理您公司的商业秘密

有的公司在执行商业秘密的政策时，会走向一个极端，恨不得把所有的信息都纳入商业秘密管理的范围。然而，需要引起注意的是，商业秘密的范围愈大，保护的成本愈高，执行的效率愈低，反而会影响实际保护的效果。尤其是把过多的信息纳入关键性的商业秘密范围，而加以高规格的保护，可能不是一种明智的选择，因为这不仅会耗费不必要的成本，同时还会让员工意识不到其非常特别的重要性。

所以，确定商业秘密的范围要适可而止，不要过于贪婪，否则反而成为一个包袱。另外一个重要的工作，是要建立一套评估程序和标准，定期检查和清理失效的商业秘密，因为很多商业秘密可能已经没有存在的必要或失去了价值，需要取消它们受保护的待遇，这将减少商业秘密的维护成本。

6. 有效利用

信息资源档案管理的目的在于方便信息资源的利用，发挥信息资源的价值。如何促进档案的有效利用？除了规范建档、分类管理、畅通借阅利用渠道等措施外，为适应网络时代的需要，还应当与时俱进，对那些可以在内部广泛公开的信息资源，经过整理编辑后，最好建立数字化的信息资源库，以方便内部员工通过内部网络检索与利用，扩散企业累积的经验与信息。

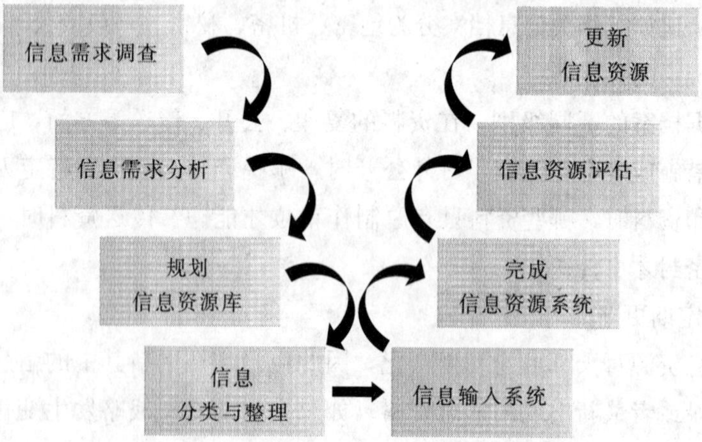

图 3-3　专利经营之信息资源库的建立流程

日本崛场（Horiba）株式会社即有这方面的行动。它针对本企业所有的 4000 多件专利申请和专利权的状况，开发成内部数据库，记录发明名称、摘要、申请日、公开日、发明人姓名、法律状况以及实施状况，其目的在于：①供本企业所有研发人员快速确定研发主题；②产品上市前进行检索；③跟踪竞争对手侵权行为；④便于对本企业发明进行深层次研究。❶

3.2　专利经营的信息分析

企业从事专利经营，不仅需要了解自己可资利用的资源，而且需要掌握竞争对手或者所在行业在特定技术领域的专利状况，通过专利分析，知悉专利竞争环境，判明专利发展时势，进而作出适宜的专利决策。如果要了解企业外部的专利竞争状况，那么分析专利信息以及制作专利地图是最佳的路径选择。

3.2.1　专利信息与专利地图

1. 专利信息

（1）专利信息的内涵

谈到专利信息，就需要讲到专利文献。专利文献是各国专利局及国际性专利组织在审批专利过程中产生的官方文件及其出版物的总称。❷作为公开出版物的专利文献主要有：专利说明书、专利公报、专利文摘、专利索引和专利分类表等。

这些专利文献中的信息，或者从中衍生出来的信息，就构成了所谓的专利信息。因此，专利信息是指以专利文献作为主要内容或以专利文献为依据，经过分解、加工、标引、统计、分析、整合和转化等信息化手段处理，并通过各种信息化方式传播而形成的与专利有关的各种信息的总称。❸专利信息是一座资源宝库，里面蕴藏了很多技术、法律、经济和战略方面的信息，需要企业精心发掘，细心利用，为企业的技术研发、专利规划和决策咨询，提供信息上的支持。

很多重视专利的公司都十分注重收集、利用专利信息，并建立自己的专利信息库。比如，日立公司的知识产权本部把专利情报管理工作列为首要任务；三菱公司随着知识产权总部的发展，将原属于专利部管辖的专利情报中心从专利部中分离出来，成为独立的公司；而 IBM 公司的专利经理，其主要的四项职责中有三项与专利情报有关：

❶ 姜颖，赵国红，姜丹明．走出去扩眼界　转观念促创新［J］．知识产权，2003（1）：18－24.
❷ 李建蓉．专利文献与信息［M］．北京：知识产权出版社，2002：9.
❸ 同本页注❷.

表 3-2 专利信息的类型

信息类型	相关说明
技术信息	在专利说明书、权利要求书、附图和摘要等专利文献，及其相关文献中所披露的技术内容
法律信息	在权利要求书、专利公报及专利登记簿等专利文献中记载的专利保护范围、专利有效性等具有法律意义的信息
经济信息	某一国家、行业或企业通过专利文献而体现出来的经济活动方面的信息
战略信息	经过对上述三种信息进行检索、分析、整合而产生的具有战略性的信息

①收集掌握下属各公司有关的专利情报、技术情报以及各专业部门的活动情况；

②依据情报决定是否申请专利。建议申请国的范围，提供有关业务咨询；

③根据总部每年预计的专利申请计划调整申请的件数；

④收集 IBM 及其他公司有关专利情报、技术动态信息，有针对性地进行知识产权方面的谈判。❶

我国 TCL 集团为满足集团上下大量专利文献检索的需要，在广东省专利信息中心的支持下，建立了"TCL 中外专利信息系统"。❷中国船舶重工集团第七一一研究所在专利代理机构的协助下，也建立了自己的专利数据库，并定期更新。

（2）专利信息的作用

无论对于企业的研发活动、侵权防御，还是技术引进、竞争规划，专利信息都具有不可忽视的作用。总体上讲，专利信息是企业从事专利工作的学习工具、预警工具和决策工具。

① 学习工具

专利文献涉及的技术之广泛、内容之丰富、信息之全面，是其他科技文献难以比拟的。全世界每年公布的专利说明书等专利文献数以百万计，从手机到电脑，从玩具到汽车，可谓无所不包，无所不有。据国外调查统计，专利文献中报道的技术内容，只有 5.77%刊载于其他文献中。❸可见，

❶ 于涛．国外企业的知识产权管理模式分析［J］．电子知识产权，2003（6）．

❷ 佚名．TCL 集团知识产权管理机构建设情况及近期管理动态［EB/OL］．［2008-03-09］．http：//www.cnipr.com.

❸ 江镇华．怎样检索中外专利信息［M］．北京：知识产权出版社，2001：2.

专利文献是许多技术信息的唯一来源，如果不注重专利文献的查阅，企业技术创新就可能难以获得这些信息的支持和帮助。

因此，通过这些专利文献，整理其中的专利信息，研读其中的技术内容，可以促进企业的技术创新及研发能量，推动技术研发和专利申请，避免重复研究和无效劳动。WIPO曾经统计，有效运用专利情报，可缩短60%的研发时间，并可节省40%的研发费用。

北京低压电器厂就是利用专利文献促进技术开发的受益者。在开发漏电保护开关产品时，北京低压电器厂白白花了1年多时间探索，仍没有找到理想技术方案，尔后仅用7天时间查阅专利文献，找到了70多篇有关材料，其中有的参考价值很高，使原设计者们茅塞顿开，仅用了3天时间就制定出可行的技术方案，产品达到了国际先进水平，并申请了专利。[1]

② 预警工具

由于专利法律意识比较弱，管理经验比较少，专利侵权一度成为我国企业前进路上的“地雷阵”与“紧箍咒”。近年来，不少企业在研发设计、经营管理和对外合作中，因为专利等知识产权问题而莫名其妙侵了权，糊里糊涂吃了亏，频频引发权属纠纷与侵权争议，往往损失巨大，甚至遭受重创。

> 美国假日宾馆曾经提出的口号：“最好的惊奇是没有惊奇。”

其实，如果利用专利信息，就可以预测和评价潜在的专利风险，从而尽可能地避免或减少遭受他人的专利攻击。比如，在企业技术立项时可以进行专利检索，防止自己的开发成果侵犯别人早已申请的专利权；在出口贸易中应当检索自己的产品是否侵犯输入国的专利权，以避免被他人采取海关扣押等措施，而损失巨大。此外，通过专利文献中的专利申请人信息，还可以发现新进入的竞争对手，从而作好竞争准备。

无锡小天鹅股份有限公司在利用专利文献上有一段曲折的故事。小天鹅是靠引进日本松下公司先进的生产技术之后逐渐发展起来的，到1996年，其全自动洗衣机销量已占国内市场的40%，小天鹅开始将产品出口日本，最终因为产品侵犯了日本松下公司多项专利权而告失败。日本是洗衣机领域里的专利大国，为避开日本的“专利封锁”，小天鹅全面收集和分析了日本八大洗衣机公司3000多条专利文献，确定开发“多功能主体水流洗衣机”的技术创新思路获得成功，掀起了洗衣机水流技术的一次重大革命，

[1] 谢静波．论专利文献在企业技术创新中的作用［EB/OL］．［2007-01-10］．http：//61.163.245.107/chxin/chx116.htm.

并使中国洗衣机工业开始在核心技术上有了自己的知识产权。[1]

③ 决策工具

专利信息的分析利用，可以支持或影响企业在技术发展、生产经营、投资并购和诉讼攻防等方面的战略决策。专利信息包含了大量的技术、经济和法律情报，涉及各个产业、行业和企业，可以为企业的战略决策提供各种必需的信息。

在技术开发的决策中，专利信息可以让企业了解到目前的专利竞争态势，预测未来的技术发展方向；在生产经营的决策中，专利信息可以让企业了解哪些权利人的专利具有产业价值，从而谈判购买或交叉许可；在投资并购的决策中，专利信息可以让企业了解目标公司的专利是否存在瑕疵，从而评估是否值得投资并购；在诉讼攻防的决策中，专利信息可以让被告企业了解到原告企业的专利保护领域、专利保护范围等状况，从而影响其诉讼策略和诉讼进程。

在 20 世纪 70 年代末，克罗地亚 Pliva 公司开发了一种全新的抗菌素——阿齐霉素。从最初阶段的试验来看，阿齐霉素被证明是一种极其有效的抗菌素，其特点是它在动物身体组织中停留的时间要长于其他类似的抗菌素。美国辉瑞医药公司（Pfizer Inc.）的科学家们在检索美国专利商标局的数据库时，偶然发现了 Pliva 公司的这件专利，并意识到这种抗菌素所具有的巨大潜力。于是，辉瑞公司决定将阿齐霉素的专利产业化。两家医药公司进行谈判，最终达成了使用许可协议。[2]可见，专利信息可以为企业作出专利购买的决策提供帮助。

2. 专利分析

如何有效搜集情报，缩短研发进程，降低侵权风险，同时将专利技术信息正确解读为专利经营信息，了解竞争对手与我方的技术、市场部署，以迅速建立正确的决策过程，是产业决胜的关键所在。然而，作为一种信息资源，专利信息并不自动产生学习工具、预警工具和决策工具的效用。

如何从专利信息中寻找企业需要的结果，需要进行专利分析，并制成分析报告或者专利地图，以支持企业的专利工作。所谓专利分析是指对检索得到的特定主题的专利文献，从管理层面和技术层面进行资料筛选、数

❶ 谢静波．论专利文献在企业技术创新中的作用［EB/OL］．［2007-01-10］．http：//61.163.245.107/chxin/chx116.htm．

❷ 方瑜．阿齐霉素：一种世界上销路最好的抗菌素——Pliva 医药公司［EB/OL］．［2005-05-24］．http：//www.sipo.gov.cn/sipoold/ztxx/nyzscqxx/t20050524_48090.htm．

据统计和信息分析，从而获取可资利用的目标信息的过程。

专利分析实质是一种竞争情报分析。进行专利分析之前，应当明确分析目标、分析行业或技术领域，以及检索主题，否则专利分析无从开展，也没有效用。

（1）专利分析的方法

专利分析的方法主要包括定量分析和定性分析两大类。

定量分析是对专利文献的外部特征按照一定的指标（如专利数量）进行统计，并对有关的数据进行解释和分析的方法。定量分析可以从专利分类、专利申请人、申请年度、专利申请国别等不同角度进行，其统计对象通常以专利件数为单位，其分析结果可以形成后面讲到的专利管理地图。定量分析适合于较为宏观层面的专利分析，比如，对专利按专利申请人进行统计，可以发现某个领域重要的专利技术拥有者，或者哪个公司在该领域具有重要地位。

定性分析是指通过对专利文献的实质内容（如权利要求）进行分析，了解某一技术发展水平和保护范围的方法。定性分析一般以摘要、权利要求、说明书、同族专利等内容为对象，围绕特定主题进行专利文献的研究与分析，其分析结果可以形成后面讲到的专利技术地图。定性分析更适用于较为微观层面的专利分析，比如，将某技术领域各主要公司的专利按专利内容列表分析，可以看出各公司的技术特色及开发重点。由于涉及技术的具体内容，定性分析的工作相对于定量分析而言，比较繁重和复杂。

企业在进行专利分析时，是采用定量分析还是定性分析，应当视其希望解决的问题和掌握的专利信息而定。事实上，经常需要将定性分析与定量分析结合起来才能达到好的效果，比如，可先通过定量分析确定哪些公司在某一技术领域占有技术优势（专利申请量或授权量可以反映技术活动水平），辨别这一技术领域的重要专利（某一专利被后续专利的引用次数可反映该专利的重要性），然后再针对这些公司的重要专利进行定性分析。

专利的定量分析与定性分析，一个是通过量的变化，一个是通过内在质的变化来反映技术的发展状况与发展趋势。两者既有区别，又存在必然的联系。量的分类需要根据质，质的体现又要通过量。因此在实际工作中，将两者配合使用会获得更好的效果。[1]

[1] 佚名．专利分析法［EB/OL］．［2006－03－28］．http：//www.easymr.com/Article_Print.asp?ArticleID=3903.

资料链接：专利分析的定量指标

专利分析的定量指标较多，不同的指标从不同的角度揭示专利信息。许多国家和知识产权咨询机构都建立了自己的一套分析指标体系，比如美国摩根研究与分析协会（Mogee Research & Analysis Association)、美国知识产权咨询公司（CHI）等。而由于各国家、地区申请专利的习惯并不相同，指标的计算方式也可能有所不同。早在20世纪70年代早期，CHI便与美国国家科学基金会一起研发出全球第一个科学成果指标，美国国家科学基金会编写出版的《美国科学与工程指标》报告了采用CHI的专利指标体系。OECD科技指标系列手册（即弗拉斯卡蒂系列手册中的《专利手册》）也介绍了CHI指标的概念和计算方法，并指出CHI的指标最初主要针对公司设计，但同样适用于国家、地区。下面将CHI一些主要指标及其他一些常用的指标介绍如下：

指标名称	含义	应用
专利数量	一段时间内各技术领域、各国家、各公司、个人所获得的专利数量	通过组合对比，可评估当年或历年某一技术领域，国家、公司或个人的技术活动程度和水平，演变过程和发展趋势
专利相对产出指数（Activity Index)	公司在某技术领域的专利申请量与产业专利申请量的比例	评估公司在整个竞争环境中的相对位置
同族专利指数	某专利权人在不同国家或地区申请、公布的具有共同优先权的一组专利数量	反映专利权人申请的地域范围及其潜在的市场战略
专利成长率	某权利人在某段时间获得的专利数量/上一阶段的专利数量	计算当前较前-阶段增减的幅度，可显现技术创新随时间的变化是增加还是减缓
引证指数	某专利被后继专利引用的绝对总次数	引证次数高，代表该技术属于基础性或领先技术，处于核心技术或位于技术交叉点
当前影响指数（Current Impact Index，CII)	某产业或企业前五年专利的当年被引用次数/系统中所有前五年专利的当年被引用次数的平均值	如果实际被引用数与平均值相等，当前影响指数即为1。指数大于1，说明该技术有较大影响；小于1，则说明影响较小
技术强度（Total Technology Strength，TTS)	专利数量×当前影响指数（CII)	专利数量在质方面的加权，评估公司专利的技术组合力量

续表

指标名称	含义	应用
相对专利产出率	某权利人在某一领域的专利申请量/全部竞争者的申请量	判断权利人的竞争位置，产出率越高，竞争力越强
技术重心指数	权利人在某技术领域的专利申请量/其全部申请量	判断某一国家和公司的研发重点
科学关联性（Science Linkage，SL）	某公司专利平均所引证的科研学术论文或研究报告数量	评估某专利技术创新和科学研究关系
技术生命周期（Technology Cycletime，TCT）	企业专利所引证专利之专利年龄的中位数	评估企业创新的速度或科技转化速度。TCT 较低，代表该技术较新且创新速度快
科学力量（Science Strength，SS）	专利数目×科学关联性	评估一家公司使用基础科学建立该公司专利组合的程度，和公司在科学上的活跃强度

资料来源：党倩娜．专利分析方法和主要指标［EB/OL］．［2005－11－21］．http：//www.istis.sh.cn/list/list.asp？id=2402.

（2）专利分析的价值

专利分析的价值其实已在前面有关“专利信息的作用”的阐述中体现出来了。这里要特别强调的是，专利分析为企业的战略决策提供了广阔的应用前景，表 3－3 的内容可以更加充分地帮助我们理解专利分析的战略性应用。

因此，企业应当通过专利分析，不断从专利文献中挖掘出更多有价值的情报，为企业的战略决策提供服务。下面以 20 世纪 80 年代进行的一件全球硫化钠电池产业的专利分析为例。

通过对 1966～1982 年间 284 件相关专利进行统计、组合、分析，在技术竞争分析中，统计出各公司专利申请的领域及专利的技术价值，发现在电解质、外观设计领域中 Ford、GE、Chloride Silent Power 三个企业申请的专利数量最多且平均被引用率相对较高，因而它们在这两个领域中技术竞争实力相对较强，是市场的主导。在进行新风险评估中，发现 Ford 与 Chloride Silent Power 两家企业间存在着技术优势的互补性，因而两家公司可以通过合作如联合风险开发等来取长补短，从而减少投资风险，增强自身竞争实力；同时分析发现 GE 公司 1982 年后退出了该技术领域，可将其

相应的专利技术进行转让，相关企业可与GE公司协商来收购其有价值的专利技术。❶

表3-3 专利分析的战略性应用❷

技术竞争分析（Technology Competition Analysis）	通过分析竞争对手所拥有的全部专利或分析该技术领域的全部专利，可以确定竞争对手的相对竞争地位及其相对的技术性竞争优势、劣势
新风险评估（New Venture Evaluation）	通过专利分析确定竞争对手的优势及劣势后，公司可选择性买卖合适的专利技术，以辅助进行扩张和分散风险的决策
专利投资组合管理（Patent Portfolio Management）	通过专利分析可以辅助决策专利许可、出售、联合风险开发等
研究与开发管理（R&D Management）	专利分析可发现具有竞争力的先进技术，以优化自身R&D项目
产品领域和市场监督（Product Area or Market Surveillance）	通过跟踪竞争对手的专利申请领域及范围等状况，可发现竞争对手动向、技术开发及竞争性加入
兼并与收购分析（M&A Analysis）	通过专利分析可辅助M&A的决策，以增强公司的技术基础力量，并减少技术威胁
价值链分析（Value Chain Analysis）	可分析供应商与客户的专利活动情报，观察价值链中各个环节的潜在变化，辅助公司调整相应决策

（3）专利分析的限制

专利分析虽然具有很好的应用价值，但也不能过高地估计专利分析的准确性及优越性。由于主客观条件的限制，专利分析在实际应用中还存在一些缺陷与不足。

① 分析资料的局限性

专利分析所依赖的专利文献资料虽然比较丰富，但并不能完全代表整个领域的技术创新状况。因为很多企业会选择以商业秘密的方式，来保护其核心的技术成果，使别人无法通过专利分析来发现这些技术。此外，还有许多尚未进入公开阶段的专利申请，也使得专利分析所运用的文献资料不具有完全性。

② 分析结果的滞后性

由于发明专利的说明书等专利文献，通常是自专利申请日起满18个月

❶ 张燕舞，兰小筠．企业战略与竞争分析方法之一——专利分析法［J］．情报科学，2003（8）．
❷ 同本页注❶．

即行公开，因此，根据这些专利文献进行的专利分析，都是针对至少 18 个月以前的技术创新活动，存在较大的时间间隔。这个时间差将直接影响专利分析预测结果的准确性，尤其是不能完全准确地评价专利活动的现状。

③ 分析过程的复杂性

专利分析，尤其是专利定性分析，需要绵密的专利检索及逐案分析，过程复杂，技术性强，往往需要专业人员、专业数据库和专业分析软件工具的支持，因此耗时耗力，对于中小企业可能难以承受如此负担。

不过，市场上有许多公司提供专利信息与专利分析的服务，企业在从事专利分析时，可以借助这些公司快捷、专业的专利信息服务，以降低专利分析的局限性。

3. 专利地图

（1）专利地图的内涵

专利地图听起来高深莫测，其实只是一种形象化的比喻，它是将专利文献的分析结果，依照一定的标准整理成图表，即把专利信息“图表化”，以呈现或表达专利分析的结果。有些专业的专利信息公司所分析出来的专利图表，的确非常像地理上的地图呈现形式（如图 3－4 所示），但在广泛的意义上，一些与我们想象的地图完全不同的专利图表，如柱状图、曲线图等，我们也称之为“专利地图”。

专利地图作为一种搜集、整理和显示专利分析结果的工具，在表现形式上比较直观明了，可视性强，便于理解，在实践上具有很广的应用。一些提供专利信息服务的公司，为客户提供的专利分析结果，往往都是以专利地图的方式表现。

在发达国家和地区，专利地图很早就受到重视与利用。日本于 20 世纪 60 年代就开始了专利地图的研究。1968 年，日本专利办公室出版了日本第一份专利地图，该地图是关于航空微米测量技术在其他产品的功能、特征和设计原理等应用领域上的扩充使用，该专利地图能显示出技术功能性和应用方面的扩展方式，并能通过专利随时间的变化关系找出它们之间的联系。随后，专利地图的应用逐渐扩展到工业，尤其是一些以技术为基础的大公司。

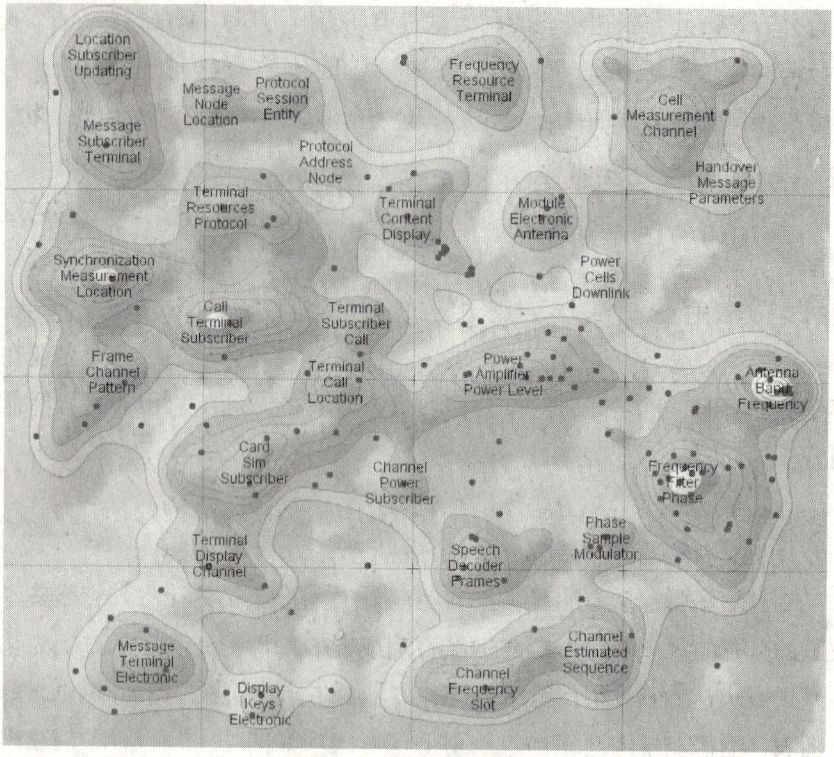

图 3-4 专利地图示例

为了企业的科技发展战略、开发新的商机和进一步促进对专利信息的使用，近二十年来，日本政府收集和分析了许多技术领域的专利信息来制作专利地图，并将这些地图免费放在网上。1997～1999 年间，日本发明与创新研究所亚太工业产权中心陆续针对日本重点技术领域制作了 66 种技术的“技术领域专利地图”，将专利情报提供给产业界。❶

（2）专利地图的分类

对于专利地图，各有不同的分类。有的分为四大类，即专利管理图、专利技术图、专利权利图以及专利引证图；有的分为三大类，即专利管理图、专利技术图和专利权利图。有的分为两大类，即专利管理图和专利技术图。尽管分类各异，但具体的图表类型大致相同。专利权利图或专利引证图在后两种分类中没有单独列出，是因为它们被置于专利管理图或专利技术图的名目之下。我们这里把专利地图主要分为两大类：

❶ 瞿丽曼．国内外专利地图发展动态研究［EB/OL］．［2005-05-09］．http：//www.istis.sh.cn/hxys/zscq/cqqb/list.asp？id=1434.

①专利管理地图

所谓专利管理地图，是显示技术的发展趋势，进行竞争企业的实力剖析和动向预测的管理信息地图。专利管理地图的表现形式，主要包括历年专利动向图，技术生命周期图，各国专利占有（或申请）比例图，竞争公司专利占有量图，IPC分类分析图等。

②专利技术地图

所谓专利技术地图，是将专利文献进一步分析，依据专利目的、达成功效、技术手段等，做成条理分明、一目了然的技术信息图表，以缩短研读时间、提升效率。专利技术地图的表现形式主要包括专利分析摘要表、专利技术分布鸟瞰图、专利技术领域累计图、技术/功效矩阵表、主要公司技术分析表等。

（3）专利地图的制作

制作专利地图首先必须确定专利检索的主题、地区及数据库，以便确定专利地图制作及分析所涉及的范围和对象。然后依据检索主题和地区，进入专利数据库输入关键字和国际专利分类号等检索主题进行检索。最初检索出来的专利文献数量可能非常庞大，需要技术人员进行浏览和筛选，剔除与专利地图目标需求无关的部分，得到与研究内容相关的专利文献。

对筛选后的专利文献，可以进行专利管理地图的制作。并在专利管理图的基础上，找出主要专利文献，由技术人员对这些主要专利文献进行解读，得到每一份文献的技术目的，采用的技术手段和达到的技术功效。经过整合分析后，即可开始专利技术地图的制作。

专利技术地图一旦制作完成，就可根据专利技术地图中揭示的专利信息进行技术创新或回避设计，以及对自己开发的技术进行侵权判断。此外，在具体实施过程中，还必须根据不断出现的最新专利文献对专利地图进行更新，才能使专利地图具有时效性，即保证其指示作用的客观性和准确性。[1]

专利管理地图可以通过专利分析软件根据检索结果制作而成，以节省大量的人力和物力。如我国台湾地区的专业分析软件有工研院 PatMap 软件，连颖科技股份有限公司的 Patent Guider 软件。我国大陆地区的专业分析软件有云南国资恒和顿知识产权咨询服务有限责任公司的专利下载分析软件 HPatent 等。由于专利技术图的制作，需要企业技术人员对每一篇专

[1] 吴新银，刘平，戚昌文．专利地图制作及解析研究［J］．电子知识产权，2003（2）．

利文献进行详细的解读，了解其中的技术信息后才能进行，因此其不可能用专利分析软件制作而成，只能依靠技术人员人工制作。❶

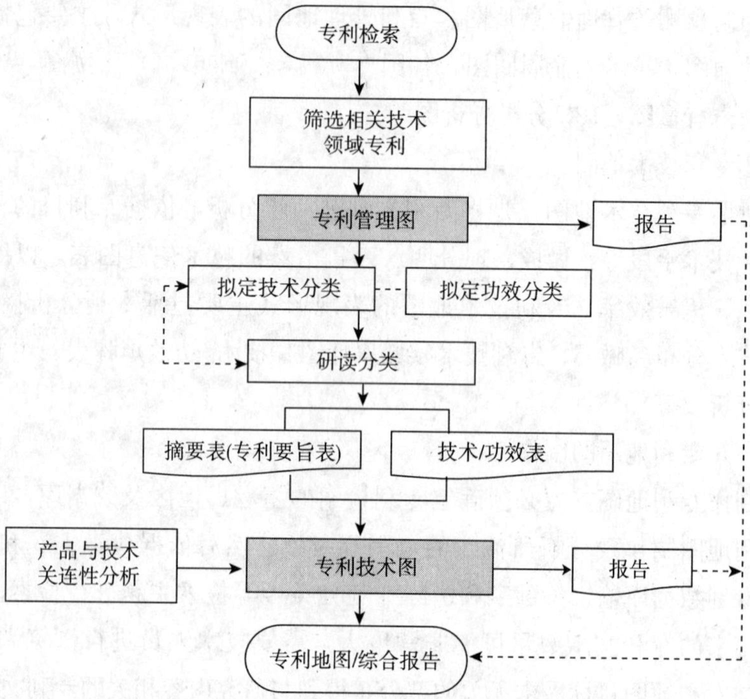

图 3-5　专利地图的制作流程❷

总体上看，专利地图所涉及的信息量比较大，分析整理比较烦琐。如果企业自身的实力不够，一般很难完成专利信息的搜集和分析工作，因此还是交由专业人员或专业公司去做比较可行。尤其是进行专利侵权和有效性分析时，最好由企业技术人员配合专业的专利律师来做，更具稳妥性。

3.2.2　专利管理地图的形式❸

1. 历年专利动向图

分析对象：所有申请人（或选定的主要公司）在某一特定技术类别上不同时间的专利申请量。

历年专利件数动向图常用折线图表示。如图 3-6 所示，横坐标表示专利申请年度（或授权年度），纵坐标表示年专利申请（或授权）件数。该图

❶　刘文东．专利地图的绘制与应用［C］．上海：上海大学知识产权学院“企业知识产权战略与策略”研究生课程论文．

❷　王本耀，邵宇奇．专利策略与专利分析［C］．上海：第五届海峡两岸知识产权学术研讨会论文，2004.

❸　关于专利管理地图和专利技术地图的部分内容，主要参考了吴新银．专利地图在企业专利战略中的应用研究［D］．武汉：华中科技大学硕士学位论文，2004.

专利的统计可以包含所有国家，也可具体针对某一特定国家。透过历年专利动向图，能看出该技术领域内，历年专利申请、产出及发展情况，并可由此推测研发投入趋势和技术发展趋势（见图 3-6）。

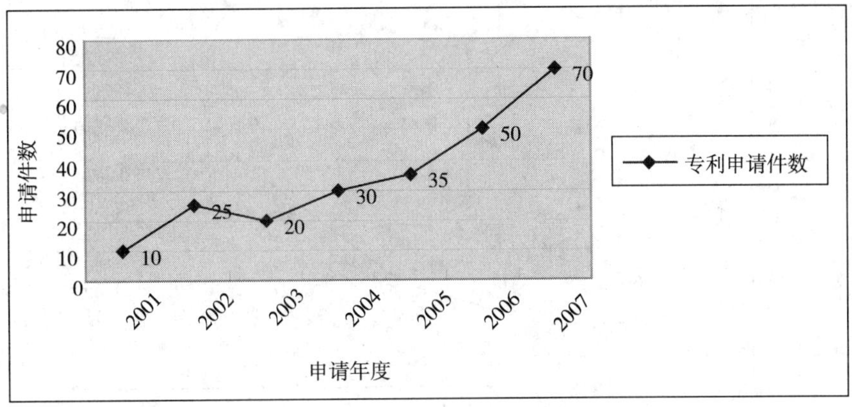

图 3-6　历年专利申请件数图

2. 技术生命周期图

分析对象：在某一特定的技术类别上，不同时间的专利申请人数量与专利申请数量。

技术生命周期图常用折线图表示。如图 3-7 所示，横轴表示专利件数/一段时间，纵轴表示专利权人数（或发明人数）/一段时间。由专利数量与申请人数（或发明人）在各时期的增减情况，可了解技术所处的阶段：起步阶段、发展阶段、成熟阶段、衰退阶段、再发展阶段。该图可作为研发投入的重要参考，以协助企业评估此时或未来是否应积极投入研发。通常，技术处于发展期，公司可加大研发投入，处在衰退期则应减少研发投入。当然，实际绘制的技术生命周期图，未必如图 3-7 那般规律。

3. 各国专利占有（或申请）比例图

分析对象：在特定技术类别（领域）上，各国所占有的专利申请量。

各国专利占有比例图常用饼图表示。如图 3-8 所示，饼图中的每一个扇面代表一个国家，扇面积的大小则代表该国专利所占的份额。由该图可以轻易发现，哪些国家为某一技术领域的主要竞争国，以及该竞争国的实力如何。

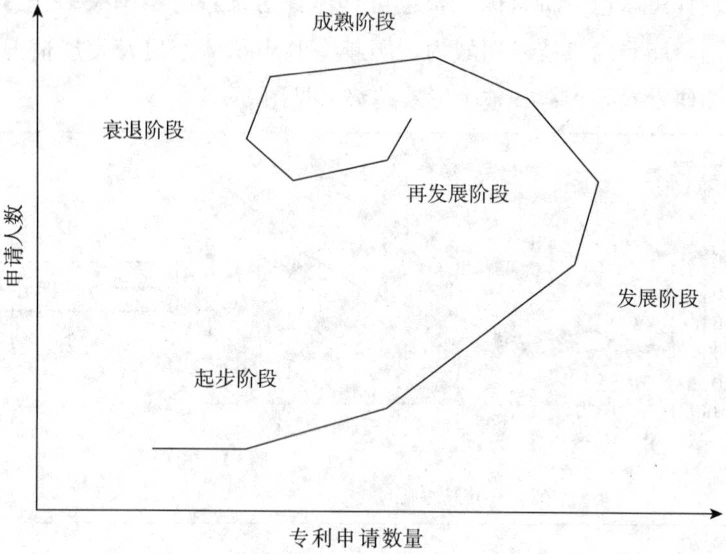

图 3-7 技术生命周期图

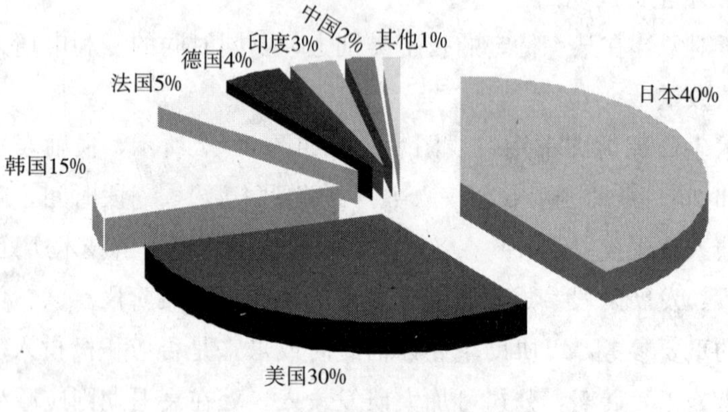

图 3-8 各国专利申请件数比例图

4. 竞争公司专利占有量图

分析对象：主要竞争公司在特定领域的专利占有量。

竞争公司专利占有量图常用柱状图表示。如图 3-9 所示，图表的横轴为国内主要手机厂商，纵轴为各手机厂商在手机领域的发明专利申请量。竞争公司专利占有量的图表可以清晰地显示，在特定的技术领域，哪些公司最具有技术竞争力，从而确定重点信息跟踪对象，或找到技术合作伙伴。

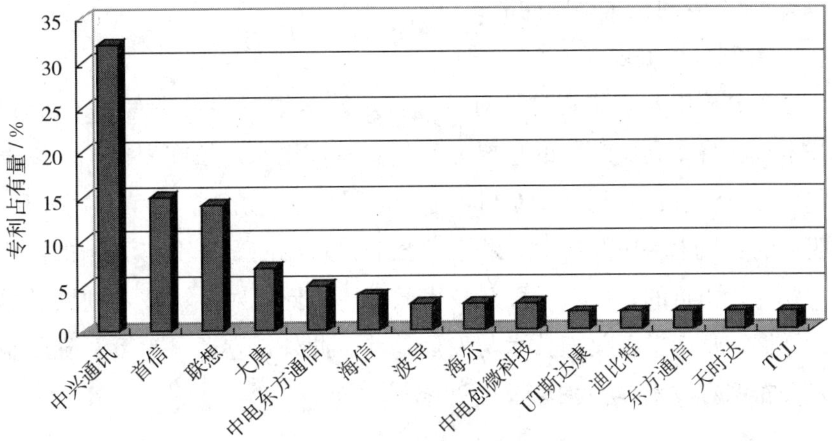

图 3-9　竞争公司专利占有量

5. IPC 分析图

分析对象：根据国际专利分类，对主要竞争对手的专利申请量进行统计。

IPC（国际专利分类）分析图常用长条图表示。如图 3-10 所示，每一长条表示国际专利分类号的部（类或组），长条的高度表示该技术领域该部（类或组）专利数量的多少。由该图可得知该技术主要集中在哪些部类，以及各部类在该技术领域专利中所占的比重，并进一步了解各类技术研发投入程度与取得专利保护的情形，还有助于判断哪些技术类别为技术密集区域，哪些为空白区域。下图是某技术领域主要竞争公司申请专利的 IPC 分析图，可知索尼公司在此领域的热点申请领域为 G11B7/00，其在此领域投入较大，有明显的优势。

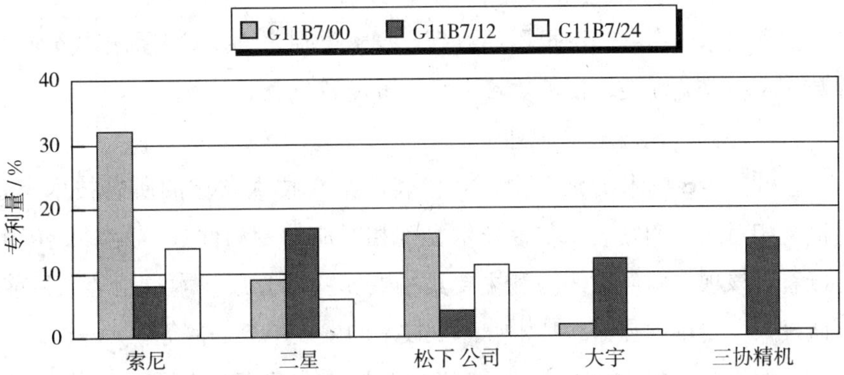

图 3-10　竞争公司 IPC 分析图

3.2.3 专利技术地图的形式

1. 专利分析摘要表

专利分析摘要表通常是针对某一特定技术领域的主要专利文献而为，由技术人员将专利文献中的重要专利信息解读出来，填在表格中。该表通常包含如下信息：专利号、专利名称、发明人、申请人、申请日、公开日、发明目的、技术手段及技术效果等（表3-4）。由于这些解读出来的重要信息主要为发明目的、技术手段及技术效果，因此可对某项技术领域详尽完整地把握，从而掌握关键技术与发展趋势。此外，它还可为后一阶段制作技术分布图和技术/功效矩阵表做准备。

表3-4 专利分析摘要

专利号	6244250	申请日	2000-05-01
		公开日	2001-06-12
专利名称	Common rail injector	分析日期	2006.7.17
发明人	Hlousek, Jaroslaw Golling AT	分析人员	周辉辉
发明目的	设计共轨喷油器		
达成效果： 1. 使针阀开闭特征化。 2. 精确量化喷油量。 3. 改善喷油规律形状。			
技术手段： 1. 喷嘴腔用高压油轨相通。 2. 喷油易作为电磁铁控制的，由弹簧预紧的柱塞位置的函数。 3. 针阀通过中介件耦合到由控制柱塞操纵的伺服柱塞。			

2. 专利技术分布鸟瞰图

专利技术分布鸟瞰图可用件数VS技术类别表、技术类别年代分布表、件数VS功效类别表、技术功效年代分布表等图表来表示。

（1）件数VS技术类别图

在件数VS技术类别图中，横栏表示某一技术领域的所有技术类别，与横栏相对应的列则表示与该技术类别相对应的专利件数。其主要作用是可以看出该项技术领域的专利主要集中在哪些部分或技术类别上，目前的科研投入主要集中在哪些技术方面，技术的发展趋势如何等。

我们将柴油机领域的技术细分为双燃料发动机（DF）、气体发动机（GE）、共轨技术（CR）、排放技术（EM）、调速器（GO）、增压技术（SC）、模块化设计（MO）等，再将各技术组成部分的专利数量统计出来，得到如图 3－11 所示的结果。从图 3－11 中可见，柴油机领域的专利主要集中在增压、排放、调速、气体发动机和共轨等技术领域，说明目前各公司的主要研发投入就主要集中在这些技术领域。❶

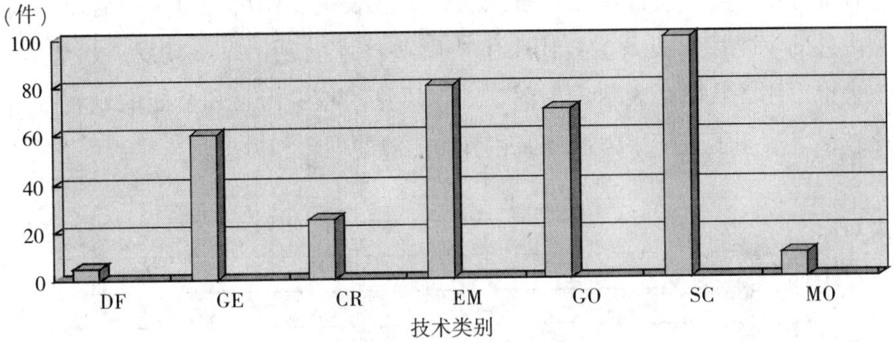

图 3－11　件数 VS 技术类别图

（2）技术类别年代分布图

将技术类别按年代进行排列，可得到技术类别年代分布图。由专利技术类别年代分布图可清楚看出最近几年的科研投入主要集中在哪些技术类别上，技术发展的趋势如何等，特别是能清楚了解技术发展趋势。从图 3－12 中可以看出，在柴油机领域，最近几年科研投入集中在共轨技术领域，增压技术领域的投入保持稳定，而排放技术领域的投入呈下降趋势。

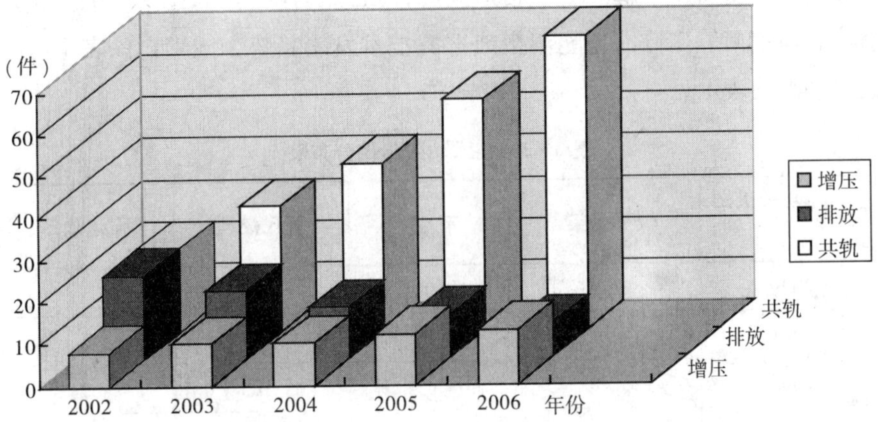

图 3－12　三种技术年代分布图

（3）件数 VS 功效类别图

在件数 VS 功效类别图中，横栏表示某一技术领域的专利能达到的功

❶ 注意：在本书专利地图的阐述中，关于专利分析的数据，很多都是假设，并非真实数据。

效类别，与横栏相对应的列则表示达到某功效的专利件数。制作件数 VS 功效类别图时，先根据技术主要要解决的问题对技术进行细分，比如，将柴油机领域的技术功效分为减少污染、节能、替代燃料、功率强化等，再将各部分专利数量统计出来，填入表中。该表主要作用是可大致看出目前国内外的主要技术投入主要用来解决哪些技术问题，以及其发展趋势等，该表也可用条状图来表示。由图 3-13 可见，减少污染和节能的专利技术比较多，表明了近年来强调环保和节约能源的理念和需求。

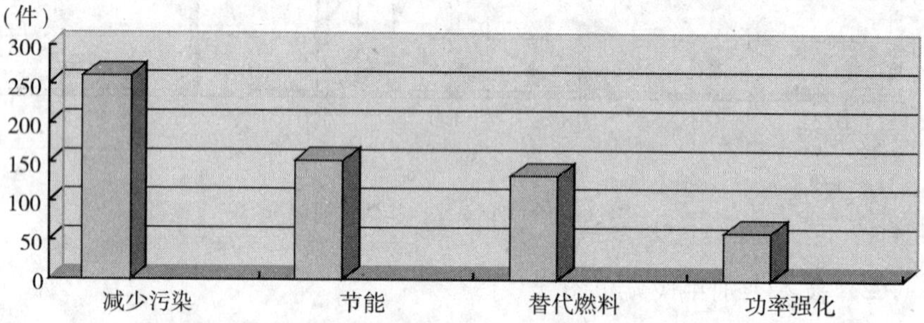

图 3-13　件数 VS 功效类别图

(4) 技术功效年代分布表

如果再将技术功效按年代进行排列，则可得到技术功效年代分布表，如表 3-5 所示。由专利技术功效年代分布表可清楚地看出目前该技术领域的专利主要集中用来解决哪些技术问题，想达到什么样的技术目的，技术发展趋势如何等，特别是能清楚地把握技术发展趋势。同理，该表也可用三维柱形图表示。

表 3-5　技术功效年代分布表

功效类别 / 年份	较少污染	节能	替代燃料	强化功率
2000	124	19	8	1
2001	157	52	16	5
2002	106	30	10	9
2003	107	28	6	5
2004	46	17	7	0
2005	19	8	1	1

3. 专利技术领域累计图

专利技术领域累计图常用雷达图表示。如图 3-14 所示，每条雷达线表示一个技术领域，雷达图的一角表示技术领域的一个竞争公司，角顶相对于中心的高度表示该公司在该技术领域上累积专利数量的多少。该图可较直观地看出每个技术领域上各竞争公司的专利数量，从而可知各竞争公司在该技术领域上的实力强弱及其主要技术分布，并可依此进行技术追踪。图3-14中的公司甲在节能技术领域有较强的实力，公司乙在替代燃料领域有较强的实力，公司丙在节能技术和强化功率领域有较强的实力，而公司丁则在替代燃料和强化功率领域有较强的实力。

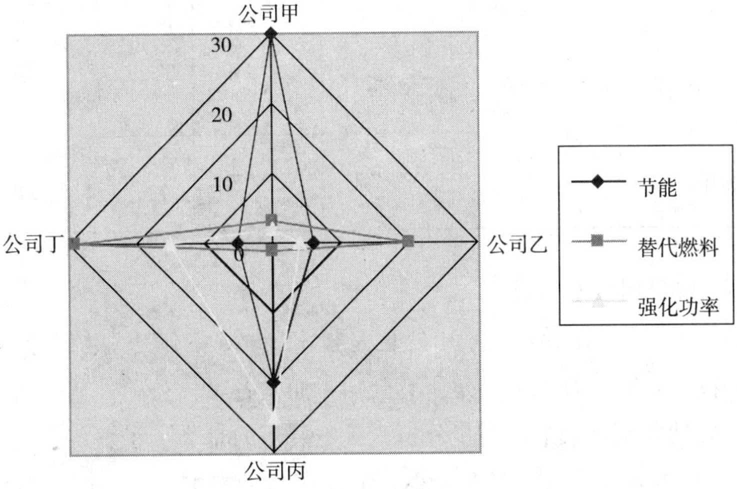

图3-14 专利技术领域累积图

4. 专利技术/功效矩阵表

专利技术/功效矩阵表常用表格表示。如表3-6所示，横栏第一栏表示专利文献中采用的技术手段种类，纵列第一列列出专利文献中所要达到的功效种类，在表中央列出各专利编号。将某一技术领域的专利分别按照“技术类别”、“技术功效”所作的分类，一一填入适当空格内，即成为有专利空白区、疏松区、密集区的矩阵分布表。该图的主要作用是：由矩阵表中各区域的密度分布，可看出技术密集区、地雷禁区（如表中的第3行第2列）、尚未被开发区域（如表中的第3行第6列）及有利可图的利基（领域），从而分别找出这些区域所在位置，并进行挖洞技术或进行技术创新。对于地雷禁区，可进一步分析判断是否有回避设计的可能，或考虑同权利人交叉许可。此外，还可找出自身技术（或设计）所在位置，察看该技术是否有其他竞争对手已取得专利，此可作为初步侵权判断的依据。最后，可根据表中侵权风险的技术区域、有利可图的区域、研发已呈饱和状态的区域等，拟定下一步的研发策略。

表 3-6 专利技术/功效矩阵表

技术类别 技术功效	电极设计	密封设计	制程参数	电解液配方	电控技术
编号	1	2	3	4	5
减少电解液使用	▽▽▽ ▽▽▽ ▽▽▽	▽▽▽ ▽▽▽ ▽	▽▽	▽▽▽ ▽▽▽	
降低成本	▽▽ ▽▽	▽▽	▽▽ ▽▽	▽▽▽	▽▽▽
操作安全	▽▽ ▽▽	▽▽▽	▽▽▽	▽	▽

5. 主要公司技术分析表

主要公司技术分析表，采用的也是技术/功效矩阵表（类似专利技术/功效矩阵表），只是针对的不是所有公司，而是各具体公司，其分析也是对上述技术/功效矩阵表的进一步分析。其主要目的是为了了解各公司在各项技术上的实力强弱、威胁程度大小，关键技术的掌握厂家，哪些公司是交叉许可谈判的适当对象等。此外，通过对各公司的各项技术作技术/功效分析，可更精确得知各公司的主力技术、技术研发重点为何。

3.3 专利经营的信息安全

专利经营的信息安全，换个角度看，即是指商业秘密的保护问题。比如，与专利有关的商业计划、未公开的技术秘密、研发记录、合同文件以及专利战略规划等等，都需要加强信息安全，作为商业秘密重点保护的对象。

但是，通过分析与专利经营相关的信息资源的构成，很多信息本身就是公开的资源，不存在商业秘密的保护问题。比如，公开在专利公报上的专利文献并不需要保密。当然，专利申请及专利申请公开以前的技术信息，则需要纳入保密的范围。

不过，即使是由专利文献等公开信息所构成的资源库，也需要辛苦地累积、整理和编排，因此，在整体上也需要加以保护和管理，避免自己的成果轻易被他人，尤其是竞争对手所获取和利用。

有鉴于此，下面我们从商业秘密的角度，来讨论专利经营的信息安全问题。

3.3.1　信息安全不容忽视

企业内部的很多信息，包括与专利经营相关的信息资源，都需要作为商业秘密，并采用保密措施，保障这些信息不因外泄而被竞争对手利用，甚至破坏自己的商业计划。当然，如果已经通过专利申请而公开的信息，则无法作为商业秘密保护起来。

如果想了解商业秘密的泄露或被盗对公司造成的损失有多大，可能难以量化和评估，但商业秘密泄露所带来的损失可从下列领域增加的成本中看出：行政管理费用、市场份额损失、增加的法律官司、增加的安全措施、公司的名誉损失等。

根据 2004 年的调查显示，名列《财富》杂志前 1000 名的公司每年因商业机密被偷窃的损失高达 450 亿美元，每家平均每年发生 2.45 次，损失超过 50 万美元。而位于硅谷的高科技公司的商业机密当然是盗窃的首要目标，54％的案件直接损失高达 1.2 亿美元，平均为 1500 万美元，这些数据表明了商业间谍问题的严重性。[1]

因此，对于企业而言，保护信息安全或商业秘密必须置于非常重要和优先的地位。公司商业秘密的保护是一个系统的管理工程，涉及合同规范、制度建设、信息管理和保密教育等方面，需要处理公司内部管理和对外交往等内外关系。但商业秘密保护首当其冲的，应当是从人员的管理开始。

导致保密信息泄露的人员，除了那些专业情报人员或者间谍人员等企业外部人员之外，在实践上，一般认为，内部员工是对商业秘密或信息安全的最大威胁。因为商业秘密这把法律武器的奥妙之处，在于其不为外人所知的秘密性，不过，这种秘密性只是相对于外部人员而言，对于内部员工却是“公开的秘密”，或者容易被内部员工接触。

比如，某研究所没有建立商业秘密保护制度，没有采取有效的商业秘密管理规范和技术措施，结果当部分科技人员“集体跳槽”时带走了大量商业秘密，并销毁了相关的全部计算机文档和书面资料以“毁尸灭迹”，致使该研究所一不知自己原来有哪些知识产权，二不知跳槽者带走了什么“商业秘密”，落得“家有金沙自不知，侵权之债难追究”。[2]

[1] 罗杰．商业间谍掏空老板［EB/OL］．［2005－08－20］．http：//www.kmcenter.org/ArticleShow.asp?ArticleID=2195.

[2] 陶鑫良，袁真富，等．涉外专利侵权纠纷快速反应研究报告［R］．上海 WTO 事务中心委托课题报告，2004.

美国的竞争情报专家富德曾经设计了一个计算每年可能会对公司造成伤害的信息泄露公式（表3-7）。尽管表格里的数据是假设的，与实际可能会有出入，但关键之处不在于这些数据本身，而在于这样一种结论：公司每年有大量的信息泄露，其中的一些可能会对公司造成伤害，[1]因为泄露的信息中存在大量的商业秘密。

表3-7 对公司可能造成伤害的信息泄露计算表

事　项	对外泄露人次	说　明
公司总员工	6000人	包括所有员工
其中25%有对外交往的	1500人	对公司每天对外交往人员的保守估计
这25%的人每天每人向外打4次电话或发4个电子邮件等	6000人次	代表了信息通过交谈被泄露的所有机会
估计被泄露的信息中有1%会对公司造成损害	60人次	一些信息可能马上会对公司造成损害
假如每年的工作日是250天，每年泄露的有害信息量	150 000人次	

资料来源：富德《新竞争情报》，1995：441.

1. 威胁信息安全的内部人员

本企业的人员中可能有不忠诚的员工、临时工、热情话多的秘书、心怀不满的干部以及掌握保密信息并跳槽的人员。不忠诚的员工可能会有意无意地泄露保密信息；临时工对公司不存在忠诚问题，因此他们更愿意把知道的东西向外界透露；热情的吹牛大王是很常见的，他们热爱自己的工作，并喜欢把自己的工作细节告诉别人；心怀不满的员工为了发泄不满，什么事都可能做出来；而跳槽的员工带走商业秘密更是普遍发生的事情。

当然，员工有时泄露商业秘密，可能并不是有意，而是出于某种过失。比如，推销人员有可能因为急于要拉拢一个潜在的客户，就把有关新产品的商业秘密泄露给对方，而并没有意识到这个情报对竞争者来说是如何有价值；秘书则可能把商业秘密的文件随便摊放在桌面上，结果使任何人都可以看到甚至抄录下来；研发人员在参加学术会议时，则有可能在提交的会议论文中，或者在作主题发言时，将商业秘密透露出来。尽管这些情形

[1] 曾忠禄．公司竞争情报管理［M］．广州：暨南大学出版社，2004：279-280.

中，员工并非有意伤害公司，但泄密事件所造成的伤害还是发生了。

2. 威胁信息安全的外部人员

窃取保密信息的专业人员在搜集信息时，可能会使用各种技巧，包括冒充访问者、承包商、学生或记者，利用酒吧交谈、偷偷拍照、贿赂和威胁等方法。例如，从1999年开始，4名华北制药集团旗下的维尔康药业"卧底"分布在江山制药的4个生产车间，分别对应VC生产过程中提取、发酵、转化等4道工序。直到2001年五六月间，江山制药才初步察觉到技术失窃事件的存在。江苏警方后逮捕了唐某、毛某等5人，另外在网上通缉了其他两位维尔康方面的人士，但至今未能抓获。正是窃密使维尔康药业的生产工艺迅速赶上了江苏江山制药。❶

3.3.2　信息安全的合同管理

1. 合同管理的手段

合同管理是在处理员工关系、进行对外交往时保护信息安全的重要手段。保障信息安全的合同，一般以保密合同或保密条款的方式呈现，对于内部员工还可能采取竞业禁止合同的手段。这些合同可以单独签订，也可以作为劳动合同或其他合同的一部分。

(1) 保密合同

保密措施不仅仅表现为企业内部的保密规章制度，还应当表现为有关的保密合同。原则性的保密义务条款可以这样设计："受雇员工于任职中或离职后，应严守保密义务，不得以任何方式使第三人知悉或持有公司的任何商业秘密，亦不得自己或使他人以任何方式直接或间接利用公司的商业秘密。"

不过，保密合同还涉及很多操作程序和法律责任，仅有一个原则性的条款显得过于简单。通常，签署保密合同需要注意下列问题。

①保密人员的范围界定

一般而言，在劳动合同中的保密义务条款宣示意味较浓。但对于企业研发人员、营销人员和高级管理人员，订立保密条款相当重要，切忌轻率对待，因为这些员工知悉企业的重要商业秘密。不过，企业最好根据员工可能接触到商业秘密的程度，以及该商业秘密对企业的重要程度，来决定对员工所采取的商业秘密保护政策。

❶ 全球十大商业经典间谍案［EB/OL］.［2005-04-24］. http: //www.blogchina.com/new/display/41336.html.

②保密范围必须明确、具体

保密范围不能泛泛而言，如何界定“保密”的范围，合同中最好要有明示，否则应在员工守则中予以说明。

③保密期间的确定

企业员工的保密义务不能仅仅存在于任职期间，而是可以延伸至离职之后，与保密的需要相适应。否则，保密义务会成为一纸空谈。

④适当的价值补偿

设定保密义务也应当对保密义务人给予适当的价值补偿（例如，有些企业在职工的工资之外还发放一定的保密费），以体现权利义务的对等和公平。

⑤合同订立过程的合法性

尤其要防止未有书面委托协议而为他人代签保密合同的事情发生，否则这样的保密合同对被代签人无约束力。

管理提示：保密合同中的危险行为

有的公司在规定保密的期限时，往往将这个期限等同于劳动合同的有效期。这是错误的理解，也是危险的行为。人才流动是现代社会的常态，也是市场活力的表现，但人才流动经常让公司面临商业秘密流失和外泄的风险。因此，员工的保密义务不能仅仅存在于任职期间，而应当延伸至离职之后。否则，保密义务会成为一纸空谈。

您的公司在保密合同里规定了保密期限或者保密的终止条件吗？检查一下它的合理性，看看是否可以约束已经离职的员工。

同样，在技术秘密等商业秘密许可给他人使用时，保密的期限也不应该和许可合同的有效期相同，否则也是一个相当危险的规定，它比合同上没有规定保密期限还要糟糕。

有的企业审核招聘员工，与应聘人进行面谈时，就会向他解释企业对商业秘密的政策，告知其被聘任后的保密义务，并表明公司将不遗余力地保护商业秘密。企业还会告知应聘人员，作为雇用的先决条件，需要签订一个保密协议。这种做法，是在对受雇人员事先进行商业秘密的教育，有助于企业商业秘密政策的执行。

对于企业的合作伙伴和外部人员而言，由于他们并不是企业内部的机构和员工，所以企业的规章制度对他们没有当然的约束力，更需要保密合同的签订来维持商业秘密的利益。这些保密合同的签署可以比照上述内容加以掌握。

（2）竞业禁止合同

根据目前的情况来看，将近八成的商业秘密泄露事件是由于企业员工流动而产生的。[1]尽管可以签署保密合同来阻止因人才流动而导致的泄密行为，但对于离职之后的员工，如何执行保密义务，往往是一个令人头痛的问题。

比如，前任员工把客户名单、采购渠道透露给新的雇主，前雇主可能难以发现对方在利用自己的商业秘密，即使发现了也难以证明这些商业秘密是前任员工提供的，因为对方可能提出事先准备好的证据，表明这些客户名单和采购渠道是自己努力积累和发掘的。因此，为了配合保密义务的执行，有的公司会选择与一些重要的职员签订竞业禁止合同。

所谓竞业禁止，又称为竞业回避、竞业避让，即要求员工在离职后一定期间内，禁止经营或从事与原公司业务性质相同或有竞争关系的事业，从而切断员工使用原雇主的商业秘密为新雇主服务，或为自己独立营业时所利用的可能性。

竞业禁止合同也是保护商业秘密的一种方式。因此，有关离职后竞业禁止条款之签订，这几年在高科技产业中愈来愈普遍。一般公司多约定为员工离职后一至两年内，不得经营或从事与原公司业务性质相同或有竞争关系的行业。

2008 年 1 月 1 日施行的《劳动合同法》第 23 条第 2 款规定：“对负有保密义务的劳动者，用人单位可以在劳动合同或者保密协议中与劳动者约定竞业限制条款，并约定在解除或者终止劳动合同后，在竞业限制期限内按月给予劳动者经济补偿。劳动者违反竞业限制约定的，应当按照约定向用人单位支付违约金。”

《劳动合同法》第 24 条第 1 款、第 2 款分别规定：“竞业限制的人员限于用人单位的高级管理人员、高级技术人员和其他负有保密义务的人员。竞业限制的范围、地域、期限由用人单位与劳动者约定，竞业限制的约定不得违反法律、法规的规定。”“在解除或者终止劳动合同后，前款规定的人员到与本单位生产或者经营同类产品、从事同类业务的有竞争关系的其他用人单位，或者自己开业生产或者经营同类产品、从事同类业务的竞业

[1] 韩智力．保密程序应依管理流程设计［N］．中国劳动保障报，2004-09-21（4）．

限制期限，不得超过2年。”

由于竞业禁止合同与员工自由择业的劳动权相抵触，因此，企业必须注意竞业禁止条款的合理性问题，否则该竞业禁止合同会被拒绝执行，劳动行政部门、仲裁机构和人民法院也不会承认其法律效力。

一个符合法律规范的竞业禁止合同，通常要满足以下条件。

①竞业禁止的目的须正当

企业应当是为了保护自己的商业秘密而不是出于限制竞争、保持垄断、限制员工自由择业的目的而订立合同，否则该合同是无效的。依美国案例显示，离职后竞业禁止条款只有在保护商业秘密或其他合法之利益（如接受特殊之训练等）范围内始为有效。换言之，企业如果没有一个合法权益的保护目的，而径行要求员工签订竞业禁止条款，这样的约定可能就会受到置疑。❶

②竞业禁止的对象须限定

一般而言，竞业禁止针对的员工应当局限于因工作关系而知悉本企业重要商业秘密的员工。根据《劳动合同法》，竞业禁止的人员限于单位的高级管理人员、高级技术人员和其他负有保密义务的人员。

竞业禁止发展至今，虽然已经为很多企业运用，但还是存在对象不明确的问题。有些企业走上极端，让所有员工都签署竞业禁止合同，对于非重要岗位的员工来说，签订这种合同反而阻碍了人员的顺畅流通。对于在工作中不可能接触到任何商业秘密的员工，即使签订了竞业禁止合同，也应当属于无效。

③竞业禁止的业务须限制

限制从事的业务范围最好在合同中列出，而且只限制与原来工作性质相同或相竞争的业务范围。根据《劳动合同法》的规定，此限制的范围应是“与本单位生产或者经营同类产品、从事同类业务的有竞争关系的其他用人单位，或者自己开业生产或者经营同类产品、从事同类业务”。美国法院曾指出，禁止员工未来以“任何能力”（any capacity）为其他竞争者工作之约款过于广泛，属于不合理而无效。这似乎意味着法院认为离职员工可以以其他姿态（例如做与原工作性质不相同范围的工作）而为竞争者工作，而不是让离职员工完全无法再在同样行业继续发展。因此，企业在要求员

❶ 张凯娜．公司应采用保密措施以维护营业秘密［J］．智慧财产权管理季刊，1995（6）．

工签订这样的竞业禁止条款时，可能也要对一些条件加以限制才好。[1]

④竞业禁止的期限须合理

竞业禁止期限可由双方根据商业秘密的价值、竞争优势的持续时间、员工知悉秘密的程度来加以协商确定，但法律规定有一个最长期限，以防止对人才流动的恶意限制。《上海市劳动合同条例》第 16 条规定竞业禁止的期限最长不得超过 3 年，但 2008 年才施行的《劳动合同法》规定，竞业限制的期限不得超过 2 年，应以《劳动合同法》的规定为准。

⑤竞业禁止的补偿须合理

对受竞业禁止合同约束的员工，要给予合理的补偿。合同中不仅必须约定补偿，而且还应该明确补偿的数额或计算方式、支付方式等。对数额的确定，可依据该行业该职位的收入高出社会平均工资收入的差额乘以竞业限制的年限来计算。

需要注意的是，最好在竞业禁止合同中写明要求保护的商业秘密的具体范围，且不得将该行业的一般知识、技能或员工因工作而累积的专业技能都归入商业秘密的范围，否则员工不能利用自己的专业技能，以后如何生存？

管理提示：不要因为竞业禁止而引起员工的愤怒

我国《劳动合同法》等法律法规，已经承认竞业禁止的合法性。近年来，有关签订离职后竞业禁止合同的做法，在国内也愈来愈普遍。但是，由于竞业禁止合同与员工自由择业的劳动权相抵触，因此，公司必须注意竞业禁止条款的合理性问题，否则该竞业禁止合同会被拒绝执行，劳动行政部门、仲裁机构和人民法院也不会承认其法律效力。

更重要的是，如果竞业禁止条款不合理，可能会引起员工的不满，甚至带来相反的效果。有的公司走极端，与大多数员工都签订竞业禁止协议。毫无疑问，这样的做法注定会受到抗拒。与全体员工作对的公司，不会有好的结局。

一般而言，竞业禁止应当局限于掌握重要商业秘密的员工；竞业限制的期限不能太长，以 1～2 年为宜；对受竞业禁止合同约束的员工，要给予合理的补偿。

[1] 张凯娜．公司应采用保密措施以维护营业秘密［J］．智慧财产权管理季刊，1995（6）．

2. 合同义务的督促

(1) 任职期间的督促

在员工任职期间，除了与其签订保密合同，必要时还需要签订竞业禁止合同外，企业还应当采取相当的措施来督促合同义务的执行。比如，每年定期对员工进行保密教育与培训，让员工全面重温企业保护商业秘密的政策，尤其是正在执行中的做法。比如，完善商业秘密保护的奖惩制度，通过这种机制督促员工执行公司的商业秘密保护规章。

有的企业每隔一段时间（比如2年）会要求员工签一份确认书，再次确认当初受雇时所承担的保密义务，尽管这种确认并无很大的法律意义，但这个行动本身却可以不断加强员工对公司商业秘密政策的理解，不断强化员工的商业秘密保护意识。[1]

管理提示：保密教育的重要性

公司里每一个人，从运输司机到主管经理都经常同朋友谈到公司的经营，不管是在餐馆、俱乐部，还是在别人家里，这种交谈往往使一些重要的信息流出。

一位离开了原公司到另一家公司工作已有几年的朋友仍每周二晚上同原公司的朋友聚在一起打牌，每次都讨论原公司的经营情况，由于这类谈话使大家有共同的语言，所以尽管大家不在一个单位工作，仍然谈论原来的公司是很自然的事。但这种交谈不管有害无害，总是会导致信息的泄露。

像在上述场合，很多员工根本意识不到自己可能泄露了公司的商业秘密，反而还相信自己对公司的发展非常关心，而且非常具有员工忠诚度。

因为不是每一位员工都天生具有知识产权意识，而且不是每一位员工都会像高层管理人员一样关心公司的利益，所以，公司以非常灵活的形式进行保密教育和像闹钟一样的保密提醒是非常必要的事情。考虑到员工绝大多数都没有法律背景，更谈不上知识产权常识，所以保密教育必须生动活泼，引人入胜，让人印象深刻。

[1] 丹尼斯·昂科维克. 商业秘密——关于保护公司情报的策略和技术［M］. 胡翔，叶方恬，译. 北京：企业管理出版社，1991：61.

（2）离职前后的督促

当员工离职时，他所掌握的商业秘密会不会落入竞争者的手中呢？尽管可能已经签订了保密合同和竞业禁止合同，企业还是应当采取一些合同执行的督促措施，来使商业秘密被外泄的危险降低到最低程度。尽管没有一个十全十美的办法，下列措施可以考虑使用。

①脱密措施

《上海市劳动合同条例》第15条规定："对负有保守用人单位商业秘密义务的劳动者，劳动合同当事人可以就劳动者要求解除劳动合同的提前通知期在劳动合同或者保密协议中作出约定，但提前通知期不得超过6个月。在此期间，用人单位可以采取相应的脱密措施。"原劳动部的《关于企业职工流动若干问题的通知》第2条也有类似的规定："用人单位与掌握商业秘密的职工在劳动合同中约定保守商业秘密有关事项时，可以约定在劳动合同终止前或该职工提出解除劳动合同后一定时间内（不超过6个月），调整其工作岗位，变更劳动合同中相关内容……"

根据上述规定，企业可以与掌握商业秘密的员工约定，要求员工在离职前一段时间（即提前通知期）通知企业，在该期间企业可以将员工调换至不需保密的工作岗位，以让员工不再接触商业秘密，此即脱密措施。采取脱密措施的期限（脱密期）一般不得超过6个月。

脱密措施在员工从原企业原工作转换到新企业新工作的敏感期间设定缓冲区，可以在劳资双方利益影响最小的情况下有效保护企业对商业秘密享有的合法利益。[1]

不过，需要注意的是，《上海市劳动合同条例》第16条第2款规定："劳动合同双方当事人约定竞业限制的，不得再约定解除劳动合同的提前通知期。"根据这个规定，对有竞业禁止约束的员工，不得再采取脱密措施，否则给予员工的限制太多。

②离职面谈

在员工离职前，企业可安排一次面谈机会，提醒或重申员工的保密义务，此即离职面谈。通常，当员工自动离职时，会提前通知企业。企业应当立刻安排一次同该员工的详细谈话。企业要利用这个机会提醒员工在他离职后仍应遵守保密义务。如果员工签有保密协议，面谈时应重申保密协议的内容。

[1] 林华. 解读商业秘密保护中的脱密措施［EB/OL］.［2005-12-28］. http://www.iprlawyers.com/old/readArticle.asp?ArticleID=1950.

在面谈前，最好准备一式两份的文件，其中包括保密协议的内容，员工须归还所有公司物件、文件及复印件的内容以及泄露商业秘密应负的法律责任等内容。在面谈结束时，让员工签名确认。这份签名的确认书可以证明，员工在离职时完全清楚自己应遵守的保密义务。

如果面谈因种种原因不能举行或继续开展，公司应该给员工寄发一封挂号信。将载有上述内容的文件寄给他，要求员工签字确认后寄回。当然员工可能会拒绝，但公司至少可以因此证明自己已经采取了一切合理的措施来保护商业秘密。

③提醒新雇主

在离职面谈中，企业可以了解一下员工离职的原因以及去向，有的公司还先礼后兵，发函主动与员工的新雇主联系，告知其该新进员工与原公司之权利义务关系，并提醒新雇主避免不当使用原公司的商业秘密，及侵权时的诉讼可能性。

这封提醒函无论是否发生实际效用，都至少向员工的新雇主传递了公司商业秘密管理的严密政策和商业秘密保护的坚定决心，表达了公司为解决商业秘密问题，已经作好可能的各种准备。

管理提示：泄露后的商业秘密也有可能起死回生

商业秘密一旦泄露出去，除了采取法律手段和各种法律外的补救措施，以追究侵权人/违约人的法律责任，并减少商业秘密扩散的损害外，还有其他的起死回生之术吗？尤其是商业秘密已经向公众公开后？

如果是未经公司同意而泄露商业秘密的，公司仍然有机会重新掌握权利，当该商业秘密是具有可专利性的技术秘密时，可以立即启动专利申请的程序。我国《专利法》第 24 条规定：“申请专利的发明创造在申请日以前 6 个月内，有下列情形之一的，不丧失新颖性：……（三）他人未经申请人同意而泄露其内容的。”可见，在泄密后 6 个月内，一些符合专利授权条件的技术秘密可以重新换上“专利保护”的法律外衣，继续让公司独占该技术带来的商业利益。

不过，如何证明“他人（公司员工或商业间谍等）未经公司同意而泄露商业秘密”？这要求公司已经有一套完善的商业秘密管理制度和操作程序，否则无法向专利局解释这个泄密行为是“未经公司同意”的。

如果您的公司在商业秘密的保护，尤其是商业秘密的管理上，还并不完善，甚至是一片空白，现在保持警惕并采取行动，还为时未晚。

3.3.3　信息安全的执行措施

为了保障信息安全，除了合同规范以外，还必须采取其他有效的执行措施。比如，西门子公司就从硬件设备上防止员工复制公司资料，根据级别区分，公司的大部分员工电脑是不能安装软驱和移动硬盘接口的；而IBM公司规定每个员工只有三次查阅同一文档的机会，并且这三次查看的时间、地点、原因都会被严格地记录下来。[1]从信息安全的角度，我们认为，对于构成商业秘密的信息资源，至少应当从以下几个方面采取措施。

1. 在信息的接触方面

对于内部员工而言，企业应当建立一套控制信息接触的制度。

①员工只有因为工作需要，才可以接触相应的商业秘密。

②不同等级的商业秘密能够被接触的员工，应当区分出不同的范围。比如关键性的商业秘密只有高级管理人员才能接触。

③不同性质的商业秘密只应被承担相应职责的员工所接触。比如，研发人员只应当被允许接触相关技术秘密，而非采购渠道这些经营秘密。

对于外部人员，未经过企业的批准程序，也未签署保密合同的情况下，不得对其开放商业秘密的信息资源。

为了执行上述规则，可以采取一些安全措施，如门卫、围栏、上锁、限制进入、控制监督参观者等。

管理提示：像IBM一样管理商业秘密

跨国公司因为经常受到商业秘密被侵犯或被窃走的挑战，所以在商业秘密的管理上，具有十分丰富的经验。以IBM为例：

(1) 建立了一套完整的流通文件管制措施，譬如内部文件传送，均使用密封且标示机密等级的封套（取代一般开放式卷宗），可避免发生误判机密等级与外泄问题；

(2) 设置了门禁管制措施，要求员工进入每一楼层或指定区域都需要刷卡做成记录，并针对不同的进出人员作了不同的管制设计；

(3) 规定了桌面清理（Clean Desk）措施，要求员工下班前务必清理桌面，不得遗留任何文件数据在外，同时抽屉须上锁，以免被外人或其他不相关的员工无意获得。[2]

[1] 罗杰．商业间谍掏空老板［EB/OL］．［2005-08-20］．http：//www. kmcenter. org/ArticleShow. asp? ArticleID=2195.

[2] 蒋若涵．IBM的营业秘密管理制度（上、下）［J］．智慧财产权管理季刊，13，14.

2. 在信息的披露方面

如果员工在工作中或工作外，无意或不当地泄露了商业秘密的信息，则会给企业带来巨大的损失。因此，企业必须建立一套信息披露制度，这对于维持商业秘密的秘密性至关重要。

一般而言，只有经过企业授权的人，才能对外公布与商业秘密有关的信息。当然，这里的前提是要让员工了解哪些是商业秘密，否则他们仍然不知道哪些是不该披露的信息。

下面是一些具体的建议：

①不得擅自交流自己掌握的信息。不同部门的员工，除非工作需要，不得相互交流和披露自己掌握的商业秘密。

②不得擅自对外披露掌握的信息。企业内部职工泄露商业秘密的比例比较大，据美国一些企业调查，企业的商业秘密，30%是企业的在职员工泄露，28%是离退休的员工泄露，因此加强企业职工的保密教育是十分必要的。有的职工保密意识不强，也会过失泄露企业的商业秘密。

③对外披露须签订保密协议。在对外披露商业秘密时，应当提醒员工与对方签订保密协议，以防止商业秘密对外扩散，无法控制。

④对外披露信息须经过企业审查。企业及其员工对外提供信息，比如通过报刊、网络等媒体发布广告，向消费者、客户寄发产品说明书时，应当由商业秘密主管部门对这些信息进行审核，以避免发生泄密事件。尤其是建立论文审查制度，在研发人员向外投寄论文前，企业应当详细审查论文是否泄露了企业的商业秘密。

⑤提醒员工行为谨慎，避免发生泄密问题。比如，IBM 公司的 Information Security Guidebook 规定，使用无线电器材及手机时应避免在公开场所，❶目的在于防止第三者无意中听到商业秘密。

思考与练习

1. 专利经营之信息资源的累积，有哪些渠道？
2. 专利经营之信息资源的档案管理，有哪些基本的原则？
3. 专利信息的作用是如何体现的？
4. 专利分析的方法主要包含哪两种？

❶ 蒋若涵．IBM的营业秘密管理制度（上、下）[J]．智慧财产权管理季刊，13，14.

5. 专利分析的缺陷与不足有哪些?
6. 专利管理地图主要有哪些表现形式?
7. 专利技术地图主要有哪些表现形式?
8. 专利地图如何制作?
9. 签订保密合同需要注意哪些问题?
10. 符合法律规范的竞业禁止合同，通常要满足哪些条件?
11. 如何加强保密合同与竞业禁止合同义务的督促?
12. 对商业秘密的信息安全，除合同规范外，还可以采取哪些措施?

重要词汇

专利信息：指以专利文献作为主要内容或以专利文献为依据，经过分解、加工、标引、统计、分析、整合和转化等信息化手段处理，并通过各种信息化方式传播而形成的与专利有关的各种信息的总称。

专利分析：对检索得到的特定主题的专利文献，从管理层面和技术层面进行资料筛选、数据统计和信息分析，从而获取可资利用的目标信息的过程。

专利定量分析：对专利文献的外部特征按照一定的指标（如专利数量）进行统计，并对有关的数据进行解释和分析的方法。

专利定性分析：通过对专利文献的实质内容（如权利要求）进行分析，了解某一技术发展水平和保护范围的方法。

专利地图：指将专利文献的分析结果，依照一定的标准整理成图表，即把专利信息“图表化”，以呈现或表达专利分析的结果。

专利管理地图：指显示技术的发展趋势，进行竞争企业的实力剖析和动向预测的管理信息地图。

专利技术地图：指将专利文献进一步分析，依据专利目的、达成功效、技术手段等，做成条理分明、一目了然的技术信息图表，以缩短研读时间，提升效率。

竞业禁止：又称为竞业回避、竞业避让，指要求员工在离职后一定期间内，禁止经营或从事与原公司业务性质相同或有竞争关系的事业，从而切断员工使用原雇主的商业秘密为新雇主服务，或为自己独立营业时所利用的可能性。

脱密措施：企业与掌握商业秘密的员工约定，要求员工在离职前一段时间（即提前通知期）通知企业，在该期间企业可以将员工调换至不需保密的工作岗位，以让员工不再接触商业秘密。

离职面谈：在员工离职前，企业可安排一次面谈机会，提醒或重申员工的保密义务。

第 4 章　专利经营的资源规划

学习要点

1. 专利规划的发展目标及其影响因素。
2. 专利与技术秘密的优劣比较。
3. 专利类型的比较及其选择。
4. 专利类型的优化设计。
5. 专利数量的累积目标及其渠道。
6. 专利品质的评价及控制。
7. 专利布局的方式和区域。

4.1　专利规划的方向

在知识产权这个大家族中，由于专利通常最富有技术含量、商业价值和战略意义，因而知识产权竞争最突出地表现为专利竞争，尤其是专利数量的竞争。许多公司都在制定专利发展的目标规划，极力扩建自己的专利工具箱。尤其在同行业的大公司之间，因为竞争攻击和竞争防御的目的，屡屡出现专利军备竞赛的情形。而新兴的中小企业也试图借助专利这个奇兵利刃，后来居上，后发制人，暗暗地累积专利数量。

那么，对于企业而言，如何规划自己的专利发展目标呢?

4.1.1　掌握现有的专利资源

1. 了解自己的专利资源

企业在提出自己的专利发展计划时，首先要掌握自己现有的专利资源。现在很多企业都拥有专利，但一些企业并没有真正了解自己的专利。如果你是企业负责技术开发或知识产权的主管，看看能不能迅速地回答出下列问题：

(1) 企业拥有多少专利申请量和授权量?

（2）这些专利的种类（发明、实用新型或外观设计）是什么？

（3）这些专利的有效期？

（4）这些专利分布在哪些产品或技术领域？

（5）哪些专利正在利用（包括自己实施、对外许可等）？

（6）哪些专利带来了效益？

在实践中，我们的确遇到一些企业的负责人，连自己拥有的专利申请量和专利授权量都不清楚，即使知道专利数量，通常也不了解他们拥有的专利的具体内容。

如果企业不了解自己的专利资源，自然无法知悉自己的专利优势和专利弱势，也无从建立正确的专利发展规划。

> 掌控知识产权的第一步是要知道你拥有什么。
>
> ——维莱拉

因此，建议企业列出一个专利清单，定期更新。这份专利清单应当能够基本反映企业的专利数量、专利种类、有效期间、分布领域、经济效益和实施利用状况等基本信息。

2. 不要让专利资源流失

如果不是因为有意的专利淘汰，那么应当定期检查拥有的专利是否按期支付了维持费用，否则可能会因为没有缴纳专利年费，而导致专利权被终止。专利权不幸被终止的结果，将使本来受到法律保护的专利技术，变成了社会公共的技术知识，别人可以免费利用，这不仅浪费了研发工作的投资，而且可能让企业丧失该专利上面的商业机会——青睐此专利的投资人准备掏出大笔的资金，来实施该专利，却因为专利权被终止而撤回了投资，这样的事例并不少见。

维护自己的专利资源并不复杂。企业可以使用专利备忘录或者备案系统，在需要支付专利维持费用前提醒自己，以免忘记按时支付费用。然而，如果企业拥有巨大的全球性专利组合，则需要在专利维持上付出更多的细心。

IBM 开发了一个持续的专利权管理系统，被称为 WPTS——全球专利权跟踪系统。在它众多的功能中，WPTS 自动跟踪其在所有授予专利的国家中的专利年限，这就确保了 IBM 及时支付专利维持费用。❶

❶ 朱莉·L. 戴维斯，苏珊娜·S. 哈里森. 董事会里的爱迪生——智力资产获利管理方法［M］. 江林，等译. 北京：机械工业出版社，2003：43.

4.1.2　规划专利的发展目标

1. 专利发展的目标方向

企业的专利发展目标，主要可以从专利形式的选择、专利数量的累积和专利品质的提升三个方向，进行拓展和规划。

（1）专利形式的选择

在我国，专利分为发明专利、实用新型专利和外观设计专利三种形式。这三种专利，在授权条件、保护对象和保护时间上各有不同。企业需要根据自己的产品状况、技术优势和商业策略，来选择发展适合的专利种类。

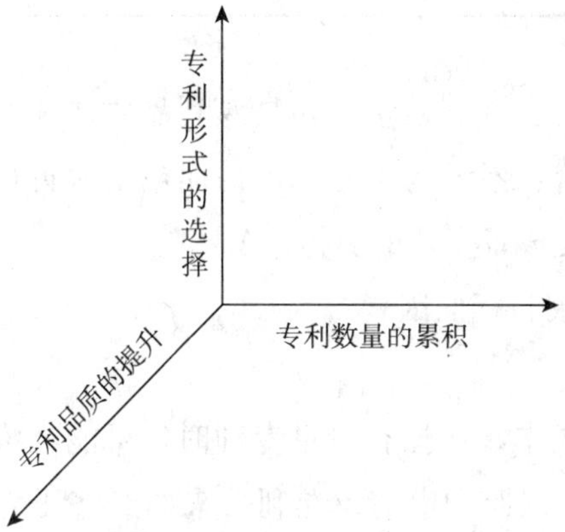

图 4－1　专利规划的方向

（2）专利数量的累积

在专利发展的初期，必须重视专利数量的累积，比如通过专利发掘与专利奖励等制度措施，来提升企业专利的申请量。只有专利数量累积至一定程度，才能更好地建立企业的专利组合，更好地支持企业的专利战略。

表 4－1　专利数量累积中的一些制度

制　度	说　明
专利发掘	主动从员工身上挖掘出宝贵的发明创意，并催生开发有价值的专利成果
专利奖励	透过颁发专利奖金或给予升迁鼓励等，激发研发人员的发明热情

（3）专利品质的提升

由于专利的品质好坏攸关其专利的稳定性及其保护范围的大小，因此企业应当重视利用专利筛选、专利淘汰等制度，对专利品质加以提升。如果拥有一个竞争对手无法回避又渴望使用的高品质专利，将为企业赢得更多的市场机会与竞争优势。

表4－2 专利品质提升中的一些制度

制 度	说 明
专利筛选	制定发明评估标准，从技术、商业和法律角度评估一项发明创造是否适合申请专利，进行专利申请的过滤与筛选
专利淘汰	经过专利价值评估后，如果认为不需要继续维持专利权，则通过放弃等形式对该专利加以淘汰

无论是专利种类、专利数量，还是专利品质，其发展目标都应当与企业的经营战略相结合，不要为了专利申请而申请，盲目拼数量，最后却把专利这个财产权，变成了企业的负担。

2. 影响专利发展目标的因素

（1）经济实力

专利发展需要成本，在拥有少量专利时，可能经济压力尚不明显。但是，如果专利众多，又跨国申请，专利带来的经济压力则会迅速凸现。因此，必须结合自身的经济实力，来制定专利发展的目标，因为：

①在专利技术的开发上，需要投入大量的资金。而技术开发具有高风险性，可能耗资巨大而所获无几，更谈不上申请专利的问题。

②在申请和累积专利上，也需要费用的支出。比如专利申请费用、专利代理费用等。

③企业在拥有庞大的专利数量时，也需要相当大的管理成本，比如专利分类、维持、异议答辩等问题，都需要管理成本的支出。

（2）技术实力

专利技术，尤其是发明专利技术的开发，需要企业具有相当的技术实力甚至技术优势。特别是在某一产业领域或具体产品上已经充满了大量专利之时，如果想突破他人的专利封锁，需要掌握相当的技术优势。所以发展专利时，也要衡量自己的技术实力，从而实施适当的专利战略。

（3）市场潜力

在拟定企业专利发展目标时，还需要考量专利技术或专利产品的市场需求。如果某项技术虽然十分先进，但不具有市场潜力，比如产品因材料或生产工艺而产生了较高的成本，在市场上不具有竞争力，那么该项技术的专利获取和累积，不仅不会带来利益，反而会将企业拖入泥潭。

当然，考虑市场潜力，需要着眼于长远，不能只观察这一两年的前景。比如发明专利的期限有 20 年，也许 5 年内这个专利产品不具有竞争力，但 5 年后也许会大放异彩。美国 Magnequench 在 10 年前部署的专利，等待了 10 年才对微软、飞利浦发动“专利攻击”，并有望收回创造、申请、维持该专利的费用。❶

（4）竞争对手的专利布置

竞争对手的专利布置，也是影响企业专利发展目标的重要因素。如果企业准备进入的产业，竞争对手只布置了少量的专利，甚至还没有布置专利，那么企业可以根据自己的研发水平，迅速抢占专利制高点，完成该产业领域的专利布置，特别是布置基本专利，以阻挡竞争对手的进入。

如果企业要进入的产业，已经充斥着专利权，尤其是基本技术已经被他人申请专利保护，那么企业的专利发展策略可以从以下几个方面进行：

①在竞争对手的专利之上，进行外围专利开发，尤其是在预测产业未来发展方向后，进行外围专利开发，以获得交叉许可的条件。

②大量累积专利数量，组建专利组合，然后与竞争对手进行专利对抗。

③进行替代技术开发，并申请专利保护，借此在新一代产品中，绕开对方的专利障碍。

（5）技术本身的状况

企业在专利开发前，应当了解其他企业的研发活动及世界产业竞争的情况，确定哪部分是竞争的技术，哪部分的专利可能是重点，从而制定自己的专利开发方向。如果技术已经发展得比较成熟，获得发明专利的机会比较小时，则应对产品开发实用新型或外观设计方面的专利。

（6）产品发展的导向

产品发展的导向也是影响企业专利发展目标的重要因素。比如随着数码相机的兴起和流行，传统相机的市场份额急剧萎缩，那么相机制造企业的专利发展目标，就开始转向数码相机的相关技术上，而不是继续完善传统相机的技术，去申请专利保护。

（7）纯粹商业的考虑

有的企业申请专利并不在意其稳定性和市场潜力等因素，而纯粹出于打击对手或提升形象的考虑。比如，有的企业申请了大量质量低劣的专利，

❶ 裴宏．小企业频频发动专利攻击［EB/OL］．［2004-09-15］．http：//www.sipo.gov.cn/sipo/zscqb/tianxia/t20040909_33545.htm.

目的可能只是在于显示研发实力，便于向投资者交差，或者吸引风险资本的进入。

这里必须强调的是，企业发展专利、利用专利和保护专利，应当符合基本的商业道德。国内有人把传统的竹编工艺品申请了外观设计专利，然后，以该专利状告国内的竞争对手侵权，与其纠缠不清，借此阻碍对方产品销售和出口。类似这样的做法，显然违背了专利法的目标，也不是长久的专利事业。

4.2 专利形式的选择

4.2.1 专利或者不专利

由于法律为发明创造的保护，提供了专利、商业秘密等多样化的选择，因此，在选择保护发明创造的专利类型之前，还必须解决一个前提问题，即是否需要采用专利的形式来保护发明创造。

作为法律赋予的一种垄断权，专利虽然享有独占的优势，但也存在固有的一些不足之处。有时采用商业秘密，更准确地说是采用技术秘密来保护发明创造，可能更有意义。专利还是不专利？这是一个问题。

1. 专利与技术秘密的差异比较

专利是国家知识产权局对申请专利的发明创造进行审查，认为符合专利法规定后，而授予的在一定期限内的独占性权利。商业秘密则是不为公众所知悉、能为权利人带来经济利益、具有实用性并经权利人采取保密措施的技术信息和经营信息。商业秘密分两种基本类型：技术秘密与经营秘密。由于经营秘密的保护范围与发明创造关系不大，因此，从发明创造保护的角度，比较专利与商业秘密，实质上是比较专利与技术秘密。

比较专利与技术秘密的不同之处，可以简单归纳如下：

表 4-3 专利与技术秘密的差异比较

比较因素 \ 保护形式	专利	技术秘密
取得方式	申请取得，需要专利局依申请而审查授权	自动取得，不需履行任何行政程序
取得条件	需要满足新颖性、创造性、实用性等专利性条件	只要具有秘密性和商业价值，并采取保密措施，即可享有权利

续表

保护形式 / 比较因素	专　利	技术秘密
创新程度	创新程度要求相对较高	创新程度要求相对较低，甚至可以忽略
技术公开	通过专利说明书等文件，公开技术	不但不公开技术，反而需要采取保密措施
权利主体	同样的发明创造只能被授予一件专利，不能由多数人分别取得专利权	同样的技术成果，只要是各自独立研发，可以由多数人分别享有技术秘密
权利范围	权利要求清晰，保护范围明确	因保密限制，保护范围相对不明确
独占程度	在授权国家、地区垄断利用	如果他人独立研发出同样的技术，则独占地位不复存在
成本支出	需要花费申请、维持费用，以及代理费用等	不需要申请、维持和代理费用，但需要保密成本
地域限制	只在专利授权国家或地区享有权利	只要保密得当，可在全球所有保护商业秘密的国家享有权利
保护时间	发明专利 20 年，实用新型专利和外观设计专利 10 年	只要权利人愿意，并采取保密措施，可以无限期获得保护

由上可见，专利与技术秘密存在较大的差异，而且因其差异而各具优劣。所以，尽管专利制度已经施行多年，但专利保护并不能取代技术秘密，两者相辅相成，有时还互为依靠。企业在选择保护发明创造的权利形式时，需要斟酌各自取得方式、成本支出、保护时间、权利范围等因素，来综合衡量专利与技术秘密的优劣。

2. 专利和技术秘密的优劣分析

（1）专利的优劣分析

1）专利的优势

专利技术的明确性，专利授权的权威性，专利保护的垄断性，决定了专利在保护发明创造方面，拥有极大的优势：

①可以垄断利用

同样的发明创造，不能再向其他人授予专利权，为专利权人提供了垄断利用的竞争优势。

②权利相对稳定

除非因为被宣告无效等原因，专利一旦授权即可持续占有，不像技术秘密随时可能因为被公开，或被他人专利化而失去权利。

③保护力度较强

由于专利权利要求清晰，保护范围明确，便于确定侵权行为，也便于请求行政执法，因此有利于权利保护。

④树立创新形象

由于专利的公开性，足够的专利数量可以彰显企业的创新能力，树立创新形象。

⑤便于融通资金

由于专利具有来自官方授权的权威性，经过官方审查的稳定性等优势，使得专利比较容易获得风险资本的青睐，也方便通过专利质押获取银行信贷。

专利的优势当然不只这些，但上述优势已经足以让无数企业趋之如骛。所以，正如通常所言的那样，专利就是保险。[1]

2）专利的劣势

事情总是一分为二，专利本身的性质也给发明创造的保护带来了不少局限性。专利保护的劣势主要体现在以下方面：

①需要公开发明内容，给竞争对手以利用机会

作为取得专利的代价，发明创造的内容必须通过专利申请文件向社会公开，并允许任何人检索查阅。这当然会给竞争对手以利用的机会，前面提到的专利地图的制作与利用，已经淋漓尽致地体现了这一点。美国有一家较小的工业设备制造厂，它有几件高亮度微波驱动光源的美国专利，并于 1975 年带到日本申请了专利。两年后三菱公司以反向工程研究了上述产品，并围绕此技术申请了两百多件专利。[2]可见，专利公开后，反而启发了竞争对手的研发方向和研发思路。

②部分发明创造无法享受专利保护的待遇

专利授权的要求较高，有的发明创造创新性较低，虽然具有较大的商业价值，却难以取得专利保护。另外，某些领域的发明创造，被排斥在专利法的保护范围之外，创造性再高也无法通过申请专利取得保护。

[1] 渡边睦雄．化学和生物技术专利申请文件的撰写与阅读［M］．冯剑波，译．北京：知识产权出版社，2005：2.

[2] 戚昌文，邵洋，等．市场竞争与专利战略［M］．武汉：华中理工大学出版社，1995：18.

③如果发明专利申请公开又未获得专利，将得不偿失

根据《专利法》第 34 条，专利局收到发明专利申请后，经初步审查认为符合专利法要求的，自申请日起满 18 个月，即行公布。专利局也可以根据申请人的请求早日公布其申请。但是，如果发明专利申请公开后，最终又未得到专利授权，申请人不仅没有获得专利的垄断保护，反而有偿地（因为申请专利时还要支付申请费用和代理费用）向竞争对手公开了自己的发明创造。

④专利授权时间较长，可能不适应技术或产品的更新速度

专利从申请到授权，需要一定的时间。特别是申请发明专利，一般要等两三年甚至更长时间，才可能拿到授权。而技术发展速度越来越快，有些新技术的使用寿命，可能比其申请专利所需要的时间还短。此时，技术或其对应的产品可能已经更新换代，而专利还没有取得授权，专利申请的意义自然大打折扣。

⑤专利申请与维持需要付出较大成本

我国申请专利的费用相对还比较便宜，如果申请国外专利，则花费的成本将直线上升。如果申请的专利数量较多，代价更是不容小视。再加上维持专利的费用，对于专利组合庞大的企业特别是中小企业，将是一笔沉重的经济负担。如果不能有效维持专利，在专利获得不久就放弃权利，那么也无法实现垄断技术的初衷。

⑥专利公开了技术，却可能难以发现或打击侵权

申请专利并公开了技术后，尽管存在专利保护，同样也会招来他人无视专利的侵权利用。如果企业没有足够的资源，可能难以及时发现、有效打击专利侵权。特别是生产工艺之类的方法专利，即使有能力打击侵权，也可能无法发现别人的专利侵权行为，因为别人躲在工厂里利用该方法专利，权利人在其销售的产品上无法找到直接的证据，也难以径直到侵权人的工厂里收集侵权证据。

⑦专利保护存在时间限制

发明专利自申请日起保护 20 年，实用新型专利与外观设计专利自申请日起保护 10 年。一旦专利保护期限结束，任何人都可以无偿使用该发明创造，从而使专利权人丧失了垄断优势。比如，制药厂商为研发新药投资惊人，为担心他人捷足先登，往往会早早递交药品专利申请，但药品还需要经过动物实验、人体临床试验以及生产许可审批手续等环节，等到药品上市时，其专利保护期已经白白浪费了很多年，因此制药行业往往抱怨专利保护期限太短，不能满足他们收回投资、赚取利润的需要。

不过，由于当今科技发达，竞争激烈，产品加快了更新速度，因此，往往不需要等到最后的保护期限，专利就因失去经济效用被企业主动放弃了。所以，除了制药等少数行业外，这个劣势已经不那么重要。

⑧一般不可能在全球采取专利保护

考虑到保护成本的因素，一项发明创造一般不可能在全球所有实行专利保护的国家申请并取得专利。如果企业的一项发明创造只在一个或几个国家申请了专利并已公开，则不能阻止他人在其并未申请或没有获得专利的国家利用其发明创造。

当然，上述专利保护的有些弊端，也可通过采取措施，加以克服或减少其负面影响。

比如为了避免因公开发明内容而给竞争对手以利用机会的不利局面，可以采用小语种申请专利，让竞争对手也较难或推迟了解该发明创造的内容。如IBM公司曾将一种有可能取代晶体管的器件申请专利。当时，为了避免引起竞争对手的注意，该公司在欧洲申请专利时特意用德语写成说明书，因为与英语相比，德语属于小语种。结果该申请文件在书架上放了两年之后才被人发现，使竞争对手对其注意晚了两年。[1]

此外，对发明创造采取专利与技术秘密相配合的方式，以及利用优先权制度等，都可以降低竞争对手了解发明内容的程度，或推迟了解发明内容的时间。

(2) 技术秘密的优劣分析

1) 技术秘密的优势

相对于申请专利的劣势，技术秘密的保护主要有以下优越性：

①竞争对手难以知悉利用

如果企业采取了严格的保密措施，竞争对手则难以接触其发明创造，从而阻断竞争对手参考借鉴甚至侵权利用。比如，法国一家公司在20世纪初发明了玻璃纸生产方法，美国杜邦公司曾花了许多年，投资数百万美元试图研制出该生产方法，一直未成功，最后只好同法国公司签订许可使用该方法的合同。[2]当然，如果竞争对手依法通过反向工程获得了技术信息，就可以合法地利用该技术秘密。

②保护期限可以不受限制

只要发明创造未被公开，又一直采取保密措施，则技术秘密的保护期

[1] 戚昌文，邵洋，等．市场竞争与专利战略［M］．武汉：华中理工大学出版社，1995：149.
[2] 戚昌文，邵洋，等．市场竞争与专利战略［M］．武汉：华中理工大学出版社，1995：153.

在理论上可以不受限制，直至发明创造失去经济价值，权利人主动放弃保密。

③没有官费的负担

由于商业秘密取得权利不需要履行任何行政程序，因此，没有申请费用、维持费用以及代理费用的负担。当然，对于某些重要的技术秘密，加强保安措施、配备硬件设施、支付保密费用或竞业禁止补偿等保密成本，可能也是一笔不可小视的开支。

④取得权利的门槛较低

反不正当竞争法没有要求发明创造应当达到一定技术水平，才可以享有技术秘密保护的权利。因此，相对于专利，技术秘密的保护门槛较低。

⑤保护范围比较宽泛

由于技术秘密的保护门槛较低，因此保护的发明创造范围也比专利宽泛。不仅可专利化的技术能够作为技术秘密保护，而且不可专利化的技术也能够作为技术秘密保护。

2）技术秘密的劣势

将发明创造作为技术秘密保护，同申请专利保护一样，也有其劣势所在：

①需要建立完善的保密措施

为防止泄密事件的发生，保密措施有时还会比较复杂，牵涉甚广。从员工管理到制度建设以及硬件配备，都需要采取足够的保密措施，并且还要对付高明的工业间谍可能进行的渗透。相对而言，专利授权使得企业减少了对发明创造的这种内部管理压力。

②不适合难以保密的技术

有的发明创造，比如只是涉及产品的尺寸、结构、材料、部件的简单组合等内容，一旦进入市场后就容易被人知悉，或自然就公开了，因此不适合作为技术秘密来保护。

③无法阻止他人反向工程和自行研发

《最高人民法院关于审理不正当竞争民事案件应用法律若干问题的解释》（法释［2007］2号）第12条明确规定："通过自行开发研制或者反向工程等方式获得的商业秘密，不认定为反不正当竞争法第十条第（一）、（二）项规定的侵犯商业秘密行为。"因此，对他人通过自行研发而获得技术秘密，甚至通过对自己的产品进行反向工程而获得技术秘密的，权利人也不能阻止。这里所谓的"反向工程"，是指通过技术手段对从公开渠道取得的产品进行拆卸、测绘、分析等而获得该产品的有关技术信息。

④无法阻止他人提出专利申请

如果同样的技术秘密被他人反向工程或自行研发，并且被他人申请了专利，会发生什么结局呢？首先，企业会丧失技术秘密的权利；其次，如果不能得到《专利法》第69条第2项在先使用权的支持，企业还可能构成对他人的专利侵权。

⑤技术秘密许可时对第三人无拘束力

在对外许可技术秘密时，许可合同中的保密义务只对被许可人有效，而对第三人无约束力。如果因为被许可人的故意或过失行为，导致技术秘密被第三人获取，甚至被第三人申请专利的，一旦权利人无法主张第三人存在侵权过错，则损失巨大。

⑥法律救济比较困难

由于侵权人对技术秘密往往是非公开的使用，权利人很难发现侵权行为。即使发现了侵权嫌疑，也很难收集和提供足够的证据来指控对方侵权。这使得技术秘密的权利主张显得异常困难。

此外，权利人作为原告诉讼时，还担心自己的技术秘密通过诉讼进一步被披露，比如担心被告因为证据交换、法律辩论而知道得更详细，或者担心技术鉴定专家带走自己的技术秘密。因此，有些权利人不愿意拿出自己有关技术秘密核心部分的证据，从而举证不足导致败诉，甚至干脆主动放弃正在进行中的诉讼。

3. 专利与技术秘密的选择利用

（1）专利与技术秘密的综合衡量

通过分析专利与技术秘密的差异及其优劣，企业可以根据发明创造的具体情况，并结合市场竞争状况、经济承受能力等选择最适合的保护形式。比如，对于产品外观，不具有采取保密的条件，只有申请专利。再如，市场竞争激烈，竞争对手都在从事同一领域的技术研发，此时最好申请专利，以防止被竞争对手捷足先登。

在考虑专利与技术秘密的利弊时，不能孤立地理解，需要从系统化的角度，来审思如何在专利与技术秘密中作出选择。比如，尽管有些技术因为不易被反向工程破解，更适合技术秘密的保护，但为了融资的需要，也应当申请专利保护，以获得风险资本的垂青。这里就要对各自的收益和成本进行评估，找出价值最大化的选择。

（2）技术秘密转化为专利保护

需要注意的是，专利与技术秘密并非两条永不相交的平行线，除了后面阐述的专利与技术秘密相搭配的情形之外，技术秘密在一定条件下还主动转化为专利保护：

①为防止竞争对手抢先占据专利位置，可以将自己以前作为技术秘密保护的发明创造转向专利申请。

②为防范技术秘密许可中的泄密风险，可以将技术秘密申请专利保护，以强化许可权利的稳定性。

③如果他人未经自己同意而泄露技术秘密的，可以利用《专利法》第 24 条“不丧失新颖性”的例外规定，在 6 个月内将技术秘密申请专利保护，以弥补技术秘密丧失的损失。

4.2.2　专利类型的选择

1. 专利类型及其比较

（1）专利的基本类型

在我国专利法上，专利包括发明专利、实用新型专利和外观设计专利三种类型，专利种类的选择也是专利资源规划的重要内容。

发明是指对产品、方法或者其改进所提出的新的技术方案。所谓技术方案一般是指为了解决特定的技术问题所采取的技术措施的有序集合。发明专利是专利中技术含量最高的，也是体现企业核心竞争力的标志。发明专利可以是产品，也可以是方法，或者是产品或方法的改进。

实用新型是指对产品的形状、构造或者其结合所提出的适于实用的新的技术方案。实用新型专利由于技术含量相对较低，俗称小专利。实用新型专利只保护产品，该产品应当是经过工业方法制造的、占据一定空间的实体。一切有关方法、无确定形状的产品，如气态、液态、粉末状、颗粒状的物质或材料，不能申请实用新型专利。

外观设计是指对产品的形状、图案或者其结合以及色彩与形状、图案的结合所作出的富有美感并适于工业应用的新设计。外观设计强调的是保护工业品而不是保护艺术品，也往往被称为“工业品外观设计”。

（2）不同专利类型的比较

从法律的角度观察，发明、实用新型与外观设计三种不同类型的专利存在较大的差异。主要的区别有：

①保护范围不同

发明专利可以保护各种产品和方法的创新；而实用新型专利的保护范

围比发明专利要窄得多，只限于产品发明，而且只适用于产品的形状、构造或者其结合方面的创新，不保护方法以及没有固定形状的物质；至于外观设计专利的保护范围主要侧重于产品外表的设计，不涉及产品本身的技术性能。

②授权要求不同

在专利授权的要求（专利性要求），尤其是创造性的要求上，发明专利的要求最高，实用新型专利的要求低一些，外观设计专利主要注重美感效果，对于创新的要求更低。

③审批程序不同

申请发明专利，首先要经过专利局初步审查，再经过公开和实质审查才能获得专利授权。而申请实用新型专利和外观设计专利，审批程序相对比较简单，只需要经过专利局初步审查，认为符合专利法要求的，即可获得专利授权，不需要经过实质审查。

④保护期限不同

在我国，发明专利的保护期限为自申请日起 20 年，而实用新型专利和外观设计专利的保护期限为自申请日起 10 年。

⑤保护费用不同

相对于实用新型专利和外观设计专利，发明专利的保护费用较高。

表 4-4 专利类型的比较

专利类型	保护范围	专利性	审批程序	保护期	费用
发明	产品、方法及其改进	高	实质审查	20 年	较高
实用新型	产品形状、构造及其结合	中	形式审查（易获得）	10 年	较低
外观设计	产品形状、图案，色彩及其结合（外表）	低	形式审查（易获得）	10 年	较低

2. 如何选择专利的类型

发明、实用新型与外观设计这三种类型的专利，表面上看定义泾渭分明，各不相同，但在事实上却并非如此。有的发明创造，既可以申请发明专利，也可以申请实用新型专利；或者既可以申请实用新型专利，也可以申请外观设计专利。

由于这三种专利的保护范围、授权条件和审批程序等并不一致，而且对于企业的专利经营影响较大，因此，企业应当周全考虑如何选择合适的专利类型来保护其发明创造。在申请时，企业一般应考虑以下几方面：

（1）考虑发明创造符合哪种专利的基本要求

不是所有的发明创造，都可以任意申请发明专利、实用新型专利或者外观设计专利。比如，如果是一种节约成本的生产工艺方面的方法发明，或者是一种产品的用途发明，就只能申请发明专利，没有其他类型的专利可供选择。

因此，在考虑某种发明创造的专利保护时，首先要评估其满足哪种或哪几种类型专利的要求。如果把只能申请外观设计专利的设计，拿去申请实用新型专利甚至发明专利，不但拿不到专利权，反而浪费了自己的时间和金钱。

（2）比较不同类型专利对于企业的优势

如果一个发明创造可以同时申请几种类型的专利，这时就要考虑哪种类型的专利对于企业更具有优势。

发明专利尽管保护期限较长，但因为审批程序复杂，授权要求、取得成本较高，可能不容易获得专利授权，或者获得专利授权的时间比较长，不利于企业立即进行专利保护。

实用新型专利和外观设计专利虽然保护期限较短，但审批程序简单，容易取得专利授权，而且取得专利授权的时间也较快，可以先把相关的市场保护起来。

因此，需要综合比较，权衡利弊，正确选择合适的专利类型。比如，自己的发明创造创造性不高，申请发明专利可能比较困难，则可以考虑申请实用新型专利。

（3）考虑企业对不同专利保护的承受能力

不同类型的专利保护，对于企业而言，所需要的时间、花费的成本、获得的利益，也各不相同。企业应当量体裁衣，量力而行，找到适合自己，能够承受的专利保护方式。

3. 专利类型的优化设计

对于发明专利、实用新型专利和外观设计专利等不同类型的专利，结合自己发明创造的具体情况，进行分析比较后，应当优化设计保护自己发明创造的专利类型。

（1）不同类型专利的最优申请

所谓最优申请，是指根据发明创造的具体情况、专利类型的各自优势以及企业的承受能力，选择最合适的专利类型来保护自己的发明创造。不过，在实践中，有的企业一想到专利，就只想到发明专利，似乎看不上实用新型专利与外观设计专利。之所以存在这种情况，可能他们认为：

①发明专利最有商业价值和技术价值，最能体现企业的技术实力和核心竞争力。

②实用新型专利和外观设计专利授权后的可靠性和稳定性差，授权后被宣告无效的可能性相对来说大一些。

③国际上很多国家没有实用新型专利与外观设计专利这个类别。

因此，如果可以选择申请不同类型的专利，他们往往偏好发明专利。对于实用新型专利和外观设计专利存有这样的偏见，是因为只看到了发明专利表面的光鲜，而没有领略到另外两种专利的魅力。

在某些行业，产品的更新换代如此之快，令人目不暇接。在这些领域，一件发明创造经过几年的时间取得发明专利授权后，这件专利所对应的产品可能已经被市场淘汰了。如果该发明创造可以申请实用新型专利，可能短短数月就拿到专利证书了，从而能够迅速提供产品的专利保护，达到垄断市场的目的。在今天这个市场变化如此快速的时代，一个拥有 10 年保护期的实用新型专利和外观设计专利，完全足以为相关的产品在从进入市场到退出市场的这段时间，提供法律的保护。

一些企业的产品急着要上市，并需要专利的保护，这时申请实用新型专利或外观设计专利，可能是最好的选择，因为发明专利漫长的审批期限，不能适应企业的这种需求。

特别是在申请发明专利时，如果自申请日起满 18 个月，专利局公开了发明专利申请后，很可能招来其他企业的仿制行为，而此时又没有获得专利授权，不能进行专利维权。这时，企业可能就会后悔没有申请不需要实质审查、授权快捷的实用新型专利了。

另外，对于“实用新型专利和外观设计专利被宣告无效的可能性较大”的担忧完全没有必要。如果发明创造本身并不满足专利授权条件，即使是申请发明专利，也不会获得授权，获得授权也同样可以被宣告无效。是真金就不怕火炼，专利权的稳定性和可靠性，决定于发明创造本身的专利性状况，它与专利类型并没有什么联系。

至于“国际上很多国家没有实用新型专利与外观设计专利这个类别”，这并不重要，对企业而言，重要的不是专利类型本身是什么，而是哪种类型的专利最适合保护它的产品或市场。在中国申请实用新型专利或外观设计专利，并不妨碍企业就同一发明创造在其他国家申请专利，甚至采取其他的保护方式。

(2) 不同类型专利的复合申请

有一些技术或产品内涵比较丰富，包含有多个技术特征（可以认为是多个发明创造），可以申请多件不同的专利。比如，一种产品既有全新的用途，又有创新的结构，则在申请发明专利的同时，还可以申请实用新型专利。其中，发明专利用以保护产品的新用途，实用新型专利用以保护产品的新结构。假设该产品的外观也相当新颖美观，也可以考虑同时申请外观设计专利。

再如，有的技术成果涉及一种产品的结构或形状，以及使用该产品的新方法，则可以将该技术分为不同的发明创造进行专利申请。例如：某人发明了一种多角形滚子用来压实堤坝，他在 1999 年 4 月 13 日向专利局同时申请了发明专利和实用新型专利。其中，实用新型专利的名称是“堤坝内侧土地压实用多角型滚子”（申请号 99207723.0），2000 年实用新型专利获得授权，专利号 ZL99207723.0；发明专利的名称是“用多角型冲击压实滚子对堤坝内侧的压实方法”（申请号 99105512.8）。[1]

这种对技术或产品的各个创新部分都相应的申请不同专利，以周全保护自己的发明创造的做法，我们称之为复合申请。复合申请是一种对技术或产品进行全面保护的策略，既可以是复合申请相同类型的专利，也可以复合申请不同类型的专利。当然我们这里侧重强调的是复合申请不同类型的专利。

虽然复合申请会让企业因为专利申请数量的增多，而增加专利支出的费用，但是，从获得保护的时间以及取得保护的范围等角度来看，有时这种付出是值得考虑的。比如，别人模仿你的产品，往往既会模仿你的产品结构，也会模仿你的产品外观，以混淆视听，欺骗公众，从事不正当竞争。如果产品结构方面的发明专利尚未授权，而对产品外观复合申请的外观设计专利已经授权，此时专利的复合申请在帮助你打击侵权时，就体现出了独特的优势。

(3) 不同类型专利的同时申请

复合申请主要强调的是对同一技术或产品的不同创新部分（可以认为是不同的发明创造）申请不同的专利。而这里的同时申请，强调的是对同一或同样的发明创造，同时申请发明专利、实用新型专利或外观设计专利。由于技术性质和专利特性的限制，同时申请通常只发生在发明专利和实用

[1] 佚名. 专利申请的策略［EB/OL］.［2005-07-28］. http://www.21jsjd.com/download/shownews.asp?newsid=984.

新型专利之间，而且通常情况下，同时申请的实用新型专利授权在先。例如：某公司就压路机的“具有凸足装置的碾压机滚轮”技术方案，在2001年11月13日向专利局同时申请了发明专利（申请号01134792.9）和实用新型专利（申请号01270614.0），2002年10月9日实用新型专利获得授权，专利号ZL01270614.0。这样只要有一项专利捷足先登，权益便得到了保护。[1]

《专利法》第9条第1款规定：“同样的发明创造只能授予一项专利权。但是，同一申请人同日对同样的发明创造既申请实用新型专利又申请发明专利，先获得的实用新型专利权尚未终止，且申请人声明放弃该实用新型专利权的，可以授予发明专利权。”可见，我国禁止对同样的发明创造授予多项专利权，也即同样的发明创造不能有多项处于有效状态的专利权同时存在。根据《专利审查指南》（2010）的规定，对于发明或实用新型，“同样的发明创造”是指两件或两件以上申请（或专利）中存在保护范围相同的权利要求。

尽管存在上述规定的限制，企业仍然可以采用同时申请实用新型专利和发明专利的方式，来更好地保护其发明创造。当然，依照专利法，企业最终只应该选择其中一种类型的专利予以保留。不过，在现实世界中，一些就同一发明创造同时申请的发明专利和实用新型专利仍然同时存在，因为专利审查员并不一定都能发现它们，而企业也不一定会主动放弃其中的一种专利。

一般而言，就同样的发明创造同时申请不同类型的专利，可以获得以下优势：

①一旦发明专利申请因创造性不够而未获批准时，创造性要求较低的实用新型专利申请仍可能获得批准，从而增加了取得专利权的可能性。

②发明专利审批较慢，但保护期长，实用新型专利审批较快，但保护期短，两者同时申请正好可以相互取长补短。当实用新型专利授权时，可以借此更早地保护自己的发明创造；当发明专利授权时，可以放弃实用新型专利，而获得较长期间的专利保护。

4.3 专利数量的累积

专利的价值正在被充分挖掘。对从事技术许可的公司，专利可能是一棵“摇钱树”；对进行侵权谈判的公司，专利可能是一种威慑力很强的“核

[1] 佚名．专利申请的策略［EB/OL］．［2005-07-28］．http：//www.21jsjd.com/download/shownews.asp?newsid=984.

武器”。但是，如果你只有一件专利，单枪匹马，恐怕难以发挥什么价值。

值此科学日益昌盛、技术日益复杂的时代，任何一个产品都包含了数量不菲的专利，因此，如果缺乏数量的支撑，专利则无法垄断产品经营或赢得市场优势。而环视周围的专利霸主，动辄拥有专利上万件。根据美国专利商标局（USPTO）发布的数据，IBM 公司仅在 2006 年就在美国获得 3651 件专利，连续 14 年占据美国专利排行榜头把交椅。如果没有足够的专利数量，何以与 IBM 这样的大公司相抗衡?

> 专利权就像货币，越多越好。
> ——Incyte 公司法律总顾问李·班克盖

因此，专利竞争首先表现为专利数量的竞争。来自国家知识产权局的统计数字显示，2008 年，国家知识产权局受理发明、实用新型和外观设计三种专利申请 82.8 万件，同比去年增长 19.4%。其中，受理发明专利国内申请为 194 579 件，同比增长 27.1%。可见，专利数量的竞争日益激烈。

跨国公司已经深谙此道，它们早有蓄谋地在全球专利版图上“跑马圈地”和“占山为王”，捷足先登获取专利，布下密密麻麻的“专利地雷阵”，抢占了大大小小的知识产权制高点。[1]我国企业要在专利竞争中获得优势，也必须要在专利数量上取得突破，否则也是“巧妇难为无米之炊”。

4.3.1 专利数量累积的目标

1. 专利数量累积：手段而非目的

前面已经谈到，专利军备竞赛的情形已经屡见不鲜，但在加入专利军备大赛的行列之前，应当明确自己累积专利数量的目标。专利申请及其数量的增长只是手段，它必须服务于企业的目标或战略。

> 三流企业卖产品，二流企业卖商标，一流企业卖专利，超一流企业卖标准。

在 2002 年 2 月 28 日美国联邦贸易委员会（FTC）举行的 Business Perspectives on Patents: Hardware and Semiconductors 研讨会上，思科公司副总裁、全球专利顾问 Robert Barr 先生透露了思科追求专利数量的目的：

“思科创办于 1984 年，于 1989 年上市。在 1984 年到 1993 年这前十年中，公司仅仅申请了一件专利。在 1994 年，公司已经发展到年收入超过 10 亿美元的规模。刺激这种增长的因素，显然不是来源于专利，而是依赖于竞争和公开的、非专有接口（open，nonproprietary interfaces）。不过，在

[1] 陶鑫良，袁真富，等. 涉外专利侵权纠纷快速反应研究报告 [R]. 上海 WTO 事务中心委托课题报告，2004.

1994年，公司开始出台一个计划，以获得更多的专利。我们这样做是出于防御的目的，以在与拥有众多专利的更老牌的公司进行交叉许可时，提供谈判的交易筹码……1994年我们申请了6件专利，以后逐年增加。现在，每年申请700多件。”❶

可见，思科当时提升专利数量的目的，主要出于防御竞争对手，累积专利交易筹码。而有的企业对待专利的态度，则显得茫然，没有目标，经常盲目申请和占有专利，却没有深刻理解专利的经济意义与战略价值，往往不作技术价值评估和商业价值评估就胡乱申请，或者在占有专利之后，没有当作商业资产和策略资产加以活用，结果导致出资申请并辛苦得来的专利，与市场需求不同路，与企业发展不合拍，只得尘封箱底，甚至视若鸡肋。❷

2004年12月10日，在上海市知识产权局举办的“2004上海知识产权国际论坛——知识产权与城市竞争力”上，韩国首尔国立大学经济学教授李根博士发言指出：经过调查发现，技术水平最不发达的企业使用专利，更多的是为了改进企业的形象；中等技术水平的企业使用专利，更多的是为了创造反击能力（retaliatory power），以及通过交叉许可获得技术；技术水平发达的企业使用专利，除了保护他们的产品和技术外，还作为竞争工具和讨价还价的筹码。可见，追求专利申请及其数量，对不同的企业存在不同的目标，无论如何它都不是最终目的。

2. 定义专利数量累积的目标

Gilman在《Physics Today》曾有文章提到，在研究大公司的专利时，他发现大约只有一成的专利有实际的商业价值，也就是说，有许许多多的专利甚至根本不值得刊印在公报上，有浪费纸张资源之嫌。❸

但是，既然有这么多专利是没有价值的，为什么每年还有数以万计的专利申请呢?

从第1章所述专利累积的目标层次，可以看到专利累积的目标是复杂多样的，并不一定只是单纯地为了直接实施。有的是借专利来提升研发形象，有的是借专利来形成市场优势，有的是借专利对竞争者造成障碍，有的是借专利衍生出许可费收入，有的是使得产品增加价值，有的则把专利变成谈判桌上运筹帷幄与交叉授权的筹码，等等。

不过，有的企业只是把专利看作研发成果的保护，甚至是完成上级部

❶ Robert Barr ’ report [EB/OL]. [2004-04-06]. http: //www.ftc.gov/opp/intellect/barrrobert.doc.

❷ 袁真富. 论企业知识产权的发展模式——从保护到经营之知识产权观念的改造 [J] 知识产权. 2006 (4).

❸ 王世尧，王世仁. 专利的价值 [J]. 智慧财产权管理季刊，36.

门下达的指标，并没有从经济性目标和战略性目标来观察专利数量累积的意义。

在一次企业知识产权战略会议上，一名技术主管抱怨公司的专利申请太多，好像浪费了不少成本。表面上看，的确是这样的。不过，假设没有这些专利成本，公司会不会受到竞争对手的专利攻击？会不会受到竞争对手的仿冒竞争？会不会存在其他方面的不利影响？

如果回答是肯定的，那么这些专利的成本不仅没有浪费，反而发挥了很好的作用；如果回答是否定的，这些专利申请可能没有什么价值，可以考虑放弃。

总之，企业应当全面审查，重新定义自己专利数量的累积目标，既不要局限在保护性的目标层次，也不要盲目提升到战略性的目标层次。量体裁衣，量力而行，顺应时势，相机而动，不要让专利数量成为企业的经济负担。

4.3.2　专利数量累积的渠道

从资源规划的角度来看，累积企业的专利数量，可以有多种渠道，最基本的方式是自行研发以获取专利。但对于研发资源不足的企业，或者打算迅速在专利数量上崛起的企业，此时可能更需要借助联合开发、技术转移等方式，来支持企业专利数量累积的速度和规模。

1. 自行研发

(1) 自行研发及其注意事项

根据企业的产品规划方向和技术发展重点，进行自行研发是获得专利的重要渠道。为了避免重复开发，保障研发成果能够取得专利，企业最好在自行研发之前，以及在研发过程中，开展专利信息的检索分析，看看是否已有相同主题的专利存在。因为企业技术创新最大的法律风险之一，就是自己的研发成果已被他人提出了专利申请或获得了专利授权。

1997 年，四川省某物理研究院下属的环保所准备开发一项环保技术，前后共投入科研经费 2500 万元，历时 4 年，研制成功“电晕放电脱硫脱硝技术”。该项技术对于烟尘的治理、保护环境作用极为明显，有着广阔的市场前景。然而，当环保所准备大力推广该项技术，并想申请专利时，才发现日本一公司早在 1988 年已有相同的技术，并已在中国申请了专利。这一情况使环保所处于进退两难的境地。[1]

[1] 李启章，吴辉，张璇，裴宏，曾旭辉，徐进. 中国企业的专利化生存之痛（中）[N]. 中国知识产权报，2005-12-09.

当然，有的大公司，比如像Intel，自称从事技术开发时并不进行专利检索。[1]这并不奇怪，因为像Intel这样的技术领先的公司，在自己经营的技术领域从事的研发工作，往往是处于世界领先水平的，因此不会担心自己的研发成果会侵犯别人的专利权，它更担心自己的专利被别人侵犯。如果研发成果的确不幸地发生了专利侵权的问题，那么他们强大的财力资源和庞大的专利组合，足以化解这一风险：要么用金钱购买，要么用专利交叉许可。

此外，在自行研发过程中，还要注意防范相关的技术信息外泄，以免破坏专利授权所需要的新颖性，或者被第三人窃走并申请了专利。广州某单位研发了一种新药，已在国家科委立项。当研发人员带着它到国外与同行合作交流时，却被合作者抢先申请国际专利。该单位的一位研究者懊悔不迭："我们原以为方剂是会变的，保护的意义不大。可人家一申报，就觉得问题大了。人家申请的是垄断性专利，只要是治这种病的，即使方剂有所改变，仍在保护范围。人家时刻想的是怎样获取垄断性专利，我们却没有这个观念。"[2]

(2) 自行研发的鼓励行为

为鼓励企业的技术人员努力研发出可专利化的成果，除了执行前面讲到的专利奖励制度以外，这里更要强调企业主管人员专利挖掘的意识和行动。

首先，企业应当设定年度专利产出的目标，并在领导层的支持下进行持续的努力。台湾茂硅公司为了更能确实掌握专利产出的量，公司内对相关的生产处、技术开发处、R&D部门皆设有专利产出目标，目标得以达成则仰赖高层主管的共识与督导，并且由各部门经理人在年度考评中列入考量。茂硅的申请量由1995年度的85件升至1996年度的300件，如此跳跃式的成长与研发副总本身为发明人，了解专利的重要性并大力支持关系密切。[3]

其次，企业应当建立员工的创意提案制度，催生专利的产出。如何主动从员工身上挖掘出宝贵的发明创意，并催生开发有价值的专利成果？日本企业的提案制度，可供借鉴参考。提案制度其实并不复杂，它是一种鼓励员工将创意或建议提交给企业的制度。如果仅有专利奖酬或发明奖酬，

[1] 2007年4月4日下午，Intel法务总监艾尔·尼德（Earl Nied）先生在上海大学知识产权学院演讲回答学生提问时，阐述了他们这一做法。

[2] 佚名. 省还是花 借还是贷［N］. 中华工商时报，2002-04-11.

[3] 卓静宜. 台湾茂硅公司的专利管理制制度［J］. 智慧财产权管理季刊，15.

而没有提案制度作为配套，可能专利奖酬也没有可奖之基础。

日本一些企业非常重视激励员工的创意，鼓励员工递交提案，而且无论创意的提案是否优秀，都给予奖励。这使得一些日本企业的提案数十分惊人。根据日本 HR 协会对 1975 年度之提案数的调查结果（表 4－5），可见一斑❶：

表 4－5 日本 HR 协会 1975 年之提案数调查

公　司	年度提案总数	人均提案数
东芝公司	108 万件	每人 16 件
松下公司	67 万件	每人 12 件
住友金属公司	65 万件	每人 16 件
丰田汽车公司	39 万件	每人 12 件
东洋公司	19 万件	每人 9 件

下面，我们看看其中一些日本企业比较典型的员工提案：

日本著名精工钟表公司的员工提案：该公司最赚钱的提案是“将钟表的星期栏与日期栏之间隔除去，则可降低成本”。试验后，效果不错，不但取得日本新型专利权，同时也获得许多国家之专利权。

日本芥之刀具店员工的提案：菜刀刀柄部分开洞作为挂钩用，很不安全，改在刀尖处开洞就安全多了。此种菜刀后来占据了菜刀市场两成的销售额。

日本铝箔厂员工之提案：草莓的背阳处垫一层铝箔，借阳光反射，背阳部分亦会红熟，因此，果农不必翻转草莓晒阳光，可节省人工。这一提案被农会采用，铝箔生意大发利市。

同样利用铝箔的例子：铝箔的热传导性很强，可在铝箔上贴一层塑胶泡棉，作为熨衣用垫被，铝箔朝上，其上面放置要熨的衣服，熨斗过处，铝箔受热，反射到要熨的衣服反面，正反面均受热，可节省电力。❷

以上创意提案，都取得了专利权，而且也使产品大获成功。可见，专利并不复杂。只要有良好的激励机制，每一位员工都会提出很好的创意。这些创意极可能催生出专利。只有激励员工提出创意，企业才能保持活力。

当然，员工提出的众多提案中，有的并不能满足专利性的要求，但对

❶ 丰泽丰雄．提案制度与专利管理［M］．蔡竹根，编译．北京：光明日报出版社：5.

❷ 丰泽丰雄．提案制度与专利管理［M］．蔡竹根，编译．北京：光明日报出版社：6－7.

企业的利润增长，也许仍有重大作用。日本曾经流传着一个经典的故事，深刻地说明了这个问题。

故事发生在日本一家味精公司，有一年之提案周，全体员工获令，每人至少须各提出一件销售方面的创意。女工们都咕哝着，抱怨自己不擅长构思创意。但是，其中有一位女工，在某一晚上煮菜时，味精瓶盖孔塞住，味精不易倒出来。于是，以锥子把洞一个个钻大点，味精哗啦哗啦地出来了。她的母亲看到了，怂恿她提出这一提案。于是她便试着把它写下，投入提案箱里。

出乎意料，此提案却被列为特优奖，奖金日币1万元。公司实施此项提案后，库存的味精，一下子统统卖光了。第二年，获得总经理颁发的特别奖50万日元。女工的这一创意，化解了公司的危机。[1]这个提案成功的原因，在于把味精瓶盖孔钻大后，顾客每次在放味精时，就会不经意地放得多些。

2. 联合开发

(1) 联合开发的形式

随着知识的积累和技术的进步，技术越来越多样化，越来越复杂化，难度也越来越高，发展新技术所需要投入的资金也大幅攀升，而在竞争者威胁、产品生命周期缩短、技术变异迅速等严峻的挑战之下，企业在高度竞争的环境和有限资源的限制下，如何利用较少的资源去达成更多的目标，分担越来越高的经营风险，成为企业经营者的重要关注议题。

因此，企业之间借研发合作或技术转移，以分担风险或获取新知，累积技术储备和专利数量，已成为不可阻挡的趋势。通过研发合作来提升专利数量，主要有两种典型的方式：委托开发和合作开发，两者可以统称为联合开发。

表4-6 联合开发的典型方式

形式	含义	说明
委托开发	企业委托他人根据其要求，进行研究开发	委托人主要提供资金或物质条件，并不参与具体的研究开发过程。研发风险一般由委托人承担，也可约定由委托人与受托人分担
合作开发	企业与他人合作，共同进行研究开发	合作各方都参与具体的研究开发过程，但可能各有分工。研发风险通常由合作各方共同承担

[1] 丰泽丰雄．提案制度与专利管理［M］．蔡竹根，编译．北京：光明日报出版社：25.

根据《专利法》第 8 条的规定，两个以上单位或者个人合作完成的发明创造、一个单位或者个人接受其他单位或者个人委托所完成的发明创造，除另有协议的以外，申请专利的权利属于完成或者共同完成的单位或者个人；申请被批准后，申请的单位或者个人为专利权人。由此可知，企业与他人合作开发时，如果没有约定发明创造的权利归属，则该发明创造所衍生的专利申请权和专利权，将由合作各方共同享有；而在委托开发中，如果没有约定发明创造的权利归属，该发明创造所衍生的专利申请权和专利权将由实际完成的受托人享有，作为委托人的企业尽管支付了不菲的代价，但结果只是享有一定范围的使用权，并不享有研发成果的所有权。

为了避免在联合开发中产生知识产权的权属纠纷，企业最好事先通过合同明确约定知识产权归属，否则可能难以享有或难以完全享有联合开发成果的知识产权，累积专利数量的目标自然也会落空。

如果依合同约定，权利归属于受托人或某一个合作方，则应明确约定委托人或另一个合作方的使用范围、使用方式和使用时间等细节问题，以免将来滋生困扰，分散企业经营。

（2）联合开发的法律风险防范

企业之间借助联合开发，可以形成策略联盟，利用资源互补的优势，结合双方力量研发创新，共同创造优势地位，显然比个别研发单打独斗的方式更具有效益。因此，不同企业共同创新进行联合开发，是不可避免的趋势。

但是，联合开发中的各方当事人，往往会提供自己现有的技术成果，以支持或辅助开发出新的技术成果。如果一方当事人所提供的技术成果欠缺正当来源，存在法律瑕疵，则联合开发及其形成的研发成果，有可能面临知识产权侵权行为的指控，甚至遭到禁止使用的判决。

因此，各方当事人在联合开发前，应当履行必要的尽职调查程序，不仅要确认各方提供的技术在商业上的价值，更要确定当事人所提供的技术成果是否合法及有效，避免受到第三人侵权的指控，防止联合开发各方日后因此产生法律争议。

在进行相关的尽职调查程序时，主要应当注意以下事项❶：

①联合开发当事人对所提供的技术或产品是否拥有所有权或合法授权

❶ 下列清单参考了杨益升、张圣怡所撰论文的阐述。原文参见：杨益升，张圣怡．企业进行合作研发实务因应之道［J］．智慧财产权季刊，34.

的权利。

②所提供技术或产品的知识产权是否是有效的。

③第三人是否也拥有该技术的知识产权，第三人的地位、权利范围为何。

④当事人是否与第三人合同约定限制授权该技术给他人。

⑤如果有需要，当事人的知识产权是否有在外国主管机关进行注册登记。

⑥当事人是否定期缴纳权利维持费用，以确保权利的效力。

⑦当事人所提供的技术或产品是否侵害到第三人的知识产权。

⑧当事人所提供的技术或产品是否是曾经发生或现在进行中甚至未来的诉讼标的，诉讼的结果对联合开发各方未来用该技术进行市场营销的影响。

⑨当事人是否曾经或现在滥用知识产权，引发他人的抗辩，造成权利无法执行的风险。

⑩当事人所提供的专利权期限还有多久，避免专利权在合作期间因期限届满而消灭，从而影响各方在商业上的竞争力。

⑪当事人所提供的产品或技术是否在其享有的专利范围内，等等。

3. 技术转移

在全球化的背景下，市场竞争日益激烈，国际分工日益细化，即使是跨国公司也无力在每一项技术领域都维持领先的优势，而通过技术转移的行为来获得更高品质与更多样化的新产品，以维持该产品的市场占有率与竞争力，成为上至跨国公司，下至中小企业的有效选择。

(1) 技术转移的形态

根据联合国《国际技术转让行动守则（草案）》的定义："技术转移是指关于产品制造、生产工艺或提供服务系统的知识转移，不包括货物的单纯买卖或租赁。"该定义所指的技术转移比较广泛。依不同的视角，技术转移有不同的区分类型，比如，以技术转移由上而下或区域横移可分为垂直移转与水平移转。以下仅简介两位学者的区分类型，以对技术转移作一个比较全面的把握。

①冯震宇教授以技术转移可能的方法和模式，将技术转移分为以下9种：

→ 购买机械设备或整厂输出（Turn - Key）；

→ 购买专门技术或 Know - How；

→ 授权（包括专属授权 exclusive license 与非专属授权 non - exclusive license）；

→ 合资（Joint Venture）；

→ 利用创投公司投资具有潜力的科技公司；

→ 策略联盟（Strategic Alliance）：包括上下游业者之联盟、生产者与营销者之联盟、共同研发联盟与产业科技整合联盟等不同类型；

→ 购并（Merger & Acquisition）；

→ 对冲协定（Offset Agreement）：又称为工业合作协定，也即政府在购买大宗之军事或民用物资时，要求国外供应厂商以技术转移为条件，作为获得采购合约之条件之一；

→ 产学合作：包括孵化中心（incubator）、工业合作计划（industry liaison program）、补助研究计划与成立衍生公司等类型。[1]

②曾信超、王文贤以一般技术转移的模式，将技术转移分为下列 10 种：

→ 技术授权（Licensing）：系指专利与专门技术签订合约授予厂商使用制造，实质转移活动仅提供技术资料与技术说明，并进一步协助。

→ 先期开发联盟（Early Joint Development）：系指研究技术之初，厂商即已成立策略联盟，并规定产品规格，研究机构才参与开发技术。

→ 合作承包（Subcontract）：系指由厂商制定某一研究合约，将技术层次较高之部分转移给研究机构或是角色相反。

→ 客户委托设计（Customer Design）：系指接受客户委托，开发特定之产品或技术。

→ 共同规格制定（Joint Spec - definition）：系指厂商共同制定产品规格，此为合作开发之准备工作。

→ 合作开发（Joint Development）：系指在委托契约下，外界就某项技术委由研究机构开发，开发时双方对特定技术之开发均有投入。

→ 先期授权（Early License）：系由研究机构与厂商以先期合作方式进行技术开发之转移工作。

→ 原形授权（Prototype Licence）：系指已完成技术开发阶段，将技术转移给厂商进行商品化。

→ 产品联盟（Product Consortium）：系指同类厂商为某一产品之开发

[1] 袁建中．技术移转与鉴价［EB/OL］．［2005 - 02 - 01］．www.cme.org.tw.

而组成联盟，研究机构也共同参与。

→ 衍生公司（Spin - off）：系指尚无业者拥有或使用之新技术，编列事业计划书，邀请企业创立新公司，并协助部分技术员工转业加入企业。❶

由此可见，技术转移的形态比较复杂，但专利技术、技术秘密（专门技术）等技术的转让、许可是技术转移中的典型形态。

从专利数量累积的角度，对于企业而言，技术转移主要体现为专利受让、专利许可，以及通过企业并购而获得他人的专利。技术转移涉及复杂的商业前景评估、法律谈判过程和合同履行程序，最好聘请专业人士辅助，以免发生不利的后果。

（2）技术转移与专利累积

①专利受让

通过受让他人的专利申请权或专利权，是获取专利筹码的快捷途径。由于企业在专利受让后，也随之受让了依附于专利之上的风险。因此，在受让他人的专利前，应当对受让专利进行风险调查，防止因为专利受让而背负风险。比如，专利存在被宣告无效的瑕疵，那么在专利受让后，专利无效的后果也要由受让的企业承担。

②专利许可

专利许可虽然不享有专利所有权，但对专利所享有的使用权，也相当于增加了企业的专利资源。特别是专利独占许可，与享有专利所有权在实际效果上没有什么区别，而且还不用承担专利被宣告无效的风险。

③企业并购

收购高科技企业，也是短时期内增加专利储备的最有效的方法之一。1997 年，曾经列名世界个人电脑销售量第三位的美国公司 AST 被韩国的三星公司收购时，就给三星公司带去了一大批有价值的专利。❷

同样，在通过企业并购获取专利的过程中，仍然需要注意相关的风险问题。有一家电子公司对其竞争对手的子公司开发的一项专利技术感兴趣，并想得到它，于是主动提出了收购该子公司。然而，等到完成收购之后，这家电子公司才发现事与愿违，它所需要的专利技术是以一个研究人员的名字申请的，而这位研究人员在收购前几个月已到另一家公司去上班了。❸

❶ 雷明德．浅论技术移转与专利权授权间相互关系及应注意事项［R］．“跨领域科技管理研习班”心得报告，2004.

❷ 王晋刚．知识产权收购攻略［EB/OL］．［2006 - 03 - 28］．http：//www. cbex. com. cn/cqsc/cqsc11. shtml.

❸ 曾忠禄．企业竞争情报管理［M］．广州：暨南大学出版社，2004：259.

4.4　专利质量的提升

在专利资源的规划过程中，累积足够的专利数量，当然必不可少。通常只有存在足够的专利数量，才可以支持企业灵活地制定专利策略。否则，在需要掏出专利筹码时，企业可能在自己的专利组合中，找不到合适的专利筹码。

专利数量累积虽然不可或缺，但这只是专利经营的第一步，专利占有数量的单纯增加并不能保证企业收益上涨、成长提速；相反，有时还会成为企业发展的绊脚石。根据了解，财富 100 强的大公司在全球一些主要国家或地区，从获得一项发明专利，到此发明专利 20 年的有效期间的花费，大概要 25 万到 50 万美元。[1]

从专利发展模式来看，企业的眼光不能总是拘泥于数量的增减，而需要在合适的时间，跨越数量累积的发展模式，过渡到提升质量的发展阶段。专利质量的好坏，不但反映企业的研发能量，更攸关企业专利权主张及商品化效益。

4.4.1　从量变到质变

1. 从数量到质量的转变

从专利发展的一般情形来看，多数企业在起步时，都是先追求专利数量的增加，然后再讲究专利质量的提升。如果去观察一些大公司连续几年的专利申请状况，可能会发现，有的公司的专利申请出现了逐年减少的趋势。在飞机制造领域声名显赫的波音公司，从 1992 年到 1997 年的专利申请与核准量（表 4-7），就显示了这样的趋势。

表 4-7　波音公司专利申请与核准量统计（1992～1997）

	1992	1993	1994	1995	1996	1997
提　案	607	398	375	335	359	226
美国申请	149	134	106	273	212	141
美国核准	197	120	83	100	106	102
国外申请	52	52	36	87	101	200
国外核准	175	100	62	48	51	31

[1] 陈筱玲，萧添益，简明德，陆烨雄．科技导向企业的智慧资本制度［C］．2002 年培训科技背景跨领域高级人才计划海外培训成果发表会．

由于波音公司20世纪90年代中期在航空机生产事业上几成垄断、独占的大企业，市场上鲜有竞争对手，故在知识产权的维护策略上，倾向于降低成本及大量授权的做法。由此不难看出知识产权对于公司营运、永续经营与市场竞争策略的助益，不少大企业几乎都采取类似的模式：先累积企业的无形资产，再利用知识产权组合（Portfolio）限制或影响竞争对手的市场竞争力，待取得一定市场优势后，即可确保企业的永续经营与发展。不过，波音公司内部虽逐渐降低专利的提案数量，却日益重视专利申请的质量。❶

> 有用的专利权，一个就够了！
> ——我国台湾联电公司发言人刘启东

日本一些大企业在经过专利数量的膨胀之后，对专利资产的评估也已经由“以量取胜”进化到“以质取胜”的阶段。积极加强专利申请案件的质量，并增加每件专利的申请项目，不再像以前刻意将某一专利拆成数件申请，造成这样转变的因素除了企业本身已经累积相当的专利资产，无须再以形式的数目彰显成果外，众多的专利申请与维护所费不赀，追求申请案件质量对相关费用的精简而言不无裨益。以日立公司为例，在1975年至1985年期间，每年国内专利申请件数经常超过2万件，但在1995年国内申请案件只有1万余件。❷

“数量够了，就该求质。”台北政治大学的周延鹏教授认为：“二十一世纪是主打专利权的世纪！现在得看你的专利权有没有长牙齿！”如何在关键产业的关键地位，掐住竞争者的咽喉甚至吃下对手，提升市场占有率，已经是创新、研发之外，更具体的竞争利器。❸

在2005年我国台湾地区“专利一百强”榜单上，专利数量第三大的联电公司，其专利数量，由过去5年平均每年获得395件专利，锐减为80件，联电发言人刘启东强调：“有用的专利权，一个就够了！”

2001年1月，联电公司向美国国际贸易委员会控诉硅统科技公司侵权。在联电控告的29件遭侵权的专利中，后来只有一项附属请求SiON（氮氧化硅层）半导体制程技术确立被侵权。但这致命一击，让使用硅统侵权晶片的主机板，在输往美国时，须付39%主机板产品价值的保证金，晶片组须支付100%保证金。侵权案确立两年后，联电入主硅统，两年内靠一个附属专利权间接吃下硅统，联电认清专利权的“质”比“量”更有用。已有

❶ 方裕盛．飞行器大宗——波音公司［J］．智慧财产权管理季刊，16．

❷ 洪丽玲．1996年日本智慧财产权管理趋势大观［J］．智慧财产权管理季刊，13．

❸ 沈耀华．15个新台湾大王［J］．商业周刊，932．

2918 个美国专利权的联电，开始内部制约和管理专利权的申请。[1]

当然，也有少数公司一开始即追求质量的提升，最后也和其主要竞争厂商取得和平共存。美国的 Dell 公司在 1987 年仍须每年缴纳其年营业额 4%的权利金给 IBM，作为使用后者专利权的代价，其后该公司分析其使用的 IBM 专利技术内容后，针对这些专利进行重点开发自有专利，终于在 7 年后以 43 件美国专利与当时在全球拥有 2 万多件专利的 IBM 公司达成专利交叉授权，这可说是以小搏大的经典之作。[2]

2. 专利质量的标准

专利质量如何测定？这关系到提升专利质量的发展方向。从专利申请的角度，专利质量可以从技术、法律和商业三个层面进行评估。下面我们列举了一些常用的评价指标（表 4－8），作为参考和启发。

表 4－8　专利品质的标准

评价视角	评价指标
技术层面	专利技术是否成熟
	专利技术是否易于实施
	专利是否先进技术或核心技术
	竞争对手能否回避专利
	是否存在替代专利的技术
	……
法律层面	专利授权是否稳定（即是否存在无效的可能性）
	专利保护范围是否足够
	专利是否受其他专利的牵制
	……
商业层面	专利是否能够产业化
	专利是否存在市场需求
	是否增加产品的价值
	实施成本是否可以接受
	是否符合产业政策
	……

[1] 沈耀华．15 个新台湾大王［J］．商业周刊，932．

[2] 田正人．关于“智慧财产权管理”的几点省思［J］．智慧财产权管理季刊，8．

在这里，我们只讨论专利质量在法律层面的几个重要指标。

(1) 专利授权的稳定性

如果专利授权后，能够经得起专利宣告无效的考验，并一直维持专利的有效性或稳定其保护范围，则表明专利授权的稳定性较强；如果专利在获得后，容易被他人宣告无效，那么专利的质量存在瑕疵。

由于我国对发明专利的授权既要进行形式审查，又要进行实质审查，而对于实用新型专利和外观设计专利只进行形式审查，没有进行实质审查，因此，从总体的统计上，发明专利比实用新型专利和外观设计专利被宣告无效的可能性要小一些。因此，相对于发明专利，实用新型专利和外观设计专利的权利稳定性较低，专利质量值得质疑。

(2) 专利保护范围的大小

专利保护范围的大小直接决定了权利人可以垄断利用专利技术的范围。专利保护范围越大，则权利人排斥他人的范围也越大，也能获得更多的商业利益。基础专利或核心专利往往创新程度比较高，专利保护范围比较大，别人难以绕过其保护范围，或者绕过的研发成本或商业成本比较高，因而具有较高的技术价值和商业价值。

(3) 其他专利的牵制程度

如果一件专利的实施依赖于其他专利，则该专利受到其他专利的牵制，在实施或利用时，可能需要取得其他专利权利人的同意。这种情况，多发生在从属专利上。

对于从属专利，《专利法》虽然没有正式的定义，但其第 51 条规定："一项取得专利权的发明或者实用新型比前已经取得专利权的发明或者实用新型具有显著经济意义的重大技术进步，其实施又有赖于前一发明或者实用新型的实施的……"这部分规定已经涉及从属专利的含义。1993 年 8 月 16 日《最高人民法院关于在专利侵权诉讼中当事人均拥有专利权应如何处理问题的批复》中提到："……在后的专利技术是对在先的专利技术的改进或者改良，它比在先的专利技术更先进，但实施该技术有赖于实施前一项专利技术，因而它属于从属专利。"北京市高级人民法院《专利侵权判定若干问题的意见（试行）》第 121 条规定："从属专利，又称改进专利。指一项专利技术的技术方案包括了前一有效专利，即基本专利的必要技术特征，它的实施必然会落入前一专利的保护范围或者覆盖前一专利的技术特征，它的实施也必然有赖于前一专利技术的实施。从属专利的形式主要有：(1) 在原有产品专利技术特征的基础上，增加了新的技术特征。(2) 在原有产品专利技术特征的基础上，发现了原来未曾发现的新的用途。(3) 在原有方法专利技术方案的基础上，发现了新的未曾发现的新的用途。”

4.4.2　专利质量的控制

1. 专利筛选制度的建立

(1) 专利筛选的内涵

对于技术研发能力很强的企业而言，可能存在多项发明创造，并非每件发明创造都需要、都适合申请专利。此时还必须决定应该把哪些发明创造申请专利，或把哪些发明创造优先申请专利，此即所谓专利筛选制度。

专利筛选制度是根据一定的评价标准，对发明创造进行评估，从而决定发明创造是否申请专利或申请专利的优先顺序的制度。专利筛选制度中最为实质的部分，主要是专利申请之前的发明评估，因此，专利筛选也可以称为发明筛选。

许多企业或科研机构在申请专利时，都建立有筛选专利的发明评估制度。下面我们看一下我国台湾地区“中央研究院”的发明评估制度。“中央研究院”(以下简称“中研院”) 中主管技术转移事务的单位为公共事务组。该组成立于 1986 年，主要任务为“推动院内的科技转移”、“开发智慧财产权”、“公开研究成果”等。2000 年时，设置主任 1 名，专案助理 9 名。

当一项研发成果由发明人或设计人向中研院公开 (披露) 后，接下来的工作就是专利评审。完成的专利申请表先传到公共事务组主任处，再由主任传给专利申请评审委员会。评审委员们透过评估流程，决定发明是否具有申请价值。公共事务组会主动和发明人联络，以探讨发明的应用及可能申请的范围。评审委员的评审根据为发明是否可以“申请专利”及它是否可以“授权出去”，前者是由专利律师所提的专业意见来决定，后者则根据下表中的准则作评论。[1]

表 4-9　专利申请评审委员评估准则

这项发明的主要申请内容是什么	这项发明还有其他的用途吗
这项发明和目前的方法比较起来如何	有其他替代的技术正在进行吗
有多少相关的专利	若申请了专利，具有强制性吗 (公共事务组可以确认出侵权者吗？它和替代的方法有区别吗？)

[1] 刘江彬，黄俊英．智慧财产管理总论［M］．台北：华泰文化事业公司，2004：330 - 331.

续表

这项研究的赞助者对此发明的授权有兴趣吗	有多少可能的被授权人
产业界倾向于授权呢？还是反对	谁将决定这项发明的价值（顾客、第三方转售者、被授权人等等）
发明人和公共事务组或工业界之间的合作关系中，有无成功的案例	这项发明的开发，有没有主要的推动者？若有，是谁
这项发明是建立在先前的成果之上吗	它是一相关商业成功案例的延伸吗
有现成的顾客群及销售网吗	制造的过程已经证实了吗
这项发明发展到哪个阶段	公共事务组和这项发明有关的产业界的关系如何
有足够的时间去申请专利吗	被授权人和赞助者有提供经费吗
若授权此发明，可能会有什么复杂的情况发生吗	授权后，需要什么程度的监督和维持

（2）专利筛选的目标

专利筛选的目的在于评价技术是否具有专利性，是否值得申请专利，并确保申请专利的品质，增加专利申请的有效性和可靠性。同时，也借此淘汰不必要的或无益的技术，节省申请、维持专利所耗费的财力。

从理想的角度观察，专利筛选可以避免申请不必要或不需要的垃圾专利或问题专利，以及错误专利。

所谓垃圾专利，是指那些难以满足专利法新颖性、创造性和实用性等“三性”要求，而不应该得到授权的专利。所谓“问题专利”（questionable patent），也称“可质疑专利”，这些专利多半是无效的或者其权利要求过于宽泛。[1]问题专利比垃圾专利的范围更加广泛，除了包括垃圾专利，还包括那些可以授权但保护范围不适当的专利。而所谓错误专利，是指虽然满足专利法的“三性”要求，但从企业策略上考虑应当作为商业秘密而不宜申请的专利。

当然，从专利法的本质目的上讲，不应欢迎垃圾专利和问题专利，因

[1] Questionable patent is one that is likely invalid or contains claims that are likely overly broad. To Promote Innovation：The Proper Balance of Competition and Patent Law and Policy ［EB/OL］．［2004－10－18］．http：//www. ftc. gov/os/2003/10/innovationrpt. pdf.

为它们占用了不应当拥有的专利资源。不过，从企业的私利角度上看，有时候申请垃圾专利或问题专利却是他们有意的结果。而对于错误专利，从专利法的本质目的上看，本应授权，无可厚非。但是，如果企业不小心造成错误专利的申请，则可能存在不利的后果，是策略上的失误。

(3) 专利筛选的机构

为便于开展发明评估，进行专利筛选，企业应当设立发明评估委员会，这个机构一般不需要固定的形式，可以是一个常设的松散性组织，在需要作出发明评估时才召集评估人员集中讨论相关事宜，日常工作由企业知识产权主管部门来协调。

由于发明评估的内容主要涵盖可专利性（新颖性、创造性、实用性）以及技术的商业价值（经济利益、实施难易、投资成本、市场影响……），也即须周全顾及法律、科技、市场、投资财务等层面，因此从事发明评估的人员最好既有技术人员（包括发明人或设计人），又有法务人员（最好是专利律师或专利代理人）、市场营销人员，可能的话，还应包括财务人员。甚至可以邀请战略咨询人员参加发明评估活动，但技术人员与法务人员应当占据评估委员会的主体。

(4) 专利筛选的内容

从保障专利品质的角度，专利筛选至少不能忽略以下各方面的发明评估[1]：

①是否为专利保护的对象及范围

根据《专利法》，我国专利有发明、实用新型、外观设计三种专利。同时，根据《专利法》第 25 条，对下列各项成果，不授予专利权：科学发现；智力活动的规则和方法；疾病的诊断和治疗方法；动物和植物品种（对动物和植物品种的生产方法，可以授予专利权）；用原子核变换方法获得的物质；对平面印刷品的图案、色彩或者二者的结合作出的主要起标识作用的设计。

因此在申请专利前，评估委员会应当衡量一项研发成果是否属于可授予专利的范围，应当申请发明、实用新型还是外观设计专利。同时，还应考虑该项研发成果是否违反了《专利法》第 5 条，即是否违反法律（比如，吸毒工具，仿造文凭方法）、社会公德（如淫秽图片的制作方法），是否妨

[1] 下面部分内容，参考了：佚名．专利申请策略与规划［EB/OL］．［2006 - 04 - 25］．http：//www.taie.com.tw/1373.htm. 特此致谢。

害公共利益（如克隆人，伤害民族感情的外观设计），是否违反了获取或者利用遗传资源的法律规定，这是授予专利权的前提。

②是否具备专利的实质条件（可专利性）

具有专利性（新颖性、创造性、实用性）是通过专利授权审查的根本条件。因此，发明评估的另一项内容是初步判断该研发成果是否具备可专利性。

新颖性是授予发明、实用新型、外观设计专利权的必要条件，但三种专利形式对新颖性的要求有所区别。简单地讲，新颖性是指发明创造在申请专利以前不为公众所知、也不属于现有技术的属性。

《专利法》第22条第2款规定，新颖性是指该发明或者实用新型不属于现有技术；也没有任何单位或者个人就同样的发明或者实用新型在申请日以前向国务院专利行政部门提出过申请，并且记载在申请日以后公布的专利申请文件或者公告的专利文件中。《专利法》第23条第1款规定，授予专利权的外观设计，应当不属于现有设计；也没有任何单位或者个人就同样的外观设计在申请日以前向国务院专利行政部门提出过申请，并记载在申请日以后公告的专利文件中。

创造性也是授予专利权的实质条件之一。《专利法》第22条第3款规定：创造性，是指与现有技术相比，该发明有突出的实质性特点和显著的进步，该实用新型有实质性特点和进步。《专利法》第23条第2款规定：授予专利权的外观设计与现有设计或者现有设计特征的组合相比，应当具有明显区别。该规定可以视为外观设计专利授权的“创造性”要求。

实用性，又称为工业再现性，即可以用于工业生产，重复再现。《专利法》第22条第4款规定：“实用性，是指该发明或者实用新型能够制造或者使用，并且能够产生积极效果。”实用性也是授予发明、实用新型专利权的实质性条件之一。

《专利法》第2条第4款将外观设计定义为：“外观设计，是指对产品的形状、图案或者其结合以及色彩与形状、图案的结合所作出的富有美感并适于工业应用的新设计。”这不难看出对外观设计实用性的要求。

③是否具有市场前景或产业价值

由发明评估委员会预测、分析该研发成果可能创造的市场前景、经济效益后，再作出是否申请的决策。例如未来授权或实施获利的机会有多大？另外，还要考虑到技术的商业生命周期，如果商业生命周期非常短，则不宜申请专利。因为从专利（尤其是发明专利）的申请到专利的授权，需要相当长的时期，等到专利批准时，需要保护的技术可能已经过时淘汰。

④申请专利的保护范围可能有多大

这牵涉到预期能获准的专利保护范围，相对于现有技术与他人专利范围之间的比较，以及阻却他人进行回避或仿冒的难易度有多高等事项。

⑤专利的技术内容公开之后，对目前和潜在的竞争对手有多大的助益

这牵涉专利说明书的技术揭露程度，在符合法律要求下，如何避免泄露关键的 know - how。也须检视是否抵触或不利于与他人签订的技术交流、授权或销售协议。比如，在先与该技术成果的被许可使用人签有技术保密协议，则不能轻易申请专利破坏其秘密性。

⑥有无足够的资源来提出申请并维护、运用专利

此评估要点在于避免盲目申请，以减少不必要的人力、物力、财力的浪费。还要想到能否善用未来获准的专利以得到实质的利益回馈。企业在考虑专利申请和布局时，必须结合自己的经济实力，不能盲目跟进，尤其要善于经营专利。

⑦可否运用其他的方式来保护

首先，应当考虑能否搭配或改以著作权、商业秘密等其他形式来保护，其次，还要考虑其他保护形式是否更具优势。

经过发明评估委员会的审查，如果审查结果符合以下条件，则可以提出申请：①技术满足可专利性（大致判断可以获准专利即可）；②技术的商业价值达到一定标准（预期专利有实际的商业利益）；③预期技术经过专利申请公开后的负面影响不大，例如竞争者短期不易仿冒技术、侵权几率低，等等。

2. 专利申请文件的质量控制

（1）专利申请文件质量的影响

专利申请文件的撰写不同于纯技术文件，特别是权利要求书和说明书是发明和实用新型专利申请文件中最重要的两个部分，其撰写质量的好坏不仅可能影响该专利申请在专利局的审批进度，而且可能影响专利的品质。如果一项所有竞争对手都要用到的技术，搭配了非常差的专利申请文件，只能保护单一的模式，其他的技术变化都不在专利保护范围内，则是缺乏质量的专利。

①专利申请文件决定专利保护范围的大小

我们先看一下奇异带（又称“扣解自在钩布”）的专利纠纷，了解专利

申请文件，特别是权利要求书对于专利保护范围的意义。

秋天在原野散步时，裤管上会粘满野草种子。为什么会粘上呢？瑞士的一位D先生用放大镜观察，发现野草种子表面布满了钩状的毛，钩状的毛钩住了裤管环状绒头。他由这一真相得到启示，于是制造了两片布，一片满布环状绒头，另一片满布钩子。把这两片布并合压紧，两者相互交钩。由这种构想所产生出来的，就是“奇异带”，又名“扣解自在钩布”。

瑞士D先生，即奇异带的发明人及申请人，在向日本专利局请求专利权时，在权利要求书中，只列出了钩子，以为这样已经足够了。或许在他发明当时，尚未发觉圆球状亦可达到同样效果。

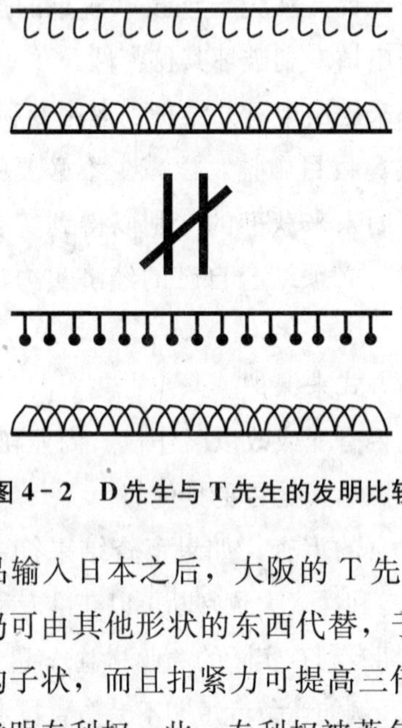

图4-2　D先生与T先生的发明比较

因此，当这种产品输入日本之后，大阪的T先生，使用了奇异带后，发现这种钩布的钩子仍可由其他形状的东西代替，于是，想出了前端呈圆珠状的钩布，以代替钩子状，而且扣紧力可提高三倍之多。他将此构想的设计，申请且获准了发明专利权。此一专利权被著名的K公司，以500万日元购买下来，并予以制造贩卖。于是，发生了专利侵害纠纷，纠缠十几年后，T先生发明的圆珠状钩布终于胜诉。[1]

这一案子给人的启示是，假如瑞士D先生在撰写权利要求书时，增加一项要求，把钩子扩大到圆珠状，申请到足够的专利保护范围，就不会给日本T先生以可乘之机，遭受纠缠败诉的厄运了。

但是，在撰写权利要求书时，不适当地扩大专利保护范围，也会带来不利的后果。由于扩大专利保护范围，容易把现有技术或公知技术也纳入到专利保护范围，因此，在申请专利时，专利局可能据此不给予专利授权。

[1] 丰泽丰雄．提案制度与专利管理［M］．蔡竹根，编译．北京：光明日报出版社：119－126．

即使专利获得授权，他人日后找到专利的缺陷，可能提出无效宣告，使你的专利无效或缩小保护范围。

不过，整体比较来看，如果扩大专利保护范围，比过于谨慎地缩小保护范围，还是更加有利于权利人。因为，根据《专利法》第 37 条的规定："国务院专利行政部门对发明专利申请进行实质审查后，认为不符合本法规定的，应当通知申请人，要求其在指定的期限内陈述意见，或者对其申请进行修改；无正当理由逾期不答复的，该申请即被视为撤回。"所以，在专利申请阶段，专利申请人可以通过修改权利要求，以缩小保护范围来换取专利的取得。

如果以较宽的保护范围（超过应当保护的范围）提出专利申请，也侥幸获得专利权，此后，他人如果想提出专利无效，则在专利无效程序和专利诉讼中，需要耗费大量的时间和金钱，所以，一般人不会轻易启动这个程序。即使他人提起无效程序或诉讼，如果你的发明创造确有创新之处，也最多把保护范围缩小到本应得到的保护范围之内。

②专利申请文件影响专利的有效性

根据《专利法》第 26 条第 3 款的规定，说明书应当对发明或者实用新型作出清楚、完整的说明，以所属技术领域的技术人员能够实现为准。如果专利说明书公开的技术不够充分，也可能导致专利被宣告无效。

2001 年 10 月 20 日，12 家企业联合向国家知识产权局专利复审委员会共同提出了对辉瑞伟哥（万艾可）专利的无效宣告请求，其主要理由是其技术方案公开不充分。在专利复审委员会的口审中，双方主要围绕伟哥专利是否符合中国《专利法》第 26 条第 3 款和第 4 款进行了辩论，也就是伟哥专利是否充分公开了技术方案，使本领域普通技术人员在不经过创造性劳动的前提下，可以理解和再现本发明，以及权利要求是否得到说明书的支持。2004 年 7 月 5 日，专利复审委员会最终以伟哥专利不符合中国《专利法》第 26 条第 3 款，即公开不充分为理由，宣告此专利无效。无论辉瑞公司最终是否胜诉，[1]这个案例都表明了专利申请文件的质量对于专利质量的影响相当巨大。

(2) 如何提升专利申请文件的质量

由于专利申请文件的质量是整个专利生存周期影响专利实施和影响专

[1] 随后，辉瑞公司不服专利复审委员会的决定，向法院提起了行政诉讼。2006 年 6 月 2 日，北京市第一中级人民法院对该案作出一审判决，原告万艾可专利所有人美国辉瑞制药有限公司胜诉，国家知识产权局专利复审委员会此前作出的"万艾可专利无效"决定理由不成立。

利价值的关键因素，因此提升申请文件的质量，是保障专利质量的重要措施。

①选择合适的专利代理人

专利代理的质量直接影响企业（委托人）取得专利权的可能性、取得专利权的质量以及取得专利权耗费的时间和花费的金钱，而这些影响通常是滞后无法预知的和难以恢复的，甚至是难以被一般企业所认知的。因此，选择一个责任心强、能力较强的专利代理人，就显得十分重要。

在实际中，有的不良专利代理人，可能会不负责任地把专利保护范围写得很小。日本丰泽丰雄谈道："专利代理人是一种唯利是图的生意人，况且专利范围写得越狭小，越有核准专利之可能，也能早一天索取到代理之报酬，这是理所当然之事。"

日本的松田一郎，极爱好发明创造，曾使皮鞋产生了革命性改变。以往皮鞋面与橡胶底是用线缝合起来的，他发明了用热与压力予以黏合的方法，使美国制鞋业大吃一惊。可是，松田先生的属下中，却无一个专利管理员，也没有一个员工懂得"请求专利部分写得越繁琐，专利范围越小"的常识，因此对于委托专利代理人写出来的申请专利文件请求专利部分写得过于细微一事，始终未能察觉。因此，在狭小的专利范围内，便无法抵制自美国输入之制鞋机器，公司终于倒闭了。[1]

②加强发明人与代理人的沟通

如果专利代理人的专业与申请专利涉及的技术领域相同或非常接近，仍然需要对申请专利的技术内容有一个理解的过程，但更多的情形是专利代理人与受托申请专利的专业有相当的距离。在这种情况下，加强发明人与代理人的沟通，显得非常重要。

技术交底书是发明人与代理人的重要沟通渠道。有的发明人只会做、不会写，或者写得不规范，他提交出来的技术交底书，可能只有寥寥数百字，让代理人无法了解现有技术是什么，创新点在哪里，甚至都无法理解申请专利的技术内容。

这时代理人要引导发明人，让他把申请专利的技术讲明白，把现有技术讲清楚，把创新点总结出来。另外，代理人还要引导发明人，这个技术还有没有可以改进的可能或者可以变通的地方，以周全保护发明创造的利益。

[1] 丰泽丰雄．提案制度与专利管理［M］．蔡竹根，编译．北京：光明日报出版社：134.

资料链接：加强与专利代理人的沟通

对下列清单的回答可以作为发明人与专利代理人之间富有成效的讨论工具：

①发明目的

* 试图解决的问题是什么或者试图克服的难题是什么？
* 涉及什么主题？清楚明确地阐明该发明的技术领域。

②现有技术

* 检索到了什么现有技术？
* 检索了哪些数据库？
* 检索策略是什么？
* 现有技术的检索范围如何？该检索是否涵盖了灰色领域，如广告、小册子等？该检索是否涵盖了全球文献或者仅仅是涵盖了特定国家？
* 是否对竞争对手的专利进行了监控？
* 是否进行了任何引用文献分析？
* 是否进行了同族专利检索或者其他类似检索？

③新颖性

* 其他想解决这一问题的人以前曾采用何种方法？
* 早期解决这一问题的方法或者努力的不足之处或者缺点何在？
* 发明人解决这一问题的方法有何明显的新特征？
* 公开使用或者公知的现有技术是什么，即以出版或者非出版形式处于公有领域的知识是什么？例如，该发明是否已经被使用、销售或者为销售而做广告？
* 本发明与本领域和相关领域的现有技术之间的区别何在？

④创造性

* 本发明是否具有难以预料的结果？
* 以前的技术人员未能找到解决方案的发明点是什么？
* 为什么你认为该发明将会在商业上成功？
* 为什么过去的发明在商业上没有获得成功？
* 早期技术人员发现的解决方案的矛盾之处何在？
* 被政府机构或者其他组织承认的为本领域作出的贡献。

⑤对发明的描述

*发明人必须详细描述其解决问题的方案和实际完成的试验，并公布那些就发明人所知能够说明如何实施发明的优选例子/最佳实施例。这种描述应当使本领域的技术人员能够重现该发明。

*本部分应当说明试验结果，并含有流程图、图表、图片、情节，明确指出误差范围、图表等，如果这些有助于说明方法步骤和结果。

*逐一对比本发明所获得的结果与过去发明人的努力之间的区别。

*发明人可以保留所有模型、发明的实施方式、任何设备的原型、设计特征等，以在讨论中向专利代理人展示。公开或者提供这些东西对于提交申请并不重要，但在撰写专利申请的时候使专利代理人充分洞察和理解该发明是非常重要的。

⑥实用性

*在本部分应当证明该发明的技术价值并说明该方案与现有方案相比有什么优点以及如何获得这些优点。

*在说明实用性的时候，可以考虑节约成本、材料、人力、能量、耐用性、有效性以及时间等等因素。试验应当足够详细，以表明该发明的实用性。

*也应当提供本发明有效实施的参数范围。提供本发明无法实施的参数范围也是必不可少的。应当扼要指出该发明的若干应用，这可能有助于理解该发明的权利要求的范围。

⑦发明的权利要求

*发明的哪些特征应当成为财产权?

*我们能否定义那些使本发明得以最终实施并能够被作为专利保护的范围?

*该发明的哪些应用是显著的并能清楚描述？它们能否被要求作为财产权，并因此通过良好组织的权利要求而获得保护?

⑧其他问题

*发明人资格、申请人的名义、期待的保护期限等问题。

资料来源：甘古力．知识产权：释放知识经济的能量［M］．宋建华，姜丹明，张永华，译．北京：知识产权出版社，2004：63-66.

③注意专利申请文件的检查

申请发明专利的，申请文件主要包括：发明专利请求书、说明书（说明书有附图的，应当提交说明书附图）、权利要求书、摘要（必要时应当有摘要附图）。申请实用新型专利的，申请文件主要包括：实用新型专利请求书、说明书、说明书附图、权利要求书、摘要及其附图。申请外观设计专利的，申请文件主要包括：外观设计专利请求书、图片或者照片，如对图片或照片需要说明的，应当提交外观设计简要说明。

权利要求书与专利说明书在整个专利申请文件中处于核心的位置。为防止专利申请文件出现错漏，影响专利申请质量，应当重点注意检查权利要求书与说明书。

对权利要求书应重点检查：

a. 在权利要求 1 或其他独立权项中记载的技术方案里包含有达到本专利目的所需要的全部必要技术特征，而没有多余的技术特征。换言之，权利要求 1 中记载的技术特征，对完成本专利的任何目的而言，应该是一个不少，一个不多；

b. 在权利要求 1 中代表每一个技术特征的表述，在足以区别现有技术且不影响实现本专利目的时，尽可能采用较上位的表述，例如用“耦合”代替“连接”，用“波形发生器”代替“锯齿波发生电路”，用“连接装置”代替“尼龙粘带”等；

c. 在从属权利要求中，用疏密得当的对必要特征的细化和非必要特征的补充，限定出尽可能多的技术方案的变形。

对支持权利要求书的说明书，则可以考虑检查：

a. 权利要求书中的全部内容在说明书里能够得到支持；

b. 说明书里术语是专业的、确定的、前后一致的；

c. 说明书中关于技术背景的描述是客观的，关于专利的目的或要解决技术问题的表述是与要保护的技术方案相对应的；

d. 附图和具体实施方式，应该可以充分支持权利要求书中记载的全部技术方案。例如，在权利要求中，主张了某化学组分的一个区间范围，则应在实施例上通过给出多个属于该区间的点来支持该范围。[1]

④加强专利申请的流程管理

为了控制专利申请的质量，应当加强专利申请的流程管理。比如，在专利申请环节，对发明专利的代理人，除了要负责对相关时限的有效监控并及时向委托人报告案件进展状态外，还应该就专利局对该申请的审查意

[1] 郭伟刚．如何评估专利代理的质量［EB/OL］．［2007－05－13］．http：//blog. sina. com. cn/u/476a1d5e0100051x.

见作及时的、负责任的处理，在涉及重大修改时应征求委托人的意见，或对申请文件作适当修改，或对审查意见作有理有据的意见陈述。[1]

4.5 专利布局的规划

总体上看，专利布局可以分为两种角度，一种是别人的专利布局状况，一种是自己的专利布局策略。一般而言，每个企业都会把自身的专利布局当作秘密好好保护，然而，专利制度提供各个权利人以排他权的诱因，是借由专利申请，促使他们把自身极具商业价值的技术信息公开于专利文献之中，任何人都能够查阅。“所有公开的技术资料中有90%以上收录于专利文献中”，从这个惊人的数据就可以了解专利文献所收录的资料对于技术、产业研究者或是公司管理者的重要性。因此在投入任何技术开发或产业化之前，应先了解在这个技术上有哪些厂商已经卡位，而且卡了哪些位置，这是做专利布局分析的重要目标。

> 直到目前为止，大多数公司仍趋于将专利权看作法律挡箭牌，而不是看作战略性商业工具。
>
> ——《尘封的商业宝藏》

了解他人之后，当然就是紧接着规划自身的专利布局策略了。在专利布局分析时，不但可以确认有哪些位置已经被卡位，还能发现有哪些是没有专利地雷的地方。有了这些资讯，就可以清楚地想一想，应该在别人已经耕耘的园地继续发展，站在巨人的肩膀上，还是要找块未开发的“处女地”，独树一帜？

可见，在商业的世界中，充分了解产业前景和竞争对手后，以专利为基础所建立的技术地图，就是所谓的专利布局。

我国内燃机行业的上市公司江苏江淮动力股份公司，近年来依靠技术进步和产品创新，实施以专利战略为主的知识产权战略，营造企业核心竞争力，取得了飞速的发展。江苏江淮动力股份公司结合企业发展战略和经营战略，制定了不求全面、但求有针对性的“有所为有所不为”的专利战略，将主要精力集中在研究中国和东南亚市场，针对传统细分目标市场如水田拖拉机、小型船舶、园艺机械等特殊用动力领域开发新产品、新结构和新技术，并主动出击，加快在中国和东南亚国家申请相关专利，使技术

[1] 郭伟刚．如何评估专利代理的质量［EB/OL］．［2007-05-13］．http://blog.sina.com.cn/u/476a1d5e0100051x.

专利化，争取独占市场的权利，对抗和排挤竞争对手，以较小的投入获取较大的市场占有份额。目前，江苏江淮动力股份公司已获得近40件授权专利，全部围绕产品技术，部分产品从上到下、从里到外都被专利覆盖，有效地通过专利布局保护了市场份额，取得了巨大的经济效益。

4.5.1 专利布局的方式

1. 面向技术发展的专利布局

从技术学的角度看，一项技术的发展主要有三个方向：

(1) 技术的纵向发展

一项技术的水平总是相对于某一时间而言的，技术的发展总是向其极限技术方向发展，比如液晶显示器屏幕清晰度的不断提升，使用寿命的不断延长等。当一项技术达到某一极限时又有新的替代技术产生，比如现在液晶电视屏幕逐渐取代了传统的电视屏幕。

(2) 技术的应用方向

一项技术总是由已知领域向未知的应用领域渗透，不断地开发出技术的新用途。比如，有的药物本是用于艾滋病的，结果后来发现有助于治疗其他疾病。

(3) 相关技术与材料的发展

一项技术不是孤立地发展，而是处于一个相关技术群中，技术与技术之间有着广泛的横向联系。一项技术的发展需要相应的工艺、制造技术和材料技术的支持。相关技术的发展会推动主导技术的发展。例如，在微电子行业中，开发一项新产品要涉及40多种材料的电子、化工、机械等许多行业的技术。

因此，企业在取得研究开发成果后，需要考虑：

①技术上有无改进的可能？改进的方向在哪里？

②发明可能涉及的应用领域，可能开发的新产品、新用途？

③支持该项发明实施的相关技术和材料的发展，有无改进的可能？改进的方向和途径为何？有无替代材料？[1]

总之，不能只就该技术申请专利后就以为万事大吉，而要从这三个方向去全面考虑，制定好专利布局的计划，布置下严密的专利网，尽量不给竞争对手留下可乘之机，从而充分发挥专利布局保护技术、抵御侵权的威力。

[1] 戚昌文，邵洋，等．市场竞争与专利战略［M］．武汉：华中理工大学出版社，1995：162-164．

2. 面向技术防御的专利布局

面向技术防御的专利布局，是通过专利布局来防止别人的专利申请对自己形成威胁。因此，这种专利布局是通过防御竞争对手，来保护自己的研发成果，实现利益的最大化。

(1) 堡垒式专利布局

如果企业拥有独创性非常高，且别人难以绕开的基本专利，这些基本专利将可以为企业提供高度的垄断和超额的利润，因为基本专利能堵住竞争对手的通道，使其难以绕过去，别的企业要生产这类产品，一般都要取得自己的许可，支付许可费。

基本专利中的基本发明尽管具有很强的应用前景，但它在产业化时，往往需要一系列技术配套措施。如果基本专利权人不注意及时开发外围专利，那么在基本专利技术内容公开后一旦被他人抢先开发，在他人获得外围专利后，基本专利的权利人反而会受他人控制。❶

因此，产业技术的开创者通常会通过“专利布局”的构筑规划，将重要的核心技术进行层层的专利保护，企图建构起不易攻破的“专利堡垒”。如图 4-3 所示，在基本专利的周围开发许多外围专利或改进专利，使基本专利获得更强大的保护范围，防止别人抢占基本专利外围的技术发明，蚕食自己的市场。这就是所谓的堡垒式专利布局。

为避免企业基本专利战略的孤立运用，企业采取以下策略是十分必要的：

①基本专利发明人应尽快开发外围专利，以在基本专利周围筑起牢固的专利保护网。

②应采取多种手段和途径，防止在基本专利周围残留未开发的领域被他人获得专利，比如通过文献公开，破坏别人取得专利的新颖性。

③由于基本专利有一定的保护期，为长期占据垄断优势，应当对产生基本专利的技术作一定的技术储备，以便在基本专利期限届满时，通过取得改进专利仍能起到保护作用。❷

(2) 堵截式专利布局

所谓堵截式专利布局，是在解决一个特定技术问题存在几种技术方案或路径时，除了把自己在产业上应用的技术方案申请专利外，还要把其他不打算使用的可能存在的技术方案进行研发，并申请专利保护，以堵截竞

❶ 冯晓青．企业知识产权战略［M］．北京：知识产权出版社，2001：70-72.

❷ 同本页注❶.

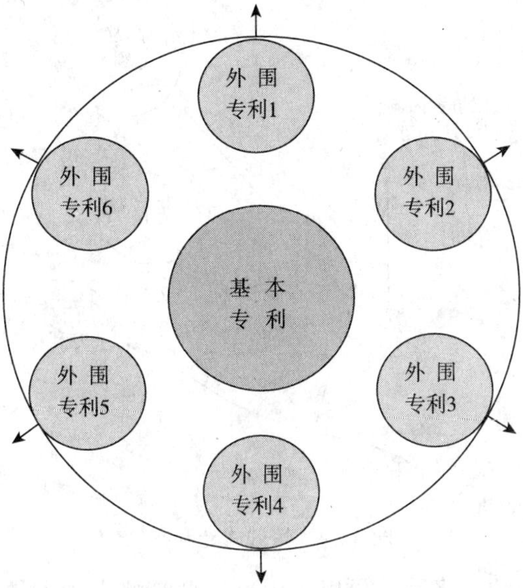

图4-3 堡垒式专利布局

争对手生产替代性的产品或使用替代性的技术，与自己同业竞争。

为全球男士提供高档剃须刀的吉列公司（现已被宝洁公司收购）在这方面很有经验，近百年来，吉列都将其市场成功和品牌优势建立在不断创新的产品上，而且他们还为这些新产品选择了最强的专利保护方案。

以传感器剃须刀为例，开发这种产品所面对的第一个挑战是列举剃须刀的关键属性。最后公司决定这种产品的属性包括：两个刀片独立运动的能力，剃须刀更贴近脸面、更加舒适等。当时，工程师设计出了7种不同的刀片方案，它们都能达到传感器剃须刀的功能需求，但公司并不是将这7种技术都用来生产产品，不过，吉利公司却为这些技术都申请了专利权，以避免被其他公司申请专利而发生技术竞争。

3. 面向技术攻击的专利布局

面向技术攻击的专利布局，与前述的专利布局在策略方向上恰恰相反，主要是通过进攻性的专利布局，来围堵、包围竞争对手的已有专利，从而取得遏制竞争对手或换取交叉许可等利益。前述的专利布局，如果从反面思考，即为面向技术攻击的专利布局。

（1）围墙式专利布局

围墙式专利布局是利用一系列的专利来形成对竞争对手研发活动的阻碍，例如一项化学领域的发明，将其分子设计、几何形状、温度或压力条件等范围之变化都申请专利保护，借以形成一道围墙，以防止竞争对手有任何的缝隙可以利用。

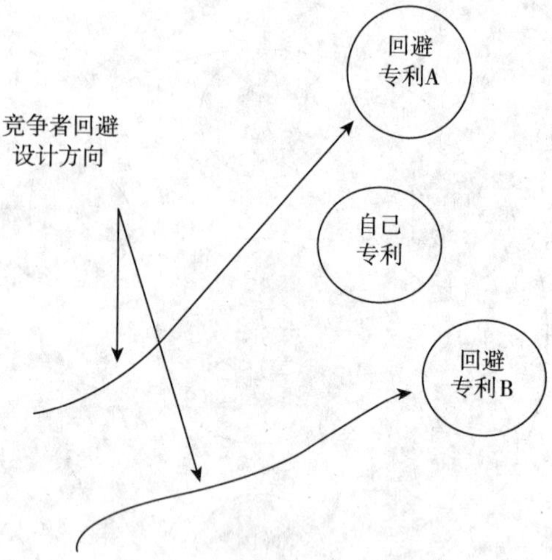

图 4-4 堵截式专利布局

从竞争者的角度来看，可以采用追随型策略实现围墙式专利布局。追随型战略是指企业通过对他人已采用的专利技术进行改造、完善，在原有基础上创造出质量更高、性能更优等有所改进的产品或技术，以控制和占领市场的一种专利技术研发策略。由于别人的新技术、新产品往往并不完美，存在各种缺陷，作为追随者则可以扬长避短，后来居上。[1]

(2) 包绕式专利布局

即以多个小专利包绕住竞争对手的重要专利，这些小专利本身的价值或许不高，但其组合却可以阻止竞争对手有效地商业使用其重要专利。例如以各种不同的应用来包绕基础型专利，很可能就使得基础型专利的价值荡然无存，当竞争对手有基础型专利时，就可以通过包绕式专利作为交叉授权谈判的筹码。

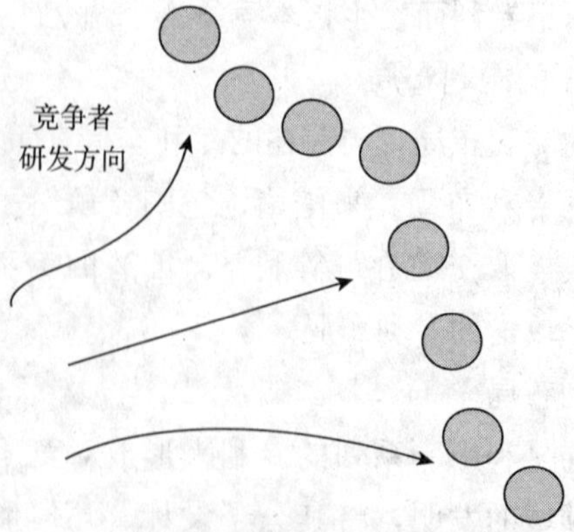

图 4-5 围墙式专利布局

[1] 冯晓青. 企业知识产权战略 [M]. 北京：知识产权出版社，2001：103.

对于一个企业来说，如果能把基本专利与外围专利结合起来，就能够最大限度地保护自身利益，获得竞争优势。但基本专利的创立是受条件限制的，有不少企业并不具备开发基本专利的条件。但这并不意味着这些企业只能坐以待毙。如果发现竞争对手的基本专利存在“空隙”技术，可以积极开发外围技术构建自己的专利网，与基本专利分庭抗礼。

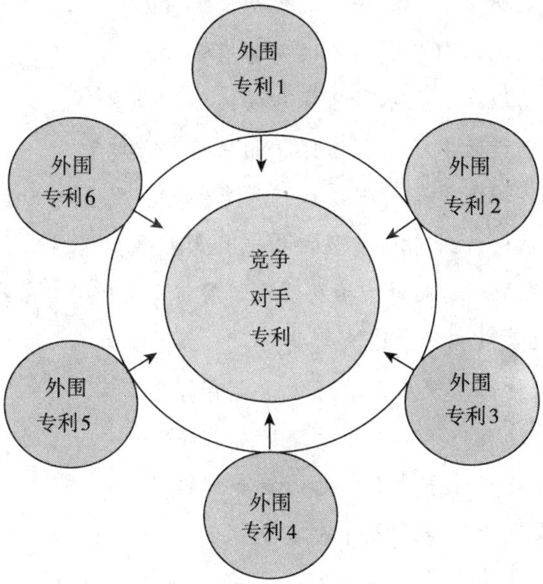

图 4-6 包绕式专利布局

4.5.2 专利布局的区域

面对全球众多的国家或地区，并不一定都需要进行专利的布局规划，否则其中的花费会让人承受不了，尤其是对于中小企业。决定专利布局的首要考虑，即是你的市场在哪里。

一般来说，产品出口国、制造地国、技术授权地区都是应该申请专利的区域，特别是在那些仿冒严重的国家，更是迅速申请专利的优先选择。因此，企业应当有的放矢地确定产品出口国（地区）的清单，并依据其产品的种类和性质，有重点地选择专利的申请地。

当然，考虑产品出口国、制造地国或技术授权地区时，不应当只局限于目前的状况，而应着眼于将来的业务拓展。从长远的角度来看，全球的主要市场，比如欧盟、美国、日本，都应当进行专利布局，一旦企业做大做强，都避免不了进军这些市场。当然，企业应当分清轻重缓急，视具体情况，分期分批、循序渐进地进行全球专利布局。

思考与练习

1. 影响企业专利发展目标的因素有哪些？
2. 比较专利与技术秘密存在哪些不同之处？
3. 对发明创造采取专利保护的优势有哪些？
4. 对发明创造采取专利保护的劣势有哪些？
5. 对发明创造采取技术秘密保护的优势有哪些？
6. 对发明创造采取技术秘密保护的劣势有哪些？
7. 发明、实用新型与外观设计三种专利的区别主要有哪些？
8. 决定申请哪一种专利类型的考虑因素主要有哪些？
9. 就相同发明创造同时申请发明和实用新型专利，可以获得哪些优势？
10. 专利数量累积的渠道有哪些？
11. 专利质量在法律层面的评价指标有哪些？
12. 专利筛选应当从哪些方面进行发明评估？
13. 专利申请文件质量好坏的影响有哪些？
14. 如何提升专利申请文件的质量？
15. 专利布局的方式有哪些？
16. 如何决定专利布局的区域？

重要词汇

不同类型专利的最优申请：根据发明创造的具体情况、专利类型的各自优势以及企业的承受能力，选择最合适的专利类型来保护自己的发明创造。

不同类型专利的复合申请：对同一技术或产品的不同创新部分（可以认为是不同的发明创造），申请不同的专利。

不同类型专利的同时申请：对同一或同样的发明创造，同时申请发明专利、实用新型专利或外观设计专利。

提案制度：一种鼓励员工将创意或建议提交给企业的制度。

技术转移：根据联合国《国际技术转让行动守则（草案）》的定义，它是指关于产品制造、生产工艺或提供服务系统的知识转移，不包括货物的单纯买卖或租赁。

专利筛选制度：根据一定的评价标准，对发明创造进行评估，从而决定发明创造是否申请专利或申请专利的优先顺序的制度。

垃圾专利：指那些难以满足专利法新颖性、创造性和实用性等“三性”要求，而不应该得到授权的专利。

问题专利：或称“可质疑专利”，是指无效的或者其权利要求过于宽泛的专利，其范围比垃圾专利更加广泛。

错误专利：指虽然满足专利法的“三性”要求，但从企业策略上考虑应当作为商业秘密而不宜申请的专利。

专利布局：在充分了解产业前景和竞争对手的前提下，以专利为基础所建立的技术地图。

堡垒式专利布局：在基本专利的周围开发许多外围专利或改进专利，使基本专利获得更强大的保护范围，防止别人抢占基本专利外围的技术发明，蚕食自己的市场。

堵截式专利布局：在解决一个特定技术问题存在几种技术方案或路径时，除了把自己在产业上应用的技术方案申请专利外，还要把其他不打算使用的可能存在的技术方案进行研发，并申请专利保护，以堵截竞争对手生产替代性的产品或使用替代性的技术，与自己同业竞争。

围墙式专利布局：利用一系列的专利来形成对竞争对手研发活动的阻碍。

包绕式专利布局：以多个小专利包绕住竞争对手的重要专利，这些小专利本身的价值或许不高，但其组合却可以阻止竞争对手有效地商业使用其重要专利。

第 5 章　专利经营的成本控制

学习要点

1. 专利经营的成本构成。
2. 了解主要国家的专利官费项目。
3. 专利产出期间的成本控制。
4. 专利存续期间的成本控制。

5.1　专利经营的成本分析

5.1.1　不可回避的专利成本

1. 专利：财富还是负担

有些时候，知识产权被称为富人的游戏。在某种程度上似乎的确如此，因为获得知识产权、运用知识产权并保护知识产权，需要较多的资金作为保障，尤其在专利领域更是如此。

根据了解，财富 100 强的大公司在全球一些主要国家或地区，从获得一件发明专利，到此发明专利 20 年的有效期间的花费，大概要 25 万到 50 万美元。一家公司如果拥有上百件专利等知识产权，维护费用不难想象是十分惊人的。❶

广东范朝来教授研制的“自动同步开合式螺纹装置”，将台钳等螺杆机构五金工具的工效提高 10 多倍，获得了 23 个专利权，5 次获国际发明金奖，但光支付专利申请费、维持费和年费，就花去了范教授 500 多万元。正是这个原因，范朝来教授才在第 8 次更新专利产品时背上了 2600 万元的沉重债务。❷

❶ 陈筱玲，萧添益，简明德，陆烨雄．科技导向企业的智慧资本制度［C］．2002 年培训科技背景跨领域高级人才计划海外培训成果发表会．

❷ 佚名．省还是花 借还是贷［N］．中华工商时报，2002－04－11.

> 知识产权是一种投资，并且需要控制和管理。从这一投资中获得真正的回报需要在控制产出的同时控制成本。
>
> ——《董事会里的爱迪生》

我国规模最大的基因技术公司——上海联合基因科技（集团）有限公司曾经向国家知识产权局专利局申请了3700多件基因专利，同时通过PCT申请了800多件专利，尽管当时国内外专利还一件也没有审批下来，但已花费了上千万元。按其科研能力，上海联合基因科技（集团）有限公司最终有能力申报6000多件基因专利，但需要的花费将高达3.6亿美元。这可应验了那句老话：买得起骡子配不起鞍。联合基因科技集团副总裁秦义龙无可奈何地说："这些专利既是公司的财富，也是一笔沉重的负担。"❶

专利投资需要如此巨大的成本，做好专利的成本控制就显得至关重要了。由于专利作为无形资产，不像有形资产那样具有相对稳定的价值，一旦发生专利无效，或者出现替代专利等状况，该专利可能一文不值，所以，投资专利具有相当的风险。面对如此高风险的投资，如果没有良好的成本规划和控制措施，一旦不能获得专利投资的收益，还有可能因为巨大的成本支出而让企业不堪重负。

资料链接：AT&T如何控制专利成本

由于AT&T所涉及的技术范围相当广泛，因此每一个技术领域均有一名专长该技术领域的专利律师，主动对于研发人员的研究内容发掘可以申请专利的发明，并负责将该项发明提交企业内部由律师、市场、授权及研发人员组成的"专利案件审查委员会"审查。专利案件审查委员会原则上每3个月讨论一次，在会议中根据发明的技术水准、商品化后的市场价值和企业的经营策略，决定是否将该发明立即申请专利，以商业秘密保护或通过适当渠道予以公布。当然，不同技术领域的发明，分别交由不同的人员设立的专利案件审查委员会予以审查。

有鉴于专利维护费用的高昂，对已经获准的专利，是否应该继续加以维护，AT&T内部亦有专人予以审核。对于使用率低的专利（不论是AT&T内部使用或为他人利用），往往不再加以维护，以免造成不必要的成本支出。就AT&T而言，智慧财产就是其所提供的产品及服务的一部分，使用率越高的商品越有价值，因此，AT&T从不吝于授权，

❶ 佚名．省还是花 借还是贷［N］．中华工商时报，2002-04-11.

从不忌讳通过授权让他人使用其智慧财产，因为从 Sony 的 VHS 和 IBM 的授权策略，AT&T 验证了唯有通过广泛的授权，才能扩大其产品的影响力和市场占有率。

资料来源：陈伟洁．商品化智慧财产的 AT&T——专访 AT&T 亚太地区智慧财产权部门负责人林弘六博士［J］．智慧财产权管理季刊，6.

2. 如何对待专利成本

从企业的角度观察，专利就是一种投资。既然如此，产生成本是自然而然的。但是，有的企业，特别是中小企业，仍然抱怨专利成本是一个财务负担，不愿轻易去承受。因此，如何对待专利成本，将影响企业从事专利经营的热情和兴趣。

首先，企业不能只把眼光盯着专利的成本，而忘记了专利可能带来巨大的收益。比如，宝钢研究院环境与资源研究所与宝钢不锈钢分公司共同承担的“竖炉法生产低成本含铬铁水新工艺开发前期研究”项目取得突破后，共形成了 11 件专利，对于宝钢不锈钢生产的降本增效产生了积极影响。因为采用竖炉法工艺，宝钢可直接选用价格便宜的铬铁粉矿自行加工生产出用于不锈钢冶炼的含铬铁水，不仅可有效降低不锈钢生产成本，大幅度减少电耗，还能消化生产过程中的含铁粉尘，减少固废排放。❶

当然，有的企业申请专利，没有进行商业前景的预测和产业发展的规划，而是盲目地研究开发，并积极地大量申请专利。这些专利如果不能适应市场需要，无法获得收益，当然会使企业饱受成本支出的损失之苦。此种情形，只有专利保护意识，而无专利经营观念，自然视专利为负担。

很多企业对专利存在偏见，是因为专利无法及时带来收益。需要理解的是，专利等知识产权，的确不同于其他的投资产品，它是一种长期投资，并非短期业务。如果对专利采取急功近利的态度，在短期内它的确是一种财务上的负担。L&R Ashbolt 公司总经理丹尼·阿什博尔特（Danny Ashbolt）表示：“遗憾的是，许多公司都对知识产权持有一种短期的观点，认为知识产权成本高；但是，对此持有一种长期的观点至关重要。”❷

尽管如此，无论是财力雄厚的跨国公司，还是势单力薄的中小企业，

❶ 佚名．宝钢一课题产生 11 项专利 大幅降低生产成本［EB/OL］．［2006 - 03 - 15］．http：//www.ce.cn/cysc/jc/jczbjy/200603/14/t20060314_6366808.shtml.

❷ 佚名．工程公司从精明的知识产权管理中得到回报——L&R Ashbolt 公司［EB/OL］．［2005 - 06 - 09］．http：//www.lawyershanghai.com/m2_1_glcl_1_3.asp.

都应当关心专利投资的成本控制。如果企业只专注于专利数量的多少和专利组合的构建，将会让专利成本变得难以控制。进行专利经营的成本控制，可以防止专利智慧火花上的利益之油成为企业的财务压力。

5.1.2 专利经营的成本构成

专利经营的成本可以产生在很多环节，比如，从自主专利的角度，在研发、申请、维持、利用、保护等环节，都会产生成本的支出。如果把视野扩展到企业与外部的专利交易，还将在许可、受让、价值评估、尽职调查等环节产生费用的问题。尽管从广义上讲，专利经营的成本可以包括金钱成本、时间成本与人力成本等，但这里的视线主要集中在金钱成本上。

这些金钱成本的构成可以从多个角度来解读，比如细分为官方费用、研发费用、管理费用、交易费用、代理费用等类别，当然也可以作更细的类型化区分。下面，我们从官方费用与非官方费用两大类别，粗略地分析专利经营的成本构成。

1. 官方费用

所谓官方费用是指交给国家知识产权局、人民法院等国家部门或国际组织的费用，简称官费。[1] 由于围绕专利而产生的申请、审查、维持、登记、无效等程序和事项比较繁琐，因此，各国的官费项目比较复杂，尤其是发达国家的官费项目十分琐细，但对于专利申请人或专利权人，很多收费项目并不一定会发生。

(1) 中国专利的收费项目与标准

根据《专利法》和《专利法实施细则》的规定，向国家知识产权局申请专利和办理有关手续，应当缴纳费用。具体内容见表 5-1。

需要说明的是，在专利收费项目中，对于所有专利都必然发生的收费，主要包括申请费、登记费和授权后的年费；而对于发明专利必不可少的，还有发明专利申请维持费和发明专利申请审查费。

其余很多费用则视具体情形，有可能发生，有可能不会发生。例如，一件专利申请如果没有申请复审，没有变更著录事项，就不需要缴纳复审费、著录事项变更手续费。

有的收费，比如无效宣告请求费、强制许可请求费，是针对非专利申请人或非专利权人（如请求宣告专利无效的人）的，这些费用不需要由专利申请人或专利权人来承担。通常，企业在做专利官费的成本预算时，主

[1] 注意：本书列明的各项收费，无论是中国，还是外国，都随时可能变动，请注意通过网络等渠道，留意最新的信息。

要考虑的是专利申请费、审查费、登记费和授权后的年费等几项。

图 5-1　中国专利的收费项目与标准

专利收费项目简称及其标准	
	（单位：人民币元）
一、申请费（简称申）	
1. 发明专利申请费：	900
公布印刷费：	50
2. 实用新型专利申请费：	500
3. 外观设计专利申请费：	500
二、发明专利申请审查费（简称审）：	2 500
三、复审费（简称复）	
1. 发明专利申请复审费：	1 000
2. 实用新型专利申请复审费：	300
3. 外观设计专利申请复审费：	300
四、著录事项变更手续费（简称变）：	
1. 发明人、申请人、专利权人的变更：	200
2. 专利代理机构、代理人委托关系的变更：	50
五、优先权要求费（简称优）每项：	80
六、恢复权利请求费（简称恢）：	1 000
七、无效宣告请求费（简称无）	
1. 发明专利权无效宣告请求费：	3 000
2. 实用新型专利权无效宣告请求费：	1 500
3. 外观设计专利权无效宣告请求费：	1 500
八、专利登记费（简称登）（含公告印刷费、印花税（简称印））	
1. 发明专利登记费：	255
2. 实用新型专利登记费：	205
3. 外观设计专利登记费：	205
九、延长期限请求费（简称延）	
第一次延长期限请求费每月：	300
再次延长期限请求费每月：	2 000

续表

十、申请附加费	
1. 权利要求附加费（简称权附）	
从第 11 项起每项增收附加费：	150
2. 说明书附加费（简称说附）	
说明书加附图超过 30 页的，	
从第 31 页起每页增收附加费：	50
说明书加附图超过 300 页的，	
从第 301 页起每页增收附加费：	100
十一、年费（简称年）	
1. 发明专利年费	
第一年至第三年每年：	900
第四年至第六年每年：	1 200
第七年至第九年每年：	2 000
第十年至第十二年每年：	4 000
第十三年至第十五年每年：	6 000
第十六年至第二十年每年：	8 000
2. 实用新型专利年费	
第一年至第三年每年：	600
第四年至第五年每年：	900
第六年至第八年每年：	1 200
第九年至第十年每年：	2 000
3. 外观设计专利年费	
第一年至第三年每年：	600
第四年至第五年每年：	900
第六年至第八年每年：	1 200
第九年至第十年每年：	2 000
国际申请（PCT）收费项目和标准	
（一）传送费	CNY 500
（二）检索费	CNY 2 100
附加检索费	CNY 2 100
（三）优先权文件制作费	CNY 150

续表

（四）初步审查费	CNY 1 500
初步审查附加费	CNY 1 500
（五）单一性异议费	CNY 200
（六）副本复制费每页	CNY 2
（七）国际申请费	
1. 国际申请用纸不超过 30 页的	CHF 1 330
2. 国际申请用纸超过 30 页的	CHF 1 330
外加超出 30 页部分每页	CHF 15
（八）手续费	CHF 200
（九）滞纳金 按应交费用的 50%计收，若低于传送费按传送费收取；若高于国际申请费按国际申请费的 50%收取。 注：1.（七）、（八）项为国家知识产权局代世界知识产权组织国际局收取的费用。 2. 费用的减少：申请人是自然人的申请费可以减少 90%。 如果国际申请使用 PCT－EASY 软件的，按（七）和（八）所支付的费用减少 CHF100； 如果国际申请以电子形式提出但说明书、权利要求书和摘要是非特征码形式的，按（七）和（八）所支付的费用减少 CHF200； 如果国际申请以电子形式提出，但说明书、权利要求书和摘要是特征码形式的，按（七）和（八）所支付的费用减少 CHF300； （CNY 指人民币元；CHF 指瑞士法郎）	
PCT 申请进入中国国家阶段部分	
	金额单位：人民币
（一）宽限费	1 000
（二）改正译文错误手续费（初审阶段）	300
（三）改正译文错误手续费（实审阶段）	1 200
（四）单一性恢复费	900
注：进入国内阶段其他收费依照国内标准执行。	

(2) 美国专利的收费项目与标准

美国专利有三种：发明（utility）、外观设计（design）、植物（plant）。美国专利商标局每年负责对费用进行调整，专利商标局局长 James Rogan 根据消费者价格指数（Consumer Price Index）于 2004 年 8 月 27 日公布新的收费标准，新收费标准于 2004 年 12 月 8 日生效。

由于美国专利的收费项目及标准比较复杂，详细情况不一一列举，下面仅列举几项重要的收费项目及标准（见表 5-2）。值得中小企业注意的是，在美国，如果申请人符合小商业之规定，包括独立发明人、小企业及非营利性组织，则政府规定费用可予减半优待。一般而言，独立发明人、非营利企业及员工少于 500 人的企业均可归类为中小企业。

表 5-2　美国专利的部分收费项目与标准（单位：美元）

1. 专利申请费	
发明专利	300
独立权利要求超过 3 项时每项加收	200
总的权利要求超过 20 项时每项加收	50
申请案含多项从属权利要求每件	360
外观设计专利	200
植物专利	200
2. 专利公开费	
发明专利	1400
外观设计专利	800
植物专利	1100
3. 年费	
授权后至第 3.5 年内	900
第 3.5 年至第 7.5 年	2300
第 7.5 年至第 11.5 年	3800
4. 延长期限请求费	
第一个月内	120
第二个月内	450
第三个月内	1020
第四个月内	1590
第五个月内	2160

(3) 欧洲专利的收费项目与标准

根据 1973 年缔结于德国慕尼黑，并于 1977 年 10 月生效的《欧洲专利公约》，欧洲专利局（EPO）可以受理欧洲专利。截至 2007 年 5 月 31 日，《欧洲专利公约》有 32 个成员国，是世界上运行最为成功的地区专利合作体系。需要提醒的是，《欧洲专利公约》对所有欧洲国家开放，并不是建立在欧盟框架内的专利合作体系，所以目前只有欧洲专利，不存在在欧盟范围内生效的单一的欧盟专利或者欧洲共同体专利。

欧洲专利费用的调整无定期，通常当法规变动时进行。最新的一次调整自 2010 年 4 月 1 日起生效。由于欧洲专利的收费项目也是名目繁多，因此，这里仅列出比较重要的几项（见表 5-3）：

表 5-3　欧洲专利的部分收费项目与标准（单位：欧元）

1. 申请费	
申请用纸不超过 35 页	在线申请 105 欧元，非在线申请则 190 欧元。
申请用纸超过 35 页	外加超出 35 页部分每页 13 欧元
2. 查询费	1105（欧洲）
	1785（国际）
3. 指定缔约国费	525
4. 审查费	1480
5. 年费	
3 年	420
4 年	525
5 年	735
6 年	945
7 年	1050
8 年	1155
9 年	1260
10 年～	1420
6. 权利要求附加费	从第 16 项起每项增收 210 欧元， 从第 51 项起每项增收 525 欧元
7. 异议请求费	705
8. 上诉费	1180

（4）日本专利的收费项目与标准

日本专利局（JPO）的前身是 1885 年设立的“专卖特许所”，现为隶属于经济产业省的政府机构，主管日本的专利事务。日本专利的主要收费项目与标准（2004 年 4 月 1 日生效），参见表 5－4 所示：

表 5－4 日本专利的部分收费项目与标准（单位：日元）

（一）发明专利	
1. 申请费	16 000
（用英文申请）	26 000
2. 申请专利权延续费（注）	74 000
3. 申请审查费	168 600 ＋ 4000/每项权利要求
4. 译文改正费	19 000
5. 无效宣告请求费	8700 ＋ 1000/每项权利要求
6. 要求审讯或再审讯	49 500 ＋ 5500/每项权利要求
7. 年费	
1～3 年	2600 ＋ 200/每项权利要求
4～6 年	8100 ＋ 600/每项权利要求
7～9 年	24 300 ＋ 1900/每项权利要求
10～25 年	81 200 ＋ 6400/每项权利要求
（二）实用新型专利	
1. 申请费	14 000
2. 登记册请求费	42 000＋ 1000/每项权利要求
3. 要求审讯或再审讯	49 500 ＋ 5500/每项权利要求
4. 年费	
1～3 年	7600＋ 700/每项权利要求
4～6 年	15 100＋ 1400/每项权利要求
（三）外观设计专利	
1. 申请费	16 000
2. 申请保密费	5100
3. 要求审讯或再审讯	55 000
4. 年费	
1～3 年	8500
4～10 年	16 900
11～15 年	33 800

注：发明专利权的期限为 20 年，到期时可申请延续 5 年。即专利权的期限最长可达 25 年。

从上述国家或地区组织的专利收费来看，申请中国专利的成本显得更低。与发达国家相比，申请中国专利的成本仅为一些发达国家专利申请成本的1/10。如果除去专利申请代理费，申请费、审查费、登记费和授权后的年费等4项收费占专利申请成本的主要部分。目前在我国，就发明专利而言，上述4项主要收费项目标准分别是900元、2500元、255元、900元（授权后3年内每年的年费），总额为4555元。

而目前发达国家的专利申请收费项目比我国更细化，收费标准也远远高于我国。例如在美国，上述发明专利申请4项主要收费项目的标准分别是300美元、200美元、1400美元、900美元。如果折合人民币，其总额是中国的近5倍。更值得注意的是，美国根据申请时权利要求数所收取的附加费，以及其他费用的数额也普遍高于我国，如果将全部专利申请及授权后维持过程中的费用全部加上，美国是中国的10倍。其他发达国家和地区如欧盟、日本等的收费标准也明显高出中国。[1]

当然，前述官费主要是专利授权主管部门的收费，而对于一件专利而言，往往还有更多的官费支出。比如，如果向海关进行知识产权备案，需要缴纳相关的费用；向人民法院提起诉讼时，也需要缴纳诉讼费用。诸如此类，不胜枚举。

2. 非官方费用

简单地讲，非官方费用是指官费之外的开支。非官方费用的构成更是复杂，既可能来自企业的管理活动，比如专利监控费用；也可能来自对外交易活动，比如专利许可费用；还可能来自专利相关的服务活动，比如专利代理费用等。在这里，我们不可能穷尽列举，因而只列举一些最为常见的专利成本支出。

（1）研发投入

研发投入是企业业绩的决定因素之一，其作用丝毫不逊色于正确的战略决策以及合理的运营方式。加大研发力度对于增加销售额、提升财富创造效率和市场价值来说至关重要，同时，研发更是通往专利的重要途径。因此，很多公司都非常重视研发投入。

根据英国工商部发布的《2006年全球企业研发状况报告》，2006年全球企业研发排行榜上的1250家企业总共投入2490亿英镑的研发资金，同比增长7%（2005年增幅为5%），这些投资主要来自美国、日本、德国、

❶ 魏小毛．田力普：中国专利申请成本为发达国家的1/10［EB/OL］．［2006-11-23］．http://www.gov.cn/gzdt/2006-11/23/content_451555.htm.

法国和英国的企业，占总额的82%。❶

对于中国企业而言，研发投入虽然没有外国大公司那么慷慨，但也呈现出快速增长的态势。比如，我国电子信息百强企业2006年研发投入占营业收入的比重达3.9%。信息产业部经济体制改革与经济运行司的数字显示，海尔集团公司、华为技术有限公司、中兴通讯股份有限公司、联想控股有限公司研发经费分别达67亿元、59亿元、28亿元、28亿元。这些研发投入也对专利数量产生了积极的影响。截至2006年底，海尔集团公司拥有专利数7008件，华为技术有限公司、联想控股有限公司、美的集团有限公司的专利数分别达2575件、2331件、2210件。❷

由于研发投入比较巨大，因此，其在专利成本中所占比例也相对较高。从这个角度来看，既然花费了那么多的研发投入，如果因为舍不得专利申请费用而放弃采取专利保护，显然是不值得的做法。

(2) 交易费用

如果企业需要从外面引进专利技术，或者对外输出专利技术，或者从事专利融资等业务，则会发生交易费用的问题。

在引进专利技术时，一大笔许可费或转让费需要企业支付。如果引进多项专利，这项费用将变得高昂。1980年，全球市场专利许可的收入还只有30亿美元，而到2005年，这个数字大约增长到1400亿美元。❸反过来看，这些专利许可费就是购买专利许可的企业需要支付的成本。

对外输出专利技术时，毫无疑问需要推广，可以通过发布广告、印制宣传单，也可以通过中介等渠道。无论哪个渠道，或多或少都需要推广、谈判的成本。

在上述交易过程中，有时还需要公证，与银行等金融机构打交道，诸如此类，都免不了费用的支出。

(3) 代理费用

代理费用是在寻求专业人士代理专利事务时，必不可少的支出。代理费用的类型很多，在委托代理专利申请、应对专利诉讼、反击专利无效宣告请求、进行专利争议仲裁等情形下，都可能涉及代理费用的支出。

❶ 卢慧生．英国工商部发布《2006年全球企业研发状况报告》[EB/OL]．[2007-08-08]．http://www.sipo.gov.cn/sipo/xwdt/gwzscqxx/2007/200701/t20070126_130999.htm.

❷ 冯晓芳，徐扬．我国电子百强企业研发投入占营业收入3.9%[EB/OL]．[2007-06-08]．http://www.cs.com.cn/xwzx/03/200706/t20070607_1119062.htm.

❸ 顾建兵．飞利浦阿兹亚：专利费我们不能给任何人优惠[EB/OL]．[2005-10-08]．http://homea.people.com.cn/GB/41397/3748140.html.

企业委托专利代理机构的专利代理人撰写专利申请文件，打理专利申请事务，是极其平常的事情。2005 年 5 月在重庆举行的一次知识产权会议上，国家知识产权局一位人士透露，目前中国的专利申请中，大约 75%是通过专利代理人申请的。

专利代理费因专利类型、申请国家不同而不同。通常而言，发明专利的代理费较高，实用新型专利和外观设计专利的代理费较低；申请国外专利的代理费较高，申请国内专利的代理费较低。当然，各家专利代理机构的收费标准因为竞争状况、实力强弱等因素的影响，并不一致。一般而言，发明专利的代理费大约在 3000～6000 元，实用新型专利和外观设计专利的代理费大约在 1000～3000 元。一些实力雄厚的专利代理机构，专利代理的收费会更贵一些，当然，海外专利申请的代理费还要贵上几倍。

由于竞争激烈的原因，很多小型专利代理事务所或新入行业的专利代理人，都把代理费压得比较低，以争取客户。作为专利申请人，都希望付费少，这无可厚非，但一分价钱一分货，一些廉价的收费往往导致专利申请质量低下，甚至申请的是无效的、没有任何用途的专利，反而白白付出了申请费和代理费。

在申请国外专利时，受理申请国往往强制要求申请人必须通过本国专利代理机构办理专利申请等事务，而国外的专利代理费与国内相比，可谓天壤之别。比如在日本，申请发明专利的代理费约 3500 美元（含答复一次审查意见，每增加一次约需 800～1000 美元），申请实用新型专利的代理费约 2500 美元，申请外观设计专利的代理费约 1600 美元。而在德国申请专利的代理费更是价格不菲。[1]

表 5-5　德国事务所代理费的参考价格（单位：元/人民币）

发明专利		实用新型		外观设计	
1. 申请基本费用（书面 OR 电子）	5400	1. 申请基本费用	4350	1. 申请基本费用	
2. 提出发明人声明	800	2. 提出搜索的请求	1550	a. 电子申请	3850
3. 新颖性搜索的请求	1300	3. 在无效程序中要求者的代理	12 300	b. 书面申请	3850

[1] 日本和德国的专利代理费数据由上海金盛协力知识产权代理有限公司曹燕凌小姐提供，在此表示感谢。需要说明的是，这些代理费的数额只是一个初步的估算，仅供参考。

续表

发明专利		实用新型		外观设计	
4. 实质审查的请求（于申请同时）	1300	4. 在无效程序中专利权所有者的代理	12 300	c. 延迟公布	3850
5. 授权办登	1300	5. 提出注册程序中的上诉	8800	2. 追加费用	
6. 提出增补保护证书请求	10 000	6. 提出无效程序中的上诉	15 400	（每个申请超过10个设计，每个附加设计）	
7. 专利无效程序的代理	5200	7. 在无效程序的上诉中进行代理	15 400	a. 电子申请	550
8. 提出对抗本土专利的请求	5200			b. 书面申请	550
9. 提出专利限制的请求	5200			c. 延迟公布	550
10. 专利改正的公布的印刷费	1300			3. 注册请求（在Sec. 138(1) UrhG下）	1550
11. 提出专利无效请求不服上诉	12 000			4. 提出上诉	8800
12. 提出其他内容的不服上诉	8800				
13. 专利无效请求不服上诉的代理	12 000				
14. 独占许可合同的备案请求	2600				
15. 其他请求					

至于专利诉讼的代理费用，由于各个专利案件的性质、标的、案情等情况差异太大，加之诉讼律师之间的经验、声誉和能力差距巨大，因此，诉讼的代理费更是千差万别，没有一个可供参考的数据范围。诉讼代理费从数千元到数百万元，都有可能。总体上看，案件标的越大、案情越复杂、

企业规模越大、律师事务所越大、律师名声越大，案件的代理费就越高。如果是跨国的专利案件，律师的收费，特别是境外律师的收费可能创下天价。在美国，打一个专利官司花费几百万美元是司空见惯的事情。

（4）信息成本

信息成本从研发之初就开始产生。从确定研发主题之前，到研发进行之中，直至递交专利申请之前，基于借鉴他人的技术成果，确定发明创造的专利性，或者便于进行专利回避设计等目的，通常会谨慎地进行现有技术检索。这些技术信息的检索与分析，自然需要一定的成本开支。如果通过专业机构（如专利代理事务所）来从事此项工作，或者购买专业信息软件来操作，这项成本可能还相对较高。

信息成本不只是发生在研发过程中，在专利许可、转让、质押等情形中，往往需要对相关的专利进行尽职调查（due diligence），以了解这件专利的权利人是谁，在哪里有效，是否存在瑕疵等信息；在日常的专利管理过程中，需要监控竞争对手的专利申请状况及其技术信息，等等。

当然，信息成本可以分摊到其他类别的专利成本中去。比如，研发前后的检索分析费用可以计到研发投入中去，而尽职调查的费用可以计到交易费用或代理费用中去。

从上面不完整的成本分析来看，开发、获得并维持一件专利，的确需要一定的投资。如果专利管理没有与企业经营相整合，专利战略真的可能会变成负债经营。因此，采取适当的措施控制专利经营的成本，是每个有专利目标的企业必须认真对待的事情。

5.2 专利产出的成本控制

5.2.1 减少研发成本的支出

研发成本是一笔不菲的开支，因此，研发成本的控制是研发管理的重要环节。这里我们不打算面向具体的管理细节，来讨论研发成本的控制问题，而只是从如何借助外部资源的角度，介绍几种减少研发成本支出的办法。

1. 获得政府的项目资助

国家主席胡锦涛于 2006 年 1 月 9 日在全国科技大会上宣布中国未来 15 年科技发展的目标：2020 年建成创新型国家，使科技发展成为经济社会发展的有力支撑。中国科技创新的基本指标是，到 2020 年，经济增长的科技进步贡献率要从39%提高到60%以上，全社会的研发投入占GDP比重要从1.35%提高到2.5%。

在建设创新型国家的目标正式提出之前，我国政府就已经出台了很多激励创新的政策措施，并提供研发创新的资金支持。从中央政府到地方政府，都有各种支持企业研发创新或成果转化的基金、补贴等。比如，经国务院批准设立的用于支持科技型中小企业技术创新项目的政府专项基金（"科技型中小企业技术创新基金"），可以根据中小企业和项目的不同特点，分别以贷款贴息、无偿资助、资本金投入等不同的方式给予支持。

随着创新型国家的建设，更多鼓励和支持研发创新的政府资金将会涌现，企业应当积极了解政策，争取获得政府的资金支持，以减少研发成本的支出。

2. 合作开发专利技术

科学技术日益精深，研发风险也日益加大。一家企业独立承担研发工作，有时可能难以为继。同时，有的企业长于研发，有的企业长于营销，各有所长，而合作开发可以优势互补，分散风险，通过资源整合，提高专利技术研发成功的可能性。当然，合作开发的动机很多，合作开发的优势也很多，这里只是强调，合作开发能够分摊研发成本。

3. 有偿引进他人的专利

现在，举国上下都在倡导自主创新。但从成本收益的角度来看，有时候，花钱引进他人的专利——只要人家愿意出售或许可，可能比自主研发创新支出更少。在人家已经申请专利保护的情况下，想避免侵权风险，通常需要进行回避设计，而回避设计的研发成本可能比较高。有时在人家的专利围墙之中，几乎很难从事回避设计，即使成功了，专利实施的成本也不经济。既然如此，与其舍近求远、重复研究，还不如用较低的成本买过来，把精力和金钱都用于专利改进上面，当然这种改进是一种引进、消化、吸收再创新。

5.2.2 控制专利申请的数量

在降低专利经营成本的各种选择中，控制专利申请的数量自然是立竿见影，但问题的关键是如何控制专利申请的数量。下面是一些可供参考的简单建议。

1. 明确专利申请目标

从本质上讲，专利是一项取得法律保护的技术成果，它并不是财富本身。正因如此，企业不要去为了专利而申请专利，除非为了某些特定的战略考虑，申请专利应当面向市场，面向产业化。总体上，企业应当保持一个观念：将专利资产组合与企业的战略相联系。因此，对待专利应当有的放矢，按需申请，不要盲目比拼数量，超过自己的承受能力，否则将累及企业经营。

> 如果知识产权战略不能与企业的战略和目标相一致，那么就会浪费时间、金钱和资源。
>
> ——《董事会里的爱迪生》

前面已经谈到，累积专利要明确自己的目标，对于中小企业更是如此，以避免无谓的投资。因为财力限制，中小企业必须量力而行，紧紧围绕自己的战略目标，尤其是现有的产品经营，进行专利开发和专利申请，以保护自己的核心技术，维持产品的竞争优势。等到羽翼丰满之后，再向跨国公司学习，进行长期的专利布局，甚至申请自己不需要的专利来阻击竞争对手。

2. 建立专利筛选机制

通过建立专利筛选机制，可以避免错误的或者不必要的专利申请，自然也可以控制专利申请的数量。惠普（HP）的史蒂文·福克斯说他每年都收到来自惠普研发小组的上千份发明提案，但最终只提交其中的一半。福克斯解释道："这里有一个成本控制的因素，在我们的专利复查模板里包括了对能够帮助我们在申请专利时控制成本的信息的要求。实际上，这个模板的第一用途是筛选出那些关注战略性问题的发明，我们将其余的发明搁到一边。"[1]

关于如何建立专利筛选制度，前面已经介绍过，这里不再重复。需要注意的是，很多人在申请专利时，自然会乐观地认为，这项发明有着不可限量的价值，特别是发明人更是持有这样的观念——这可以理解，每个发明人对自己的发明成果，都像对待自己的孩子一样。但随着时间推移，企业会发现这个发明并不像当初想象的那样具有商业上的价值。

因此，即使通过专利筛选机制来选择性地进行专利申请，也必须要清楚并坚持自己的筛选标准，不要被发明人的激情和乐观所左右。为了保证这一点，企业应当邀请资深专家或业内人士，定期向专利筛选机构的成员，特别是新加入的成员，提供专利申请的详细指导。

[1] 朱莉·L. 戴维斯，苏珊娜·S. 哈里森. 董事会里的爱迪生——智力资产获利管理方法［M］. 江林，等译. 北京：机械工业出版社，2003：69.

3. 合并数项专利申请

通常一项专利申请只限于一项发明创造，此即通常所说的“单一性原则”，这样可以方便专利申请的审查，便于国务院专利行政部门对专利申请进行有效地分类、检索，提高审查工作效率。但《专利法》第31条也规定了例外，在某些特定的情形下，可以将数项发明创造合并，作为一件专利申请提出。如果企业的几项发明创造符合《专利法》第31条合并申请的规定，则可以利用这个法律资源减少专利数量，节省专利成本，同时又没有缩小专利保护范围。

按照《专利法》第31条第1款的规定，对于发明和实用新型来讲，属于一个总的发明构思的两项以上的发明或者实用新型，可以作为一件申请提出。按照《专利法实施细则》第34条的规定，可以作为一件专利申请提出的属于一个总的发明构思的两项以上的发明或者实用新型，应当在技术上相互关联，包含一个或者多个相同或者相应的特定技术特征，其中特定技术特征是指每一项发明或者实用新型作为整体考虑，对现有技术作出贡献的技术特征。符合上述规定的两项以上发明专利申请的权利要求，可以是下列各项之一：（1）不能包括在一项权利要求内的两项以上产品或者方法的同类独立权利要求；（2）产品和专用于制造该产品的方法的独立权利要求；（3）产品和该产品的用途的独立权利要求；（4）产品、专用于制造该产品的方法和该产品的用途的独立权利要求；（5）产品、专用于制造该产品的方法和为实施该方法而专门设计的设备的独立权利要求；（6）方法和为实施该方法而专门设计的设备的独立权利要求。

按照《专利法》第31条第2款的规定，（1）同一产品两项以上的相似外观设计，可以作为一件申请提出。（2）用于同一类别并且成套出售或者使用的产品的两项以上的外观设计，可以作为一件申请提出。对于外观设计符合合并申请须具备两方面的条件：①使用两项以上外观设计的产品，必须属于同一类别。这里讲的“同一类别”，是指产品属于分类表中同一个小类；②使用两项以上外观设计的产品必须是成套出售或者成套使用的。这里讲的“成套出售或者使用”，是指各产品的设计构思相同，并且习惯上是同时出售、同时使用的。比如成套的茶具，就可以依法提出合并申请。

当然，有的发明创造创新点比较多，本身既可以作为一件专利申请提出，也可以分拆为数件专利申请提出。可见，究竟这是一项发明创造还是几项发明创造，很难用一个明确的标准来界定。从节省专利成本的角度，此时应当作为一件专利申请提出。

4. 选择成本更低的保护方式

对一项技术而言，比专利成本更低的保护方式，通常是商业秘密保护；对软件而言，也可能意味着采取著作权保护。关于商业秘密与专利保护的优劣比较，前面已经作了大量的分析。需要提醒的是，我们讲商业秘密保护比专利保护成本更低，主要是从商业秘密的获得不需要申请授权，不需要缴纳官费的角度来观察的。由于商业秘密需要持续不断的维持秘密性，才能保持其权利和价值，面对无孔不入的商业间谍，以及一些不诚实的内部员工，要做到这一点，反而可能需要花费更多的管理成本。

5. 确定国外的目标市场

> 公司应只在它将要从事经营活动的相关国家申请专利，因为如果你到世界各国都去申请专利，那纯粹是白费金钱。你必须对产品的未来趋向，采取一种明智和现实的态度。
>
> ——L&R Ashbolt 公司总经理丹尼·阿什博尔特

企业应当依据其海外市场和发展战略，有重点地选择专利申请国家，避免盲目的海外申请，防止在不重要或者无力开拓的市场浪费大量金钱。尽管这样操作，在一些未能布置专利的国家可能会受到专利仿冒的冲击，但这是节省专利成本必须付出的代价，通常这些代价是企业可以承受也应该承受的。

资料链接：杜邦公司的海外专利申请原则

在某一国家申请专利的决策及其变量在每个案例中都有所不同，它们会被技术、商务部门，或者时间结构所影响，杜邦公司（DuPont）知识产权与许可部门主管鲍勃·格吕茨马赫（Bob Gruetzmacher）指出：

很多年以前，杜邦公司已经建立了指导方针，这些方针用来指导申请外国专利保护时，哪些国家应被考虑。其中关键的一个因素就是商业上的需要。除此以外，还有既定国家的专利法规，对他人专利的尊重的历史记录及该国家专利权人加强其专利的能力。在过去的 10 年里，很多国家，即便不是彻底修改，也至少是对其专利系统作了一些调整，因而多数发达国家的专利发展不同步。结果，我们的指导方针就必须做相应的调整。然而，仍然存在着不变的黄金法则，那就是只在那些从经济

> 角度讲合理的国家申请专利。当削减成本的问题出现时，在国外进行申请的情况将首先得到仔细的检查。
>
> 资料来源：朱莉·L. 戴维斯，苏珊娜·S. 哈里森. 董事会里的爱迪生——智力资产获利管理方法［M］. 江林，等译. 北京：机械工业出版社，2003：71.

5.2.3 减缓申请费用的开支

1. 争取减缓官费的机会

根据国家知识产权局公布的《专利费用减缓办法》(2006 年 11 月 13 日起施行）的规定，专利申请人或者专利权人缴纳有关专利费用确有困难的，可以请求国家知识产权局专利局减缓缴纳有关费用。具体的专利费用减缓比例，如表 5-6 的 4 个分表所示。

表 5-6-1 发明专利费用标准与减缓比例对照表

（人民币：元）

费用种类	简称	发明专利	减缓比例			
			85%	70%	80%	60%
申请费	申	900	135	270		
公布印刷费	文	50	不予减缓			
说明书附加费从第 31 页起每页 从第 301 页起每页	说附	50 100	不予减缓			
权利要求附加费从第 11 项起每项	权附	150	不予减缓			
优先权要求费每项	优	80	不予减缓			
审查费	审	2 500	375	750		
复审费	复	1 000			200	400
著录事项变更手续费： 发明人、申请人、专利权人变更 专利代理机构、代理人委托关系变更	变	200 50	不予减缓			
恢复权利请求费	恢	1 000	不予减缓			
无效宣告请求费	无	3 000	不予减缓			
延长费： 第一次延长期请求费每月 再次延长期请求费每月	延	300 2 000	不予减缓			
登记印刷费	登	250	不予减缓			
印花税	印	5	不予减缓			
年费	年	年费标准见年费计算参考表				

表 5－6－2　发明专利年费计算参考表

（人民币：元）

对应年度		第 1～3 年	第 4～6 年	第 7～9 年	第 10～12 年	第 13～15 年	第 16～20 年
应缴年费金额	年费标准值	900	1 200	2 000	4 000	6 000	8 000
	减 70%年费标准值	270	360	600	1 200	1 800	2 400
	减 85%年费标准值	135	180	300	600	900	1 200
5%滞纳金	应缴纳的滞纳金数额	45	60	100	200	300	400
	年费标准值＋滞纳金	945	1 260	2 100	4 200	6 300	8 400
	减 70%年费标准值＋滞纳金	315	420	700	1 400	2 100	2 800
	减 85%年费标准值＋滞纳金	180	240	400	800	1 200	1 600
10%滞纳金	应缴纳的滞纳金数额	90	120	200	400	600	800
	年费标准值＋滞纳金	990	1 320	2 200	4 400	6 600	8 800
	减 70%年费标准值＋滞纳金	360	480	800	1 600	2 400	3 200
	减 85%年费标准值＋滞纳金	225	300	500	1 000	1 500	2 000
15%滞纳金	应缴纳的滞纳金数额	135	180	300	600	900	1 200
	年费标准值＋滞纳金	1 035	1 380	2 300	4 600	6 900	9 200
	减 70%年费标准值＋滞纳金	405	540	900	1 800	2 700	3 600
	减 85%年费标准值＋滞纳金	405	540	900	1 800	2 700	2 400
20%滞纳金	应缴纳的滞纳金数额	180	240	400	800	1 200	1 600
	年费标准值＋滞纳金	1 080	1 440	2 400	4 800	7 200	9 600
	减 70%年费标准值＋滞纳金	450	600	1 000	2 000	3 000	4 000
	减 85%年费标准值＋滞纳金	315	420	700	1 400	2 100	2 800
25%滞纳金	应缴纳的滞纳金数额	225	300	500	1 000	1 500	2 000
	年费标准值＋滞纳金	1 125	1 500	2 500	5 000	7 500	10 000
	减 70%年费标准值＋滞纳金	495	660	1 100	2 200	3 300	4 400
	减 85%年费标准值＋滞纳金	360	480	800	1 600	2 400	3 200

表 5-6-3　实用新型及外观设计专利费用标准与减缓比例对照表

（人民币：元）

费用种类	简称	实用新型	外观设计	减缓比例			
				85%	70%	80%	60%
申请费	申	500	500	75	150		
权利要求附加费从第 11 项起每项	权附	150	150	不予减缓			
说明书附加费从第 31 页起每页 从第 301 页起每页	说附	50 100	50 100	不予减缓			
优先权要求费每项	优	80	80	不予减缓			
著录事项变更手续费： 发明人、申请人、专利权人变更 专利代理机构、代理人委托关系变更	变	200 50	200 50	不予减缓			
复审费	复	300	300			60	120
恢复权利请求费	恢	1 000	1 000	不予减缓			
无效宣告请求费	无	1 500	1 500	不予减缓			
延长费： 第一次延长期请求费每月 再次延长期请求费每月	延	300 2 000	300 2 000	不予减缓			
登记印刷费	登	200	200	不予减缓			
印花税	印	5	5	不予减缓			
专利权评价报告请求费	评价	2 400		不予减缓			
年费	年	年费标准见年费计算参考表					

表 5-6-4　实用新型、外观设计专利年费计算参考表

（人民币：元）

对应年度		第 1～3 年	第 4～5 年	第 6～8 年	第 9～10 年
应缴年费金额	年费标准值	600	900	1 200	2 000
	减 70%年费标准值	180	270	360	600
	减 85%年费标准值	90	135	180	300
5%滞纳金	应缴纳的滞纳金数额	30	45	60	100
	年费标准值＋滞纳金	630	945	1 260	2 100
	减 70% 年费标准值＋滞纳金	210	315	420	700
	减 85% 年费标准值＋滞纳金	120	180	240	400
10%滞纳金	应缴纳的滞纳金数额	60	90	120	200
	年费标准值＋滞纳金	660	990	1 320	2 200
	减 70% 年费标准值＋滞纳金	240	360	480	800
	减 85% 年费标准值＋滞纳金	150	225	300	500
15%滞纳金	应缴纳的滞纳金数额	90	135	180	300
	年费标准值＋滞纳金	690	1 035	1 380	2 300
	减 70% 年费标准值＋滞纳金	270	405	540	900
	减 85% 年费标准值＋滞纳金	180	270	360	600
20%滞纳金	应缴纳的滞纳金数额	120	180	240	400
	年费标准值＋滞纳金	720	1 080	1 440	2 400
	减 70% 年费标准值＋滞纳金	300	450	600	1 000
	减 85% 年费标准值＋滞纳金	210	315	420	700
25%滞纳金	应缴纳的滞纳金数额	150	225	300	500
	年费标准值＋滞纳金	750	1 125	1 500	2 500
	减 70% 年费标准值＋滞纳金	330	495	660	1 100
	减 85% 年费标准值＋滞纳金	240	360	480	800

* 以上表中数值按现行标准计算，如费用标准调整，以新标准为准。

我国企业可以根据《专利费用减缓办法》，在符合条件的前提下，申请减缓专利费用，以降低专利成本。除此以外，通过PCT途径申请专利，也可以利用规则获得一些优惠。比如，利用PCT－SAFE电子申请系统，基本费可以减收200瑞士法郎。

所谓PCT途径是指申请人依据本国以及外国专利法，按照《专利合作条约》（PCT）制定的专门规定，向本国专利主管机构提出一件PCT申请，从而在所有PCT成员国享有同一申请日（优先权日），并且可以在30个月届满前实际进入外国专利审查程序的一种途径。❶

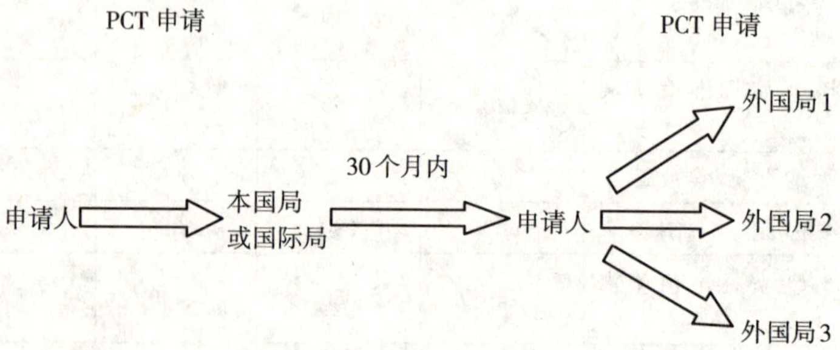

图5－1 PCT途径图示

根据目前的规定，如果国际申请的申请人是自然人，并且其国籍和居所在人均国民收入低于3000美元的国家，那么国际费用可以减少75%。而且，不论申请人是否是自然人，只要其国籍和居所是由联合国确定的最不发达国家，也可享受费用75%的减少。如果有多个申请人，则必须每一个申请人或者其国籍和居所在最不发达国家，或者是满足以上条件（国籍和居所在人均国民收入低于3000美元的国家）的自然人。

由于我国不属于最不发达国家，因此，只有自然人可以享受上述国际费用75%的减免，而企业不能享有此项优惠。于是，有的民营企业用老板个人的名义提出PCT国际申请，以获得减免的优惠，等到申请进入国家阶段后，再根据需要恢复申请人的公司名义。❷

2. 争取专利资助或优惠

我国很多地方政府，出于激励技术创新、促进专利事业的目的，同时也夹杂着专利政绩的考虑，制定了一些诸如专利申请资助扶持政策、专利

❶ 何越峰．专利合作条约体系概述［R］．国家知识产权局—清华大学高层次人才知识产权法律培训班讲座，2007.

❷ 同本页注❶.

产品税收优惠政策等地方政策，意欲拉动专利申请量的提升。企业应当充分利用这些政府提供的资源，降低自己专利经营的成本。

根据 2007 年 3 月 1 日起施行的《上海市专利资助办法》，上海市知识产权局提供的专利资助包括专利费资助和专项资助两类（如表 5 - 7 所示）。其他有的省市以及上海一些区县政府，对于专利资助的力度可能更大，对于专利代理费也纳入资助的范围。企业可以到当地主管专利事务的知识产权局或科技局等机构，咨询了解相关的政策措施。

表 5 - 7　上海专利资助项目与对象

专利费资助		专项资助	
项目和金额	资助对象	资助项目和金额	资助对象
◇ 发明、实用新型或外观设计专利申请费，按实际缴纳的费用资助 ◇ 授权发明专利的实质审查费，按实际缴纳的费用资助 ◇ 发明专利的授权费[1]及授权后第二年、第三年的年费，按实际缴纳的费用资助 ◇ 实用新型、外观设计专利的授权费，按实际缴纳费用资助 ◇ 在香港或澳门申请发明专利的，授权后每项最高一次性资助人民币 10000 元 ◇ 申请国外发明专利的，每获得一个国家的授权最高资助人民币 30000 元，每项发明专利最多资助 3 个国家	凡向国家知识产权局专利局上海代办处递交专利申请文件或向外国申请专利，且专利第一申请人符合下列条件之一的： （一）专利第一申请人为注册在本市的企业、事业单位、机关或社会团体； （二）专利第一申请人为具有本市户籍或本市居住证的个人	国内每项发明专利申请资助人民币 3000 元，每项实用新型专利申请资助人民币 800 元，每项外观设计专利申请资助人民币 300 元。	属于专利费资助对象，同时被纳入以下范围的专利第一申请人，除了可以享受专利费资助外，还可以享受专项资助： （一）自愿申报并经有关政府部门认可的企事业单位； （二）承担国家或本市重大项目、重大工程的企事业单位； （三）有关政府部门组织的重大创新活动的参加单位

3. 延迟国外官费的支出

根据《巴黎公约》第 4 条，缔约国的国民在一个缔约国提出发明、实

[1] 授权费是指专利登记费、印花费、授权当年年费和发明专利维持费。

用新型或者外观设计等专利申请（该第一次申请的申请日称为优先权日）后，在一定期限内（称为优先权期间，发明或实用新型为12个月，外观设计或商标为6个月）又到其他缔约国申请保护的，应当享有优先权。此即所谓“外国优先权”或者“公约优先权”。

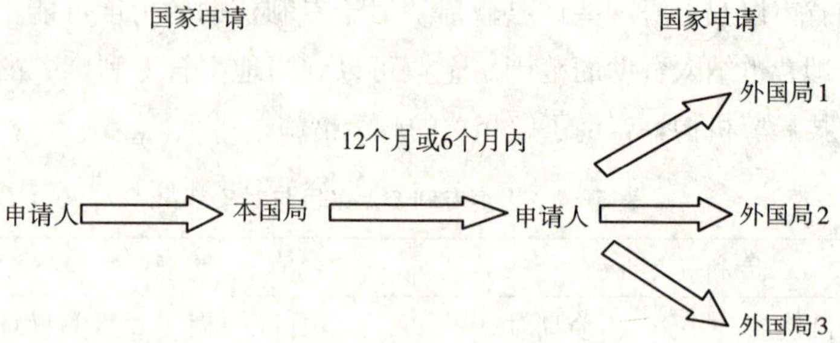

图5-2 巴黎公约途径图示

外国优先权具有两个积极的效力：（1）先申请效力：适用先申请原则时，对要求享有优先权的申请应当以优先权日代替申请日确定其申请的先后次序；（2）不丧失可专利性的效力：判断要求优先权的申请主题的新颖性和创造性时，应当以优先权日为准。

从专利成本的管理来看，优先权还另有作为。因为优先权的存在，申请人可以在自优先权日起12个月或6个月内向外国提出专利申请，而不必为了抢占专利申请的先机，匆匆忙忙地确定境外目标申请国家，并立即提出外国专利申请。优先权期间给了企业申请外国专利的一个缓冲时间，在此期间可以比较从容地决定哪些国家应该申请专利，并有充足的时间准备外国的专利申请文件。这样一来，就不会盲目决定申请专利的国家以消除损失潜在利益的担心，避免在不需要的市场区域申请外国专利，自然节省了不菲的专利成本。

当然，对于申请较多外国专利的企业而言，外国优先权期间还是存在一些不足：

（1）时间仍然可能显得仓促，使申请人来不及办理各种事务，有时会造成申请人丧失在外国获得专利权的机会。

（2）申请人在12个月内通常尚未获知其专利申请相对于现有技术的状况和获得专利权的可能性，也难以准确地评估其专利的商业价值，因此无法真正确定是否有必要在该国取得专利权。

（3）申请人必须在12个月内分别办理各国不同的申请手续，完成申请文件的各种语言文本的翻译工作，选择和聘请中国以及其他各国的代理人，在向多个国家提出申请的情况下，工作量非常巨大，任务也比较繁重。

（4）在12个月内要支付各国的申请费、审查费等多种官费，聘请中国和各国代理人的费用，不同语言的翻译费，向各国提交的文件制作费、传送费等，有些申请人由于在短时间内无法筹集足够的经费，不得不放弃向外国申请的机会。[1]

而PCT途径可以有效消除上面的不足之处，因为根据PCT的规定，国际申请从国际阶段进入国家阶段的期限为自优先权日起30个月（少数国家为20个月），要比现有的巴黎公约的外国优先权多18个月（或8个月）。[2]在此期间，申请人还可以获得国际检索报告和国际初步审查报告，有充分的时间和依据判断其发明创造是否具有专利性，是否具有商业价值，从而决定其国际申请是否进入国家阶段，应该进入哪些国家继续申请，以避免花钱而未获得批准，或获得无商业价值专利的情况发生。因此，很多企业都愿意通过PCT申请国际专利。

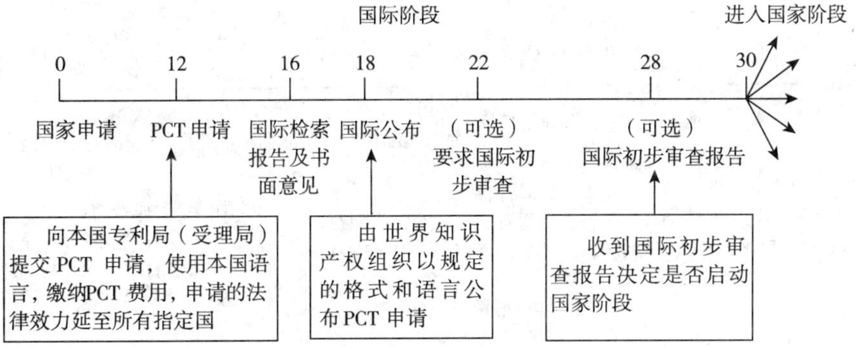

图5-3　PCT体系设计示意图[3]

《专利合作条约》所建立的PCT体系是目前世界上最重要的专利国际合作机制，全球80%的向外国申请都通过PCT途径提出。[4]利用PCT途径可以获得很多好处，这里不一一叙述，只阐明PCT途径与专利成本控制有密切关系的优势：

（1）通过PCT途径，可以最后一刻向本国专利局提出对外国申请，而且可以使用母语，申请文件形式要求简单，不以缴纳申请费为受理条件。

（2）PCT途径给予了申请人充裕的时间。国际申请通常可以在自优先

[1] 何越峰．专利合作条约体系概述［R］．国家知识产权局—清华大学高层次人才知识产权法律培训班讲座，2007年．

[2] 注意：PCT申请实际进入国家阶段的期限为30个月，并不意味着优先权期限的延长，首次国家申请与在后PCT申请的提出时间之间仍然需要满足巴黎公约优先权期限（12个月）的要求。

[3][4] 同本页注[1]．

权日起 30 个月届满之前才进入国家阶段，申请人在这段时间里可以较为准确地评估其申请的商业价值，筹集进入国家阶段的经费，并根据市场需要确定是否进入，以及进入哪些外国国家阶段。

（3）PCT 途径的收费合理，支付一笔费用可以指定全部 137 个 PCT 成员国。在国际阶段，对于作为自然人的中国申请人，可以享受 75%的国际申请费用减免；在国家阶段，许多国家对于国际申请减免检索费用和审查费用，而且不同国家专利局之间还有互惠减免。详见图 5－4。[1]

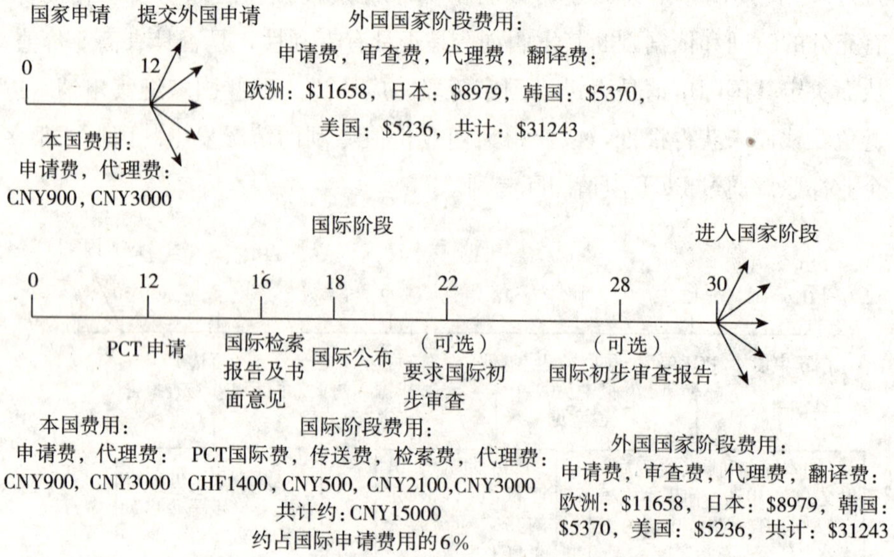

图 5－4　直接申请与 PCT 申请的费用比较
（CNY：人民币，CHF：瑞士法郎，$：美元）

需要说明的是，在申请外国专利的三种主要途径——普通国家申请途径[2]、巴黎公约途径[3]和 PCT 途径中，通过 PCT 途径需要支付的专利申请官费和专利申请代理费，并不一定比其他两种直接申请的途径节省成本（因为 PCT 途径最终要进入国家阶段），相反，PCT 途径比其他两种直接申请的途径还多出一笔国际阶段的费用（如图 5－4 所示）。

❶ 何越峰．专利合作条约体系概述［R］．国家知识产权局—清华大学高层次人才知识产权法律培训班讲座，2007．

❷ 普通国家申请途径是指申请人依据外国专利法或适用法律，直接向外国专利主管机关提出普通国家专利申请的途径。

❸ 巴黎公约途径是指申请人依据外国专利法按照《巴黎公约》作出的专门规定，在首次提出本国国家专利申请后 12 个月（发明和实用新型）/6 个月（外观设计）内向外国专利主管机关提出申请，并要求享有优先权的途径。

但是与巴黎公约途径相比，通过 PCT 途径申请专利，相当于把外国国家阶段的费用推迟了 18 个月（从国际阶段进入国家阶段的 30 个月减去巴黎公约的外国优先权期间 12 个月）支付，极大缓解了企业的经济压力。据说，如果把外国国家阶段的费用放在美国存上 18 个月，所得利息大约有一万多元人民币，大致等于 PCT 国际阶段的花费。[1]

截至 2007 年 6 月 1 日，PCT 成员国数量达到 137 个，占巴黎公约成员国总数（169 个）的 81%；中国于 1994 年 1 月 1 日正式加入 PCT，自 1997 年 7 月 1 日起，PCT 适用于中国香港特别行政区；自 1999 年 12 月 20 日起，PCT 适用于中国澳门特别行政区。目前中文是提出 PCT 国际申请可以使用的 13 种语言之一，也是 PCT8 种国际公布语言之一。因此，我国企业可以仅仅使用中文，向国家知识产权局提交一份国际申请。使用母语不仅撰写专利申请文件快捷、准确，而且工作量大大减少，节约时间和经费。[2]同时，在国际阶段，企业申请专利只需要本国代理人的帮助。因此，鉴于 PCT 成员的广泛性和 PCT 途径的优越性，我国企业应当充分利用 PCT 途径的好处，不仅可以控制成本的支出，或者延缓费用的支付，更可以享受到许多便利和好处。

5.2.4　其他可用的控制措施

1. 使用免费的数据库

目前，企业从网上获取专利数据主要有两个渠道：（1）通过各国专利局网站免费获取，（2）通过商业数据库网站获取。这两类渠道在专利信息的收录范围、加工深度、检索手段和检索成本等方面存在不同，可谓各具特色、各有优势。

那些付费的商业性专利数据库，自然使用起来比较方便快捷，而且能够提供多种专利信息服务。对于专利信息需求不是特别专业的企业，可以查询国家知识产权局等官方提供的免费数据库，以节省专利经营的信息成本。另外，一些商业机构也会提供一些免费的专利检索平台，甚至有的政府或事业单位与商业机构合作，共同推出免费使用的专利数据库，企业可以关注这方面的信息。

[1] 何越峰．专利合作条约体系概述［R］．国家知识产权局—清华大学高层次人才知识产权法律培训班讲座，2007.

[2] 注意：PCT 途径并非从始至终都可以仅使用一种语言，在国际阶段，申请人可以使用国际检索单位或国际初审单位接受的一种语言（如中文），但进入国家阶段时，仍然需要按照申请国规定的语言提交申请文件和其他文件的译文。

表5-8 部分专利检索官方网站

名称	说明	网址
中国专利数据库	由中国国家知识产权局建设，网站专利检索页面包括专利申请、专利审查、专利保护、专利代理等，介绍专利申请、审查、保护方面的知识。此网站提供1985年以来的发明专利和实用新型说明书全文，以及1998年以来的外观设计专利说明书全文。专利说明书全文为TIF格式的扫描图像文件，安装了支持TIF格式的插件例如支持USPTO的专利浏览插件后，可以浏览专利说明书全文	www. sipo. gov. cn/sipo/zljs/default. htm
美国专利全文数据库	美国专利商标局（The US Patent and Trademark Office，USPTO）目前通过Internet免费提供1976年以来到最近一周发布的美国专利全文库，以及1790～1975年的专利全文扫描图像，称为USPTO Web Patent Databases。专利全文扫描图像为TIF格式的文件。 美国专利有三种检索方式，即布尔检索、高级检索、专利号检索。文献库的可检索字段就是收录专利时的著录项目，全文库的可检索范围扩大到专利的权利要求（claims）和专利说明的正文。1790～1975年间专利只能用专利号和美国专利分类号检索	www. uspto. gov/patft/

续表

名　称	说　明	网　址
加拿大专利检索	加拿大专利数据库（The Canadian Patent Database）是加拿大知识产权局（The Canadian Intellectual Property Office，CIPO）专门为从 Internet 上检索加拿大专利而建立的 Web 站点。该库包括 1920 年以来的加拿大专利文档，包括专利的著录项目数据、专利的文本信息、专利的扫描图像。从浏览器直接浏览到的专利扫描图像分辨率较低，可以下载图像的 PDF 文件，用 Adobe 公司的 Acrobat Reader 浏览 PDF 格式。 加拿大专利库也提供了功能丰富的检索途径如专利号查询、基本文本查询、布尔文本查询、高级文本查询。具体的说明请参见该库的在线说明	http：//patents1. ic. gc. ca/srch _ bool- e. html
日本专利检索	日本专利局（JPO）网上专利检索数据库（英文版）包括 1976 年 10 月以后所有公开的日本专利说明书（包括专利和实用新型）扫描图形，其中 1993 年以后的说明书都实现了英文全文代码化	www. ipdl. jpo. go. jp/homepg _ e. ipdl
esp @ cenet（检索欧洲专利、PCT 及世界各国专利）	从 1998 年年中起欧洲专利局（EPO）的 esp@cenet 开始向 Internet 用户提供免费的专利服务，服务的具体内容包括检索最近两年内由欧洲专利局和欧洲专利组织成员国出版的专利，WIPO 出版的 PCT 专利的著录信息以及专利的全文扫描图像。这些专利的全文扫描图像数据格式为 PDF。esp@cenet 还提供欧洲专利局所收集的 1920 年以来的世界各国专利的信息检索，其中 1970 年以后所收集的专利都有英文的标题和摘要可供检索	http：//ep. espacenet. com/

续表

名称	说明	网址
esp @ cenet（检索欧洲专利、PCT及世界各国专利）	可以检索的字段包括专利（出版）号（Publication Number）、申请号（Application Number）、优先申请号（Priority Number）、出版日期（Publication Date）、申请人（Applicant）、发明人（Inventor）、国际专利分类号（IPC Classification）、标题（Title）或摘要（Abstract）	http://ep.espacenet.com/

2. 节省专利代理费

专利代理费也是专利成本的重要组成部分。前面已经提到，有的地方政府提供专利代理费的资助或补贴（可能是以其他名义来补助），这可以节省专利代理费的开支。

如果企业的专利申请量每年都有一定的规模，那么可以培养胜任专利事务的内部员工，或者招聘专利代理人担任专利工程师，这样就不用把专利事务外包给专利代理人，以节省专利代理费的支出。当然，这里需要计算一下，到底是外包支付专利代理费便宜，还是专门养几个专利工程师付工资便宜。

有的企业虽然有专利工程师，但仍会把一些专利申请之类的事务外包，让内部的专利工程师与外部的专利代理人相互配合，共同完成专利事务，因为专利代理人一般而言更精通业务，熟悉程序。不过，有时候是因为企业内部的工程师不愿意承担责任，因而在业务外包的同时，也把专利申请的风险转嫁给了专利代理人。

合并专利代理人也是一个节省专利代理费的途径。许多企业惊讶地发现，他们用了很长时间建立了一个遍布世界的上百个专利代理人的网络，每个专利代理人独立工作，独立为其服务标价，但却对他们所得到的报酬承担很少的责任。一个《财富》前50名的企业通过将其在全欧洲300个单独专利代理人合并成每个国家一或两个而节省了大量开支。这样做，可以加强企业的购买能力，商定更有利的费用方案，减少为跟踪从世界各地获得的上百份专利代理人账单而进行的簿记工作。[1]

[1] 朱莉·L. 戴维斯，苏珊娜·S. 哈里森. 董事会里的爱迪生——智力资产获利管理方法［M］. 江林，等译. 北京：机械工业出版社，2003：75.

3. 有序安排专利事务

预先安排好各种专利事务，也可以节省很多金钱，这是管理的妙用。比如，申请外国专利时，翻译费用也是一笔较大的支出。通常，译文需要的时间越短、越急，翻译费用就越高。如果全盘规划，早作安排，及时将材料送交翻译，则可以支付相对便宜的翻译费用。

专利成本涵盖了从技术研发到专利获取的全过程，我们已经看到，在这个过程中有许多节约成本的方法。企业可以针对具体的个案，咨询专业人士，以发掘更多的成本控制方法，或规划最佳的成本管理方案。

5.3 专利存续的成本控制

5.3.1 定期进行专利稽核

当专利累积至一定数量时，企业应当定期针对其拥有的专利，进行财务层面和技术层面的清点审核，即所谓“专利稽核”（Patent audit）。从控制成本的角度，专利稽核可以使企业深入了解各个专利或专利组合的内容或用途，并采取行动使专利与企业的经营战略相一致，既可以避免专利的闲置，提高专利的效用，也可以淘汰不需要的专利，节省专利维持的成本。

正如乔·维莱拉所言：“有规律地复查你的资产组合极其重要，这样你不仅保留了那些好的专利使得它们不被废除，而且同时发现那些应被废除的专利。没有人拥有无限的资金可用于专利，因此复查资产组合，将谷子与谷壳分离非常重要。”[❶]

不同的企业在专利稽核时，可以采取不同的策略或方案。有的企业将专利资产分为“必须拥有的”、“可以拥有的”以及“无用的”——也就是企业现在用不上的。当企业用这个标准重新考虑其专利时，发现只有 20% 属于“必须拥有的”，30%属于“可以拥有的”，50%属于“无用的”。显然，必须拥有的专利的比例应当上升，而无用的专利，如果有的话，也应保持较低的水平。

不过，如何对待不同性质的专利，没有唯一正确的做法。一些企业也许会作出仅仅保留与其核心技术相关的专利的决策，另一些也许会去获取那些与核心技术无关但却在竞争中有保护作用的专利。日本企业比美国企

❶ 朱莉·L. 戴维斯，苏珊娜·S. 哈里森. 董事会里的爱迪生——智力资产获利管理方法［M］. 江林，等译. 北京：机械工业出版社，2003：67.

❷ 朱莉. L. 戴维斯，苏珊娜·S. 哈里森. 董事会里的爱迪生——智力资产获利管理方法［M］. 江林，等译. 北京：机械工业出版社，2003：56.

业更倾向于采用这一方法。1/3的日本企业声称拥有1000个在日常工作中用不上的专利，而这种情况在美国企业中只有7%。❶

资料链接：将专利资产与企业经营相联系

弗特姆企业研究部前副总裁及董事玻·哲姆拉得（Pau Germeraad）说道："我们财务部门将60个左右的经营部门进行分级别排队，分为在成长中的、需要维持的以及可以出售的或可抽回资金的现金部门。我们还按保护对象将专利又按用途分为子类，包括保护现有生产的专利、处于部门战略计划中的专利，以及计划外的专利。作出这些决定是简单易行且迅速的。按专利的级别排序并按用途将专利构成输入一个坐标中，使公司的专利委员会、部门和公司职员能够迅速发现哪些专利应该被废除，哪些应该维持，哪些应该获得许可，以及哪些应该通过继续进行专利申请得以巩固加强。"

资料来源：朱莉·L.戴维斯，苏珊娜·S.哈里森.董事会里的爱迪生——智力资产获利管理方法［M］.江林，等译.北京：机械工业出版社，2003：60.

5.3.2 建立专利淘汰机制

> 我们每年都要对资产组合进行删减。
> ——IBM知识产权及许可部门副总裁杰瑞·罗森塔尔

企业在申请专利之前，应当建立专利筛选制度，通过发明评估，尽力避免错误的或不必要的专利申请。在取得专利之后，则应当建立专利淘汰制度，通过专利稽核，定期放弃或删减不必要的、无用的专利，以节约维持专利的开支。

专利的取得，尤其是发明专利的取得是来之不易的，但是，如果专利——通常是些无用的或过时的专利——不能带来任何利益，或者带来的利益非常小，那么相比于日益增长的专利维持年费，当然是选择放弃专利权，从而为企业节省成本。

根据在美国的知识产权咨询发现，通常一个企业的专利资产组合中，有5%～50%不再有用，可以淘汰。大部分庞大的、拥有上千个专利的公司都有很大的删减空间。很多执行官惊讶地发现他们的资产组合中还包括那些早已过时的技术，例如8轨道录音机。因此，仅仅通过重新考虑他们的

❶ 朱莉·L.戴维斯，苏珊娜·S.哈里森.董事会里的爱迪生——智力资产获利管理方法［M］.江林，等译.北京：机械工业出版社.2003：55-56.

专利组合，很多公司就迅速发现可节省成百上千美元。[1]第 1 章已经揭示了 Dow 公司通过删减专利总量（从 29 000 件降到了 16 000 件），立即产生了巨额的金钱回报：节省了 800 万美元的更新手续费和大约 4000 万美元的税款。

资料链接：IBM 专利维护的财务政策

由于专利取得之后，随之而来的维护成本相当庞大，故基于成本之考虑，不太可能持续地保持所有的专利。因此，IBM 针对不同的国家、不同的产品市场，皆视状况采取不同的维护决策原则，借以维持适当的财务调配。举例而言，由于亚洲国家中大多为发展中国家（日本除外，因为其维护成本太高了），故大多采取尽可能全盘保护的政策。所有的专利前 7 年全数付费维护，中间 4 年则视专利价值、利用率及影响层面，只维护其中 90%之专利，后 5 年则再减少至 70%。如果资源许可，IBM 仍愿意提高投资比例。另一个模式则用于发达国家，由于欲维护、保有这类国家的专利权成本相当昂贵，若欲全数维持，将会耗费 IBM 极为庞大的资金，故转为采取较严格之调整策略筛选，只保留与最新技术相关者。亦即会支付所有在该地获得专利的前 4 年维护费用，后 4 年则视各个专利价值、利用率及影响层面予以保留其中 80%，再 4 年则继续降至 40%，到了第 12 年至第 18 年则只维持 20%的专利。

资料来源：陈乐融．赴美观摩纪实——IBM 公司 [J]．智慧财产权管理季刊，22.

专利淘汰的方式，可以通过书面声明放弃，也可以不缴纳专利年费消极放弃，还可以采用捐赠的形式。一般而言，企业多采取不缴纳年费的方式。

当然，要放弃企业的专利权，并非是一件容易的事情。有的发明人可能对放弃专利持抵触的态度；有的决策者可能存在担心，不能肯定专利是否的确无用；而有的国有企业则担心放弃专利，将承担国有资产流失的责任；甚至有的内部稽核人员出于人际关系的考虑，不愿意随便批评人家的专利无价值。如何建立一种公平、适当，并能取得支持的专利淘汰机制，是需要认真考虑的事情。

[1] 朱莉·L. 戴维斯，苏珊娜·S. 哈里森．董事会里的爱迪生——智力资产获利管理方法 [M]．江林，等译．北京：机械工业出版社，2003：53，78.

资料链接：淘汰专利的阻力重重

沙龙·奥瑞尔·道（Sharon Oriel Dow）化学公司全球知识产权及资金管理技术中心主管发现，让管理人员及科学家同意进行删减是困难的。

“多年来，我们按专利的多少来付给发明者报酬，现在我们突然将那些专利贴上‘无商业意义’的标签，对于许多发明者而言，无异于说他们的孩子很丑。另外，一些经理人员也非常保守并希望持有过多的技术，以防万一将来某天会用到。于是，我们要使人们习惯于这种删减，就需要进行大量的教育。”

“我记得有一次与一个企业经理谈话，他持有一项无用的技术但拒绝放弃。我说：‘你想节省 300 万美元吗?’这是一个小企业，因此 300 万是个大数目。他看着我说：‘通过合法渠道?’我说：‘是的。’他说：‘好吧，就这样做。’一旦我能将节省的费用货币化，决策就变得容易了。”

资料来源：朱莉·L. 戴维斯，苏珊娜·S. 哈里森. 董事会里的爱迪生——智力资产获利管理方法［M］. 江林，等译. 北京：机械工业出版社，2003：79.

5.3.3 控制专利保护的成本

在专利存续期间，保护专利权不受侵犯是专利管理的重要工作。一旦发生侵权事件，维权成本也是一笔不菲的开支。而选择合适的保护方式，可以节省一些保护成本。

保护专利的途径，除了协商解决之外，典型的方式就是通过行政查处或司法诉讼。一般情形下，通过专利管理机关来查处侵权，简便、快速、费用低，因此行政查处所付出的成本比司法诉讼要小一些。因为请求查处专利侵权，一般不需要请律师（当然一些重视专利保护的公司，也有律师全程参与），可以省下律师费。最重要的是，法院的收费标准比较高，让一些经济不富裕的企业望而生畏。

根据 2007 年 4 月 1 日起施行的《诉讼费用交纳办法》：（1）知识产权民事案件（包括专利案件），没有争议金额或者价额的，每件交纳 500 元至 1000 元；有争议金额或者价额的，按照财产案件的标准交纳。（2）财产案件根据诉讼请求的金额或者价额，按照下列比例分段累计交纳：

- 不超过 1 万元的，每件交纳 50 元；
- 超过 1 万元至 10 万元的部分，按照 2.5%交纳；

- 超过10万元至20万元的部分，按照2%交纳；
- 超过20万元至50万元的部分，按照1.5%交纳；
- 超过50万元至100万元的部分，按照1%交纳；
- 超过100万元至200万元的部分，按照0.9%交纳；
- 超过200万元至500万元的部分，按照0.8%交纳；
- 超过500万元至1000万元的部分，按照0.7%交纳；
- 超过1000万元至2000万元的部分，按照0.6%交纳；
- 超过2000万元的部分，按照0.5%交纳。

表5-9　财产案件受理费

标的额级距	费　率	速算增加额
10 000元以下	50（每件）	
1～10万元	0.025	-200
10～20万元	0.02	300
20～50万元	0.015	1300
50～100万元	0.01	3800
100～200万元	0.009	4800
200～500万元	0.008	6800
500～1000万元	0.007	11 800
1000～2000万元	0.006	21 800
2000万元以上	0.005	41 800
计算公式：费用＝标的额×本级费率＋本级速算增加额		

不过，由于专利管理机关对损害赔偿数额只有调解的权力，没有强制作出赔偿决定的权力，所以当事人要获得损害赔偿常需另行向法院起诉。而且对于专利管理机关的决定，不服的一方可以去法院提起行政诉讼，行政诉讼还可以经历一审二审。本身行政调处的效力就不是很强，再加上时间的拖延，显然不如直接到法院起诉效率高。

另外，请求专利管理机关处理侵权，在诉讼的策略和技巧上选择余地小。如果一件案子涉及宁波、上海、北京的侵权，三地只要向一地的法院起诉就可以了，而如果请专利管理机关查处，这种选择就会带来一定的困难，跨省执法有一定的难度，而且几乎每一个省一级的专利管理机关都有自己的《专利保护条例》。也就是说，提起诉讼的话，按照诉讼法和最高法院的司法解释就可以了；要是请各省的专利管理机关调处，还得研究各省的专利保护条例，显然不方便。[1]

因此，到法院诉讼也有自己的优势。不过，企业在选择诉讼时，提起侵权赔偿的数额不要过于巨大。根据《诉讼费用交纳办法》，赔偿数额提得越多，诉讼费用也水涨船高，与此同时，律师费用也会同步上扬。一旦法院的判决数额远远低于赔偿请求，企业保护专利的成本支出就非常厉害了。

在美国等发达国家，的确时常耳闻他们的法院判决出天文数字般的损害赔偿额。比如，2007 年，在一起有关 Windows 中所使用的 MP3 音频技术的专利诉讼中，位于圣地亚哥的一个联邦陪审团曾裁定微软向阿尔卡特-朗讯赔偿 15 亿美元的损失。虽然美国加州南部地区联邦地方法院的法官 Rudi Brewster 后来又推翻了这一裁决，但这样高昂的赔偿判决在中国一般难以出现。

因为在中国的情形并不一样，中国法院并不赞同惩罚性赔偿，多是遵循填平式的补偿性赔偿，除非你证明自己损失或对方获利的证据非常确凿有力，否则法院不可能判决出很高的赔偿数额。因此，在中国提起诉讼要求赔偿数额时，应当根据证据情况，提出比较合理的赔偿数额，以免支付不必要的保护成本。

如何控制律师费用，也是企业需要考虑的。如果企业有持续不断的诉讼或非诉业务，那么可以与律师事务所签订长期合作的协议，这样能够获得比较优惠的费用折扣。

选聘一名优秀的大律师（或名律师），自然对诉讼助益良多。但是，大律师的开价也相对较高，一件案件的代理费高达上百万元并不稀奇。所以，对于一些简单的案件，不一定非要斥巨资聘请大律师来处理，普通律师同样可以达到期望的效果。即使聘请大律师，也要关注他擅长的领域是什么，如果他并不精通专利案件，那么高价聘请所获得的，可能只是普通律师的服务。

企业一般对律师行业都不太了解，面对关系重大的案件，如何选择一个（或几个）名至实归的律师往往令人头疼。有的企业采取招标方式来遴选出合适的律师，基本程序主要如下：

第一步：根据他人的建议或相关的信息，或者通过某种渠道，初步筛选几名律师（不宜太多，以 4～6 名为宜）。

第二步：在阐明案件事实，并支付少量费用（比如每名律师 5000 元）

[1] 董巍．专利侵权诉讼策略和技巧［EB/OL］．［2006－05－05］．http：//www.mypatentblog.com/user1/cs0382003/archives/2006/216.html.

的前提下，要求每名律师撰写案件处理的方案，在规定时间内进行投标。同时约定，即使不聘任某位律师，企业也可以使用其提交的投标方案，因为已经支付了一定的费用作为补偿。

第三步：企业根据投标的方案，综合衡量律师的口才、业务能力、诉讼经验等因素，确定适合本案诉讼的律师，予以聘任。

这样，企业花了大价钱，也请了好律师。不过，这种招标的方式一般适用于大案要案或疑难案件，普通案件不需要这么复杂的程序，毕竟这种选聘律师的方式也需要一些成本。

5.3.4　积极利用专利的价值

控制专利经营成本的最佳方法，也许是积极利用专利的价值，提高专利活动的效率和效用，从而减轻专利的财务压力。除了积极使用专利来为企业创造财富外，还可以把闲置的专利或对核心业务没有影响的专利，向外转让或发放许可，通过获得转让费或许可费，来冲抵专利维持的费用开支。

IBM 对于那些不属于主营业务的研究成果，往往通过授权使用的方式，来获得其研究回报。2001 年，IBM 仅技术授权收入就达 15 亿美元，几乎是一个区域业务部门的收入。当《纽约时报》得知这一数字时撰文惊叹：这是一个怎样的机构！[1]如果像 IBM 一样经营知识产权，谁会为专利产生的成本发愁呢？

专利存续涵盖了专利（有时包括专利申请）存在期间的整个过程，在这个过程中，如何控制专利的成本，每个企业都在寻找和使用各种方法，但最为重要的，应该是强化专利的经营，而不是整天盯在专利费用的账单上斤斤计较。正如第 1 章所强调的，“必须将传统的专利保护观念改造为专利经营观念，将专利与技术研发方向、企业经营活动、产业结构升级等相结合”，否则专利只会成为企业的负担和负债。

思考与练习

1. 专利经营的成本主要来自哪些方面？
2. 如何控制专利产出期间的成本？
3. 如何在 PCT 途径中，控制专利申请的成本？

[1] 大海. IBM 解决“研究 5 难”［EB/OL］.［2002 - 8 - 29］. http://www.ccw.com.cn/htm/work/corporation/qyfy/02_8_29_2.asp.

4. 如何控制专利存续期间的成本？

重要词汇

PCT途径：指申请人依据本国以及外国专利法，按照《专利合作条约》（PCT）制定的专门规定，向本国专利主管机构提出一件PCT申请，从而在所有PCT成员国享有同一申请日（优先权日），并且可以在30个月届满前实际进入外国专利审查程序的一种途径。

外国优先权：根据《巴黎公约》第4条，缔约国的国民在一个缔约国提出发明专利、实用新型或者外观设计注册等申请（该第一次申请的申请日称为优先权日）后，在一定期限内（称为优先权期间，发明或实用新型为12个月，外观设计或商标为6个月）又到其他缔约国申请保护的，应当享有优先权。

专利稽核：当专利累积至一定数量时，企业应当定期针对其拥有的专利，进行财务层面和技术层面的清点审核。

专利淘汰：在取得专利之后，通过专利稽核，定期放弃或删减不必要的、无用的专利，以节约维持专利的开支。

第6章　专利经营的营销管理

学习要点

1. 专利营销的基本流程。
2. 专利稽核的开展。
3. 专利价值的区分。
4. 专利的组合包装。
5. 专利营销的策略运用。
6. 专利许可合同的分析。
7. 专利许可合同的监控。

知识产权观念如今已经发生了巨大的变革。Richard L. Donaldson 和 Pamela I. Banne 认为："最近，经理人员如何看待知识财产的模式发生了变化。传统上，获得知识财产后往往就储存起来，或者说，保留这些权利只是为将来保护自己的不时之需，而且这些权利往往就被忽视了。而现代经济中，知识财产则被看作是利润来源的一部分。"[1]

根据美国 Fairfield Resources International Inc. 2001 年之统计资料显示：在美国将专利权进行授权并产生权利金收入之数量仅占总核准专利数量之 3%，1999 年专利权授权之权利金收入为美金 1100 亿元，与 1993 年美金 600 亿元比较，成长比率为 83.33%，2001 年则达到美金 1300 亿元。[2]预计到 2010 年，全球市场的专利、商标等知识产权买卖规模将超过 5000 亿美元。[3]

在这个意义上，传统的、法律意义上的知识产权在今天已经成为一种

[1] 张志成．跨国公司知识产权战略评析［G］//国家知识产权局．专利法研究［M］．北京：知识产权出版社，2002.

[2] 陈赐贤，陈建宏，张秀贞，詹芳桂，蔡宪治．金字塔模型的专利价值创造—以高科技电子公司为例［C］. 2002 年培训科技背景跨领域高级人才计划海外培训成果发表会。

[3] 阿祥．让飞利浦告诉中国企业［EB/OL］．［2006－02－05］．http://tech.sina.com.cn/it/2005－04－13/1622581442.shtml.

创造利润的资源。事实上，产品和技术的创新不是目的，专利的生产也不是目的，只有当专利能够为公司带来实际利润的时候，专利才是有用的资源。

专利需要实施，走向产业化，才能产生价值。有的大公司累积了数量不菲的专利，但并非每一件专利都为公司所利用实施。这些搁置不用的专利，如果不是因应策略上的需要，则不但不能给公司带来利润，反而还让公司背负了沉重的专利维护费用。而另有一些企业囿于自己的力量，无法有效从事专利的产业化工作。因此，需要开展有效的专利营销，把专利优势转化为商业价值。

> 专利被承认是一种强大的商业工具，是研发和市场之间的重要链接。
>
> ——Ian Cockburni

当然也有一些经营专利的公司，本来就是以售卖专利为其生存基础，对他们而言，专利营销是关乎企业生存发展的重要议题。例如，英国技术集团（BTG）就是一家专利经营公司，他们主要从事购买、发展和经营技术专利许可证业务。BTG 公司的总裁说自己是“商人科学家”，工作是在世界上闲逛，“抓住那些绝妙的想法，然后把它们的许可证卖给商人们。”专利许可达成后，公司会将经营许可证的收益与专利权的原拥有者五五分成。现在，这家公司代理着超过 8500 件专利，涵盖了 300 多个不同技术专题。《华尔街日报》说，BTG 公司的股票是近几年英国股市上表现最佳的股票之一。❶

6.1 专利营销的流程管理

专利营销的流程与方案在实践中各有不同的表现，并没有统一的路径可以依赖，有些专利交易甚至是基于偶然的因素而达成，并没有经过营销的程序。以下兹就专利营销的主要流程，从专利权人的角度，进行简要的阐述。

6.1.1 明确营销目标

通过适当的专利营销，专利提供方与接受方都可以获得不同的期望，达到各自的目标。比如，专利提供方可以期待通过专利授权收取许可费，降低专利储备的费用。日本三菱公司一度拥有国内专利 21 000 件，国外专

❶ 佚名．专利经销商的发财之道［EB/OL］．［2005－08－31］．http：//www.51sobu.com/dongtai/content/2005811311125460639369.html.

利 9300 件，每年大约可取得 3000 件专利，平均一年要支付 40 亿日元的专利维持费。在每年取得的 3000 件专利中，转让出去的大约只有一成。因此，当时三菱对专利权的运用所采取的政策是开放政策，尽量将专利便宜地让别人利用。[1]

而专利接受方则可以期待把获得的技术转换为商业利益。1997 年，美国得州仪器公司斥资 3.95 亿美元买下了阿马提通讯公司，其目标就是阿马提公司的数字用户线路（DSL）技术，这项技术大大加快了电话线传输数据的速度。得州仪器购买这个专利组合后，就在当年 60 亿的 ADSL 调制解调器市场开辟了一番新天地。[2]

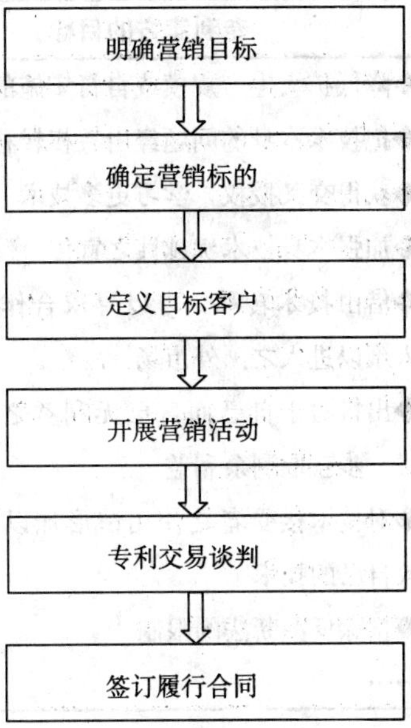

图 6-1　专利营销的基本步骤

无论如何，在对外营销自己的专利时，必须清楚地了解自己的目标，并确保这些专利营销的目标与企业的经营目标和发展战略保持一致。否则，可能引起严重的后果（见图 6-1）。

综合参考我国台湾地区刘尚志教授、袁建中先生，以及日本发明协会的研究，专利买卖双方的目标可以基本归纳如下（表 6-1）。

表 6-1　专利买卖的策略目标　　（本书综合整理）

专利卖方的目标	专利买方的目标
◆获取技术转移之权利金，以回收研究开发之投资 ◆降低专利储备费用 ◆通过技术的优势，以控制及扩大已有之市场或相关市场 ◆必要时与投资相结合，可增大竞争力并获取更高之利润 ◆加速标准化，扩大需求	◆迅速取得技术，缩短进入市场时间 ◆避免自行研发的风险与成本，降低学习成本 ◆进入新的市场 ◆提高技术水准，增加生产力 ◆可从现有之成果模仿及改良开始努力，将资源作更进一步的投资与更有效之利用

[1] 马春．国外企业如何实行知识产权管理战略［EB/OL］．［2005-03-25］．http://www.istis.sh.cn/hxys/zscq/list.asp? id=1264.

[2] 王晋刚．知识产权收购攻略［EB/OL］．［2006-03-28］．http://www.cbex.com.cn/cqsc/cqsc11.shtml，2006-03-28。

续表

专利卖方的目标	专利买方的目标
◆降低扩大生产规模或自行实施的风险 ◆把技术本身的问题经由授权转移给他人 ◆获得交叉授权，学习更多技术 ◆加强本身技术优越性之宣传 ◆借由技术转移，可以寻求合作伙伴，切入难以进入之国外市场 ◆出售对于自己而言已无利益之技术，可进一步获取剩余利益 ◆对技术接受者之使用情形加以了解可修改自己的技术 ◆排除反垄断法的限制 ……	◆避免侵权的法律纠纷 ◆可以比较各种现成之技术成果，作最适当之选择 ……

当然，专利买卖并不是有利无弊，有时各方也会产生机会成本（见表6-2）。比如，对专利许可而言，可能制造不必要的竞争对手；发放许可证的结果，可能在原来没有竞争者的地区或领域制造出新的竞争对手来。因为大多数许可证都是发放给具有类似业务的公司，于是，即使是看起来没有什么直接关系的许可证，从长远看也可能对专利提供方形成一定的竞争。所以，在发放许可证时，需要考虑许可证对专利提供方目前的经营有什么影响和价值等因素。鉴于发放许可证而造成竞争者的可能性，有的公司甚至转而采取合资经营等方式来代替单纯的技术许可。

表6-2 专利买卖双方的机会成本

卖　方	买　方
◆制造不必要的竞争对手	◆技术受制于人
◆为小利而失去竞争优势	◆产品生产与销售地区受到限制
◆核心技术的流失	◆改良技术必须回馈给原技术人
◆无法控制的经营风险	◆得到的技术是过时的、容易被模仿的
……	……

所以，在专利营销时不仅要考虑到对自己有利的一面，还要考虑到对自己不利的一面。因此，在开展专利营销时，需要时刻牢记：专利营销对企业目前的经营有什么影响和价值？只有时时记住这些问题的答案，并对

此有明确的认识，才能实现专利营销的真正目标。

6.1.2　确定营销标的

企业可以把哪些专利售卖出去？通常而言，大多是核心市场的非核心技术、非核心市场的核心技术，或者非核心市场的非核心技术。至于核心市场的核心技术，往往对自己经营的影响甚巨，除非自己难以实施，或者无力开拓市场等原因，一般不会轻易售出。当然，有的企业基于某些考虑，也可能把个别核心市场的专利售卖出去，比如，福特公司就这么做过。

资料链接：福特公司的授权经营决策

当面临核心市场上的授权经营决策时，福特公司的亨利·弗拉德金谈到了四点必要理由：

第一，在其他条件相同的情况下，竞争者比福特公司要花更高的成本，因为要买专利。第二，让竞争对手依赖于你们的技术是有利的，这比迫使他们被你们拒绝不得不自我开发，也许还开发出更先进的技术要好得多。第三，如果让技术人员知道竞争者们现在使用的技术或生产工艺是第一代的还是最先进一代的，通常就会激发让福特公司的工程师们不断努力设计出更先进的一代，于是我们就占有了竞争优势。最后，这些技术有时成了行业标准。以我们自己的技术而不是别人的技术来作为行业标准，难道不是更好的事情吗？

还有一个好处就是：这样，我们的技术就成为一件商品，福特可以以更低的价钱同供应商交易。

资料来源：朱莉·L. 戴维斯，苏珊娜·S. 哈里森. 董事会里的爱迪生——智力资产获利管理方法［M］. 江林，等译. 北京：机械工业出版社，2003：91.

确定专利营销的目标之后，还要从法律上对其进行初步的评估。比如，这个技术是否真的获得了专利，或者已经提出专利申请？专利权是否仍然有效？专利的法律状态是否稳定？是否存在侵权的嫌疑？

企业如果有能力和余力，从法律上分析自己专利保护程度的强弱，是否满足专利授权的要求，是否存在无效的可能性，对企业的专利营销是大有裨益的。尤其是对于实用新型专利和外观设计专利而言，由于在取得授权时，并没有经过实质审查，因此，买方有可能担心该专利被宣告无效的可能性。专利权人可以委托相应的专业机构，出具相关的专利检索报告，证明专利满足授权条件，这样可以大大增强买方的信心。

吴县经济技术开发研究所自行研制的“新型多节瓦”，1987年申请了实用新型专利，后转让多家企业，当时收取专利使用费20多万元。结果别人告他专利侵权，因为何某先于研究所申请了同样主题、同样保护范围的专利“整体型小青瓦”。后来双方和解，由研究所收购了何某的专利。❶可见，自己的专利也可能出现侵犯他人权利的问题，因此，进行专利自查并不是多此一举。

在实践中，有的买方在完全了解了卖方的专利技术后，也主动向专利管理部门提请专利无效，以达到免除专利授权许可费的目的。所以，作为技术提供方，企业一开始就要有预防专利被宣告无效的准备，而营销前的专利自查，无疑可以给自己充分的准备，当发现缺陷时，马上采取措施。

对于出口的专利技术，还要调查自己的专利在出口目标地是否有效，或者同样的技术是否在出口目标地被他人申请为专利。因为专利具有地域性，也许在中国是自己的专利，在美国就是别人的专利了。所以技术出口要检索，防止出口技术引起专利侵权。北京燕山石化公司顺丁橡胶课题组，对国外专利进行检索，检索出558篇国外专利对比文献，其中有6篇认为与本企业技术有直接利害关系，经过比较分析，从而确定了本企业技术可以出口和不可以出口的国家和地区。

6.1.3 定义目标客户

谁是真正的客户？这个问题有时并非是显而易见的。准确定义目标客户是专利营销成功的关键。企业一般通过各种媒介，包括各种广告、信件等去影响其可能的客户，如果目标客户定义不准或出现错误，会使得很多营销活动无法取得应有的效果。只有找准了目标客户群，企业才能有针对性地制订专利营销方案。

实践中，影响专利交易的因素很多，表6－3列举了买方所具备的可能影响专利交易的一些因素。在专利营销时，对专利买方进行评估是非常重要的事情，因为买方的状况如何，直接影响到专利交易，特别是专利授权的后续效果。通常，对于专利授权的许可费多设有销售提成或利润提成的条款，如果买方没有能力成功地将专利商品化，也没有能力让专利产品具有竞争力，那么卖方的提成利益无疑是空中楼阁。

❶ 何沛平诉吴县经济技术开发研究所实用新型专利侵权纠纷案［J］．中华人民共和国最高人民法院公报，1990（3）．

表6-3　影响专利交易的买方因素

公司规模	公司发展战略
技术转移经验	团队状况
专利与其现有技术的相容性	技术能力
组织结构	研发投入程度
营销能力	财务状况
管理与沟通能力	相关资讯的提供
研发经费及预算	相关设备的提供
人员训练	……

在评估一个企业是不是自己营销的目标客户，可以对其提出几个关键的问题：❶

(1) 该专利是否切合买方的需求

营销的专利应当与买方当时的事业发展战略相契合，否则专利技术不可能得到良好的商业经营。即使在达成专利授权合同后，也不要忽略持续与买方保持联系，以了解买方的事业目标是否发生改变。理想的情况，是专利交易的双方都将自己的需求清楚地表达出来。当买方提出清楚明白的策略目标时，营销人员可以将专利技术的优势清楚列举出来，供其参考斟酌。确定专利与需求两者有紧密的结合后，再考虑审查下一个问题。

(2) 买方实施专利的时间计划

如果2008年签订专利授权合同，但直到2012年之前，买方都没有将该专利应用至旗下现有产品或新开发产品的计划，那么这项专利授权可能达不到预期的目标，特别是在提成支付许可费的情形下。由于一些公司购买专利，不是为了产业化实施，而是出于战略性搁置的需要，因此，关注买方实施专利的具体时间计划，对于保障卖方的利益相当重要。

(3) 买方是否有预算发展该专利

从纸面上的专利到产业化的应用，往往尚有一段距离，有时需要较多的资金来完善专利的技术方案或发展相关的配套技术。另外，生产设施的配备、营销力量的投入等等，都需要资金的支持。因此，买方有多少预算来发展专利，攸关专利产业化的成功。

选择一个正确的目标客户至关重要，因为专利的最终商品化取决于客

❶ Todd S. Keiller. 智慧财产销售程序［C］//美国大学技术经理人协会．技术移转实务指南（第七篇第2章）［M］．台北：台湾技术经理人协会，2004.

户的努力，而非专利技术是否先进之类的因素。大多数专利其实都是处于早期的阶段，需要买方经过多年持续不断的关注与投资，才能将专利转换为可以成功渗透入市场的最终产品，尤其是在医药产业，专利商品化的过程非常漫长而且多变。而多数专利权人都相当倚重许可费的收入，只有与正确的授权对象合作时，才可能实现预期的收入。

6.1.4 开展营销活动

1. 撰写专利宣传介绍

对专利相关的信息进行适当的披露，让潜在的买方有所了解，才有就专利交易进行沟通的可能。因此，撰写专利技术的宣传介绍，是专利营销必不可少的内容。

这里的专利介绍不同于专利申请文件。后者是为取得专利权的授予而面向专利局撰写的文件，它更强调法律性。而专利介绍是为进行专利交易而面向潜在客户撰写的文件，它更强调商业性。

专利介绍并不需要详细说明专利的技术特性和实施方案，它应该包含足够引发阅读者的兴趣，并可能给其带来利益的信息。简单地讲，专利介绍就是一种广告形式，除了简洁有力的技术说明外，需要更多地描述专利相比现有技术带来的技术优势和商业价值。当然，专利介绍还应当说明专利交易的一些细节（比如是许可，还是转让），以及联络方式等。不过，专利介绍不宜太长，以一页左右为宜，否则会令人厌倦。

如果客户感兴趣，在签署保密协议后，可以向其提供更详细的资讯，包括简短的市场概述、技术领域、技术背景、发明人背景、专利状态、技术细节等信息。

2. 拟定交易形式

专利交易的形式存在多种形态，典型的如专利转让、专利许可和专利入股，此外，还有交叉许可等情形。企业对于专利期待以什么方式交易，最好有一个初步的考量，尽管随着交易谈判的进展，专利交易的形式或许发生改变。

（1）专利转让

如果企业无力或无心实施专利，也不愿意花费精力去从事许可业务，那么专利转让是一种可以考虑的选择。专利转让是将专利所有权转让给他人，由于专利转让是一次性让渡所有权利，交易价格相对而言比较高。

不过，如果专利并未实施，其应用前景和商业价值往往难以衡量。因此，企业很可能把一个好专利给低价贱卖了。在现实中，专利转让远不如专利许可普遍。

（2）专利许可

专利许可是向他人让渡专利的使用权。根据专利授权的程度，典型的有独占许可、排他许可与普通许可等类型（见表 6－4）。

所谓独占许可（Exclusive License），是指许可人在合同约定的范围内，授权被许可人独占性地利用其专利权，许可人不仅不能再将同一范围的专利权授权给任何第三人，而且自己也不能利用合同约定范围内的专利权。可见，独占许可中的被许可人，甚至排斥了许可人自己的使用权。

所谓排他许可（Sole License），也称独家许可，是指许可人在合同约定的范围内，授权被许可人独家利用其专利权，许可人不能再将同一范围的专利权授权给第三人，但是他自己可以利用合同约定范围内的专利权。排他许可与独占许可的差别在于，专利许可人自身能否利用被许可的合同约定范围内的专利权。

所谓普通许可（Simple License or Non－Exclusive License），也称一般许可或非独占许可，是指许可人在合同约定的范围内，授权被许可人利用其专利权，与此同时，许可人不仅自己可以利用合同约定范围内的专利权，而且还可以再将同一范围的专利权授权给第三人。

表 6－4　不同许可的授权程度

	被许可人	许可人	第三人
独占许可	√	×	×
排他许可	√	√	×
普通许可	√	√	√

注：√代表可利用专利，×代表不可利用专利。

在独占许可、排他许可与普通许可中，许可人和被许可人的合同权利与合同义务有着显而易见的区别。卖方应当根据各种商业因素的考虑，决定发放各种不同的专利许可形式。当然，买方也要根据实际情况来决定专利许可的类型。比如，授权的专利仍需要较大资金进行后续研发才能商业化，这期间风险甚高，可以考虑取得独占许可。

（3）专利入股

目前，以专利入股的方式参与企业经营的越来越多，特别是在高新技术企业中，技术入股的比重越来越大。修订前的《公司法》规定，以工业产权、非专利技术作价出资的金额不得超过有限责任公司注册资本的 20%。而 2006 年 1 月 1 日生效的新《公司法》第 27 条规定："股东可以用货币出资，也可以用实物、知识产权、土地使用权等可以用货币估价并可以依法转让的非货币财产作价出资；……全体股东的货币出资金额不得低于有限责任公司注册资本的30%。”据此，包括专利权在内的无形资产的出资比例上限大幅提高，最高可以达到70%。

实质上，专利入股或者是一种专利转让，或者是一种专利许可。因此，将专利投资作为公司股份时，需要明确是以专利所有权投资入股，还是以专利使用权投资入股；以专利使用权入股的，需要明确是独占许可使用，还是排他许可使用，或者普通许可使用。否则，将来合作各方将滋生疑义，影响经营。《最高人民法院关于审理技术合同纠纷案件适用法律若干问题的解释》（法释［2004］20号）第16条第1款规定：“当事人以技术成果向企业出资但未明确约定权属，接受出资的企业主张该技术成果归其享有的，人民法院一般应当予以支持，但是该技术成果价值与该技术成果所占出资额比例明显不合理损害出资人利益的除外。”可见，一般情况下，当事人以专利技术出资的，如果未约定权属，则接受出资的企业可以主张该专利技术所有权归其享有。

（4）交叉许可

交叉许可其实就是“相互许可”，即许可人和被许可人相互许可对方实施自己所拥有的技术而形成的实施许可。2004年12月，韩国三星电子和日本索尼表示，双方已签署技术相互授权协议，以使用对方企业的某些专利技术。两家公司表示：“为通过有效率的产品研发促进企业更大幅增长，已协议授权双方使用那些进行产品研发必要的基本技术的专利技术。”三星和索尼旗下各事业体也涵盖在这个技术相互授权协议内。二者将分享旗下大多数产品的专利技术。该协议适用于三星多达11 000个专利权和索尼多达13 000个专利权。[1]

从广义上讲，交叉许可也是一个商业交易。在许可贸易中经常发生交叉许可的问题。被许可人可能拥有对许可人极具价值的技术，或者对许可人的专利经改进后获得了新的技术。这时，可以进行交叉许可，在类似的期限和条件之下允许双方使用对方的技术。

交叉许可还可以解决侵权的难题。比如，过去公司面临专利侵权指控时，需要用100万元来解决这个问题，这无疑是一个经济损失。但是，现

[1] 佚名．三星索尼签相互授权协议 共享对方专利技术［EB/OL］．［2005-03-31］．http://it.yn.cninfo.net/pubnews/doc/read/7979776053263448374/849164284.124792157/.

在公司可以使用价值 100 万元的专利权，来代替 100 万元的货币，与对方交换专利使用权。可见，不要只考虑把专利直接变成现金，还可以借助专利发挥杠杆作用。

3. 拓展专利营销渠道

找到自己的目标客户群之后，就要利用各种可能的营销渠道，让目标客户接触到专利交易的信息。以下渠道可供参考：

（1）与潜在客户个别接触

从专利的目标客户清单中，找出潜在的交易对象，把专利当作商品一样进行个别推销，比如亲自上门拜访或寄送具有吸引力的材料。从哪里寻找目标客户的资料呢？可以通过业界的工商名录、行业协会的名册资料、商业报刊的企业信息等途径去发掘。当然，也可以通过企业员工，尤其是主管人员和营销人员的人脉资源与人际网络，去发现潜在的客户。

（2）参加技术交易市场

随着产业发展越来越依赖科技的投入，各种形式的技术交易市场也日益增多，既包括临时主办的技术展览会，如专利技术博览会，也包括长期经营的技术交易平台，如技术产权交易所。企业可以参加这些类似的技术交易市场，来推销自己的专利。

（3）通过专利代理商

专利代理商作为专业的机构，可能拥有丰富的交易经验、职业技能和客户资源，可以有效帮助企业寻找合适的买家。

（4）发布媒体广告

与传统商品一样，专利也可以通过电视、报纸等媒体来进行促销。不过，发布媒体广告费用相对高昂，而专利交易不同于日常用品较高的交易几率和较大的交易规模，因此，除非价格十分便宜，一般不适宜发布媒体广告。

（5）借助网络营销

网络营销是一种相对廉价的营销渠道。企业可以在自己既有网站上，也可以在专门的交易网站上，发布相关的专利交易信息。如果交易的专利较多，还可以自建专利交易网站。

> 如果你想变得更有竞争力，并想确信每年花上百万美元支持的知识产权组合确实有益，那就不能只是坐享其成。
>
> ——《董事会里的爱迪生》

(6) 寻找专利侵权对象

如果他人侵犯了你的专利权，说明他正需要你的专利，所以侵权人往往是最直接和清晰的目标客户。但是，由于大多数的侵权仿冒者都不会主动或愿意支付专利的权利金，因此，为达到授权的目的，有时需要采取强硬的手段，有赖于“以战逼和”的方式，换句话说，即是配合专利诉讼或对其客户施压，以逼侵权者出面和解，谈判或讨论授权事宜。[1]

(7) 通过技术人员

正如福特公司的亨利·弗拉德金所讲的，很多公司的生意都要归功于技术人员，尤其是那些与福特以外的人一起工作的技术人员。他们每天都同潜在的许可证客户——比如供应商打交道，或许会意识到供应商希望得到一个许可证来经营。[2]

4. 保持商业秘密控制

尽管专利的说明书等申请文件已经由国家知识产权局向社会公开了，但伴随着专利的营销活动，仍然存在一些不可披露的商业秘密。

首先，一套完整的技术方案，除了专利之外，往往还有技术秘密的支持。同时，专利实施过程中的一些技术参数、设备规格、适应环境等资讯，多半也没有披露在专利申请文件中。这些资讯对于专利的实施有时不可或缺，或者需要多次探索尝试、付出较大成本才能取得，因此，需要采取商业秘密的方式加以保护。

为了保障企业的商业秘密，在专利营销时只需要撰写技术摘要，无须详细说明，特别是不要泄露其中的技术秘密。在营销过程中，客户可能需要获得更多的信息，如果涉及商业秘密，则应当要求客户在接触之前先行签署保密协议。

专利营销是一个复杂的过程，充满了情事的变更，穿插着策略的运用，不仅牵涉到许多细节的处理，更需要一定经验的累积，才能有效地达成营销的目的。企业营销人员需要根据专利的特质、市场的前景、客户的需要等因素，灵活制定专利营销的方案，增加交易成功的几率。

[1] 陈赐贤，陈建宏，张秀贞，詹芳桂，蔡宪治．金字塔模型的专利价值创造—以高科技电子公司为例[C]．2002 年培训科技背景跨领域高级人才计划海外培训成果发表会论文。

[2] 朱莉·L．戴维斯，苏珊娜·S．哈里森．董事会里的爱迪生——智力资产获利管理方法［M］．江林，等译．北京：机械工业出版社，2003：92.

6.2 专利营销的包装设计

6.2.1 专利稽核的开展

在专利数量经过一段时间的累积后，企业可能已经形成了相当规模的专利组合。对于这些现有的专利资源，需要根据企业战略的聚焦点，进行盘点稽核，在自己的专利库存中，找出哪些专利会是企业的“收益发动机”，哪些专利是需要进行成本控制的业务领域。然后，对这些不同价值的专利，加以分类管理，组合包装，制定不同的专利经营方针，特别是专利营销的策略。

1. 专利稽核的意义

如前所述，企业在获得专利之后，应当定期进行专利稽核（Patent audit）。20世纪90年代，IBM公司为了转亏为盈，让企业起死回生，于是进行重整，并开始挖掘公司内部庞大的专利矿藏，进行专利稽核，此方法果然奏效，在2001年即创造了专利授权15亿美元的收益。[1]可见，在专利管理过程中，专利稽核对专利资产的经营和维护具有重要的意义。

（1）从绩效评估的角度来看，专利稽核可以了解这些专利是否符合目前以及未来的产品市场需求，初步估算这些专利对企业营运已经产生的绩效和未来可能创造的财产价值。

> 申请一件专利时，我们会自然地从乐观角度认为这项发明有着大而广的价值，但随着时间推移，常常会发现该发明并不是像最初所设想的那样。
>
> ——《董事会里的爱迪生》

（2）从资产更新的角度，专利稽核可以全面地了解并掌握企业专利的运用状况，了解企业是否已经掌握有高价值的核心专利，以决定哪些专利资产还需要增加，哪些专利资产需要淘汰。

（3）从资产利用的角度，专利稽核可以初步了解专利的技术价值和商业价值，从而决定哪些专利应当与企业的具体业务结合使用，哪些专利属于闲置专利，可以对外授权。

2. 专利稽核的评价因素

（1）财务层面的评价因素

[1] 李玉梅．高科技产业专利风险管理机制之探讨——以专利保险为例［D］．中原大学硕士学位论文，2005.

专利稽核的 10 项财务评价因素：

- 专利产品市场规模预估；
- 专利技术或产品政府管制规定程度；
- 专利技术或产品产业使用程度；
- 专利所有权人实施专利发明的能力；
- 专利权营业损益（收入—支出）；
- 专利进行交叉授权的可能性；
- 专利产品附加价值程度；
- 专利产品销售金额；
- 专利产品销售毛利率；
- 专利产品市场导向程度。

稽核人员针对每项专利在财务评价因素方面所达成的状况予以评分，并说明其评分的理由，以完成专利稽核的财务价值盘点（如表 6 - 5 所示）。❶

表 6 - 5　专利稽核示范检查表：财务层面

稽核人：　　　　　　稽核日期：　　　　　　评分合计：

专利名称		申请日期	
		公告日期	
申请国家		申请号	
发明人		公告号	

专利产品市场规模预估	评分	判定理由	专利进行交叉授权的可能性	评分	判定理由
¥100 百万/年	5		极高可能性	5	
¥50 百万/年	4		高可能性	4	
¥10 百万/年	3		中可能性	3	
¥5 百万/年	2		低可能性	2	
＜¥1 百万/年	1		非常低可能性	1	
专利技术或产品政府管制规定程度	评分	判定理由	专利产品附加价值程度	评分	判定理由
无政府管制之规定	5		产品价格增加幅度 30%	5	
低程度的政府管制规定	4		产品价格增加幅度 20%	4	
中程度的政府管制规定	3		产品价格增加幅度 10%	3	
高程度的政府管制规定	2		产品价格增加幅度 5%	2	
政府不准专利技术或产品进行交易	1		累积专利件数	1	

❶ 陈赐贤，陈建宏，张秀贞，詹芳桂，蔡宪治．金字塔模型的专利价值创造—以高科技电子公司为例［C］．2002 年培训科技背景跨领域高级人才计划海外培训成果发表会论文。

续表

专利技术或产品产业使用程度	评分	判定理由	专利产品销售金额	评分	判定理由
极高程度的产业使用	5		¥100 百万/年	5	
高程度的产业使用	4		¥50 百万/年	4	
中程度的产业使用	3		¥10 百万/年	3	
低程度的产业使用	2		¥5 百万/年	2	
产业尚无使用	1		<¥1 百万/年	1	
专利所有权人实施专利发明的能力	评分	判定理由	专利产品销售毛利率	评分	判定理由
具有 100%专利技术或产品自制力	5		30%	5	
具有 80%专利技术或产品自制力	4		20%	4	
具有 60%专利技术或产品自制力	3		10%	3	
具有 40%专利技术或产品自制力	2		5%	2	
具有<40%专利技术或产品自制力	1		<0%	1	
专利权营业损益（收入-支出）	评分	判定理由	专利产品市场导向程度	评分	判定理由
¥100 百万/年	5		极高程度的市场导向	5	
¥50 百万/年	4		高程度的市场导向	4	
¥10 百万/年	3		中程度的市场导向	3	
¥5 百万/年	2		低程度的市场导向	2	
<¥1 百万/年	1		市场尚无生产该专利产品	1	

(2) 技术层面的评价因素

专利稽核的 10 项技术评价因素：

- 专利权利状况；
- 专利权利有效期间；
- 专利技术商品化开发费用需求程度；

- 专利技术导入生产线技术指导容易程度；
- 替代性技术出现的可能性；
- 专利权利范围广或窄；
- 基本技术专利发明可能程度；
- 竞争对手侵权事实确定程度；
- 专利发明的实施水准；
- 专利技术市场导向程度。

稽核人员针对每项专利在技术评价因素方面所达成的状况予以评分，并说明其评分的理由，以完成专利稽核的技术价值盘点（如表 6－6 所示）。❶

表 6－6 专利稽核示范检查表：技术层面

稽核人： 稽核日期： 评分合计：

专利名称			申请日期		
			公告日期		
申请国家			申请号		
发明人			公告号		
专利权利状况	评分	判定理由	专利权利范围广或窄	评分	判定理由
专利权公告领证	5		非常广的权利范围	5	
专利申请进行复审，专利权利确定	4		广的权利范围	4	
专利申请进行复审，专利权利未确定	3		中程度的权利范围	3	
专利申请进行实质审查	2		窄的权利范围	2	
专利申请不进行实质审查，公开技术	1		非常窄的权利范围	1	
专利权利有效期间	评分	判定理由	基本技术专利发明可能程度	评分	判定理由
15 年以上	5		可能性非常大	5	
10 年以上未满 15 年	4		高程度的可能性	4	
5 年以上未满 10 年	3		中程度的可能性	3	
3 年以上未满 5 年	2		低程度的可能性	2	
1 年以上未满 3 年	1		非常低程度的可能性	1	

❶ 陈赐贤，陈建宏，张秀贞，詹芳桂，蔡宪治．金字塔模型的专利价值创造—以高科技电子公司为例［C］．2002 年培训科技背景跨领域高级人才计划海外培训成果发表会论文。

续表

专利技术商品化开发费用需求程度	评分	判定理由	竞争对手侵权事实确定程度	评分	判定理由
不需要开发费用立即可导入生产	5		侵权事实确定程度非常大	5	
小规模的开发费用需求（￥500 万）	4		侵权事实高程度确定	4	
中规模的开发费用需求（￥1000 万）	3		侵权事实中程度确定	3	
大规模的开发费用需求（￥5000 万）	2		侵权事实低程度确定	2	
极大规模的开发费用需求（￥10 000 万）	1		侵权事实非常低程度确定	1	
专利技术导入生产线技术指导容易程度	评分	判定理由	专利发明的实施水准	评分	判定理由
不需要技术指导可立即进入生产	5		极高频率应用于产品设计或生产线	5	
技术指导很容易让生产人员学会	4		高频率应用于产品设计或生产线	4	
技术指导不容易让生产人员学会，但短期间即可解决（1 年内指导完成）	3		中频率应用于产品设计或生产线	3	
技术指导不容易让生产人员学会，需要长期间才可解决（1 年指导完成）	2		低频率应用于产品设计或生产线	2	
技术指导困难进行	1		极低频率应用于产品设计或生产线	1	
替代性技术出现的可能性	评分	判定理由	专利技术市场导向程度	评分	判定理由
尚未发现有替代性技术的出现	5		完全根据市场导向完成专利化	5	
出现可能性极低	4		高程度的市场导向专利化	4	
出现可能性高	3		中程度的市场导向专利化	3	
出现可能性极高	2		低程度的市场导向专利化	2	
已经存在具威胁程度的替代性技术	1		市场尚无使用该专利技术	1	

6.2.2 专利价值的区分

1. 专利价值的级别

经过专利稽核评估后，可以发现不同的专利在技术价值和商业价值上并不具有同等的意义，因此，需要根据一定标准区分专利价值，从而制定与之相应的专利策略。日本日立企业（Hitachi）将其所获得之专利技术区分为金、银、铜三级。[1]我们这里则细分为四个级别：

①黄金专利（Gold Patent）

黄金专利指的是其他竞争对手无法回避且一定会用到的核心技术，主要包括本企业的核心技术或基础技术。

②白银专利（Silver Patent）

白银专利指的是那些属于非核心技术，但企业本身及/或其他对象会用到的改良专利。主要包括本企业的非核心技术，改良但使用的技术。对于金、银级专利而言，责无旁贷要进行维护。

③青铜专利（Bronze Patent）

青铜专利指的是非企业核心技术且企业本身已不再使用，而其他企业可能会用到的技术。主要包括本企业的非核心技术，不使用或不重要的技术。

④黑铁专利（Steel Patent）

黑铁专利指的是自己企业不会用到，而且其他企业也不会用到的非核心技术。主要包括一些过时淘汰或不再具有战略意义的技术。

2. 不同级别专利的管理

专利价值一旦清晰地区分出来，也就决定了不同的管理方式及经营策略，比如：

• 对于黄金级专利，因为是基本专利，别人无法或难以绕开，可以采取比较强硬的授权攻势和较高的收费比例，比如通过诉讼威胁促进专利许可。

• 对于白银级专利，由于多是改良技术，可以与基础专利或背景专利持有人进行交叉授权。

• 对于青铜级专利，由于自己并不使用，主要以赚取许可费为目标，则尽可能采取和平的收费模式，比如协商谈判许可，以获得更多的授权机会。

[1] 陈赐贤，陈建宏，张秀贞，詹芳桂，蔡宪治．金字塔模型的专利价值创造—以高科技电子公司为例［C］．2002 年培训科技背景跨领域高级人才计划海外培训成果发表会论文。

• 至于黑铁级专利，要么可以及时淘汰，要么作为形象广告予以捐赠等，以节约专利资源的维护成本。

从风险管理的角度，专利的价值区分主要是让技术授权人员识别专利的经济意义和商业前景，避免不小心把自己不该授权的核心技术错误地授权给他人，造成不利的影响；或者把具有较高价值的专利，以不合理的低价授权给他人。这方面有失败的案例：一个著名的消费品公司意外地把一个专利作为剥离的一部分出售了，后来才发现这一专利保护了公司核心业务的一个重要的产品线。令其沮丧的是，它必须从这项专利的新拥有者那里获取授权。[1]

6.2.3　专利的组合包装

如果把专利看作一件商品，那么它也需要进行包装策划，或者与其他资源相互配合，才能更具有利用价值，更有利于专利授权。专利可以从不同的层面进行包装策划，不过，这里主要从知识产权资源整合或组合的角度，讨论专利包装的问题，以增加专利的价值。

1. 专利之间的组合包装

（1）专利补强

从发展的角度或理想的角度，专利都有其瑕疵或漏洞。这些不足之处，可能给他人请求无效、回避设计或改进完善提供机会。因此，对特定的专利，尤其是核心专利或基础专利，需要进行专利补强，以弥补专利的瑕疵或漏洞。

专利补强可能体现为完善申请文件的不周全之处，比如审查权利要求书，是否足以覆盖到应有的创新范围；也可能体现为完善专利技术本身的不足之处，或者围绕专利布置其他的外围专利。凡是为克服现有专利的瑕疵或漏洞而进行的补充完善或技术创新，都可以认为是专利补强。

通常可以沿着以下三个方向，审查专利有无瑕疵或漏洞，进行有效的专利审查、改进或布局，从而强化专利的价值：

• 沿着技术纵向发展趋势，看专利有无改进的可能和改进的方向。

• 沿着技术的应用方向，看专利有无可能涉及新的应用领域，并开发新的产品、发掘新的用途。

• 沿着相关技术与材料的发展，看支持该项专利的相关技术有无改进的可能、改进的途径，相关材料有无替代性材料。[2]

[1] 朱莉·L. 戴维斯，苏珊娜·S. 哈里森. 董事会里的爱迪生——智力资产获利管理方法［M］. 江林，等译. 北京：机械工业出版社，2003：146.

[2] 戚昌文，邵洋，等. 市场竞争与专利战略［M］. 武汉：华中理工大学出版社，1995：162-164.

从以上方向去考虑专利的补强，可以扩大专利的保护范围，强化专利保护的力度，更可以增加专利的垄断程度和附加价值。美国有很多公司做长线买卖。他们先到处搜索有潜力的专利，然后加以改造，进行专利补强，比如申请外围专利等，使它们更加有价值，然后就这些专利发放专利许可证，赚取专利许可费。

美国波士顿的史伯克公司就是这方面的佼佼者。他们先大量收购有效期快终止的药品专利，然后对这些专利加以改进，去除一些多余的专利要素，然后申请新的专利。史伯克公司把新的专利权出售给原来的制药商或者其他感兴趣的公司，就能获得巨额利润。1999 年，史伯克公司购买一项有关氟西汀的专利权，这项专利权有效期只剩下最后几年。经过改造，它获得了新的专利权，紧接着就转手把新专利卖给了礼来（Lily）公司，史伯克公司从中获利 9000 万美元。❶

(2) 专利组合

专利组合主要是指两项以上专利相互搭配（见图 6-2），共同利用或授权，以放大单个专利的力量，获得更大的整体收益。比如，企业内部不同级别的专利，在授权之时可以相互搭配组合，如黄金级专利与黄金级专利搭配，白银级专利与青铜级专利搭配，甚至黄金级专利可以搭配黑铁级专利等。通常，具有互补作用或改进关系的两项专利，最适宜组合利用。

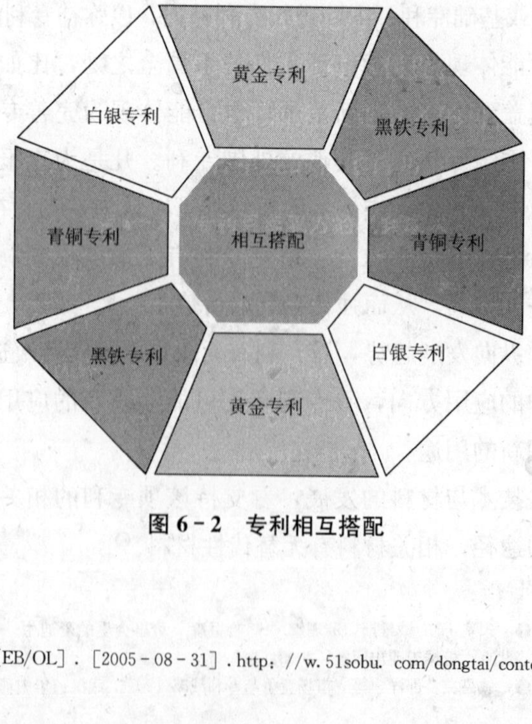

图 6-2 专利相互搭配

❶ 佚名．专利经销商的发财之道［EB/OL］．［2005-08-31］．http：//w. 51sobu. com/dongtai/content/2005811311125460639369. html.

丹麦的利昂制药公司在某些治疗皮肤病的药品上使用了这种方法。公司所生产的达力士软膏，专利保护期还有 3 到 4 年，然而这种药是稳步治疗牛皮癣的推荐药品，于是利昂制药公司就研制了第二种药品 Daivobet，用于治疗牛皮癣所引发的急性病症。这两种药在疗法上互补，而后者的专利权还有 17 年。利昂制药公司把这两种药品搭配到一起推荐给医生和病人，用于治疗同一种疾病，这样就保证了在 Daivobet 的专利有效期内销售达力士药膏同样能获得收益。❶

专利组合的目标是整合企业内部的专利资源，提升专利的附加价值。特别是个别专利因为受限于各种因素，不易单独实施或授权，只有与其他专利配合使用或组合授权，才能发挥最大的效用。

2. 专利之外的组合包装

(1) 专利与技术秘密搭配

从前面的分析，我们已经看到，专利申请将导致公开自己的技术内容，尽管可以获得强势的法律保护，但也更容易刺激竞争对手的模仿和侵权行为。尤其值得警惕的是，如果专利申请公开后，最终没有获得专利授权，那么企业就白白地公开了自己的技术内容，无异于赠送竞争对手一项技术成果。

图 6-3 专利与技术秘密的搭配

因此，为了防止他人利用专利说明书公开的技术内容进行仿冒，企业可以仅对技术的基本轮廓申请专利保护（但需满足专利的授权要求），而将技术核心内容或影响产品质量的关键技术作为技术秘密保留起来不予申请，或在撰写说明书时巧妙隐藏。此即专利保护与技术秘密相搭配的策略（图 6-3）。

比如，专利说明书中只列出体现发明者目的的最基本的技术内容，而将影响技术效果的工艺、较佳或最佳条件、优选配方等作为技术秘密保留下来。这样，即使他人按说明书进行仿制，但由于质量和效果达不到最佳，在市场上也难以真正形成对原有技术的竞争力。专利保护与技术秘密相搭配，可以有效防止企业在主动参与或被动卷入专利竞赛时，过度暴露自己技术所带来的一些负面影响。❷

❶ 马库斯·利特兹格．知识产权的战略管理 [J]．崔文杰，译．新华文摘，2005 (10)．
❷ 袁真富．中国专利竞赛：理性指引与策略调整 [J]．电子知识产权，2006 (11)．

比如，某陶瓷产品的制作需要加入两种辅料以取得特定的效果，但两种辅料是在不同时间加入的，而且相隔 10～12 分钟加入时效果最佳。在专利申请时可以只公开两种辅料“不同时加入”，但不公布具体的间隔时间，“不同时加入”由专利加以保护，“相隔 10～12 分钟加入两种不同的辅料”则采取技术秘密加以保护。这样既能获得垄断性的专利权，又不至于因申请专利而将技术内容和盘托出，全部公之于众，从而获得最大限度的保护。[1]

专利之外还有技术秘密，一方面可以更大程度地保障企业在技术实施上的垄断利益，另一方面也可以更好地促进专利的授权。在专利授权的同时，可以把技术秘密作为优惠条件进行附赠，或者在专利授权之外，额外再收取一笔技术秘密的许可费。当然，技术秘密也可以作为吸引他人购买专利授权的筹码。

有的企业在转让专利或发放专利许可时，故意不告知客户还有与专利相配套的技术秘密，或者对专利有改进的技术秘密，等到客户做好生产准备，开始实施专利，发现存在难以克服的技术问题，或无法获得最佳的实施效果时，才抛出可以解决技术问题或改进实施效果的技术秘密，并高价贩卖。开弓没有回头箭，客户只得买了专利之后又掏钱买技术秘密。

> 在我们的经历中，有太多的人将自己的发明申请了专利，但没有保留其中适当的部分作为商业秘密。
>
> ——《董事会里的爱迪生》

不过，企业在谋求“专利＋秘密”的保护方式时，需要谨慎行事，尤其注意不要因为保密过多而使专利申请因公开不充分而被专利局驳回。因此，企业应当与专利代理人仔细讨论，加强沟通，在撰写专利申请文件时，既要申请到专利，又要给技术秘密留下空间。

（2）专利与商标的搭配

专利与商标，尽管前者偏重技术，后者注重品牌，但作为企业重要的无形资产，也可以相互搭配，共同创造价值。

由于专利存在保护期，而商标注册可以无限续展，一直保有权利，因此，在制药工业等抱怨专利保护期限较短的行业，经常在专利权到期后，利用专利垄断期间积累的品牌（商标）优势，继续借助商标来延伸或保护原本由专利创造和维持的市场利益。正如德国拜耳公司对阿司匹林所做的那样。拜耳公司对阿司匹林的专利权早在 20 世纪初就结束了，然而这家公

[1] 温旭．知识产权——商战决胜之源［EB/OL］．［2005-04-19］．http：//www.szip.org.cn/llyjzh10.html.

司却因为阿司匹林强大的品牌价值仍然保持着丰厚的收益。近期研究表明，一种药品在专利有效期内的推广能极大地影响该药品在专利保护失效后的市场价值。在专利到期后，尽管存在着其他非专利药品的竞争，但药品最初的品牌价值仍能带来一笔数额不小的回报。❶

有时候，企业会把专利与商标捆绑在一起，出售或许可给他人使用。在DVD知识产权许可中，专利权人在实施联合专利许可的同时，还强制性地要求被许可人必须使用特定的标识（LOGO），其费用为20 000美元，其授权主体为DVD FORUM。在联合实施专利许可的同时，进行标识（或商标）的捆绑许可，使处于弱势地位的被许可人为进行DVD的生产，不得不无条件地接受。而享有DVD音频专利（AC-3）的美国杜比公司，一直要求所有取得其许可的产品必须在显著位置使用其商标“DOLBY”及双“D”标识，并对专利和商标共同收费，否则，不能通过其认证和许可。目前，以飞利浦为代表的部分国外公司，在DVD+RW的许可上，已在美国海关对未取得专利许可的产品，以未获得标识名义采取边境扣留措施。❷

专利与其他知识产权的搭配并不限于技术秘密与商标，诸如著作权等，同样可以与专利相配合，这里不再讨论。

但是，必须提醒的是，把其他知识产权与专利一起搭配授权，需要谨防遭遇反垄断审查或不正当竞争之诉。《最高人民法院关于审理技术合同纠纷案件适用法律若干问题的解释》（法释［2004］20号）第10条规定：“下列情形，属于合同法第三百二十九条所称的‘非法垄断技术、妨碍技术进步’：

（一）限制当事人一方在合同标的技术基础上进行新的研究开发或者限制其使用所改进的技术，或者双方交换改进技术的条件不对等，包括要求一方将其自行改进的技术无偿提供给对方、非互惠性转让给对方、无偿独占或者共享该改进技术的知识产权；

（二）限制当事人一方从其他来源获得与技术提供方类似的技术或者与其竞争的技术；

（三）阻碍当事人一方根据市场需求，按照合理方式充分实施合同标的技术，包括明显不合理地限制技术接受方实施合同标的技术生产产品或者提供服务的数量、品种、价格、销售渠道和出口市场；

❶ 马库斯·利特兹格．知识产权的战略管理［J］．崔文杰，译．新华文摘，2005（10）．

❷ 国家知识产权局知识产权发展研究中心．规制知识产权的权利行使［M］．北京：知识产权出版社，2004：116-117.

（四）要求技术接受方接受并非实施技术必不可少的附带条件，包括购买非必需的技术、原材料、产品、设备、服务以及接收非必需的人员等；

（五）不合理地限制技术接受方购买原材料、零部件、产品或者设备等的渠道或者来源；

（六）禁止技术接受方对合同标的技术知识产权的有效性提出异议或者对提出异议附加条件。”

因此，企业必须为与专利搭配的其他专利、商标或技术秘密等，寻找到合适而不违法的授权理由，否则可能因不合法的专利组合包装，而被人告上法庭。

6.3 专利营销的策略运用

关于专利营销的策略运用，其实在前面已经讲到过，比如专利补强、专利组合等，本身也是营销过程中的一种加值策略。下面，我们再介绍一些更具策略性的营销手法。

6.3.1 孵化经营策略

对于新生的专利，特别是具有开创意义的专利或专利组合，其技术应用价值和商业开发价值尚未获得市场检验，或者技术本身并不成熟，商业开发的风险比较高，而市场前景又难以预测。因此，大多数企业都不太愿意冒险去实施它。面对这种状况，有的企业就着眼于长期的技术转移，并不急于把这些新生的或者不太成熟的专利推向市场，而是针对这些专利进行包装设计，进一步投资开发或升级，甚至以专利为基础，成立科技企业进行孵化，开始产业化的道路，等到专利商业化成功之时，再对外授权专利，甚至连同企业一并出售，以提高专利转移的成功率。

被誉为知识产权专卖店的高通公司，在发展CDMA的最初阶段，尽管拥有为数不少的专利和标准，但前景如何恐怕难以估测。谁都不愿意冒着巨大的风险来做CDMA，向高通公司交纳专利许可费来制造CDMA设备。运营商感兴趣的不是高通公司提交给标准化组织的那几张纸，而是他们什么时候能够用成熟的商用CDMA设备来铺设网络，而且这些设备最好是摩托罗拉、爱立信、朗讯等通信巨头生产制造的，这样用着才让人放心。

因此，作为一个技术公司，高通公司尽管当时首先想到的赢利模式是收取专利许可费，但是，为了生存，这个原本想靠卖技术和标准赚钱的公司成立了自己的手机部、基站部，自己生产起CDMA的全套设备。

果然，后来随着CDMA产品和市场的逐渐成熟，随着高通公司向运营商供货，那些还和高通公司纠缠在官司中的公司逐个选择了与高通公司庭外和解，签订了专利协议。到现在，全球已经有 100 多家公司签订了这样的协议，使用高通公司的专利来生产制造设备。接下来，高通公司放弃了制造业，专注于研发和专利授权，将手机部卖给了日本京瓷，将基站部卖给了爱立信，成为令人羡慕的知识产权专卖店。❶

资料链接：如何使被许可人对一件新产品感兴趣？

O. H. 产品有限公司/APC 有限公司（O. H. PRODUCTS LTD. / APC LTD）位于爱尔兰，从事卫生医疗行业的业务。公司的创始人之一是一名执业牙科医生，他设计了一种新的使用牙线的牙刷，头部是一次性的，手柄处的形状非常特别。这种设计可以使牙线更好地接触所有牙齿，从而改善市面上现有产品的功能。大量试验表明它确实如此。

鉴于这个市场的主要公司大部分是大型企业，该公司认为商业开发的最佳途径就是着手制定广泛的专利计划和努力获得许可使用利益。一个专利持有公司（APC 有限公司）成立了。该领域由已有的专利很好地控制着。因此，有必要非常仔细地起草说明书，着重明确现在的设计和早期已获专利产品之间的区别。这要求发明人重点地准确说明他们产品的发明特征。这项工作已成功完成，并使专利获得了很广的覆盖面。公司也获得了“INTERFLOSS”商标，尽管该商标没有任何描述该产品特征的暗示。

几个大的卫生医疗公司表示出对使用许可的兴趣，但是所需的一项明确承诺却使获得许可变得很难。很明显，促销者需要投放产品并证明可以销售。一个制造公司（O. H. 产品）成立了。尽管财力和能使用的营销资源有限，但还是在爱尔兰和英国成功销售。这表明该产品在市场上有真正的潜力。这足以提高使用许可候选公司的兴趣。然而现有的广泛知识产权覆盖面对考虑使用许可来说仍是最重要的因素。

最近对北美市场签署了一项大的使用许可交易，一项欧盟市场的使用许可谈判也处于进展阶段。一项第二代改进产品的专利计划已经开始，它将包括一些最初产品没有覆盖的国家。出于商业化的原因并作为使用许可谈判的一部分，小型制造业务已经停止，但是，使用许可的前景很牢固。

资料来源：OH 产品/APC 有限公司．如何使被许可人对一件新产品感兴趣？[EB/OL]．[2006-07-25]．http：//www. wipo. int.

❶ 佚名．“知识产权”专卖店 [N]．中国知识产权报，2002-11-01.

6.3.2 市场细分策略

市场细分策略实质上是对专利使用的领域进行细分，然后在不同的领域分开进行专利授权。比如，专利权人可能具有在一个领域中实施该项专利的能力，例如诊断上的应用，但是没有能力在另一个领域实施该项专利，例如治疗上的应用。专利权人可以自己继续在诊断应用领域中实施该项专利，还可以把该项专利授予给一个商业伙伴在治疗领域中实施。通过将专利授权给另一个人在另一个领域中实施，专利权人开辟了从另一个领域中获得收入来源的途径。

很多专利的应用范围很广泛，例如，一件专利的应用范围可以分为“人类应用”、“植物应用”和“兽医应用”，甚至在人类应用领域中还可以进一步细分，例如：诊断、治疗疫苗、预防接种疫苗等。专利权人通过限制使用许可的特定领域，可以获得：

（1）保留在一些应用领域实施专利的权利；

（2）将其保留的应用领域的使用许可再授予第三人。

例如，对于专利权人来说，可以：

- 将人类应用领域的第一份独占使用许可授予被许可人甲；
- 将植物应用领域的第二份独占使用许可授予被许可人乙；
- 将兽医应用领域的第三份独占使用许可授予被许可人丙。

这样，通过将不同领域的使用许可分别授予不同的被许可人，可使专利权人从专利商业化中获得最大的预期利益。而且，专利权人可以借此选择哪个被许可人适合哪个领域的专利实施，通过综合考虑某一被许可人独特的专门技术、市场地位、现有产品范围以及市场营销和分销网络，从而决定在最适合的领域授予其专利许可。

> 我相信只要使用得当，知识产权许可经营使用收益将是我商业生涯中所见到的最诱人的商业模式。
>
> ——立顿技术和专利许可公司副总裁戴维·克林

如此一来，专利权人还能保留在自己有能力的领域中实施专利的权利，例如在诊断应用领域；而将自己没有资源、能力或市场网络的实施领域，例如除诊断应用以外的其他所有人类应用领域，授予他人开发。

市场细分策略最为独特的优势在于，所有的这些专利使用许可，尽管受它们所在领域的限制，但都是独占使用许可，而不是存在竞争关系的普通使用许可。[1]

[1] Philip Mendes. 医药行业中的使用许可和技术转让［EB/OL］.［2007-08-01］. www. wipo. int.

当然，从地域范围的角度，专利还可以通过区分若干不同的地理范围，来发放独占的专利许可。比如，同一专利在东北三省发放一个独占许可，在江浙沪发放一个独占许可。不过，由于商品的流动性非常强烈，很难通过专利许可来分割国内市场，因此，这种在同一国内市场上区分地域授权的做法，难以被客户所接受。不过，把不同的国家分成不同的地域，分开进行专利许可在很多时候是可行的，而且也容易被接受。但一些具有全球营销网络和市场眼光的企业，往往会要求全球范围或多个国家范围的专利授权。

6.3.3 套装组合策略

前文所述丹麦利昂制药公司的案例其实是一个典型的套装组合的策略，尽管它讲述的是专利产品的组合销售，而非专利本身的组合销售，但对于专利营销而言，存在策略上的启示。

我们在前面谈到专利组合包装的问题，其实已经涉及套装行销的策略，只是，我们在前面更多是强调借此增加专利的价值。但通过专利的组合、价值的提升，专利获得了更加强大的吸引客户的能力。比如，一张由核心专利和外围专利构成的专利网，如果封锁了所有可能的研发方向，杜绝了他人回避设计的机会，自然能够让无法绕开专利阻碍的厂商乐于接受专利授权，或者让投资收购专利的客户坚信这项专利组合具有广阔的商业前景。

我们在这里重申套装组合策略，更要强调一种面向客户需求而非面向技术本身的套装组合。如果通过前期的接触，知悉了客户的技术需求，专利权人则可以为之定制一个切乎需要的专利组合。如果其拥有或者能够开发出这些专利的话，甚至可以为客户打造一个由专利和技术秘密，甚至和商标、版权所构成的知识产权组合，来支持客户的需要。比如，客户正好需要一个强势的品牌，而你正打算许可自己的商标。

如果把视野放在更加广泛的范围，套装组合其实并不限于知识产权的领域。比如，专利权人除了提供专利，还可以提供配套的技术设备，甚至提供优秀的技术人员，或许可以增加客户购买专利的信心。

6.3.4 诉讼威胁策略

一些专利权人发动专利侵权诉讼，目的就是为了发放专利许可。专利授权的许可方式，简单地讲有“胡萝卜型许可”和“大棒型许可”。“胡萝卜型许可”是通过技术市场或广告销售等途径进行专利授权许可；而“大棒型许可”是把专利授权给侵权的厂商，这种许可方式总是诉诸法律的、不友好的或带有进攻性的。因为没有人会自愿拿出支票问你想要专利费吗？

所以提起侵权诉讼就成为兜售专利许可的一种特别方式。❶

因此，有的企业通过监视侵权人来发现授权机会。事实上，无论侵权人是无意侵权，还是有意侵权，都清楚地表明他需要这个专利。既然如此，拥有专利的企业通过诉讼或诉讼威胁等手段，强迫侵权人购买专利许可，当然更有成功的希望。目前，已经有一些公司专门通过诉讼或诉讼威胁来收取专利许可费，并以此作为公司的主要利润来源。

美国利发克公司就是专靠专利赔偿经营发财的。它从小企业和发明人手中收购商业价值高的专利，然后通过专利诉讼迫使其他企业交专利许可使用费。早在1986年到1990年间，该公司就把2000多家企业送上法庭，平均每年达400家，其中包括日本雅马哈等，仅在1988年经营额就达7500万美元，纯利润2000万，而公司成员仅有5人。另外一个成功的例子是Intergraph公司，它原来是一家计算机芯片的小开发商，现在则变成了一家以开发软件、发动知识产权侵权诉讼为主业的大公司。该公司在2002～2003年中的毛利润（gross profit）为4.87亿美元。其中，90%属于知识产权许可费。这些许可费主要是该公司用专利诉讼攻击“打拼”来的。例如，Intergraph公司在美国阿拉巴马州和得克萨斯州对Intel发起的芯片专利侵权诉讼延续了6年多，最终于2003年3月30日以和解终结。和解协议中，Intel公司同意向Intergraph公司支付2.25亿美元，以终结后者对前者提起的芯片专利侵权诉讼。上述协议使Intel已经支付和将支付给Intergraph的总金额达到了6.75亿美元。❷

需要注意的是，有的企业借助专利侵权诉讼的威胁，可能迫使一些未侵权的企业接受许可，以避免更大的麻烦。因为受到指控的企业惧怕无休止的诉讼程序、不负责任的新闻报道，或者为了避免高昂的律师费和巨额赔偿的诉讼风险，往往愿意和权利人达成和解，接受其权利许可及一些苛刻条件。

2002年2月28日，思科公司的副总裁Robert Barr在美国联邦贸易委员会的一次会议上指出：“诉讼的高昂花费使他们（指知识产权人——笔者注）得益，因为他们可以提出少于诉讼花费的许可费，寄希望于人们付钱，即使对方没有侵权，但是由于惧怕昂贵的诉讼有可能不得不妥协……”❸但这种滥用专利的行为，很可能构成不正当竞争或触犯反垄断法。

❶ 朱莉·L. 戴维斯，苏珊娜·S. 哈里森. 董事会里的爱迪生——智力资产获利管理方法［M］. 江林，等译. 北京：机械工业出版社，2003：90.

❷ 魏衍亮. “手机大战”与专利之争［EB/OL］.［2005-03-31］. http://www.zlfm.com/pmag/2004/8-26/15-39-0096018.html.

❸ See Robert Barr'report［EB/OL］.［2004-04-06］. http://www.ftc.gov/opp/intellect/barrrobert.doc.

资料链接：IBM如何向Sun Microsystems收费

曾经入选过“美国100位最有影响力的律师”金榜的李拜克，担任过太阳计算机（Sun Microsystems）、网景（Netscape）、甲骨文（Oracle）、苹果（Apple）、网威（Novell）等知名厂商的法律顾问。在他这篇揭露现实面的《专利的荒谬》一文中，专利巨人如IBM，都成了美国荒谬专利申请制度下不折不扣的“恶霸”企业。

为了凸显专利战争的血淋淋，李拜克举出自己代表客户太阳计算机和IBM谈判的亲身经验。当时已是“专利工厂”的IBM（国际商用机器公司），一口气摆出14位律师的大阵势，涌进当时规模仍很小的太阳公司。在会议室中，一位穿着深蓝西装的IBM代表举出洋洋洒洒的报告，警告太阳已经侵犯了IBM拥有的7件专利。

轮到太阳反击的时候，李拜克和代表太阳的其他科技律师，拿起笔在白板上画下各种图表公式，有力地将IBM的指控一一击破。一阵口沫横飞后，“太阳派”的结论是：在IBM指控侵权的7件专利中，只有1件有可能在法庭成案，而且就算诉诸法律，这唯一的侵权案也不会胜诉。

然而，IBM的代表们面对这场精彩的答辩，面无表情，动也不动。在一阵尴尬的寂静后，为首的律师冷冷地开口：“好吧，或许你们真的没有侵犯这7个专利权，不过我们有1万个专利，你真的希望我们回总部找出7个你们的确有侵权的专利吗？还是你们干脆省点事，直接付我们2千万美元？”

这个故事的结局是，双方讨价还价后，太阳决定花钱消灾，IBM律师团则盯住下一个倒霉的猎物。

“IBM vs. Sun”的故事翻版，几乎每个礼拜都在上演。李拜克认为，制度的荒谬莫过于此：专利的初衷是为了鼓励创新、保护智能财产，但在专利创造的价值多半来自于权利金而非产品的趋势下，研发创意非但没有被激发，有时反而会被少数有财势的大公司谋杀。

资料来源：韩孝君，朱战备．研发制胜［M］．北京：中国纺织出版社，2005：8.

6.3.5　专利联营策略

专利联营（Patent Pool）是基于产业利用的目的，将若干企业拥有的相关专利集中起来进行组合，各企业内部之间相互交叉许可，但统一对外发放许可。

MPEG-2技术标准的专利联营模式即其表现。MPEG-2标准的核心技术来源于十多家高校和企业的专利技术，其中包括著名的飞利浦、索尼、东芝、富士通、佳能等跨国公司，以及美国加州大学等。为此，MPEG-2建立了一个专利联营性质的专利组合（Patent Portfolio），汇集各国394个“必要的发明专利”。以这些专利技术为依托，构建了MPEG-2标准的完备技术体系，并通过一个专门的机构 MPEG LA（MPEG Licensing Administrator）来负责 MPEG-2 标准核心技术的对外许可工作。❶

企业之间组建专利联盟，从事专利联营，通过若干专利技术的捆绑，发放一揽子许可，可以放大单个专利或单个企业的影响，可以获得更多的授权机会、更广的授权对象以及更强的谈判地位，从而产生更大的经济收益，甚至具有操纵市场和左右价格的力量。

目前，大公司之间基于共同垄断市场，对外排挤其他竞争对手的市场进入，或共同压榨其他竞争对手的经济收益等原因，相互搭配专利、从事专利联营、建立技术标准的现象，已经屡见不鲜，这一方面值得我国企业借鉴学习，另一方面也要对此保持警惕。

6.3.6 引证分析策略

世界上每天有新的专利文献出版，每件专利都引用了一些其他相关专利或公开信息。与此相似，专利也被其他专利、图书和期刊文献引用。以引证为基础的专利研究叫做专利引证分析，它是按照科学论文引证联系的方式探寻专利间的联系（见图 6-4）。专利引证分析的中心意思是：当一件专利被引用（如 5 次、10 次、20 次或更多次），那么这件专利很可能包含一种重要的技术发展趋势，很多后来的专利是在其基础上研究出来的。❷

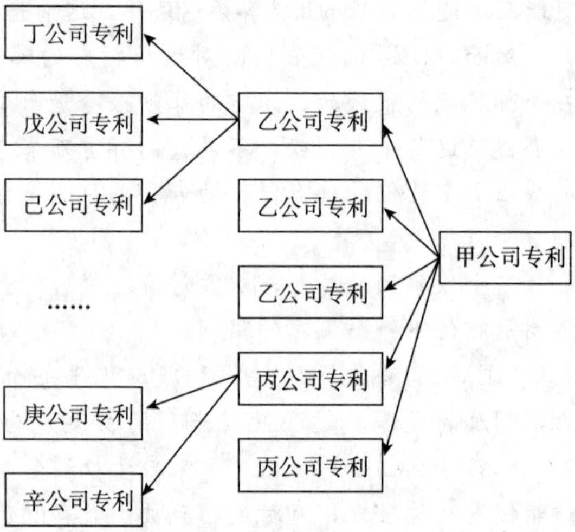

图 6-4 专利引证示意图

专利引证分析还可以为寻找授权对象服务。专利被引证的次数越多，表明其基础作用越强。如果他人的专利引证了你的专利，那么其专利作为改进专利或外围专利，在产业化实施时极可能依赖于你的专利技术，并需要取得你的授权。事实上，他们可能正在侵权利用你的专利，认真分析这些专利引证者的专利实施情况，或许有可能找出潜在的授权对象。

❶ 张平，马骁. 标准化与知识产权战略［M］. 北京：知识产权出版社，2002：94-95.

❷ 王玲. 专利引证分析及其应用［EB/OL］.［2008-03-05］. http://www.sipo.gov.cn/sipo/wxfw/wxyjyfz/zlwxyj/1998/zlyzfxjyy.doc.

专利营销的策略手段繁多，方法灵活，比如还有：(1) 欲擒故纵策略：故意放纵侵权行为，等待侵权人形成市场规模，或者严重依赖专利之时，再伺机出击，迫使签署许可合同。(2) 以小逼大策略：专利权人先与小厂商及贸易商签约，利用小厂商在市场上“有正式授权”的招牌，打击大型厂商；另一方面，更以“已经有这么多厂商都签约，其他厂商没有理由不签约”的说法，要求大厂商签约。❶诸如此类，兹不一一列举。

6.4　专利营销的合同控制

在专利营销的过程中，涉及的合同包括专利转让合同、专利许可合同、专利质押合同、专利入股合同等种类，本书无暇一一顾及，仅以最为普遍的专利许可合同为例，阐述其中的合同条款以及风险问题，以期举一反三。

6.4.1　专利许可合同导读

1. 专利许可合同的用语

许可合同是专利权人（许可人）与被许可人之间一个具有法律上的强制执行约束的双方承诺。由于许可合同的效力通常持续很多年，因此，合同的用语必须可以完全反映出双方当事人彼此对合同权利义务的理解，重点就是合同的条款必须以清楚、精确的方式加以表达，以避免未来发生误解。如果合同用语难以解释或者不甚明确的话，则很容易引发当事人之间的争议。

除了合同的文字应该简洁明了外，合同的风格必须要使非法律背景的人也可以轻易理解，毕竟在企业内部，大多数情形下是由商业或技术背景的人员来处理和执行许可合同事宜。❷比如，有的法律专业人员喜欢撰写诸如此类的条款：“包括但不限于以下权利：制造权、销售权、进口权。”但对于非法律专业的人员，改变一下表达形式可能更易于让其清楚地理解：“包括以下权利：制造权、销售权、进口权和其他权利。”

为什么合同的文字用语很重要呢？究其原因，各有说法，但最关键的理由包括：

• 通常情况下，合同的协商过程涉及许多来自双方当事人的不同部门或组织的人员。而他们都需要就与其业务有关的事项能够自行解释合同内

❶ 施振荣．再造宏碁［M］．北京：中信出版社，2005.

❷ Kirsten Leute，Teri Willey. 剖析授权协议书［C］//美国大学技术经理人协会．技术转移实务指南（第八篇第 1 章）［M］．台北：技术经理人协会，2004.

容。除非合同使用的语言文字是不会导致误解的，否则他们各自的诠释可能会产生许多问题。

•因为大部分许可合同的效力会持续许多年，而在许可人与被许可人方面，对于当初负责专利许可与执行合同的人事，难免随着时间进程作些调整。对于当初并没有参与整个合同协商过程的人员，面对一份经过妥当撰写且简洁易懂的合同，更能对于该合同的内容作出明确解释。

•许可合同是交易过程的记录。一份妥当撰写的合同如同一份指南，可以指引当事人成功地执行。该合同应当明确记载以下事项：当事人身份的识别、许可的标的、许可人的权利义务、被许可人的权利义务等。

•假如当事人之间的合同关系发生问题，以致必须诉讼或进行仲裁，则法官或仲裁人要能够确实地探究合同签订当时双方当事人的真意。一份清楚的合同将有助于避免任何一方产生误解，或造成解释上的争议。❶

2. 专利许可合同的公平性

专利许可合同的内容对双方当事人都公平是很重要的，这可使双方当事人对于借专利许可以追求最佳的收益保持高度的兴趣。有时专利许可人相对于被许可人，在拟定合同条款上占有明显的优势，这会诱使许可人在合同中加入过多的要求、限制、规范与许可费等。即使被许可人因为对该专利的迫切需要而可能接受许可人预定的条件，但过往经验却显示，这终将导致被许可人的不满与不完全履行合同。长久而言，公平的交易条件才能为许可业务创造最大的回馈。❷

3. 专利许可合同的结构

期望存在一份可以普遍适用的标准化专利许可合同，是不现实的。因为每个专利许可合同都需要根据双方当事人的具体需求与协商结果，重新撰写不同的条款内容。当然，每份许可合同还是存在很多几乎相似甚至完全相同的条款，而且，许可人也希望有些对自己有利或合乎自己要求的条款，能够包括在其签订的全部或者大多数的许可合同中。

在这里，我们把一份专利许可合同，分为以下几个主要部分：

(1) 基本条款：包括起始部分，如合同名称、编号、当事人、签约地点等，鉴于条款，定义条款等内容。

(2) 许可内容：包括许可的对象、方式、权利、地域、领域、时间等

❶ Kirsten Leute，Teri Willey. 剖析授权协议书［C］//美国大学技术经理人协会．技术转移实务指南（第八篇第1章）［M］．台北：技术经理人协会，2004.

❷ 同本页注❶.

规定。

（3）许可对价：包括许可费支付方式、计算基准、提成比例等规定。

（4）执行条款：包括当事人的权利义务，如积极履行合同的义务、报告义务、质量保证义务、保密义务等规定。

（5）违约责任：包括许可费延迟给付的责任、赔偿条款、不可抗力等规定。

（6）合同终止：包括终止条款、合同终止后的效果等规定。

（7）其他规定：包括专利的维护与申请、税费条款、侵权责任豁免、被诉侵权的处理等规定。

（8）结尾部分，包括当事人的亲笔签字或盖章、合同附件等内容。

6.4.2　专利许可合同剖析

专利许可合同的条款可以很复杂，也可以很简单。双方当事人对许可业务的了解程度和对风险防范的重视程度，合同起草人的知识背景和谨慎程度，甚至当事人的个人性格（比如有的当事人喜欢合同规定事无巨细，有的当事人希望合同规定简洁明了），都会影响合同条款的多寡。

我们在下面将介绍专利许可合同中的常见条款，以有助于许可人（也适用于被许可人）去发展自己的合同条款清单。可以看到，这些条款还是比较复杂繁多，但合同当事人可以选择其认为重要者，优先考虑作为合同条款加以拟定。

1. 基本条款

（1）起始部分

起始部分是专利许可合同的开头部分，主要包括：

①许可合同的名称。合同名称应确切地反映合同的性质、特点和内容，使人一目了然，抓住合同的要点，如“虹吸浇灌装置专利许可合同”。

②许可合同的编号。合同编号是识别合同的特定符号，有利于当事人立卷存档、查阅和指称。

③当事人的法定名称。完整确切的法定当事人名称牵涉到签约主体的确认，有助于表明当事人究竟是谁，是自然人还是公司，是母公司还是子公司。当事人名称不能写简称——比如只提到字号，否则这个简称无法确定当事人是谁，因为很多拥有独立法人地位的公司，比如母子公司，其字号完全相同，但法定名称的全称并不相同。

④双方当事人的代表人或负责人名称。当发生合同争议时，寻找当时负责处理专利许可事宜的负责人，可能比较容易沟通。

⑤当事人法定地址及联系方式。在国际技术许可合同中，如果合同中未明确规定合同适用法律，则合同当事人的法定地址还关系到发生争议时对适用法律的选择。原告或被告所在地可能是确定法院管辖权、仲裁或适用法律的依据之一。联系方式是双方当事人就专利事宜正式联系的渠道。

⑥签约时间。如果双方的签字日期不一致，一般以最后一方的签字日期为签约日期。当然，许可合同的签约日期不一定是合同的生效日期。

⑦生效时间。说明许可合同从何时开始执行，这是在法律上具有合同约束力与效力的起始日期。生效时间可以在签约之前，也可以在签约之后，由双方自愿商定。很多时候，双方当事人通过约定一定条件的成就或期限的到来，作为合同生效的时间。生效时间可能见于绪言部分，也可能另外以条款特别注明，并非有一定的模式。

⑧签约地点。这是法院或仲裁机构选择适用法律的依据之一。如合同中没有明确规定适用的法律，这时签约地点就起着非常重要的作用。

(2) 鉴于条款

鉴于条款属于叙述性条款，其主要内容包括：说明双方当事人的背景，说明签约的理由，陈述专利的拥有情况及其合法性，表达双方共同合作的意愿等。例如：

鉴于甲方拥有一种提高手机电池待机时间的专利技术；

鉴于甲方有权并愿意向乙方许可上述专利技术；

鉴于乙方希望利用甲方的专利技术，以设计、制造、销售和出口更长待机时间的手机电池产品；

鉴于甲方和乙方均愿为达成上述目的而以诚挚友好的精神执行本合同的各项条款；

鉴于上述前提，甲乙双方通过友好协商，根据平等互利的原则，同意按下列条款签订本许可合同。

鉴于条款虽然没有确定双方具体的权利义务，但在专利许可合同中并非可有可无。因为鉴于条款的主要作用是要当事人双方在合同一开始就明确地作出某些法律上的保证，一旦发生纠纷，仲裁机构或法院就可以根据这些保证，判断谁是谁非，责任在哪一方。例如写了“鉴于甲方拥有某项制造技术和生产某项产品的实践经验”这一条，甲方当事人（许可人）就不敢随意把通过不正当手段获得的技术，或是不成熟、没有充分把握的技术转让给乙方，这就有利于防止乙方（被许可人）受骗上当，避免经济损失。

（3）定义条款

定义条款通常是将合同的关键名词，逐一列示并加以定义，其主要用意在于希望这些名词不论出现在合同中任一条款，均有其固定性、一致性的含义，而不致在合同当事人之间存在不同的理解或说法。

双方当事人由于所处地域不同，知识背景不同，甚至语言不同，或许对同一个名词的解释和使用并不完全一致，因此，为了避免将来履行合同过程中由于理解不同而发生分歧，造成纠纷，使合同条款能够清楚、明确地表达双方达成的一致意见，对合同中多次反复使用的关键名词作出明确的定义，显得极其重要。定义条款的作用就有如辞典，令双方当事人有其遵循依据。

定义过的名词被用于合同的不同条款时，应保持前后一致，不能在同一合同中对相同名词的含义有多种不同的解释，否则，即失去了定义的作用。

在专利许可合同中，最常出现的重要定义，诸如：专利、技术秘密、净销售价、独占许可、排他许可、许可地域、合同产品、技术改良、回馈授权、技术资料、转让、子公司，等等。比如“净销售价”，是指在扣除合同产品的包装费、安装费、运输费、商业和数量折扣、佣金、保险费和商品税之后，乙方（被许可人）通常销售合同产品的价格。若产品被乙方或其附属公司所用时，其“净销售价”为乙方通常同其顾客进行真诚交易销售类似产品的价格。

2. 许可内容

许可内容是整个专利许可合同的核心部分，不仅是许可合同中确定双方当事人各项责任、权利和义务的基础，而且也是将来执行许可合同，查核专利许可是否正确、可靠、完整的依据。

（1）许可的对象

对被许可人而言，其分公司、子公司（Subsidies）及其他附属公司（Associated Company/Affiliated Company）是否有权使用专利，最好也在合同条款中加以述明。否则合同的许可对象并不当然可以扩及其子公司、分公司或其他附属公司。

不过，所谓子公司、分公司及其他附属公司之定义如何，应首先加以解释清楚。以子公司为例，一般以母公司拥有该公司之 50%以上股份谓之其子公司。如果有另外定义，则得小心其定义范围。

例如：美国 AT&T 及荷兰飞利浦公司曾就交叉授权包括 Microelectronics 相关专利而签下授权合同，AT&T 同意凡飞利浦子公司可免再付权利金，而依合同，飞利浦将其子公司以名单分别列出而并不依照一般定义，即不以飞利浦拥有超过 50%股份为认定标准，因此，我国台湾台积电股份有限公司当时即在飞利浦公司所列出之子公司名单内，而被认定无须支付权利金。如此一来，AT&T 则损失一笔可观之权利金，相对地，台积电（TSMC）则省下一大笔专利权利金。由此例可以看出，授权对象之厘清不可不慎。❶

（2）许可的方式

如前所述，专利许可依其授权程度，可以分为独占许可、排他许可与普通许可等方式。这些不同的许可方式，决定了双方当事人享有不同的权利义务，拥有不同的商业利益（见表 6－7）。

表 6－7 许可方式的优劣比较：站在被许可人的角度

许可方式	优 势	劣 势
独占许可	独占市场利益；可独立对第三人提起侵权诉讼	许可费高
排他许可	仅与许可方分享市场；在许可方不主张权利时，可以独立对第三人提起侵权诉讼	与许可方竞争，相对处于不利地位(可能被保留一些技术秘密)
普通许可	许可费低	面对多个同质的竞争者，商业竞争激烈

许可合同是采取独占许可、排他许可，还是普通许可的方式，必须审慎考虑哪一种方式可以对当事人产生最大的收益。假如专利覆盖的技术范围很广泛，而且专利产品具有高度的市场潜力，则对许可人来说，最佳的利用方式应是普通许可。在相反的情况下，许可人则应采取独占许可或排他许可的方式。其他应当为许可人所考量的因素有：

①期望获得许可的人数；

②把专利商业化将花费多少研发成本；

③该专利是否可以分割而使用在不同的领域；

❶ 姜作利．专利授权合约及技术转移合约之共同条款解析［EB/OL］．［2007－08－29］．http：//www.lawtrans.com/Article_Show.asp?ArticleID=1028.

④许可人使用该专利的计划。[1]

当事人约定专利许可方式时，不能只简单地写上独占、独家、排他或普通许可之类的字样，因为这些相近的词语非常容易让人误会，必须明确解释这些名词的含义，免得到时争执不休。

如果当事人对许可的方式未约定或约定不明的，可以根据《合同法》第61条协商确定，如果不能协商确定的，则视为普通许可合同。最高人民法院2001年6月15日发布的《全国法院知识产权审判工作会议关于审理技术合同纠纷案件若干问题的纪要》（法［2001］84号）第63条第3款也作了类似的解释："当事人对专利实施许可方式没有约定或者约定不明确，依照合同法第六十一条的规定不能达成补充协议的，视为普通实施许可。"

（3）许可的权利

发明专利与实用新型专利拥有制造权、使用权、许诺销售权、销售权、进口权等权利，而外观设计专利拥有制造权、许可销售权、销售权、进口权等权利，许可人到底将哪些权利许可给了被许可人呢？许可人应当明确。比如，许可人希望独家垄断销售专利产品的权利，那么只能授予供应商（被许可人）制造其专利产品的权利，而不能笼统地把专利权都授予供应商。

不过，就制造权部分，一般又可细分为自己制造（Make）或委托他人制造（Have Made）两种权利。所谓自己制造在解释上应无任何疑问，惟委托他人制造则依据合同双方的约定。一般而言，被许可人本身若非制造厂商，则势必需要代工厂代为制造，而自己制造与委由代工厂制造其意义不同，因此，明白这层意义的许可人都会在许可合同中将该两种权利分开。尤其当被许可人因火灾或一般意外，而急需借助其他工厂制造，或者因订单量大而无法及时交货而需要委托他人制造时，在协商许可合同时，则需要拥有委托他人制造的权利。[2]

（4）许可的地域

专利权人可以许可他人在不同的地域范围使用其专利。许可地域可以限制在中国、东南亚或全世界。中国专利权的效力仅限于中国本土，如果许可人希望扩张其专利权的效力到其他国家或地区，则需要在这些国家或地区也申请获得专利。

[1] Kirsten Leute，Teri Willey. 剖析授权协议书［C］//美国大学技术经理人协会．技术转移实务指南（第八篇第1章）［M］．台北：技术经理人协会，2004.

[2] 姜作利．专利授权合约及技术转移合约之共同条款解析［EB/OL］．［2007-08-29］．http://www.lawtrans.com/Article_Show.asp?ArticleID=1028.

唯需注意的是，许可地域也应加以定义，例如许可地区为东南亚，则东南亚具体包括哪些国家，最好在许可合同中尽量将包含国家或地区逐一列出，以免发生争议。

(5) 许可的领域

在关于专利营销的市场细分策略中，我们已经提到，一些专利权人希望被许可人将专利的使用，限制在某种产业，甚至某种产品上。此种情形，我们称之为使用领域授权（License Field)，这种领域之限制常见于某种专利技术可明显地分别使用在不同产品上，例如复合有机物可能被使用在药品工业，进而被制成药品予以销售；同样地，也可能被使用在牛或羊的饲料种植上。在这种情况下专利权人可能只希望授予被许可人在后者领域内使用，而保留在前者领域自己使用或许可第三人使用的权利。❶

资料链接：水轮机技术合同“买椟还珠”

四川省德阳市东方电机有限公司（以下简称“东电”），是中国大型水电发电设备制造行业的龙头企业，它具有较强的研发及制造能力，在三峡水电工程中，东电参与了70万千瓦巨型机组的开发研制。1997年7月，东电承担了三峡工程左岸电站水轮发电机组的分包任务。根据合同规定，主承包商必须向东电公司转让水轮发电机组的技术，为此，主承包商之一的加拿大GE公司许可东电使用“弗朗西斯型水轮机的叶轮”制造技术（中国专利号为97195388.0)，但在合同中未约定今后是否可以继续使用该项技术。

2002年4月29日，东电在与GE谈判共同参加龙滩水电站7台70万千瓦水轮机组投标时，GE突然提出在原技术合作份额不变的情况下，要另收取合同金额4%（约5000万人民币）的专利使用费。并提出，今后中国三峡右岸和其他已立项的中大型水电站的100多台发电机组，若不与专利权人合作，中国企业将不能制造该种水轮机转轮，水电站也不能使用有这种转轮的水轮机；若采用其专利技术都将另外收取合同金额4%的专利使用费。

在这个案件中，外方的要求，是基于充分运用专利制度来争夺中国水轮机的市场份额，限制中国企业能力的考虑而提出的。而中国企业在合作谈判和合同中由于忽视了知识产权条款约定的重要性，或者想当然

❶ 姜作利．专利授权合约及技术转移合约之共同条款解析［EB/OL］．［2007-08-29］．http://www.lawtrans.com/Article_Show.asp?ArticleID=1028.

地认为在一个项目中获得许可和授权就必然获得了其他项目中的使用授权，结果在贸易交往和科技合作中“买椟还珠”陷于被动，被迫就范。

资料来源：李启章，吴辉，张璇，裴宏，曾旭辉，徐进．中国企业的专利化生存之痛（中）[N]．中国知识产权报，2008－01－06.

（6）许可的时间

专利保护具有时间期限。许可人对于专利许可的时间范围，不能超过专利保护的剩余期限，否则超过部分应属无效之许可。但许可人可以与被许可人在专利保护期限内，自由约定许可的时间，常见的有被许可专利之剩余有效期限为许可的时间范围。但如果被许可人对专利的市场前景或技术价值尚有疑虑或难以预期时，可以协商一个较短的许可期间，比如以 3 年为限，并约定在合同期满之后有优先续约的权利。

3. 许可对价

许可对价涉及专利许可费（权利金）的计算、支付等内容，是专利许可人最为关注的问题，攸关许可交易的成败，以及双方合作的进展。

（1）许可费的确定

许可费应该付多少，往往是专利许可合同中，双方当事人争论最多的焦点。通常许可人对专利的应用价值和市场前景充满信心，因而期待较高的许可费；但被许可人则对专利应用保持谨慎的乐观，时刻不忘专利实施的市场风险，因而希望许可费更低一些。

作为无形的资产，专利的价值的确难以准确评估。许可人最基本的考虑，就是以这件专利的研发投入、申请费用和适当的利润，作为许可费的底线，然而再根据专利的应用价值、市场前景、许可方式，以及许可人的谈判地位等因素，综合决定许可费的多少。某种程度上讲，专利许可费的弹性空间非常高，一件专利你可以卖到 10 万，也可以卖到 500 万。许可人可以综合考虑以下因素，来决定许可费的多少：

①专利的重要程度：突破性或开创性的专利价值最大，但客户也可能认为这个专利所孕育的新兴市场充满了巨大的风险。此外，封杀了竞争对手研发方向的专利，其价值也较大。

②专利的市场接受性：如果专利产品容易被市场迅速接受，则引导消费者消费的成本大为降低，也提高了专利的价值。

③专利的市场规模：市场规模越大，专利的价值越高。

④现有技术的数量：被引用的专利文献数量或在一个创新大量存在的

领域申请专利的产品的数量，对一件专利的价值具有较大的影响。一般说来，如果该专利商品是相似或同类的大量产品中的一种，那么客户喜欢挑选，其商业价值自然大打折扣。

⑤专利的潜在商业寿命：即专利可能有的经济用途的持续期，因为其他陆续产生的专利正在提供它的更好替代品。

⑥专利的商品化程度：商品化程度越高的专利，价值越大。

⑦专利的实施成本：制造专利产品的成本，对一件专利的价值也具有重要的影响。

⑧专利的剩余有效期：如果专利距离失效的期限越长久，那么它就拥有越大的价值。

⑨专利投入成本：研发成本、申请费用等投入成本越高，越需要较高的许可费来收回投资。

⑩技术之替代性：容易被迅速替代的专利技术，自然无法维持某一领域的垄断地位。

⑪技术回避之难易度：越是容易回避设计的专利，其商业价值越低。

⑫许可期间长短：时间越长，许可费越高。

⑬许可地域大小：地域越广泛，专利许可费越高。

⑭许可的方式：独占许可相比于普通许可的方式，许可费肯定更高。

⑮许可的权利范围：许可的权利范围越广泛，获得的报酬越高。

⑯许可的领域：如果许可的领域拥有广阔的市场，当然可以收取更多的许可费。

⑰是否存在交叉许可：如果与被许可人交叉许可专利的使用，自然会抵消许可费的收取。

⑱报酬之支付方式：无论是一次付清，还是分期提成支付，都会影响许可费的多与少。

⑲许可人的利润底线：许可人对利润底线的设定也决定了许可费的弹性空间。

⑳许可人的谈判地位：如果占有较有利的谈判地位，那么专利也会获得更多的许可费。

㉑许可人的谈判能力：谈判地位与谈判能力是两回事，如果善于运用谈判技巧，把握谈判时机，即使在弱势的谈判地位中也能获得更多的利益。

㉒被许可人的需求度：如果被许可人对专利存在强烈的兴趣，自然愿

意支付更高的许可费。

㉓被许可人的状况：如果许可给一家大公司使用专利，相对于许可给一家小企业，可能会收取更高的许可费。

当然，被许可人也可以寻找降低许可费的主动权。1996 年，美国的道（Dow）化学公司计划引进一家欧洲公司的聚丙烯专利技术。这家欧洲公司告诉道化学公司，愿意以 1800 万美元的价格，提供一揽子聚丙烯专利技术的许可证。但当道化学公司要一份所发许可证的专利的清单时，他们却拒绝了。他们问："你们为什么想知道？其他公司从来没问过。"后来，经过你来我往的谈判，这家欧洲公司终于同意让道化学公司看看专利清单，但前提是价格不容讨论，也就是说，道化学公司看了清单后，无论作出的评估是多少，若想购买就必须支付 1800 万美元。

经过对专利清单进行检索分析，道化学公司发现一揽子许可中最关键的专利将在 3 年后到期，而其他一些不太重要的专利的有效期时间也不长——短的仅有 6 个月。可是，道化学公司偏偏需要这些专利，考虑到一些专利的"贬值"，如何才能在花费 1800 万美元后赢利呢？

道化学公司去查找了这家欧洲公司最近在聚丙烯催化剂方面的研究，然后有了新的发现：有 10 件新专利没有出现在清单中，但前景都还不错。于是，道化学公司告诉欧洲公司，1800 万美元没有问题，但必须把这 10 件新专利也纳入一揽子许可中。欧洲公司同意了道化学公司的提议。[1] 道化学公司通过主动对许可人的专利重新组合，从而变相降低了许可费。

事实上，被许可人反向思考许可人决定许可费的考虑因素，并结合自身的实际情况和客观的环境因素，可以找到许多降低专利许可费的理由，并与许可人进行协商谈判。比如：

①可以采取普通许可的方式获得许可，来降低许可费；

②可以以挑战专利的有效性相威胁，来降低许可费；

③可以找寻替代技术的存在，来降低许可费；

④可以主张容易回避设计，来降低许可费；

⑤可以查证许可的专利（或专利组合）并不在所有授权国家拥有专利权，来降低许可费；

⑥可以指出专利将要到期，来降低许可费；

[1] 凯文·里韦特，戴维·克兰．尘封的商业宝藏——启用商战新的秘密武器：专利权［M］．陈彬，杨时超，译．北京：中信出版社，2002：166－167.

⑦可以主张专利保护范围太小，来降低许可费；

……

资料链接：无中生有——低价购进专利的策略

“省下的就是挣来的”，这句话对公司也同样适用，如果能用较低的价格收购关键的专利，那肯定使公司的财务部欣喜若狂。购买专利压价和购买其他商品一样普遍，而且因为每每关系到千百万元的资金，所以公司负责人就不得不绞尽脑汁，无所不用其极。

这里最有名的“价格杀手”是蓝色巨人IBM，受损害的是当时事业才开始的电脑奇才王安。在王安的《教训》一书中，充满了对IBM的愤恨和敌意，第一是因为有个官僚气十足的IBM经理仅仅因为王安是华人而拒绝接纳他进入该公司，第二就是专利风波。被IBM拒绝后，王安就自己开了一家公司，并于1949年10月向专利局申请了名为“存储磁芯”的专利。随着产品的推广，IBM意识到这项发明广阔的商业应用前景，决定购买专利，不断向王安索取资料，而且反复与王安谈判，就是迟迟不敲定价格。

1953年11月16日，双方终于达成协议，王安为IBM提供咨询，并给予IBM三年期的购买选择权。1955年5月初，王安将获34个权项的专利权一事已成定局之时，IBM希望就行使购买选择权的问题进行谈判，以购买王安的专利使用许可证。但是专利颁发后一年之内，专利局在第三方的要求之下，可以宣布专利有抵触，IBM公司利用这一法律空子，唆使他人对王安发明的专利提出了诉讼。在谈判中，王安遇到了IBM公司亮出的杀手锏——“第三方”的发明家维霍，这个人名下有一些相关专利，这使王安大为震惊。因为抵触通常涉及“发明是谁先做出”的问题，维霍的发明在先，申请书长达550页，载有250个权项。王安认为维霍的申请中不一定公布了他的权利申请项中所说明的发明，因为从律师的语言中，他觉得维霍先生的电子线路不一定包含了他在权利申请项中说明的一种使用磁通量读入、读出，乃至改写磁芯的装置。在最后的听证会中，除了一条起诉理由外，王安赢得了其余各条诉讼理由。但是，在诉讼过程中，IBM取消了原先拟订的专利费，他们也驳回了王安开出的250万美元的一次性购买费，并且以未决专利申请威胁王安。为避免陷入旷日持久的官司，也为了自己发展所需资金，王安最后不得不接受了 IBM50 万美元的出价。到最后付款时，IBM 又节外生枝，砍下 10 万美元才罢休。几年后，有人告诉王安，当时 IBM 一位经理曾得意地炫耀道，他们付给王安的专利费实际上只相当于其价值的 8%。也就是说，王安本来应该从 IBM 那里拿到 500 万美元，而 IBM 在这笔生意中“纯盈利”460 万美元。

资料来源：王晋刚，张铁军．专利化生存［M］．北京：知识产权出版社，2005：207－208.

(2) 许可费的支付

专利许可使用费的支付方式由当事人自行约定，在许可证贸易的实践中，存在多达数十种支付方式。但最为基础的有以下四种方式（见表 6－8），其他的支付方式大多由此变通而来：

①一次总算一次总付

一次总算一次总付，是指许可费一次性算清金额，一次性支付给许可人。这种支付方式，多数时候比较难以让被许可人接受。因为无论专利是否能够实施，无论专利是否能够带来利润，被许可人都已经将专利许可费全部支付给了许可人，商业风险之大显而易见。另外，一次性支付许可费，对于中小企业也容易带来较大的财务压力。

当然，从另一方面讲，许可人可能也难以预测其专利的潜在价值，一旦通过“一次总算”确定了一个较低的许可费，等到被许可人通过专利大赚其钱时，自己将要追悔莫及。基于这种担心，许可人对于选择一次总算（无论是一次总付，还是分期支付）的方式，都会比较谨慎。

②一次总算分期支付

一次总算分期支付，是指许可费一次性算清金额，但分期支付给许可人。对被许可人而言，其中的商业风险和一次总算一次总付差不多，只不过，这种支付方式可以缓解一次性支付许可费所带来的财务压力。另外，在合同执行过程中，一旦许可人的专利被宣告无效，根据专利法的规定，就尚未履行支付的许可费部分，被许可人可以不再支付。

表6-8 许可费支付方式的比较：从许可人的角度

许可费支付方式		优　势	劣　势
一次总算	分期支付	省略监督实施的麻烦	担心相比专利收益，许可费太低； 一旦专利无效，丧失未支付许可费
	一次总付	省略监督实施的麻烦； 一次获得利润，及时支付可避免专利无效而失去许可费	担心相比专利收益，许可费太低
提成支付 （固定比例、逐年递增比例或者逐年递减比例等）		一旦专利收益显著，许可费也水涨船高	未实施或未成功实施，难有收益； 一旦专利无效，提成支付终止； 作为提成基准的销售额、利润等难以查明
入门费＋提成支付		入门费收回部分或全部研发成本，许可费可随专利收益而水涨船高	未实施或未成功实施，难有收益； 一旦专利无效，提成支付终止； 作为提成基准的销售额、利润等难以查明

③提成支付

提成支付，是指许可费以销售额、利润等为基准，以一定的提成比例计算许可费支付给许可人。完全采用提成支付的方式，很多时候又让许可人很难接受。假设被许可人拿到专利许可后，根本就没有实施，或者产业化失败，即使提成比例高达80%，又有什么提成利益呢？

同样，一旦发生专利被宣告无效的状况，许可人再也不能收到专利许可费的提成。可能此时此刻，被许可人还没有可供提成的销售额或利润之类的利益，结果，许可人折腾半天，分文未得。

④提成支付附加预付入门费

提成支付附加预付入门费，是指首先预付一定金额的许可费（入门费）给许可人，余额以销售额、利润等为基准，以一定比例计算许可费，支付给许可人。提成支付附加预付入门费的方式，对于许可人和被许可人双方当事人，相对都比较有利。

一方面，许可人至少有入门费作为利益的保障，同时又可以期待源源不断的提成利益。另一方面，被许可人不必一次性支付大笔的许可费，只需先缴纳相对较少的入门费，余下的许可费则通过提成支付。如此一来，许可合同的双方既共同分享了专利实施的商业利益，又共同承担了专利实施的经营风险。因此，在许可费支付的谈判中，提成支付附加入门费的支付方式最易于让合同双方当事人接受。

相对于单纯的提成支付，附加的入门费其实还有一大功用，一方面可以促使被许可人谨慎地评估是否接受专利许可，一方面可以促使被许可人积极地进行专利的产业化。至于入门费数额的大小，可以参酌专利的价值高低、专利许可的方式等因素，由双方自由协商。

(3) 许可费的计算

如前所述，大多数专利许可费的支付采用提成支付附加入门费的方式，但对于提成支付附加入门费的支付方式，还需要继续理清若干问题：

①许可费计算的基准

专利许可费可以按照产品价格、实施技术后新增的产值、利润或者产品销售额作为提成计算的基准，也可以按照约定的其他方式计算提成。但在实务上，多是采取以销售额或净销售额（须定义其具体含义）作为提成的基准，因为诸如实施技术后新增的产值、利润，事实上很难加以判断和确定。

当然，实务上如何准确获得被许可人的销售额或净销售额，往往也非易事，所以一些认为许可监督比较麻烦的专利权人，就会偏好一次总算一次总付或分期支付的方式。

②许可费计算的比例

许可费提成支付的比例，可以采取固定比例、逐年递增比例或者逐年递减比例等方式，需要结合产业的特质和双方的意愿加以确定。

但是，无论如何，在确定提成比例的多少时，都应该考虑到许可合同双方当事人皆可获利的可能性。一般而言，计算比例不超过5%，唯有时因情况而定，可能少于1%，有时甚至高于10%，种种情况显示，在计算比例时均无一定常规而言。

③许可费计算的分割

通常被许可人支付给许可人的费用里面，除了专利许可费以外，还包括其他的成分，比如技术秘密使用费、技术支持服务费等。虽然这些费用都是支付给许可人的，但我们还是建议把这些费用分割成许多份，分开计算。

例如，一种达成协议的许可费率为5%，可能同意采用下述方式表达：

a. 许可费的3%，属于专利许可的费用；

b. 许可费的2%，属于技术秘密、技术支持的费用。没有这些技术秘密、技术支持，相关专利产品可能都无法生产，或者不能有效地制造。

将许可费从结构上分割成这些独立的部分，至少有三个理由：

a. 通过这种机制，许可人可能在没被授予专利的国家获得与专利无关的许可费；

b. 在一些国家，如果专利权被宣告无效，专利使用许可被终止，而许可人可能还保留与技术秘密、技术支持有关的部分，以便继续获得许可费，直到技术秘密进入公共领域，技术支持不再需要为止。❶

c. 专利被宣告无效后，不再需要支付许可费。如果专利许可费与技术秘密、技术支持的费用混在一起计算，那么此时，围绕专利的许可费是多少，技术秘密的使用费是多少，技术支持的服务费是多少，容易引起激烈的争执。

4. 执行条款

专利许可合同在约定了许可内容、许可对价之后，如何执行则应有相关的规定。例如，被许可人应给予许可人专利使用的报告，而报告应包含哪些内容，应多久出具该份报告等事项，均是双方当事人据以执行的合同依据。在整个执行过程中，既牵涉到被许可人的权利义务，也牵涉到许可人的权利义务。

（1）积极履行的义务

如果许可人的许可费收入来源主要寄托在提成支付上，那么许可人应当配置相应的条款来保障自己的提成利益。最直接的就是规定被许可人负有积极履行合同、实施专利的义务。

表面上看，被许可人花钱来取得专利许可，当然会积极实施，进行产业化和市场开发。但在有的时候，许可人的这种想法，只能说是一厢情愿。因为被许可人是否积极实施专利，除了取决于专利本身是否值得利用之外，更取决于被许可人的发展规划、战略重点、竞争压力、财务状况等因素。最值得注意的是，有的被许可人取得专利独占许可，可能从来就没有打算要实施，因为他们的目的在于对专利进行战略性储备和竞争性防御。所以，许可人在发放专利许可时，尤其要注意这一点，以免收到相对微薄的入门费后，寄予厚望的提成收益却一无所有。

如何规定被许可人积极履行合同、实施专利的义务呢？最好明确详细地规定实施专利的进度，每个进度应当包括产品的产量、广告投入的多少等细节问题，并规定相应的违约责任和解除合同的权利。

❶ Philip Mendes. 医药行业中的使用许可和技术转让［EB/OL］.［2007-08-01］. www. wipo. int.

（2）报告义务

根据许可合同明定的许可费计算方式，被许可人应当将计算方式所需的“计算单位”（例如授权产品的产量或净销售价等）以及相关资料制成报告，交付许可人作为许可费收取的依据。

例如：许可费是以每个授权产品的净销售价（Net Selling Price）的百分比作为支付与计算方式，则被许可人所准备的报告需要包括下列内容：①已销售之授权产品数量，②每个已售产品之净销售价，③应缴付之许可费，等等。而相关资料则可能包括原料或零件购买记录、出货凭证、销售记录、制造记录、财务报表等等。一般而言，报告中无须附所有繁杂之相关资料，相关资料之主要作用仍在于稽查时之参考辅佐使用。

再者，报告呈交时间，双方可约定每半年或每季度为交付时间，而许可费则根据该报告并在报告交付后一定时日内支付。有时付款方式亦可能在合同中约定，尤其是国际性授权，货币单位及汇率等事项更应该在合同中事先约定，以免在兑汇变动下发生争议。[1]

（3）质量保证

许可人在发放专利许可时，应当注意要求被许可人有义务保证专利产品的质量，并明确规定检验产品质量的技术标准及要求、验收的方式、验收费用的分担、验收地点等。如果放松了质量控制，发生质量问题，有可能对许可人的商业声誉产生极坏的影响。

（4）专利标示义务

专利许可人通常会要求被许可人在产品销售时应将专利号码标示在产品上，其主要作用在于告知公众其专利实施在该产品上，凡未经允许而制造或销售者即侵害其专利权。在一些国家，比如美国，如果未标记专利号码，专利权人在告知侵权人之前所受的损失，不得请求损害赔偿。因此，专利标示义务之履行在这些国家关系重大。

（5）保密义务

专利许可人所交付给被许可人的专利文件属于公开资料，其本身并无任何机密性可言，被许可人无须对这些资料负有任何保密责任。但是，如果专利连同技术秘密一并许可的，则保密责任的规定非常重要，并应从客户接触技术秘密时起，就要求对方承担保密责任，而不必等到许可合同签署之时再行要求。同时，对于专利许可合同本身的信息，比如许可价格等，

[1] 姜作利．专利授权合约及技术转移合约之共同条款解析［EB/OL］．［2007 - 08 - 29］．http：//www.lawtrans.com/Article_Show.asp?ArticleID=1028.

也可以要求被许可人保密，以免在从事下一个许可谈判时遭遇被动。此外，许可人还应要求被许可人约束及监督其所属员工承担保密责任。

（6）稽查的权利

许可人可以要求每年至少一次在正常上班时间内，至被许可人营业处稽查，一则督促被许可人翔实报告专利实施情况，二则掌握被许可人实施专利之情况，三则监督专利产品的质量状况。

大多数许可合同允许许可人向被许可人派遣独立的稽查人员来查核会计账册。通常，如果实际支付的许可费与应当支付的数额差距在10%或15%以上，则由被许可人来支付稽查成本。

（7）保证条款

保证条款内容应就哪些事项加以保证呢？站在许可人与被许可人的不同立场，当然有所不同。对于许可人而言，应当保证其对专利享有许可的权利，不存在权利上的瑕疵。比如：

①不存在未经过其他共有人的同意而对外许可的情形。

②不存在将职务发明当作非职务发明申请专利并对外许可的情形。

③不存在同时发放几个独占许可或与前项独占许可相冲突的许可行为。

④保证所许可的专利没有违反政府管制的规定。

⑤保证不存在侵害他人专利权的情形等。

（8）最惠待遇

被许可人如果获得的是非独占的普通许可，可以尽量争取签订最惠待遇的条款。最惠待遇的含义是，如果许可人以更优惠的条件（比如更优惠的许可费）将相同的专利及相关技术许可给第三人时，则该更优惠的条件将适用于被许可人。

先接受许可的被许可人，可以通过最惠待遇条款，在将来争取降低许可费，或避免处于不利的竞争状态。设想一下，如果第三人以更低的许可费拿到同样的许可，那么他生产同种竞争性产品的成本就会低一些，自然就更具有市场竞争力。

在实践中，最惠条款的执行往往存在问题。比如，许可人虽然与第三人约定了更低的许可费提成比例，但他可能主张这是建立在双方专利交叉许可的基础之上的，如果算上因交叉许可而抵扣的许可费，第三人的许可条件并不比你优惠。而你也很难判断第三人是否得到了更优惠的条件，何况很多许可合同是秘而不宣的。有鉴于此，被许可人可以要求许可人在发放其他普通许可时，应当在适当的时间内披露相关的许可条件。

(9) 技术资料的交付

如果只是将专利申请的公开文件交给被许可人，往往是难以成功或有效实施的。因此，约定许可人提供与专利实施相关的技术资料，比如技术参数、设置规格、实验数据等资料，绝对有其必要的价值，这些资料对于专利的实施，可能具有事半功倍的效果。关于技术资料的交付时间、地点与形式，都应当准确地规定。

技术资料的形式可以是单纯书面资料或者技术记录，影像或者工程图纸等，只要能将其专利技术展现的任何资料，均应包括在合同中。此外，辅助运用专利从事制造的相关资料，例如配套的机器设备、适合的原料、零件等，也属于技术资料提供的范围。有时技术支持还包括了帮助工厂设立，此时设立厂房计划，机器放置图、制程图，仓储等以及包括营销、包装销售等商业资料亦可能在合同中被视为是技术资料而必须提供。[1]

(10) 技术支持与服务

被许可人仅仅从许可人那里获得一些技术资料，仍然不一定能够制造出所需要的合格产品。原因在于，许可人提供的技术资料不可能包罗万象、面面俱到，特别是许可人的技术人员和操作工人长期实践积累起来的生产经验和操作技巧，往往都无法用文字或书面形式表达出来，只能通过实际操作才能传授，而正是这些经验、技巧对被许可人来说是至关重要的。

因此，在涉及生产制造的专利许可中，被许可人往往需要许可人提供技术支持与服务。常见的技术支持及服务有：

①人员训练：包括运用技术及管理技术等人员的训练。

②工程服务：协助各种机器安装、工厂布局与设计等。

③顾问咨询：当实际运用该技术时，技术咨询以及商业上咨询，包括营销渠道、广告等，均应包含在顾问咨询中。

技术支持与服务的条款中，应明确规定技术支持与服务的目的、范围、内容，详细规定如何履行或执行的条件，以及如何划分双方承担的有关费用，否则在履行合同过程中容易产生争议。例如，对技术专家或技术人员的人数、级别、服务内容、服务时间、服务验收的标准、工资标准、医疗费用的负担、住宿安排等应一一规定清楚。

(11) 技术改良

在许可人的努力研发下，专利技术总是不断在改良，从而产生一系列

[1] 姜作利．专利授权合约及技术转移合约之共同条款解析［EB/OL］．［2007－08－29］．http：//www.lawtrans.com/Article_Show.asp?ArticleID=1028.

的衍生专利或者技术秘密。被许可人需要考虑，如果许可人研究出了改良的技术成果，是否需要取得许可。考虑到技术改良对于专利的产业化具有重要的价值，被许可人通常会要求获得许可。如果许可人的技术改良是整个许可计划的一部分，则就应当在许可合同中，详细规定技术改良的定义。通常技术改良包括未来的衍生专利或持续产生的技术秘密。

对于被许可人而言，也存在技术改良的问题。许可人通常也会在许可合同中加入一项条款，要求被许可人就其在合同有效期间对许可的专利所完成的技术改良，反过来授权给许可人利用，无论技术改良是否取得专利，此即回馈授权的规定。回馈授权的内容，比如许可的方式、许可的费用等，可以由双方当事人根据本身情况再商谈。

需要注意的是，许可人对回馈授权如果处置不当，可能违反反不正当竞争法或反垄断法。比如，许可人授予被许可人的为普通许可，而许可人要求被许可人回馈独占许可，在美国通常会遭到法院推定为许可人是利用其专利而保持其独占之立场，而有违反反托拉斯法。❶

（12）转授权条款

转授权是指被许可人从许可人处取得专利许可后，又许可给第三人使用，也称为再许可、再授权或分许可。除非许可合同中有转授权的约定，否则被许可人并没有转授权的权利。假定当事人之间允许转授权，则应当明确约定许可人与被许可人的权利义务。

对于被许可人回馈授权的技术改良，许可人往往不仅需要自己使用，而且更希望将这些改良的技术，连同先前的专利，一并许可给其他普通许可中的被许可人，以获得更多的商业利益，那么此时双方必须以合理的条件，明确达成转授权的同意。

（13）对第三人侵权的处理

如果专利很有价值的话，经常会引来第三人的侵权行为。在许可执行的过程中，发生第三人侵害专利权时，应当如何处理，比如由谁对第三人侵权主张权利，制止侵权的费用以及侵权赔偿金的分配等问题，都需要进行明确的规定。

如果许可人自己对处理侵权问题有很高的意愿，则应当要求被许可人在发现有任何专利侵权的行为时，须立即通知许可人所发现的侵权事实，由许可人负责控告侵权人。

❶ 姜作利．专利授权合约及技术转移合约之共同条款解析［EB/OL］．［2007-08-29］．http：//www.lawtrans.com/Article_Show.asp? ArticleID=1028.

但是，很多时候，许可人拿到足够的许可费后，不一定会对打专利侵权官司有很高的意愿。一则因为专利侵权官司打起来费时、费心、费力、费钱，有的许可人未必有能力处理专利侵权诉讼；二则因为许可人的利益只占被许可人销售额（或利润）的很小比例（一般许可费在 1%～10%），如果侵权官司打赢了，许可人占的利益极小；如果打输了，更是惹来一身麻烦，甚至导致争议的专利都被侵权人请求无效。因此，有的时候，许可人不会很有热情去制止第三人的侵权行为。

为预防这种情形的出现，约定许可人有义务制止侵权就显得非常有必要。一个有利于许可人打击侵权的做法，可以是由许可人与被许可人共同分担诉讼费用，如果取得损害赔偿，在扣除诉讼费用后尚有结余，则双方平均分配。

如果专利侵权对被许可人的业务影响很大，即使许可人对制止侵权并不积极，被许可人也会非常热心地去打击侵权。但是，被许可人并不总是有权利对第三人的侵权提出控告。根据我国的法律制度和司法实践，独占许可、排他许可和普通许可合同中的被许可人在诉讼中的地位并不完全一样。

根据《最高人民法院关于对诉前停止侵犯专利权行为适用法律问题的若干规定》（法释［2001］20 号）第 1 条的规定，专利实施许可合同被许可人中，独占实施许可合同的被许可人可以单独向人民法院提出诉前责令被申请人停止侵犯专利权行为的申请；排他实施许可合同的被许可人在专利权人不申请的情况下，可以提出申请。《专利实施许可合同备案管理办法》第 6 条也有类似的规定：已经备案的专利实施许可合同的受让人（被许可人）有证据证明他人正在实施或者即将实施侵犯其专利权的行为，如不及时制止将会使其合法权益受到难以弥补的损害的，可以向人民法院提出诉前责令被申请人停止侵犯专利权行为的申请。独占专利实施许可合同的受让人可以依法单独向人民法院提出申请；排他专利实施许可合同的受让人在专利权人不申请的情况下，可以提出申请。经过备案的专利合同的受让人对正在发生或者已经发生的专利侵权行为，也可以依照《专利法》的规定，请求地方备案管理部门处理。

因此，独占许可合同中的被许可人有权针对第三人的侵权，独立提起诉讼或行政查处的请求。而在排他许可合同中，则应当规定许可人在不制止侵权的情形下，须积极配合被许可人主张权利，比如积极声明提起诉讼，或直接在合同中授权被许可人有权单独提起侵权诉讼。从上述规定来看，普通许可合同中的被许可人似乎没有独立请求人民法院或行政管理机关制止侵权的资格，因此，只有寄希望于约定许可人必须积极打击侵权。

5. 违约责任

如果没有违约责任的约定，合同的执行效果将大打折扣。对于违约责任的规定，可有不同的表现形式。可以在同一条款中对需要严格执行的义务，配置相应的违约责任；也可以在合同后面的专章或专节里，集中规定合同的所有或大部分违约责任。理论上，对每一项合同义务，都可以配置违约责任的规定。但实际上，很多合同义务是宣示性或指引性的，当事人往往并没有给其加上违约责任的镣铐。我们在这里，也只谈一下个别核心的违约责任或其免除条款。

（1）许可费迟延给付的责任

对于许可费约定的缴付日期，被许可人应按期缴付，若有迟延，或者在报告中隐藏了应缴付之金额或少报产量等，则许可人可以在许可合同中规定违约金及加计利息等事项。迟延利息应为多少较合理，原则上以双方约定为主。

（2）赔偿条款

如果双方当事人因为违反合同义务，导致对方受到损失时，应当赔偿其损失或支付违约金。这方面的情形比较复杂，可以根据前述双方所承担的义务，协商决定哪些属于赔偿责任的范畴。

（3）不可抗力

不可抗力一般指人力所不能防范和控制的意外事故，如战争、地震、台风、严重的水灾、火灾等；政策与法律的变化也属于不可抗力的范围。对于像罢工之类的事件是否属于不可抗力，可能存在争议，为了处理这类事件，一般在合同条款中加上“以及双方同意的其他不可抗力”的规定，使双方在执行合同中根据事件的具体情况灵活处理。因不可抗力而不能履行合同的，当事人可以免除违约责任。

6. 合同终止

（1）终止条款

专利许可合同应当阐明在何种情况下，双方当事人有权终止合同。合同终止有两种情况：一种是合同期满自然终止，另一种是合同届满之前因种种原因造成合同中途终止，比如：

①一方存在严重违约的情形，如严重延迟支付许可费；

②遭遇不可抗力，难以继续履行合同；

③双方合意终止合同；

④任何一方破产，等等。

（2）终止后的效果

许可合同的终止会产生一系列的问题，如提成费的支付、技术的继续使用等，对此合同中都应作出明确的规定，以免引起纠纷。比如，对许可人而言，会期望以下规定：

①到期支付：被许可人立即支付所有已到期的许可费等费用；

②技术资讯归还：被许可人立即返还所有技术手册等资讯；

③禁止继续使用专利：被许可人不再被允许使用任何授权专利或其技术改良；

④保密责任：通常不因合同的终止而终止保密义务。

7. 其他规定

（1）专利的维护与申请

在专利许可合同时，一定要约定好谁来负责专利权的维持，比如，缴纳年费以维持专利的有效性，积极应对他人宣告专利无效的请求。这项义务通常是由许可人来承担，但是，不要以为许可人会很关心自己的专利权，在有的情况下，如发生破产或者管理疏忽时，专利权的维持极有可能会被遗忘。

（2）相关技术信息的披露

有的许可人发放一件专利许可后，又抛出早已申请的另一专利，或早已获得的技术秘密，来找被许可人继续兜售许可，并以其能够有效弥补前一专利的技术缺陷或改善其实施效果相要挟，恶意敲诈或索取高额的许可费。为防止类似的状况出现，被许可人可以在许可合同中要求许可人保证，已经向被许可人告知是否还存在支持授权专利实施的相关技术成果。

（3）税费条款

税费是一个比较复杂的问题。在专利许可合同中，应明确规定税费条款，划分各种税费究竟应由哪一方负担。

（4）通知条款

许可合同的双方当事人可以在合同中指定主要的联系人，负责联系、通知、支付许可费、技术服务等。

（5）选择权

被许可人如果有机会，可以要求在许可合同中签订选择权条款（Option License），即许可人在一定期间（半年到一年）内保留专利，不向其他人许可，被许可人在此期间支付一定费用（选择权费），以制造、使用等方式实施专利，但不得有销售行为。被许可人经过实施专利后评估专利的商业化价值，进而决定是否进一步正式取得专利许可。选择权条款的签署，主要是为了消除被许可人担心专利不成熟、难以商业化的疑虑，但通常也难以让许可人接受。

（6）侵权责任豁免

有时专利许可合同在签订前，被许可人已有使用许可人专利技术的侵权事实。此时，被许可人应在合同中要求许可人不追究其既往之侵权行为。对于许可人其他相关技术或专利，以及正在申请中的专利，被许可人可以一并要求授权或未来不得以此控诉被许可人。

（7）被诉侵权的处理

如果被许可人在实施专利的过程中，被第三人控诉侵犯其专利权，应当如何处理，值得考虑。在绝大多数的许可合同中，许可人都不会担保授权专利的有效性，也不会去承担使被许可人免于遭受第三人控诉专利侵权的保护或赔偿义务。❶

在某些情形下，许可人会对被许可人承担部分担保责任与义务。一般而言，由双方当事人平均分担实际的诉讼费用，或许可人同意在由被许可人支付的若干比例的许可费中，保留部分备于诉讼之用。假如许可人参与诉讼，则许可人通常会保留选择与掌控律师的权利。

（8）争议的处理方式

在专利许可合同中，双方当事人经常会不可避免地发生争议。对于争议的解决，当然可以向人民法院提起诉讼来解决，但这并不是一个最好的选择，因为提起诉讼有很多的风险和弊端：

首先，诉讼打起来输赢难定。在判决未定之前，谁也不能保证自己胜券在握。而一场沸沸扬扬的专利许可纠纷，还会下挫当事人的股票价格和商业声誉。

其次，专利许可合同中经常涉及技术秘密，诉讼一旦打起来，难免风风火火，走漏风声。万一别人隔山观虎斗，在无意有意间探得技术秘密，岂不成就螳螂捕蝉，黄雀在后？官司双方无论输赢，都吃了大亏，让别人捡了便宜。

最后，合同双方当事人在诉讼进行过程中，往往对事态发展失去控制，

❶ Kirsten Leute，Teri Willey. 剖析授权协议书［C］//美国大学技术经理人协会．技术转移实务指南（第八篇第1章）［M］．台北：技术经理人协会，2004.

只能付出昂贵的律师费和诉讼费，来看着双方律师在法庭上表演。[1]

因此，为了避免采取诉讼的方式来裁决争议，当事人往往会在许可合同中首先约定，双方以友好的方式协商解决争议。如果协商不成，则以仲裁方式解决双方争议。仲裁具有一裁终局、保密性、快捷性等特点，可以有效地避免诉讼的缺陷。

当然，对于仲裁方式的选择，需要选择好适用的法律和仲裁的地点，特别是在涉外专利许可合同中，更要注意此点，否则，仲裁带来的好处会荡然无存，甚至比诉讼还糟糕。比如，许可合同约定，对于争议的裁决适用瑞典的法律，并指定瑞典斯德哥尔摩商会仲裁院予以仲裁，这可能比在国内打官司还贵，而且极不方便。

8. 结尾部分

在许可合同的结尾部分，须有双方当事人的亲笔签字或盖章。双方当事人应在所有合同正本上签字盖章，签字人应为双方当事人的合法代表或有正式授权书授权签字的人。

对于涉外的专利许可合同，应当在合同中规定合同所使用的文字。中国企业特别应避免外方使用中方不熟悉或只有少数人熟悉的外文，应尽量选用比较通用的英语。当合同文本以中文和外文写成时，须申明中文和外文文本具有同等效力。如果中文与外文的合同文本存在差异，而约定以何者为准时，尤其要小心谨慎，这里面很可能存在陷阱。

通常会有若干细项规定，置于专利许可合同的附件，作为合同正文的说明和补充。双方当事人须申明这些附件是合同不可分割的一部分，与合同正文具有同等效力。合同附件往往包括：

①合同产品的型号、规格和技术参数；

②技术资料内容清单和交付时间；

③技术培训的安排；

④许可人技术服务的安排；

⑤产品考核验收标准与办法；

⑥许可人有关合同产品的专利及专利申请的清单；

⑦其他附件，有些合同还可以根据需要列出合同进度表、合同产品的零部件明细表等附件。

6.4.3　专利许可合同监控

监控专利许可合同的义务及其成效，对于许可人而言是一项相当重要

[1] 李兆阳．公司知识产权的保护和管理［M］．北京：清华大学出版社，2002：101－102.

的工作，也常因员工的工作量和追求新许可的压力而被忽略。如果在这方面投入心力，不仅可以避免不应有的损失，而且会有可观的财务收益。

许可人可以考虑设置一个专职的合同管理岗位，处理包括专利许可合同在内的所有合同管理，尤其是监控事宜，比如：为新授权或其他合同准备合同纲要；将所有的新合同扫描成 PDF 文档，并依照一贯的原则加以命名，以供其他员工搜寻；准备发票寄给负有付款义务的被授权人，之后进一步确认被授权人已付款；邮寄相关信件，并进一步以电话或电子邮件，与逾期未缴报告和许可费的被授权人联系，直到义务履行；针对严重逾期的合同事项，制作紧急义务报告，并交由授权经理人进一步跟催。[1]诸如此类，不胜枚举。

1. 草拟简单清晰的许可合同

为达成有效而且充分的合同监控，第一个积极的步骤就是草拟一份简单清楚的许可合同，使得任何人都可以轻易地了解这份合同的内容。在交涉专利许可的过程中，当事人通常会考虑到未来可能发生的种种情况，但在拟定许可合同时，应致力于简化合同条款，如此更易于合同监控。事实上，一些复杂的许可合同中所规定的很多情形几乎没有发生过，为了避免合同的繁琐，可以在合同中载明“双方当事人同意基于善意，对将来可能发生的争议点，可以重新加以协商”，从而简化当前的许可合同条款。

以下是草拟简单清晰合同的技巧：

①保持简单：比如，以销售额的比例计算许可费最为直接明确。

②完整定义所有重要条款：比如净销售额是否包括利润或者安装费用？须明确定义。

③使合同义务期限明确：日期明确的合同义务更易于监控。比如，“2008 年 12 月 31 日”到期的分段付款，会比“临床试验第二阶段完成后 30 日内”妥当。

④在任何文件中定义你的需求：比如需要提供有充分细节的许可费报告，以评估许可费的计算方式是否适当。[2]

2. 查核许可合同是否符合期望

如果许可人希望专利许可合同能够最大限度地反映自己的期望，那么最好在签订合同前，先去整理一份清单，列明自己希望订立的条款及其细节。这些条款也可以作为每次想要草拟一份许可合同时的起点，然后再检

[1] James A. Tretheway，Howard Bremer. 授权合约之监控［C］//美国大学技术经理人协会．技术转移实务指南（第八篇第 4 章）［M］．台北：技术经理人协会，2004.

[2] 同本页注[1].

视实际的情况，进行增删和修改。当正式签订许可合同时，许可人可以通过自己先前整理的合同清单，去检视许可合同是否符合自己的期望，是否存在遗漏的地方。

资料链接：专利授权合同：检查清单

一旦决定授权他人使用专利，专利权人草拟授权合同时宜考量安排约定以下之事项：

1. 确定合同主体：载明当事人名称、住所。

2. 确定合同客体：包括（1）载明专利证书号数；（2）追加专利另订合同。

3. 确定授权范围：内容应包括：（1）制造、销售、使用、进口权之全部或一部分；（2）不限于制造“特定产品”，或是限于制造特定规格之产品；（3）禁止再授权。

4. 确定授权期间：不得逾专利期间。

5. 确定授权地域：以专利有效地域为地域，或是限于专利有效地域之一部分。

6. 确定授权方式：以非专属授权为原则。若是专属授权时宜保留自己实施之权，否则专利权人自己是否还可以使用实施即有疑义。

7. 确定权利金金额：有两项重点——

A. 授权金额多寡应考虑：

（1）被授权人之需求度；

（2）技术之市场接受性；

（3）技术之市场规模；

（4）授权期间长短；

（5）授权地域大小；

（6）技术之商品化程度；

（7）技术之生命周期；

（8）技术之成本及利润；

（9）技术之替代性；

（10）技术回避之难易度；

（11）交叉授权有无及多寡。

B. 权利金金额其实取决于授权人与被授权人间的供需，亦即以“客户之需求度”为计价的最主要因素（权利金之计算并无一定之标准），惟不论金额高低，只要被授权人认为有利润，授权人认为可以负担成本，双方都有机会达成协议。

8. 确定应计权利金与不应计权利金之行为：前者例如销售、互易、赠与、抵消等；后者例如销售予授权人时。

9. 确定权利金起算点：例如：(1) 开立发票时；或收受货款时；(2) 无货款收入者，于交付货品时，或自行使用时。

10. 确定权利金计算方式：业界常见者有：(1) 固定金额及/或 (2) 按净销售额之百分比，以及 (3) 约定最低限额。

11. 确定净销售额计算方式：计算时应考量以下情形：发票金额扣除授权人供给之原料价、与专利无关之原料价、运保费、包装、广告费、折扣、回扣、退货款、瑕疵品折扣、呆账、税捐等。

12. 确定权利金收取之期间：授权期间或是较短于授权之期间。

13. 确定权利金支付方式：例如约定每半年支付一次或每季支付一次等方式。

14. 确定权利金支付工具：例如电汇至授权人银行账户或其他模式。

15. 确定付款币别及兑换法：例如以应付款时、地某银行之汇率为准。

16. 确定纳税义务人。

17. 确定账册制存、交付义务：应特别注意：(1) 被授权人应妥善制作账册，并与权利金一并交付授权人；(2) 账册应保存至合同终止后一定期间；(3) 账册应经合格会计师签证。

18. 确定账册查核权利：可以考虑下述规范模式：(1) 授权人应有权于上班时间、地点，随时查核账册；(2) 查核费用由授权人负担，但若账册有误，则由被授权人负担。或是全由被授权人负担。

19. 确定短付、迟延付款责任：就短付、迟延支付之金额按特定年利率自应付款日起至实际付款日止加计利息。

20. 确定专利标示义务：被授权人应于专利物品或其包装上标示专利证书号数，以免专利权人因专利产品未标示专利证号致丧失对于侵害者之损害赔偿请求权。

21. 确定回馈授权之义务：被授权人有再发明时应以合理对价授权予授权人。若是约定被授权人应无偿将其授权予授权人，则有专利滥用、致违反公平交易法而为无效之虑。日本公平贸易委员会所制定之《管制不公平贸易实施于技术授权合同之行政指导方针》，将要求被授权人将改良之技术给予授权者专属之回馈授权，亦视为最可能构成不公平之贸易实施。

22. 确定侵权责任：应注意：（1）授权人担保其系有权授权，授权人就其故意侵权致被授权人所造成之损害负赔偿责任，但再发明之被授权实施前，除非再发明之专利权人已经原发明人授予再授权之权利，否则应要求被授权人另取得原发明人之授权；（2）授权人应协助解决侵权问题，被授权人除应及时通知外，更应配合解决；（3）视谈判筹码之多寡，可争取授权人完全不负责任，若因侵权造成损害时，被授权人尚应赔偿授权人。

23. 确定维护权利之责任：授权人应对侵权人行使民、刑事救济权，并分配赔偿金予专属被授权人。

24. 确定登记义务：我国专利法规定，专利权授权他人实施者，非经向专利专责机关登记，不得对抗第三人。实务上大多是被授权人较关切此问题，会约定授权人有此协助登记之义务。

25. 确定免责事由：不可抗力事由宜以例示及概括方式约定。

26. 确定合同权利不得转让：但经对方同意者例外。

27. 确定准据法：原则上以授权人本国法为准，但以自己国家之法律为准据法未必对己方绝对有利，充其量只是熟悉，较容易评估法律风险而已。简言之，以他方国家法律作为准据法也未必绝对不利，故双方宜避免将准据法之争议变成了达成授权协议之杀手。

28. 确定纠纷处理办法：可以考虑的模式如：（1）确定管辖法院：例如授权人所在地法院；或（2）确定仲裁程序及仲裁地：例如国际商会仲裁程序（The Rules of Conciliation and Arbitration of Inter national Chamber of Commerce）、第三国为仲裁地或由双方各选一仲裁人，再由被选者选第三仲裁人。

29. 确定文件之效力：合同本文优于附件。

30. 确定章节标题之效力：查阅便利之效。

31. 确定签约人之权利：以授权书证明之。

32. 确定见证人：应载明身份证统一编号、住所；当场见证。但见证人之有无，应不影响授权合同之效力。

33. 不应约定事项如下，若有约定将构成无效：例如：（1）禁止或限制被授权人使用某项物品或非授权人所供给之方法；（2）要求被授权人向授权人购取未受专利保障之产品或原料；（3）违反强制或禁止规定之事项；（4）悖于公序良俗之事项。

资料来源：樊志齐，专利授权面面观［J］．智慧财产权管理季刊，21.

3. 制作许可合同权利义务的纲要

纸版的许可合同可能在签订完第二天，就开始尘封在档案室里，很不方便取阅。因此，在签订许可合同后，应立即扫描原件，制成电子文档，并以许可合同的全称作为文件名，存储在严格分类的文件夹中，以方便随时查阅。

但如果拥有众多的许可合同，一份一份去检视其履行情况，仍然是一种效率不高的方式。建议制作一份许可合同的权利义务纲要，作为许可人内部使用的简短文件，主要用来记录许可合同的重要权利和重要义务，例如付款期限、许可费报告到期日等。许可合同的纲要最好不要超过两页，应当便于扫视，让许可人清晰地了解自己应当享有的权利和自己应当履行的义务，以便及时审查双方当事人的行为是否满足了许可合同的要求。

4. 利用许可合同纲要进行监控

许可合同即使规定了最严格的履行义务和违约责任，也未必能够保证双方当事人严格履行合同的规定。因为各方当事人都要应付复杂多变的市场竞争，都存在着变动不常的人事安排，履行许可合同有可能会因为某些事件而耽误，甚至遗忘。

意识到许可合同并不能保证许可人从此一劳永逸，敏锐的许可人就通过专利许可监控的方式，来检查专利许可费是不是正在按期交纳。而利用许可合同的权利义务纲要，可以迅速查出问题所在。

资料链接：专利许可费的监控

在 1997 年，当福特刚开始着手专利授权的审计时，他发现有许多未付费的专利正在被使用。亨利·弗拉德金记忆犹新：

我的一位经理打电话给一位被授权人说，你知道你已经有 10 年没付专利使用费了吗？你知道每年都有一个年费最低限制吗？这个人完全懵了。他查阅他的许可协议发现真是这样的。原来是他的经理以为这协议已经过期了，因为他们已经不再使用这件专利，也没有得到任何提醒。他提出补偿 10%。我的经理反问道："你是说你很乐意告诉我们，你不打算付给我们你们欠的钱吗?"他们这才决定全额支付。

资料来源：朱莉·L. 戴维斯，苏珊娜·S. 哈里森. 董事会里的爱迪生——智力资产获利管理方法［M］. 江林，等译. 北京：机械工业出版社，2003：103-104.

当然，专利许可合同的监控并不只局限于专利许可费是否按期给付。比如，在专利许可合同签订后，许可人还要注意按时缴纳专利年费保持专利有效，监控被许可人支付的许可费是否与其业务规模相符合，监控被许可人是否超出了许可合同允许的范围，等等。

IBM是世界上利用许可证最为成功的公司，其知识产权和许可经营副总裁杰夫·罗森塔尔讲道："我们掌握着大多数被授权人的动向，倘若专利的数量与公开的业务规模严重不符，我们就会写信给被授权人，说他们使用的专利与他们允许使用的不相符合，我们建议他们再重新审核一下。99%的问题就这样解决了。"[1]

思考与练习

1. 专利营销的基本流程是什么？
2. 卖方营销专利的目标有哪些？
3. 买方购买专利的目标有哪些？
4. 如何评估一个企业是不是自己的目标客户？
5. 专利营销的渠道主要有哪些？
6. 专利稽核的意义有哪些？
7. 专利补强如何进行？
8. 专利保护与技术秘密相搭配的策略是什么？
9. 专利营销的策略有哪些表现手法？
10. 为什么专利许可合同的用语很重要，应该简洁明了、容易理解？
11. 专利许可合同中的许可内容条款应该包括哪些内容？
12. 决定专利许可费的考虑因素有哪些？
13. 被许可人可以寻找哪些降低许可费的理由？
14. 许可费支付方式中最为基础的四种分别是哪些？各自的风险程度如何？
15. 专利许可费与技术秘密使用费、技术支持服务费等，为什么最好分开计算？
16. 如何有效监控专利许可合同的执行？

[1] 朱莉·L. 戴维斯，苏珊娜·S. 哈里森. 董事会里的爱迪生——智力资产获利管理方法［M］. 江林，等译. 北京：机械工业出版社，2003：104.

重要词汇

专利转让：将专利所有权转让给他人。由于专利转让是一次性让渡所有权利，交易价格相对而言比较高。

专利许可：指向他人让渡专利的使用权。

独占许可：指许可人在合同约定的范围内，授权被许可人独占性地利用其专利权，许可人不仅不能再将同一范围的专利权授权给任何第三人，而且自己也不能利用合同约定范围内的专利权。

排他许可：也称独家许可，是指许可人在合同约定的范围内，授权被许可人独家利用其专利权，许可人不能再将同一范围的专利权授权给第三人，但是他自己可以利用合同约定范围内的专利权。

普通许可：指许可人在合同约定的范围内，授权被许可人利用其专利权，同时许可人不仅自己可以利用合同约定范围内的专利权，而且还可以再将同一范围的专利权授权给第三人。

交叉许可：许可人和被许可人相互许可对方实施自己所拥有的专利而形成的实施许可。

黄金专利：指其他竞争对手无法回避且一定会用到的核心技术专利。

白银专利：指那些属于非核心技术，但企业本身及/或其他对象会用到的改良专利。

青铜专利：指非企业核心技术且企业本身已不再使用，而其他企业可能会用到的专利。

黑铁专利：指自己企业不会用到，而且其他企业也不会用到的非核心专利。

专利补强：为克服现有专利的瑕疵或漏洞，而进行的补充完善或技术创新。

专利组合：指两项以上专利相互搭配，共同利用或授权，以放大单个专利的力量，获得更大的整体收益。

市场细分策略：指对专利使用的领域进行细分，然后在不同的领域分开进行专利授权。

胡萝卜型许可：指通过技术市场或广告销售等途径进行专利授权许可。

大棒型许可：指把专利授权给侵权的厂商，这种许可方式总是诉诸法律的、不友好的且带有进攻性的。

专利联营：指基于产业利用的目的，将若干企业拥有的相关专利集中起来进行组合，各企业内部之间相互交叉许可，但统一对外发放许可。

提成支付附加预付入门费：指首先预付一定金额的许可费（入门费）给许可人，余额以销售额、利润等为基准，以一定比例计算许可费，支付给许可人。

最惠待遇：如果许可人以更优惠的条件（比如更优惠的许可费）将相同的专利及相关技术许可给第三人时，则该更优惠的条件将适用于被许可人。

回馈授权：指被许可人就其在合同有效期间对许可的专利所完成的技术改良，反过来授权给许可人利用。

转授权：指被许可人从许可人取得专利许可后，又许可给第三人使用。

第7章　专利经营的反向思维

学习要点

1. 专利挑战策略的运用。
2. 专利搁置策略的运用。
3. 失效专利的价值提取。
4. 剩余市场策略的运用。
5. 技术公开策略的运用。
6. 免费开放策略的运用。
7. 泡沫专利策略的运用。

随着企业专利意识的觉醒和专利战略的实施，追逐专利的取得、提升专利的质量、促成专利的实施已成为企业专利发展的趋势。但在专利经营的战略规划中，有的企业出于特定的目的，采取了一种特别的专利政策，比如技术公开、搁置不用或免费开放专利等，来实现其商业目的。对于这些反向运用专利的行为，我们下面讨论其中的策略考虑及风险管理问题。

7.1　挑战现有的专利障碍

7.1.1　专利挑战的策略运用

1. 专利挑战的策略概述

在2004年全球药品市场，降血脂专利药物Lipitor（立普妥）创下历史，成为史上第一个全年营收超过百亿美元的畅销药物，Pfizer（辉瑞）公司在Lipitor方面的销售收入高达109亿美元，占这个制药业巨人营收的21%。

Lipitor的成功，可以说是畅销药获利模式的极致表现。1980年代中以来，创造畅销药物（Blockbuster）成为Pfizer、Merck（默克）、GSK（葛兰素史克）等制药巨人争相建立的获利模式。从 Mevacor（洛伐他汀）到 Lipitor，畅销药物不仅为大型药厂撑起一片天，对某些中型药厂而言，一种畅销药物甚至可以代表整个药厂的命脉。以美商 KoS Pharmaceutical 为例，其降血脂药物 Niaspan 在 2004 年为该公司带来 3 亿 2 千万美元的营收，相当于该公司营收的 65%。

然而，畅销药物产生的庞大利益，吸引各家学名药厂积极抢攻。在国际上，一些学名药厂经常通过挑战畅销药品的专利，消除自己仿制生产的经营障碍。就 Lipitor 而言，印度第一大学名药厂 Ranbaxy（也是全球前十大的学名药厂）动作可谓最为积极。在 Ranbaxy 的挑战下，2005 年 3 月，奥地利专利局针对 Lipitor 在奥地利专利期限，作出无效判定（原专利期限为 2011 年）。该判决引起 Pfizer 的不满，为保护本身利益，Pfizer 强调将上诉。[1]

Ranbaxy 公司的策略就是所谓专利挑战策略，即通过挑战他人专利的有效性、稳定性或保护范围，来消除专利侵权的障碍或获得其他商业利益。

专利挑战策略在我国也开始为人所使用。我国有一家单位一件专利也没有，但他们通过检索调研发现，国外有家企业的一件中国专利十分适合本单位生产，且市场前景较好，他们组织多方专家仔细分析研究，认为这件专利的撰写存在极大漏洞，完全有把握运用专利制度中的宣告无效规则，将其专利申请无效。于是这个单位一边组织产品开发研究，一边启动无效程序，结果官司打赢了，产品也上市了，并取得了很好的经济效益。这就是充分运用专利制度的特性和功能去寻求市场竞争有利地位的范例。[2]

2. 专利挑战的策略目标

一般而言，开展专利挑战策略，都会事先根据需要确定目标专利，然后围绕该专利技术，通过各种渠道，在世界范围内查找技术文献，或寻找对方专利撰写的破绽，提起专利无效宣告。通过专利无效宣告，可能产生下列效果：(1) 专利被宣告无效。(2) 专利保护范围被缩小。当然，前述两个结果本身并不是最终目的，从商业上讲，专利挑战的真正用意，主要有以下几个方面：

(1) 消除技术研发的专利障碍

有的专利可能阻碍自己技术研发工作的开展，成为技术创新的绊脚石，此时，通过专利挑战，请求专利无效可以消除技术研发的法律障碍。

❶ 曾念国．从百亿畅销药的专利争讼看畅销药获利模式的窘境［C］//台湾清华大学创新育成中心．电子报［N］．2005-04-25-29.

❷ 陆毅．企业专利战略存在的误区［EB/OL］．［2004-08-31］．http：//www.iprcn.com.

（2）消除生产销售的专利障碍

如前所述的中国企业的案例，就是通过挑战别人的专利权，使之无效，消除自己在未来生产销售中的专利侵权障碍。

（3）降低专利许可的费用

在国外的专利许可谈判中，早已走过审查形式有效性的低级阶段。很多企业在接受专利许可之前，会委托专利律师去查阅世界各国的专利文献和会议记录，找出许可方专利的权利瑕疵。这种方式不仅仅是为了检验对方专利的有效性，更主要的目的在于极力降低专利的许可费。

（4）否认侵权指控的成立

在专利侵权诉讼中，被告大多会毫不犹豫地向原告发起专利无效的挑战，试图请求专利无效或缩小保护范围，以否认侵权指控的成立。

3. 专利挑战的风险

当然，专利挑战也有自己的风险。比如，挑战别人的专利有效性或保护范围，需要调查大量的技术文献，这需要不菲的费用，特别是自己没有任何线索的情况下，四处寻找专利无效的证据，可能费用开支比较大，一旦寻找的证据不能支持专利无效，则会损失较大。另外，在专利许可中，一旦没有掌握好分寸，不但没有无效许可人的专利，反而破坏了双方的合作关系，有时得不偿失。最后，如果经常提起专利无效的程序，又没有良好的舆论支持，可能会在行业内树立不好的形象，成为投机取巧的典型。

7.1.2　专利挑战的法律分析

1. 挑战专利无效的理由

依我国《专利法》及《专利法实施细则》的规定，发动专利挑战，宣告专利无效，应当基于以下理由：

- 违反《专利法》第 2 条的规定。
- 违反《专利法》第 5 条的规定。
- 违反《专利法》第 9 条的规定。
- 违反《专利法》第 20 条第 1 款的规定。
- 违反《专利法》第 22 条的规定。
- 违反《专利法》第 23 条的规定。
- 违反《专利法》第 25 条的规定。
- 违反《专利法》第 26 条第 3 款、第 4 款的规定。
- 违反《专利法》第 27 条第 2 款的规定
- 违反《专利法》第 33 条的规定。

• 违反《专利法实施细则》第 20 条第 2 款的规定。

• 违反《专利法实施细则》第 43 条第 1 款的规定。

2. 挑战专利无效的时机

《专利法》第 45 条规定："自国务院专利行政部门公告授予专利权之日起，任何单位或者个人认为该专利权的授予不符合本法有关规定的，可以请求专利复审委员会宣告该专利权无效。"因此，挑战他人专利、宣告其专利无效的请求一般没有时间的限制。

不过，基于他人指控自己专利侵权而提起专利无效的请求时，则需要把握好时机，以免延误战机。因为专利无效如果走完所有的程序，需要花费很长的时间。首先，专利复审委员会进行无效案的审理，需要一定的时间。专利是否无效的结果出来后，如果当事人不服专利复审委员会的决定，还可向北京市第一中级人民法院起诉，不服一审判决的还可以向北京市高级人民法院上诉，这两审程序都会耗时甚久。可见，在专利侵权案件的诉讼过程中，被告虽然可以在任何时候向专利复审委员会提出无效申请，但如此一来，人民法院对争议的专利权是否还有效，是否需要中止审理，就难以把握。

为此，《最高人民法院关于审理专利纠纷案件适用法律问题的若干规定》（法释［2001］21 号）就此作了规定：

• 侵犯实用新型、外观设计专利纠纷案件的被告请求中止诉讼的，应当在答辩期间内对原告的专利权提出宣告无效的请求。（第 8 条第 2 款）

• 人民法院受理的侵犯实用新型、外观设计专利权纠纷案件，被告在答辩期间内请求宣告该项专利权无效的，人民法院应当中止诉讼，但具备下列情形之一的，可以不中止诉讼：①被告出具的检索报告未发现导致实用新型专利丧失新颖性、创造性的技术文献的；②被告提供的证据足以证实其使用的技术已经公知的；③被告请求宣告该项专利权无效所提供的证据或者依据的理由明显不充分的；④人民法院认为不应当中止诉讼的其他情形。（第 9 条）

• 人民法院受理的侵犯实用新型、外观设计专利权纠纷案件，被告在答辩期间届满后请求宣告该项专利权无效的，人民法院不应当中止诉讼，但经审查认为有必要中止诉讼的除外。（第 10 条）

• 人民法院受理的案件的侵犯发明专利权纠纷或者经专利复审委员会审查维持专利权的侵犯实用新型、外观设计专利权纠纷案件，被告在答辩期间内宣告该项专利权无效的，人民法院可以不中止诉讼。（第 11 条）

由上可见，被告应当在答辩期间内及时提出宣告专利无效的请求。因为，根据《专利法》第47条第2款的规定，宣告专利权无效的决定，对在宣告专利权无效前人民法院作出并已执行的专利侵权的判决、调解书，已经履行或者强制执行的专利侵权纠纷处理决定，以及已经履行的专利实施许可合同和专利权转让合同，不具有追溯力。因此，如果被告认为专利权无效，而没有及时在答辩期间提出，法院就可能不中止对专利侵权案件的审理，那么当法院在专利复审委员会作出专利权无效决定之前，就已经对专利侵权诉讼作出判决并已执行，此时，由于专利权无效的决定不具有追溯力，将导致被告虽然请求专利权无效成功，但仍然承担了损害赔偿等侵权责任，除非专利权人是出于恶意给被告造成损失。

7.2　维持现状的专利搁置

7.2.1　专利搁置的策略运用

专利取得与占有后，如果按照一般的逻辑，接下来的行动似乎应当积极地实施利用。事实上，大多数专利并没有得到真正的利用，其中的原因很多，比如技术不成熟难以实施，没有找到合适的被许可人。不过，有时候专利技术非常先进成熟，甚至有人主动上门请求许可实施，专利权人也未必愿意实施利用，相反还故意采取专利搁置不用的方式。

比如，在1960年销售静电复印机时，美国施乐公司已取得彩印专利约60件，但施乐却未马上将彩色复印机商品化。分析起来，可能是先以普通复印机获得充分利润，万一追随的企业挤入市场致使自己得不到高利润时，再用留一手的彩色复印机来重新获得高利润。[1]

一般而言，在下列情形下，即使专利技术能够实施，也可以考虑采取专利搁置的策略：

1. 从竞争对手的角度看

专利是否实施是因应市场竞争的需要。如果企业不实施专利，虽然没有借此增加技术优势和改进产品性能，但竞争对手仍然不能对自己形成挑战地位，仍然不会推出替代产品或升级产品，那么专利可以考虑暂时搁置不用。

2. 从原有技术的角度看

如果企业的原有技术尚有竞争力，或者原有技术的研发费用尚未收回，或者原有技术创造的利润尚未达到预期，在没有外在竞争威胁的情况下，

[1] 戚昌文，邵洋，等．市场竞争与专利战略［M］．武汉：华中理工大学出版社，1995：37.

当然不会实施新的专利技术。

3. 从专利本身的角度看

如果专利实施后，会引起产品成本上升，并削弱产品竞争力，则可以考虑不实施专利。由于使用新的专利，往往需要围绕该专利更新机器设备、进行人员培训等，在没有现实竞争威胁的情形下，企业当然不愿意付出这些成本，来使用新的专利技术。

4. 从战略储备的角度看

有的专利本身在申请或受让时，就不是为了实施，而是作为一种战略储备，或者阻止他人利用而构成市场进入障碍，或者用以交叉许可而消除专利侵权危机。这些专利一开始注定要被搁置不用。

特别要强调的是，专利搁置策略的使用并不限于自己拥有所有权的专利，对于通过许可（当然主要限于独占许可）获得的专利，仍然可以根据具体情况，采取专利搁置不用的方式。

在美国，有一个很大的公司占有一个产品市场份额的 90%。后来，有一个竞争者对该技术进行改进，大大提高了效率。该公司对竞争者的这个专利技术非常有兴趣，很快与其谈妥了条件，并以独占许可的方式买了过来。而且，这个公司因为财力大，一口气就付了很大一笔现金，因此专利权人没有与销售额挂钩的许可权益金。

将专利技术搞到手后，该公司仔细进行了市场调查和可行性报告，发现这个新技术虽然可以对其产品性能有不错的改进，但却无法让公司提高产品的市场占有率，而且，实施该技术的投资非常之高，如果真的实施了技术，其单位产品的生产成本不降反升。结果，公司管理部门研究后，决定不去实施该专利技术，而是把该技术的所有资料锁进一个保险柜里，雪藏了起来。最后证明该公司的策略是成功的，在该公司将技术买断后十多年内，再没有任何一个公司或个人提出技术创新，该公司的产品因此照卖不误，市场占有率反而在十来年间上升了 5%，达到 95%之高。[1]

7.2.2 专利搁置的风险分析

1. 构成垄断或不正当竞争的风险

单纯的搁置专利不用，不太可能构成垄断行为或不正当竞争行为。但是，如果在搁置专利不用的同时，还有其他不适当的反竞争行为，则要注意防止受到反垄断或反不正当竞争的起诉。在 1991 年的 Alling 公司与环球

[1] 李兆阳．公司知识产权的保护和管理［M］．北京：清华大学出版社，2002：124.

制造公司一案中，环球制造公司购买了 Alling 公司的新产品专利，但环球公司并没有使用这种新型专利，而是继续使用老技术生产其传统产品，购买的专利技术被放置一边长达数年。同时，环球制造公司向其竞争者施加压力，如果它们开发出新的生产技术或新产品，环球公司就会把购买回来的专利技术投入生产。最终，环球制造公司因为触犯反垄断法被判罚款 12 200万美元。❶

我国《反垄断法》已经出台，因此，如果自己搁置专利不用，同时还滥用专利地位，影响同业竞争，则很可能触犯《反垄断法》的规定。此外，即使不构成垄断行为，也可能因其限制竞争的行为而构成不正当竞争，受到《反不正当竞争法》的约束。

2. 强制许可的风险

搁置专利不用，还要预防强制许可的问题。在符合一定条件和程序的情况下，包括 TRIPS 在内的国际条约允许成员批准专利的强制许可。不过，发展中国家似乎很少利用强制许可的规则，而具有讽刺意味的是，反倒是发达国家为了许多目的，例如美国为了反垄断，成为强制许可最积极的使用者。❷

《专利法》第 6 章专门规定了“专利实施的强制许可”，2003 年国家知识产权局发布了《专利实施强制许可办法》。目前，《专利法》上的强制许可分为“防止滥用的强制许可”、“为公共利益的强制许可”、“为公共健康的强制许可”和“从属专利的强制许可”四类。这些强制许可都只针对发明专利和实用新型专利，不适用于外观设计专利。其中，防止滥用的强制许可有可能对企业的专利搁置策略，构成法律上的障碍。尽管我国针对专利，几乎没有发放过强制许可证，但强制许可仍然是悬在专利搁置策略上的一把利刃，随时都需要提防和警醒。

7.3　失效专利的价值提取

7.3.1　失效专利的来源

专利都有保护期限，依《专利法》规定，发明专利的保护期限是 20 年，

❶ YeeWah Chin. Unilateraltechnologysuppression: Appropriate antitrustand patent law remedies [J]. Antitrust Law Journal, vol. (66), 1998, pp. 441 - 447. 转引自吕薇. 加强知识产权保护中的反垄断措施 [EB/OL]. [2003 - 10 - 28]. http://www. blogchina. com/new/display/? id=14552.

❷ 英国知识产权委员会. 整合知识产权与发展政策 [EB/OL]. [2003 - 10 - 28]. http://www. iprcommission. org/text/documents/final _ report. htm.

实用新型和外观设计专利是10年。如果超过保护期限，专利就进入公有领域，任何人都可以免费使用。我国《专利法》从1985年开始实施，早期很多授权的专利已经失去效力。

不过，失效专利并不止于超过保护期限的专利，很多专利未到保护期限也会失效，比如因未缴纳或未缴足年费、权利人自动放弃专利权或专利被宣告无效等原因而发生专利失效之结果。这些专利可能才获得授权仅寥寥数年时间，其技术可能仍然保持着相当的先进性，有的专利只是由于权利人无力实施，又畏于专利维持的不菲费用，所以只好放弃专利权。

目前，世界上专利技术的储量已经超过4500万件，而且每年还在以100万件以上的速度递增。据不完全统计，到目前为止，全世界有超过2000万件专利已过期或失效，我国也有超过22万件专利已经过期或失效，如此巨大数量的失效专利已成为全世界的公共财富。而且随着时间的推移，失效专利的数量也将随之滚动增加，这就为我们的企业利用失效专利提供了日益增多的机会。❶

这里简单介绍一下在互联网上的两家机构所提供的免费中国失效专利数据库。

(1) 中国科技信息研究所万方数据公司网站，数据由北京市知识产权局专利实施处提供（网址为 http://db.sti.ac.cn/demo/patent.htm）。万方数据公司提供的数据库中，每一条专利数据包括题录、法律状态变更事项、文摘、权利要求、授权日等信息。检索途径有全文、专利名称、发明人、申请人、申请号、申请日、主题词途径，用户可以在下拉菜单中选择所要限定的字段，输入关键词进行单项检索，也可以选择两个相同或不同字段进行"与"(AND)、"或"(OR)、"非"(NOT) 布尔检索。

(2) 北京市经济信息中心网站（网址为 http://www-trs.beic.gov.cn/patent 或 http://www.exin.net/patent）。北京市经济信息中心提供的数据库与万方数据公司提供的数据库的收录范围及数据记录相同，检索方法与同一网站中的中国专利数据库相同。

7.3.2 失效专利的利用

失效专利是一座未被人们充分开发的宝库，是一座未被充分挖掘的金山。虽然失效专利不受保护，但技术含量和市场价值却未失效。它蕴藏的内容可谓是：一条专利，一块金砖；是一种无法估价的资源；是一种人人

❶ 张永彤．正确运用专利制度，推进企业技术创新［EB/OL］．［2004-05-18］．http://www.ne-china.com/qiye_wenzhang_detail.asp?id=16486.

都可以掌握的不花钱的巨大资源。

在国外，利用失效专利的成功例子不胜枚举。在1972年，美国费莱·瓦尔丁走进美国专利商标局。他是个风险投资家，因投资而身无分文。他在该局查阅到一份微电脑技术失效专利。经过冷静地分析，他决心与人合伙，投资50万美金成立微电脑公司。该公司谨慎经营，10年之内销售额达到1500万美元。此后几年不断发展，分别增至7000万美元、3.35亿美元、5.8亿美元，成为全美颇有影响的高科技企业之一。这就是美国著名的苹果电脑公司。[1]

在制药领域，利用失效的药品专利已经成为一些学名药（generic drugs）[2]厂的生命线。他们仿制专利失效的药品，不仅比单纯的新药开发花费少、风险低，而且带来的价值非常可观。据称21世纪的第一个十年是世界专利药专利集中过期的阶段。这些专利药大多为年收入超过5亿美元的重磅炸弹型产品，具有很大的市场。2005年后，非专利药市场将达到巅峰。根据分析，在2000～2007年，共有年收入超过5亿美元的29个重磅炸弹专利药物（见表7-1）的专利到期，其中默克公司涉及的药品数量最多，包括全球销售额最大药物之一的奥美拉唑在内，共有7种药物即将过期和已经过期。[3]

表7-1 2000～2007年已经过期和即将过期的专利药物

序号	药品（商品名）	公司名	专利失效年
1	奥美拉唑（Prilosec）	阿斯特拉-默克	2000
2	依那普利（Vasotec）	默克	2000
3	法莫替丁（Pepcid）	默克	2000
4	头孢呋新酯（Ceftin）	葛兰素-威尔康	2000
5	多沙唑嗪（Cardura）	辉瑞	2000
6	伊曲康唑（Sporanox）	杨森	2000
7	洛伐他汀（Mevacor）	默克	2001
8	赖诺普利（Prinivil）	默克	2001
9	羟氨苄青霉素（Augementin）	史克-比切姆	2002

[1] 潘德军．失效专利也是一种资本［J］．计划与市场探索，2001（1）．

[2] 所谓学名药（Generic Drugs）是指成分几乎与某大品牌（相关的药品专利过期）100％相同的药品，也许称之为“仿制药”会更为合适。

[3] 佚名．追踪专利到期药品 降低研发成本［EB/OL］．［2007-08-05］．http：//www.chinamsr.net/pharm/news/rd/200601/20060104161209.html.

续表

序号	药品（商品名）	公司名	专利失效年
10	他莫昔芬（Vovladex）	诺华	2002
11	亚胺培南-西拉司丁钠（Primaxin）	默克	2002
12	尼扎替丁（Axid）	礼来	2002
13	α-2b干扰素（Intron A）	先令	2002
14	环丙氟哌酸（Cipro）	拜耳	2003
15	炔雌醚（Ortho-Novum）	OrthoPharmaceutical	2003
16	氯雷他定（Claritin）	先令	2004
17	氟康唑（Diflucan）	辉瑞	2004
18	乙肝疫苗（Engerix-B）	史克-比切姆	2004
19	辛伐他汀（Zocor）	默克	2005
20	盐酸舍曲林（Zoloft）	辉瑞	2005
21	甲红霉素（Biaxin）	雅培	2005
22	普伐他汀（Pravachol）	布迈-施贵宝	2005
23	头孢三嗪（Recefin）	罗氏	2005
24	阿齐霉素（Zithromax）	辉瑞	2005
25	昂丹司琼（Zofran）	Cerenex	2005
26	舒马曲坦（Imitrex）	Cerenex	2006
27	苯磺酸氨氯地平（Norvasc）	辉瑞	2007
28	西沙必利（Propulsid）	杨森	2007
29	瑞司哌酮（Rispreidal）	杨森	2007

1. 如何利用失效专利

失效专利的利用有多种形式：

（1）可以直接实施失效专利，以制造产品，或应用于制造工艺之中，免费实施技术成果。

（2）可以针对失效专利进行二次开发，通过对失效专利的借鉴发挥、改进完善，创造出自己的新技术、新工艺、新产品。这样，不仅取得的技术成果会更有领先水平，而且不会受到背景专利的妨碍和牵绊。

（3）引用一些失效专利，对企业发明创造可能产生思维启迪的功能，为技术开发提供新的思路。因此，引用失效专利的作用绝不仅仅在于其直接的收益，企业可通过分析研究本行业同类产品的失效专利技术，开阔新产品开发的思路，把各种同类失效专利的优点集中起来，完善提高，开发出更高层次的产品。

（4）从失效专利的检索中，还可以获得反击对方专利侵权指控的证据。比如，证明对方专利不复存在，失去指控侵权之资格，或以此证明对方专利缺乏新颖性和创造性。

2. 失效专利的利用风险

许多企业往往拥有大量的专利组合，在专利组合之中，各个专利相互勾连，相互牵制。如果其中一件专利的实施依赖于其他背景专利，即使该专利失效，而对其加以利用，也可能侵犯其他背景专利的权利。这点尤其要引起注意，以防利用失效专利却引来侵权纠纷。

另外，现代社会，很多新产品往往由多件专利技术构成，只凭一件或两三件失效专利，多半还不能完整地生产整个产品。因此，在生产新产品之前，除了检索失效专利，还要注意在该产品上是否存在其他有效专利，以免酿成侵权恶果。

比如，国内企业在利用跨国制药巨头过期的非专利药物时，不仅要看该药的结构专利是否过期，还要看制剂、工艺等其他领域是否还有专利保护。这些专利往往是后续申请，到期时间也会相应延后，企业也需要注意此点。因此，失效专利不等于“零风险”。

7.4　开发专利的剩余市场

7.4.1　识别专利的剩余市场

剩余市场策略也是一个反其道而行之的方式，它是指利用他人专利技术获得法律保护的地域限制，在其没有申请专利的国家或地区，实施相同的技术方案，获得市场利益。这里，“没有申请专利的国家或地区”就是所谓的剩余市场。我国企业，尤其是中小企业，通过剩余市场策略，完全可以利用其他企业在中国或者自己目标市场内不享有专利权的技术，而无需去提出耗时长久、费用高昂的专利无效行政程序与法律诉讼。

前些年，在很多国际大企业看来，中国虽然很有潜力，但其并不一定在专利布局上完全采取与在欧美一样的政策。根据调查，Intel公司在美国和中国的专利申请的比例是10∶1（2002年为1080∶105），IBM公司在美国和中国的专利申请比例，据说是30∶1（2002年在美国有3000多件专利申请），似乎对在中国收取专利使用费信心不足。惠普公司在美国和中国的专利申请的比例是 10∶1，佳能公司这一比例是 9∶1。❶那么，这些跨国公司在中国与美国之间的专利数量差距，就为中国企业在国内使用相关技术，提供了潜在机会与可能性。中国企业可以通过检索中国和美国的专利文献，在中国利用这些企业在美国申请专利但未在中国申请专利的技术。

通过绘制同族专利的全球分布图，可以寻找某些产品的全球剩余市场。所谓同族专利，是指具有共同优先权的在不同国家或国际组织多次申请、多次公布或授权的内容相同或基本相同的一组专利或专利申请。一项发明可同时在多个国家申请专利并被授权，这是基本常识。在检索专利文献的过程中，我们只要通过同族专利检索或其他办法即可知道研究对象到底都在哪些国家申请过专利并被授权。进而通过排除法，可知道未被研究对象的专利权所覆盖的国家，也就知道了研究对象的剩余市场。知道了这些，我们即使不同专利权人打交道，也可无偿地在这些剩余市场的国家内使用、生产、销售研究对象所涉及的产品。了解这些，还可使我们在专利许可证贸易及产品进出口谈判中占据有利的地位。

表 7－2　同族专利的分布调查

国别 技术	美国专利	日本专利	德国专利	法国专利	英国专利	中国专利
技术 1	√	□	√	□	□	√
技术 2	□	√	□	√	√	□
技术 3	√	□	√	√	□	□
技术 4	□	√	□	√	□	□
技术 5	√	√	√	□	□	√

说明：√表示申请了专利，□表示未被申请专利，该国即为剩余市场。

7.4.2　剩余市场策略的运用

1. 剩余市场策略的应用领域

要运用剩余市场策略，必须在前期通过同族专利检索等渠道，来发现专利权人没有申请专利的国家或地区，即追踪他人的专利技术，进行全球检索，发现该同一技术方案没有申请或没有获得专利权的国家或地区。

然后，评估该专利是否具有可实施或可产业化的前景。如果不能产业

❶ 张玉瑞，周燕，顾伯兴，查志奇．外国大企业如何在中国实现专利价值？挥舞许可和诉讼两大利器［EB/OL］．［2004－06－22］．http：//www. sipo. gov. cn/sipo/zscqb/guancha/t20040622 _ 30329. htm.

❷ 陆毅．企业专利战略的制定及应注意的问题［EB/OL］．［2004－08－31］．http：//www. cnpatent. com/peixun/peixun9/peixun9－4. htm.

化，也就不存在利用的必要。同时评估该专利在剩余市场是否有市场前景，比如该技术产品在剩余市场的需求规模，同类产品市场竞争状况等。

只有做足了这些功课，剩余市场策略才能游刃有余。总体上看，剩余市场策略主要应用于下列领域：

(1) 国内利用时

通过剩余市场策略，发现国外企业在中国没有申请专利的技术，从而在国内免费实施，或者在其基础上进行改进完善，在国内申请自己的专利权。

(2) 产品出口时

通过剩余市场策略，可以寻找到不发生侵权的产品出口机会。北京燕山石化公司产品出口前，都要由专利情报部门进行出口检索，避免侵犯进口国的专利权。在某种程度上，也是在实施剩余市场策略。

(3) 国外投资时

通过剩余市场策略，发现在国外免费实施他人专利技术的投资机会，以减少成本支出与法律风险。

2. 剩余市场策略运用的局限

(1) 国际优先权的限制

国际优先权是巴黎公约的基本原则之一。就专利而言，所谓国际优先权，是指申请人自发明或者实用新型在一国第一次提出专利申请之日起 12 个月内，或者自外观设计在一国第一次提出专利申请之日起 6 个月内，又在另一国就相同主题提出专利申请的，可以享有优先权。即有权以其第一次提出申请的日期作为后来提出申请的申请日。这样，申请人不仅可以排斥在其第一次申请以后就相同主题提出申请的其他人，而且判断其专利申请新颖性和创造性的时间标准也应以第一次申请的时间为准。《专利法》第 29 条第 1 款规定了国际优先权。

在进行专利检索时，很可能检索出他人在法国已经公布专利申请或获得专利授权，但在中国尚未公布专利申请或获得专利授权，这时就要警惕他人是不是在利用国际优先权，故意拖延在中国的专利申请，以免其故意观察中国市场，在优先权期间到期之前才在中国提出专利申请，从而断送自己的剩余市场策略。以此类推，在运用剩余市场策略时，要注意他人利用国际优先权，延迟在某些国家的专利申请的可能性，从而避免发生侵权利用的情形。

（2）恶性竞争的问题

由于在剩余市场没有专利的保护和限制，一旦企业进入这个市场，而且前景良好，可能会招来其他企业的市场进入，并发生恶性的价格竞争，而自己由于无专利保护，也不能有效制止。此时，企业需要采取品牌战略或改进专利的方式，来保护自己的市场利益。

（3）技术秘密的限制

有的专利技术之外还有商业秘密保护，单纯依靠其专利申请文件难以有效地实施或达到较好的技术效果。所以，依照他人在一国公布的专利申请文件，在剩余市场进行产业化实施，如果不进行技术改进或后续开发，则可能无法生产出质量合格、消费者满意的产品。

（4）从属关系的牵制

他人的技术在剩余市场没有获得专利，但该技术的实施需要依赖其他技术（即存在从属关系），而其他技术在剩余市场却拥有专利权。这时，一旦实施该未专利化的技术，则可能会侵犯到其他技术的专利权。

（5）其他专利的牵绊

一件产品，特别是技术复杂的产品，可能需要多件专利的配合，才能生产。因此，在剩余市场没有取得专利的一项或几项技术，可能无法孤立地运用，必须结合其他在当地享有专利权的技术才能有效地发挥作用。此时，在剩余市场利用他人的技术就会遇到一些困难。

7.5 破坏专利的技术公开

7.5.1 技术公开的策略运用

企业如果从投入产出的经济角度考虑，认为自己开发的技术没有必要取得专利权，以免负担专利申请与维持的开支，但又担心其他企业取得这一技术的专利权，从而给本企业带来威胁，那么可以将发明创造的技术内容进行主动公开，以破坏其新颖性，从而阻止别人获得专利权，此即破坏专利的技术公开策略。

技术公开可以通过出版的文献公开，也可以通过实际使用或其他的方式公开。但从举证的角度，通过文献可以比较充分地公开技术内容，也可以比较容易地保存公开的证据，而且证明的效力相对较高。因此，破坏专利的技术公开最好采取文献公开的策略。

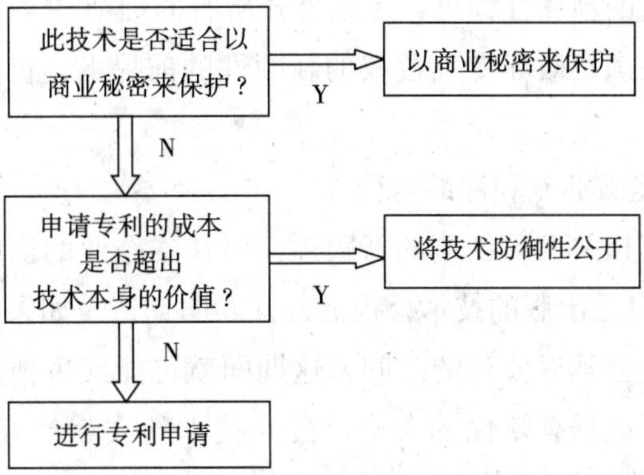

图7-1　技术公开的程序

美国专利商标局公报中有一专栏名为“防卫性公告”，专门刊登这类信息。日本、英国则各有一种刊物专司此职，日本的叫《公开技报》，英国的叫《研究公开》。[1]美国IBM公司还自行出版《技术公报》，实施文献公开策略。据统计，自1950年至今，IBM每月自行出版技术公报，在技术公报中公开未申请专利的发明就有8000件以上。[2]

文献公开作为技术公开的一种有效方式，其目的在于阻止竞争对手取得相关发明创造的专利，从而消除自己的发展障碍。因此，从更广阔的视野来看，文献公开的技术内容并不限于自己企业开发的技术，对于别人的研发成果，甚至公众周知的技术，在需要的时候也可以文献公开。

目前，有个别企业把公知技术或现有技术也拿去申请专利，并且还成功授权，然后去骚扰其他企业的生产经营。其他企业虽然知道这不应获得专利授权，但要举出该技术早已使用过的证据，可能还比较困难。比如，1980年代就出现过的一种糖果的外观，甲企业在1995年拿去申请专利，乙企业2000年还在生产这种外观的糖果（糖果本身的用料和口味已经发生改变），然后，甲企业向乙企业提出专利侵权的指控。此时，乙企业要去找那样一颗80年代的糖果，来证明甲企业的专利不应授权，恐怕不是一件容易的事情。如果当时有文献记载了这颗糖果的外观，情形则会完全不同。

文献公开策略的实施，特别是公开自己研发的技术时，需要仔细衡量利弊得失，慎重决策。从策略上讲，文献公开需要注意以下几点：

1. 不需公开所有的技术细节

公开发明创造的内容时，只要将其基本内容公开到足以破坏此后可能

[1] 佚名．企业专利战略［EB/OL］．［2005-05-28］．http：//www.hbipo.gov.cn/qsyzlgz-13.htm.

[2] 于涛．国外企业知识产权管理模式分析［J］．电子知识产权，2003（6）：18-22.

递交的专利申请的新颖性即可，无须公开所有的细节。[1]特别是该发明创造的关键内容，在满足破坏专利授权的新颖性的前提下，仍然可以作为商业秘密加以维持。

2. 利用快速破坏专利性的途径

为尽快破坏相关发明创造的新颖性，可在本企业的出版物公开发明创造，如IBM在自己出版的技术公报上公开发明创造。如果依靠向其他刊物投稿发表，可能会延迟公开的时间，这期间就可能发生他人专利申请的风险。当然，基于证据有效性的考虑，公开技术的文献最好是正式出版物，以强化技术公开的证明效力。

3. 缩小被接触利用的范围

为缩小所公开的发明创造被接触和利用的范围，应选择发行面较窄、发行量较少的出版物公开。从企业的角度，公开技术毕竟是为了破坏专利授权，而不是为了技术传播。

7.5.2 技术公开的风险分析

1. 技术公开的风险

公开自己的发明创造时，一定要慎重行事。否则：

(1) 如果把自己需要独占利用的发明创造公开了，将会让企业丧失独占其利的机会。

(2) 如果他人从公开的发明创造中，获得了竞争优势，则反过来给自己制造了一个麻烦的竞争对手。

2. 技术公开的风险规避

为了规避前述技术公开的风险，企业可以采取以下措施：

(1) 在决定公开发明创造时，反复评估该发明创造对自己的利弊得失，及其对他人可能带来的竞争优势。

(2) 利用不丧失新颖性的例外规则，策略性地实施技术公开。我国《专利法》第24条规定，申请专利的发明创造在申请日以前6个月内，有下列情形之一的，不丧失新颖性：①在中国政府主办或者承认的国际展览会上首次展出的；②在规定的学术会议或者技术会议上首次发表的……

在上述情形下公开发明创造，虽不影响本企业自公开之日起6个月内的专利申请，但自公开之日起已经影响到其他企业提出专利申请的新颖性。因此，在这6个月内，本企业可以充分评价是否申请专利，这在新产品的试生产尚未成功而竞争对手又有可能搞出相同的发明创造时，可予以采用。[2]

[1] 戚昌文，邵洋，等．市场竞争与专利战略［M］．武汉：华中理工大学出版社，1995：154.
[2] 戚昌文，邵洋，等．市场竞争与专利战略［M］．武汉：华中理工大学出版社，1995：155.

7.6 专利授权的免费开放

7.6.1 专利免费开放的政策

有的企业在不放弃权利的前提下，会把自己的专利向第三人免费开放。在2005年1月，IBM即宣布向开放源代码社区开放它拥有的500件软件专利，允许现在或将来致力于开放源代码软件的个人和机构免费使用。随后，IBM针对医疗和教育行业推出相关重要计划，通过开发开放软件标准来改进互操作性和信息访问。为开发和实现以Web服务、电子表格和开放文档格式为中心的医疗和教育开放软件标准，IBM承诺免除相关专利的使用费。[1]

本来可以有偿许可的专利，为何要进行免费开放呢？无论是IBM，还是其他专利授权的免费开放者，都并非慈善家，自然不会将自己辛苦得来的成果白白拱手让人。其免费开放的策略背后，往往别具用心，另有深意。

1. 为了普及产品和技术

为了迅速地让自己的产品或技术得到普及，有的专利权人会实行免费开放政策，其目的在于抢占市场份额，进而形成事实上的技术标准，一旦目的得逞，免费开放的政策就会改变为有偿开放政策。当然，有时专利权人是通过这种普及产品或技术的免费开放政策，左右产品或技术发展的方向，进而在后续开发中实现商业目的。在一些极端的情况下，有的专利权人通过纵容侵权行为，来达到普及产品或技术的目标。

2. 为了搭售相关的产品

有的产品不是孤立地使用，于是有的专利权人通过免费开放其专利，来搭售与其专利产品相配套的其他产品。

3. 为了控制产品使用者

美国一家生物公司在发明转基因大豆的最初几年里，曾一度打着“利用先进的生物科技，帮助贫穷国家发展粮食生产”的旗号，免费向南美发放转基因大豆种子。而当这些国家的农民已经习惯于播种转基因大豆时，美国生物公司却又说，凡是今后想继续播种转基因大豆的农民，必须向该公司缴纳“产权税”。这时大家才发现，凡播种过转基因大豆的土地已无法再重新播种传统的大豆作物。[2]美国生物公司所设下的免费专利陷阱，目的

[1] 明文．IBM知识产权战略从私有走向开放［EB/OL］．［2007-05-19］．http：//www.stdaily.com/gb/computer/2007-05/16/content_669139.htm.

[2] 刘鉴强．转基因稻米：13亿人主粮后的利益悬疑［N］．南方周末，2004-12-09（1-2）．

在于最终控制消费者。

资料链接：IBM专利开放战略的“小九九”

①“引狼入室”实为“李代桃僵”

“三十六计”中“李代桃僵”意为，作出某些局部或暂时的牺牲，去保全或者争取全局的、整体性的胜利。IBM正是利用了此计。

首先，以超强的科技实力为放弃局部利益的大前提。截至2005年，IBM已经连续12年成为全球拥有专利数量最多的公司，现在每年申请的新专利达3000多件。积累了雄厚的知识资本，有计划、有步骤地开放专利不会动摇IBM在行业领域内的科技垄断地位。

而IBM所看重的全局利益则是占据未来全球产业标准中的长期主导地位。从很多产业发展的经验来看，人们不在乎哪一种技术更先进，只关心哪一种技术是主流。一项技术开放得越早，就越有可能成为主流，从而成为产业的标准。而谁建立标准就意味着取得主导地位。IBM的专利开放战略正是痛定思痛的结果。实施专利开放战略等于在行业领域内设置了很高的进入壁垒，能够有效遏制竞争者的进入，也能为自己确立市场地位赢得先机。

专利保护是双刃剑，虽可防止企业技术外泄产生利益损失，但是如果保护过分，却容易给竞争对手以可乘之机。例如TCP/IP和NetBeui网络协议之争，Ethernet和Token Ring网络之争，最终IBM所开发的NetBeui和Token Ring全都败下阵来。原因是TCP/IP和Ethernet开放得早，已经提前一步成为产业公认的标准，而IBM的NetBeui和Token Ring不是技术落后，而是因为被知识产权重重保护失去了成为主流技术的机会。

再者，IBM的产品部门各自独立，从技术研发到产品制造基本上都处于相对独立的状态，其最直接的后果是，IBM在许多自己的产品中并没有应用自己发明的新技术，至少不是最先应用这些技术。这既导致了技术的浪费和闲置，也丧失了许多推广技术的机会。专利开放可以吸引更多技术和市场的追随者，这些追随者在IBM专利的基础上开发形成大量衍生技术和产品，为IBM的技术和产品培育更广阔的市场，推动其成为市场主流。另外，由于IBM公司的专利开放是根据自身发展需要，有计划、有步骤、有策略地推进，对追随者的技术和产品开发具有一定的引导性，追随者获得技术的同时往往也实现了 IBM 对某些技术进行推广的战略企图，推动了 IBM 在产业新标准制定中主导地位的建立。

IBM 的专利开放只不过是眼前利益和长远利益两方面权衡的结果，在不失主导地位的前提下，通过放弃部分专利收益来谋求长远的技术霸主地位，如此果敢的选择确实令人折服。

②“技术倾销”实为“偷梁换柱”

“三十六计”中“偷梁换柱”意为，用偷换的办法，暗中改换事物的本质和内容，如同抽出梁木，房屋就会坍塌，以达到控制对方的目的。

前文所述计划自然对我国好处多多，但是这却是 IBM 专利开放的“谋略”之一：在开放和帮助之时“偷梁换柱”，持续围歼可能将对 IBM 构成威胁的新技术。长此以往，我国的技术自主将摇摇欲坠，并且国家未来产业标准的主导权也将难以立足。

如果用一个新的概念表达，这种新战略实质上是在实施“技术倾销”。与产品倾销一样，技术倾销也会对被倾销国产生不利的影响，只不过这种影响更加潜在、长远，并且在法律制度上还没有像产品倾销一样受到普遍的重视和关注。

资料来源：缪荣．专利较量“战国策”——从 IBM“引狼入室”说起 [J]．首席财务官，2006 (10)．

7.6.2　专利免费开放的风险

专利授权的免费开放本身是受到其他企业欢迎的。但是，如果对免费开放政策所附带的目的不正当，比如，一面免费开放专利授权，一面附加搭售产品的条件时，则可能受到不正当竞争的指控。

特别要注意的是，企业免费开放专利授权后，不要中途突然实行有偿授权的政策，而应当给予免费使用者合理的时间适应或者做好准备，最好在专利免费开放之初就说明免费使用的期限。否则，其他企业可能指责你“请君入瓮”，别有用心，并可能控告你违反免费开放的授权协议。

由于免费开放的主动权掌握在专利权人手中，因此对免费使用者而言，意味着更多的风险。如果免费使用者对专利权人的专利使用形成了依赖，而事后专利免费开放又终止了，此时企业将提高产品的成本或减少产品的利润。例如，微软将针对原来可以免费使用的 FAT 文件系统收取每件 0.25 美元的授权费用，对厂商还要收取 25 万美元的协议费用。这意味着国内IT厂商们要在这些由新产品所带来的利润中拿出一份缴纳给微软。[1]

7.7 泡沫专利的策略运用

7.7.1 泡沫专利策略的动机

有的西方学者曾经夸张地说："要么拥有专利，要么迎接死亡。"所以，圈占专利成为一些企业在商业竞争过程中的追求目标。但有的企业甚至出于商业考虑，申请了大量的质量低劣的专利。这些专利多半是无效的或者其权利要求过于宽泛，也即是所谓的问题专利（questionable patent），它们利用法律制度、审查体制上的缺陷或疏忽，顺利地通过了审查。这些问题专利就像泡沫一样，随时会被他人吹散，只是暂时形成企业专利申请虚假繁荣的局面，所以我们也称之为泡沫专利。为什么要申请泡沫专利呢？

1. 为了显示研发实力

> 专利权是企业创新力的成功指标。
>
> ——台湾政治大学刘江彬

有的技术型企业，需要通过持续的专利申请活动来显示源源不断的创新能力，这样做可能一方面是为了企业形象的需要，专利作为企业技术水平及研发实力的一种外在展示，越来越多地承载着企业的形象声誉；另一方面，更重要的可能是企业为了向投资人（比如股东）证明其业绩，或者企业研发部门需要完成专利指标。如果没有足够的技术创新成果时，申请泡沫专利则是其现实的选择。

2. 为了获得谈判筹码

在谈判桌上，专利可以是运筹帷幄与交叉授权的筹码。在1993年微软公司只拥有24个专利，常常受制于IBM公司的软件授权问题，当授权合约谈不拢时，IBM就以超过1000个专利所形成的专利布局来逼微软公司走上谈判桌。惨痛的教训迫使微软公司定下目标，要占有足够的专利数量来和其他公司进行交叉授权。[2]有的企业为了迅速累积专利筹码，会策略性地把不能申请专利的公知技术，甚至失效专利等，作为专利来申请，打造自己的专利组合。

[1] 王英．知识产权跨国公司埋下陷阱 中国企业该如何应对［J］．财经时报，2005-09-08.
[2] 王世尧，王世仁．专利的价值［J］．智慧财产权管理季刊，36.

3. 为了设置竞争障碍

泡沫专利的广泛存在，成为窒息公平竞争的杀手。如果竞争者不经泡沫专利权利人的许可，而选择在该泡沫专利不适当覆盖的领域，从事研究和开发，那么就会存在法律风险——被专利权人拖入花费巨大、耗时长久的诉讼中去。如果竞争者选择谈判以取得许可，并支付使用费，则后继创新和商业开发的成本，又会因为这些不合理的使用费而增加。❶

4. 为了满足融资需要

专利已经成为融资的工具。风险资本之所以青睐拥有专利权的公司，是因为拥有专利权，就意味着竞争优势，意味着垄断利润，意味着投资前景。所以，一些企业，尤其中小企业为迎合风险资本家的口味，不管是否真正需要，都申请和占有大量的知识产权。比如，有的企业可能更愿意使用商业秘密而不是专利来保护其发明创造，因为申请专利后的技术公开，难以避免第三人的盗用，如果侵权行为透过产品本身不是显而易见的话，自己则难以发现。但为了融资的需要，也把这些本应秘密保护的技术，申请专利保护。❷

为了筹集风险资本，企业需要展示它的专利组合（patent portfolios），而泡沫专利的申请，可以有效增加专利组合的数量或规模，显示出自己技术领先或实力强劲的形象。

5. 为了打击竞争对手

近年来，一些企业故意申请泡沫专利，并借助其打压同业竞争者，比如在海关备案，阻止其产品出口；向法院提起诉讼，消耗对方的财力、人力和注意力。

7.7.2　泡沫专利策略的风险

1. 容易被挑战为无效专利

泡沫专利本身具有不稳定性，容易被他人请求无效或部分无效，从而浪费了资金又没有达到融资或提升形象等期望的效果。

2. 破坏自己的形象

如果申请了非常多的泡沫专利，然后被别人通过请求无效或其他方式揭露出来，反而可能严重损害自己的企业形象，尤其是降低了企业的信誉，

❶ See Federal Trade Commission. To Promote Innovation：The Proper Balance of Competition and Patent Law and Policy（October 2003）［EB/OL］.［2004 - 04 - 04］http：//www.ftc.gov/os/2003/10/innovationrpt.pdf.

❷ 同本页注❶.

结果吓走了风险资本家。

3. 成为反垄断的目标

如果借助泡沫专利来设置竞争障碍或打击竞争对手，可能会被指控为触犯反垄断法，或者违反公平竞争的规则。

综上所述，泡沫专利策略本身就是专利制度所不鼓励的方式，大多属于专利滥用的范围，因此企业除非为了不伤害其他竞争者的特定目的，一般不宜采用。

思考与练习

1. 专利挑战策略的真正用意有哪些？
2. 可以考虑采取专利搁置策略的情形有哪些？
3. 专利搁置策略的风险在哪里？
4. 如何利用失效专利？
5. 剩余市场策略可以应用在哪些领域？
6. 剩余市场策略运用的局限在哪里？
7. 技术公开策略的风险是什么？如何规避？
8. 专利免费开放背后的动机有哪些？
9. 为什么要申请泡沫专利？
10. 泡沫专利策略的风险有哪些？

重要词汇

专利挑战策略：指通过挑战他人专利的有效性、稳定性或保护范围，来消除专利侵权的障碍或获得其他商业利益。

剩余市场策略：指利用他人专利技术获得法律保护的地域限制，在其没有申请专利的国家或地区，实施相同的技术方案，获得市场利益。

同族专利：指具有共同优先权的在不同国家或国际组织多次申请、多次公布或授权的内容相同或基本相同的一组专利或专利申请。

技术公开策略：指将发明创造的技术内容进行主动公开，以破坏其新颖性，从而阻止别人获得专利权。

第 8 章　专利经营的风险管理

学习要点

1. 专利回避设计的操作。
2. 专利尽职调查的开展。
3. 专利预警机制的建设。
4. 专利侵权诉讼的攻击。
5. 专利侵权诉讼的防卫。
6. 专利争议的和平解决。
7. 专利危机的防御联盟。

在专利为王的时代，专利风险随时可能降临，特别是一些专利流氓的出现，更是增加了专利侵权等经营风险发生的可能性。台积电副总经理暨法务长杜东佑提醒说，美国已出现专利流氓（Trolls），这种完全不为营运研发，纯粹在硅谷买专利，以告人为目的的企业趋势正在成形并向外扩张。未来，很多小企业或许难以抵挡。未来，薄薄的一本专利证书，将决定你是创新企业，还是被放在刀俎上，任人鱼肉的企业![1]

而专利风险所带来的损失，更是不容小视。美国柯达（Kodak）公司未能有效进行专利的回避设计，导致侵犯 Polariod 拍立得相机专利，在侵权赔偿、诉讼费用及研发支出上，总共损失高达 30 亿美元，十年的研发心血付诸东流，成为高科技专利战中一桩可怕的案例，被称为美国商业史上代价最高昂的专利灾难，整个美国的金融界、工商界无不为之震惊。[2]此案显示了专利经营风险管理的重要性。

如何避免企业经营的专利风险，其实存在很多的渠道或方法，比如在技术开发时进行相关的专利检索，以排除开发成果侵犯他人专利的情形；

[1] 沈耀华. 15 个新台湾大王［J］. 商业周刊，932.

[2] 凯文·里韦特，戴维·克兰. 尘封的商业宝藏——启用商战新的秘密武器：专利权［M］. 陈彬，杨时超，译，北京：中信出版社，2002：93-96.

通过发动专利挑战，请求他人的专利无效，以消除生产经营中的专利障碍；把对自己构成威胁的专利买下来，甚至把拥有该专利的企业收购了，以消除将来受到侵权指控的危险，诸如此类，不胜枚举，本书在前面的章节中也各有涉及，而在下面的阐述中，我们将更加系统地讨论专利风险管理中的一些重要议题。

8.1 专利侵权的回避设计

8.1.1 专利侵权的回避设计概述

"回避设计"（Design around）是技术创新过程中一种常见的技术开发策略，即通过设计一种不同于受专利保护的新方案，来规避该项专利权。❶本质上，专利权本身并不能回避，但是技术研发人员可以采用不同于受专利权保护的技术方案的新的设计，从而避开他人某项具体专利权的保护范围。通过回避设计，企业可以在市场竞争中有效避免他人专利的牵制，获得自主经营的空间。

需要注意的是，回避设计并不是研发设计中的灵丹妙药，采用回避设计本身就意味着他人在该项技术领域先有专利权，而我方已经处于不利态势，因此注重自主专利权的创造和累积，才是企业专利经营与专利战略中的根本，才可以在市场竞争中占据有利局面。而且，随着业界对专利重视程度的提高，各种保护策略的运用日臻成熟，各国行政机关和法院对专利保护也日益加强，回避设计的空间和成功的可能性也将越来越小。

但是，回避设计的确是企业知识产权策略中避免侵权发生的重要措施，同时也可能是代价最小的一条竞争捷径，因此，特别是对于后来者而言，回避设计往往是其后发制人的一个重要手段，值得充分关注和重视。我国已经有企业进行回避设计，以避开专利锋芒，创造自主专利。

全国内燃机行业7家上市公司之一的江苏江淮动力股份有限公司（以下简称"江淮动力公司"），近年来依靠技术进步和产品创新，实施以专利战略为主的知识产权战略，营造企业核心竞争力，取得了飞速的发展。江淮动力公司结合企业发展战略和经营战略，针对欧美高端家用小动力市场，走仿制先进企业产品道路，提高技术水平和产品附加值。为规避专利侵权

❶ 本小节关于专利回避设计的内容，主要参考了吴锦伟．知识产权是否可以实现回避设计［EB/OL］．［2006-04-17］．http：//www.chinaecnet.com/mkt/zt054255.asp. 特此说明，并致谢意。

风险，江淮动力公司委托专业的专利服务机构进行相关欧美国家专利的查询检索，然后通过对比研究，进行修改设计以免侵权诉讼。对于难以规避又确有价值的专利，才采取购买许可的方式。[1]

8.1.2　专利侵权回避设计的前期工作

1. 确认被回避专利的保护范围

对他人的专利进行回避设计，第一步是搞清楚所要回避的专利保护范围的大小。在此过程中，首先要确认的是专利在法律形式上的有效性，如果专利权因为未交费，或已过保护年限，或已被宣告无效而不复存在，则回避设计就没有必要了。

在核实专利有效的前提下，进一步分析其权利要求，找出其保护范围最宽的权项进行分析，结合说明书和相关审查过程中的往来文件，确认该权利要求字面的真实含义，以及其等同物的范围。

经过这样的分析，可以整理出该最宽权利要求包含的几个必要技术特征。这样就提供了一个对比基准，来检验将来的回避设计是否满足底限要求，若回避设计方案不包括整理出来的所有必要技术特征，就可以认为是满足了这一底限。

值得提及的是，这种技术特征的对比不仅仅是字面上的，还应考虑其等同物，当然，这也是比对的难点所在，这些就是侵权判定理论中提到的字面侵权原则、等同原则以及禁止反悔原则在回避设计中的应用。

《最高人民法院关于审理专利纠纷案件适用法律问题的若干规定》第 17 条规定："专利法第五十六条第一款所称的'发明或者实用新型专利权的保护范围以其权利要求的内容为准，说明书及附图可以用于解释权利要求'，是指专利权的保护范围应当以权利要求书中明确记载的必要技术特征所确定的范围为准，也包括与该必要技术特征相等同的特征所确定的范围。等同特征是指与所记载的技术特征以基本相同的手段，实现基本相同的功能，达到基本相同的效果，并且本领域的普通技术人员无需经过创造性劳动就能够联想到的特征。"比如，人家的专利技术中是用齿轮实现传送功能，而你用传送带替代齿轮达到传送的功能，则传送带会构成齿轮的等同物，依等同原则构成侵权。不过，等同原则目前在中国的司法实践中逐渐受到抑制，一般不轻易使用该原则来判断侵权成立与否。

[1] 刘晓芸．进攻性专利战略：企业的专利申请策略［EB/OL］．［2006－03－25］．http：//www.jssti.com.cn/bianjishi/jinghua/2004year/2004－10/jg.html.

2. 评估被回避专利的实质有效性

在确定了授权专利保护范围的基础上，如果考虑到回避设计的复杂程度和成本，还可以对专利的实质有效性做一个评估，即对比现有技术，查核该专利是否有不当授权的情况，再基于评估核实后的专利范围做回避设计，这有可能大大减小回避设计的技术难度和成本投入。

当然，专利回避设计存在着一定的风险，如果不能准确评估，就有可能导致侵权。与此同时，要保留在此过程找到相关专利有效性分析的证据，根据自己的商业策略，在适当的时候提出无效申请或将证据提供给商业盟友。

8.1.3 专利侵权回避设计的操作方法

确定了专利保护范围之后，就可以进入回避设计的设计过程了。回避设计方法大致有以下几种：

1. 借鉴专利文件中技术问题的回避设计

这种回避设计，只是通过专利文件了解新产品的性能指标或技术方案解决的技术问题，比如，通过他人的专利了解到新技术解决了发动机的噪声问题。在此情况下的设计，一般来说完全不同于专利中的技术方案，也不存在侵权的问题。但是，另起炉灶的研发费用可能会较大，研发周期也相对较长。专利文件仅起到提示竞争者创新的作用，竞争者对其利用程度不高。

2. 借鉴专利文件中背景技术的回避设计

专利文件的背景技术部分往往会描述一种或多种相关现有技术，并指出它们的不足之处；审查员也会指出最接近的现有技术；而且，有些国家的专利文件中还会指出与该专利相互引证的专利文献。

因此，借助于与该专利相近的技术文献，完全有可能通过对现有技术以及其他专利技术的改进，组合形成新的技术方案，来回避该专利。这样的回避设计利用了专利文件的信息，在此基础上创造出了不侵犯该专利权的回避设计方案。值得注意的是，在此过程中要注意避免对其他涉及的专利构成侵权。

3. 借鉴专利文件中发明内容和具体实施方案的回避设计

专利的保护范围以权利要求为准，其具体实施方案中可能提供了多种变形和技术方案；其发明内容部分可能揭示了完成本发明的技术原理、理论基础或发明思路。然而其权利要求却未必能精准地概括上述这些具体实施方案；其技术原理、理论基础或发明思路也未必只对应其权利要求中的技术方案。

这样，就有可能通过上下两个方面进行突破：(1) 寻找权利要求的概括疏漏，找出可以实现发明目的，却未在权利要求中加以概括保护的实施例或相应变形；(2) 可以通过应用发明内容中提到的技术原理、理论基础或发明思路创造出不同于权利要求保护的技术方案。

4. 借鉴专利审查相关文件的回避设计

根据禁止反悔原则，专利权人不得在诉讼中，对其答复审查意见过程中所做的限制性解释和放弃的部分反悔，而这些很有可能就是可以实现发明目的，但又排除在保护范围之外的技术方案，所以如果能获得这样的信息，回避设计就事半功倍了。

5. 借鉴专利权利要求的回避设计

这种回避设计是采用与专利相近的技术方案，而缺省至少一个技术特征，或有至少一个必要技术特征，与权利要求不同。同样，这里的权利要求也应当理解为字面及其等同解释。这是最常见的回避设计，也是与专利保护范围最接近的回避设计。这种方法技术上的难度相对较大，同时也应当把握好回避设计下限的度的问题。这里的关键点在于找出权利要求各技术特征中最易缺省或替代的技术特征，也就是突破口，这需要有丰富的技术设计经验。

以上数种回避设计中，第一和第二种基本与要回避的专利技术方案无关，但是技术上的发挥空间也较大；而第三到第五种方法虽然可以充分借鉴要回避的专利技术，但其技术上的回旋余地较小，而且在一定的条件下才能成功实现。[1]

8.2 专利交易的尽职调查

8.2.1 专利风险尽职调查概述

在涉及专利的交易中，我国企业曾经上当受骗，损失惨重。北京某汽车厂在与外商进行合资谈判过程中，外方提出技术入股方式的具体方案，以其中的 97 件专利技术，共折合 1600 万美元入股。由于这家企业不懂得专利法，没有了解这些专利技术的法律状态就草草签约。直到后来才得知，97 件专利技术中的 23 件专利是过期的，还有 29 件专利已临近到期，13 件

[1] 吴锦伟．知识产权是否可以实现回避设计［EB/OL］．［2006－04－17］．http：//www.chinaecnet.com.

则刚刚递交申请，没有授权，真正算数的专利只有32件，占总专利数的33%，也就是说2/3的专利是不能折算股金投资入股的。该企业追悔莫及。❶

如果企业在专利引进等交易中开展尽职调查，根据其专利技术的申请号、专利名称等，仔细检索其法律状态，包括其权利保护范围、保护期限，以确定该专利是否为假冒专利、过期专利，就可以避免这些无谓的经济损失。如我国在引进英国皮尔金顿公司浮法玻璃生产线的过程中，通过详细检索专利文献，发现该公司有关浮法玻璃技术的137件专利在当时已有51件失效，迫使英方将价款由原来的2500万英镑降为52.5万英镑。❷

所谓尽职调查（Due Diligence），也称审慎调查，有的也译为谨慎审核、正当调查，是指在企业买卖、投资、合作、购并等交易活动中，事先针先对特定标的所进行的调查程序，其目的系为确保双方协商或谈判基础的正确，内容则涵盖企业经营管理与实际运作的各个层面，只要交易双方认为重要或足以影响商业决策的事项，都可列为尽职调查的内容，主要包含财务面（financial due diligence）及法律面（legal due diligence）的调查、鉴价与风险评估。❸

对于专利风险的尽职调查，简单地讲，是指通过收集和分析对方的专利信息，预测和评价相关的风险问题和收益机会，作为调查方决策参考的依据。专利权的调查比起一般的产权调查要复杂得多，因为专利权有较高的技术含量，法律程序也比较复杂。像房地产调查，只要到房地局跑一趟，基本上可以了解清楚这个产权的状况；而专利权相对而言没有这么简单。

8.2.2 专利风险尽职调查的程序

专利风险的尽职调查过程，主要由专利风险尽职调查准备、调查实施、调查结果分析、调查结果应用四个环节构成。

1. 专利风险尽职调查的准备

在专利风险尽职调查的准备阶段，需要制定调查活动计划，主要包括尽职调查目标的制定、调查内容的确定、人员和时间安排等。确定调查人员，主要由知识产权专业人员、企业高层管理人员和相关领域的技术人员组成；依据尽职调查目标，设计和选择专利风险尽职调查方法，一般调查

❶ 李启章，吴辉，张璇，裴宏，曾旭辉，徐进．中国企业的专利化生存之痛（下）［N］．中国知识产权报，2005-12-15.

❷ 谢静波．论专利文献在企业技术创新中的作用［EB/OL］．［2006-04-17］．http：//61.163.245.107/chxin/chx116.htm.

❸ 汪家倩．如何进行智慧财产的正当注意调查程序（IP due diligence）——以专利的正当注意调查程序（patent due diligence）为例［J］．万国法律杂志，139.

方法有专利的检索与分析，审核有关知识产权制度、资料、记录等。

2. 专利风险尽职调查的实施

在专利风险尽职调查的实施阶段，调查小组依据调查计划，运用调查方法，如专利检索分析等开展调查，并对调查过程进行控制和调整。在实施调查过程中，有时会根据实际情况作适当调整，包括对调查内容、调查方式的组合调整，改换角度等应变方法，变换调查人员调查等，最终达到获取有效信息的目的。

在完成每项预定的调查内容和类别以后，应及时记录调查信息，以甄别关键要素和信息的客观性、真实性，在随后的进程中进行再核实和再调查。

3. 专利风险尽职调查的结果分析

在专利风险尽职调查的结果分析阶段，调查小组结束调查活动后，需要对所获得的信息进行提取和分析，判别是否存在重大的侵权风险或法律隐患。在分析和比较的基础上，形成调查结果的总结报告。一般分析和比较采用表格形式，简洁明了。

4. 专利风险尽职调查的结果应用

在专利风险尽职调查的结果应用阶段，根据调查报告，判别企业在专利交易中可能面临的法律风险问题及其风险成本，判别消除或克服专利风险的难易程度，并为消除或克服专利风险提供决策依据。

8.2.3　专利风险尽职调查的内容

从广义上讲，专利风险调查的内容范围大致涉及以下几个方面：(1) 技术层面，比如专利技术是否成熟；(2) 法律层面，比如专利是否获得授权；(3) 管理层面，比如调查受让专利的企业是否拥有足够的专利经营管理能力。而从专利交易的卖方和买方两个角度观察，专利风险调查的内容又大有不同。我们下面从专利买方的角度，主要在法律层面，从形式与实质两个方面，介绍专利风险尽职调查的内容。

1. 形式上的调查

(1) 专利权是否已获得

如果卖方的专利还只是一件专利申请，并没有获得国家知识产权局的授权，那么这个专利申请能不能顺利获得授权，不免要充满疑问。如果专利申请最终未获批准，即使斥资买下也不能独占使用。此外，假使专利申请在未来能够经过审查而获得授权，也要警惕专利申请人为了顺利获得授权，而修改缩小专利权利要求的保护范围，否则等你获得专利权时，发现此时的专利已非交易当时的专利了，因为保护范围缩小了，商业价值大打折扣。

（2）专利权是否被终止

有些专利权可能因为没有按照规定缴纳年费，甚至因为书面声明放弃等因素而被依法终止了。被终止的专利已经进入公有领域，不需要花费金钱即可利用。因此，查明该专利是否被终止，对于买方关系重大。

（3）专利权在哪里有效

专利权具有地域效力，在中国申请的专利只在中国有效，在美国申请的专利只在美国有效。如果你打算买来专利，制造产品，然后销往美国，那么必须调查卖方卖给你的专利是不是包括美国专利，卖方是否在美国也获得了专利授权，否则可能另有他人在美国享有专利权，买方的产品出口会受到专利侵权的指控。

（4）专利权何时到期

在我国，发明专利的保护期为自申请之日起20年，实用新型和外观设计专利的保护期为自申请之日起10年，超过保护期后，专利技术就进入公有领域，不能独占其利。因此，专利剩余的有效期限越短，专利的商业价值也就越低。

（5）专利权由谁享有

只有专利权人，才有权处分其专利的转让、许可等事宜，所以，必须调查一下这个专利是不是由卖方享有。如果卖方是个人的话，还有必要确认一下这是不是非职务发明创造，防止发明人将职务发明创造申请为个人的非职务专利，为未来权属争议埋下伏笔。对于卖方受让而来的专利，不能只看其专利转让合同，还要查明该专利转让是否已经过国家知识产权局的登记，否则卖方仍不是合适的专利权人，还没有真正成为专利的所有人。

（6）是否取得共有人的同意

如果卖方和他人共有专利权的话，卖方应当获得共有专利权人的授权才能进行转让、许可等交易。否则，卖方属于擅自处分，在法律上归于无效，从而影响买方的利益。不过，《专利法》第15条规定，如果没有约定的，专利权的共有人可以单独以普通许可方式许可他人实施专利。

（7）是否对外发放过专利许可

专利是否发放过对外许可，对买方利益的影响非常大。如果专利权人已经对外发放了独占许可或排他许可，并已备案可以对抗第三人时，买方不能再接受专利权人的任何形式的许可，否则买方付了钱也不能使用该专利，只能去追究专利权人的违约责任。如果专利权人已经对他人发放过普通许可，买方有权再获得普通许可时，需要评估前面的专利许可，是否会影响自己的商业利益，同时可以据此要求降低许可费。在专利权人对外发放过许可后，如果买方去受让这个专利权，那么将会受到前手专利许可的极大限制。在前手独占许可的限制之下，买方无法实施该专利；在前手排他许可的限制之下，买方尽管可以自己使用，但无法再次对外开展许可业务。

（8）是否存在专利质押等担保

如果专利已经被质押，买下这个专利的风险则很大。一旦专利权人无法清偿债务，债权人有权以该专利折价或者以拍卖、变卖该专利的价款优先受偿。而且根据《担保法》第80条的规定，专利权出质后，出质人（专利权人）不得转让或者许可他人使用，除非经出质人与质权人协商同意的，才可以转让或者许可他人使用。

（9）是否正发生法律争议

即使是已经获得授权的专利权，也会面临着许多不确定的法律争议。比如，可能有第三人基于各种原因，正在请求宣告该专利无效；可能有第三人正在指控专利权人的此项专利侵犯其专利权等在先权利；可能第三人正在请求确认他为此项专利权的所有人。如果卖方的专利权正在发生诸如此类的争议，那么很明显，这里潜伏着巨大的风险，无论专利权是被宣告无效，还是部分无效，或者被判定为侵权，或者被确认归属他人，都会影响买方的重大利益。更重要的是，如果买方中途接手这个烫手山芋，还得耗时耗力耗钱去处理这些法律争议。在1992年，乔丹公司收购了生产“随意贴”不干胶和胶带产品的乐佩（LePage）公司。不幸的是，3M公司那时正在告乐佩公司侵权，禁止乐佩公司开发和销售其产品。乔丹公司因此而陷入了专利诉讼的拉锯战中，难以自拔。[1]

2. 实质上的调查

（1）是否成熟的专利技术

不要误以为专利就是成熟的科技成果，事实上，大多数专利技术都是不成熟的，并不能满足产业化的需要。有的专利技术仅仅是一个可能实现的技术方案，从技术方案到产品制造往往相距甚远，如果再到大规模生产，距离就更远了，中间还要经过一系列工业性的开发试验等。因此，买方应当评估专利技术是否具有成熟性，是否可以直接或比较容易进行市场应用。

[1] 凯文·里韦特，戴维·克兰．尘封的商业宝藏——启用商战新的秘密武器：专利权[M]．陈彬，杨时超，译．北京：中信出版社，2002：168.

不要花了一大笔钱买下专利实施时，才发现该专利存在目前无法解决的缺陷，或者生产成本太高，市场无法接受，结果在进行投资后又不得不宣布放弃。当然，越不成熟的技术，其交易价格就应当越低，因为买方还要跟进很多产业化的投资。

（2）是否依赖于背景技术

如果一项专利是在其他专利或者技术秘密（称为“背景技术”）的基础上改进获得的，并且在实施该项专利时，还需要依赖背景技术权利人的许可，才能消除法律上的侵权障碍，那么，单独买下这个专利还不能自由地加以商业利用。显而易见，这种专利的价值受到极大的限制。如果背景技术也为该专利的权利人所享有，则可以协商一并受让这些背景技术，或者签署价格合理的永久许可协议。

（3）是否存在改进技术

如果专利权人对其专利作了诸多的改进，又申请了独立的专利或作为技术秘密加以保护，那么应当要求卖方披露这些改进技术的基本信息，以防止卖方日后拿着改进技术的知识产权来敲诈买方高额的许可或转让费。在卖方披露这些改进技术的信息后，买方应当评估其知识产权是否值得购买？如果不购买，会有什么影响？假设缺乏改进技术，产品的制造不能达到最佳的效果，那么买下目标专利也许还是不能达到预期的目的。

（4）是否存在配套技术

某一项专利或技术秘密，既不是目标专利的背景技术，也不是目标专利的改进技术，但仍然可能是协助目标专利发挥最佳效果的配套技术。这些配套技术如果不能一并取得，将降低目标专利的技术价值和商业价值。

（5）是否切合买方的需求

通过分析专利的技术价值和商业价值，可以确认其是否能够结合买方产品的需求，是否能够提升买方产品的附加价值，是否能够弥补买方现有技术的弱点或缺陷，等等。如果不能满足买方的需求，该专利自然无需交易。

（6）是否欠缺授权的实质条件

通过文献检索分析等途径，检查目标专利是否存在新颖性、创造性、实用性等方面的缺陷，从而评估专利在将来是否有被宣告无效的可能性。如果买方发现了充足的证据，也可以自己提出专利无效宣告的请求，从而无效该专利权，得以免费实施。

（7）专利申请文件是否存在瑕疵

专利申请文件包括权利要求书、专利说明书等文件，其中最为重要的，是权利要求书。如果权利要求的保护范围写得很窄，则会影响专利的经济价值，因为它垄断的市场有限；而权利要求的保护范围写得太宽，又容易遭到竞争对手的无效宣告，因为太宽的保护范围就意味着面临更多的“在先技术”的挑战。此外，如果专利申请文件对专利技术的公开不充分，也会受到无效宣告的威胁。

(8) 是否易于回避设计

有些专利可以形成强大的技术壁垒，阻挡竞争对手的市场进入或技术研发。而有些专利只能保护有限的范围，竞争对手可以轻易进行回避设计，绕过专利而不构成侵权。买方可以通过技术和法律上的分析，评估该专利是否易于回避设计。如果易于回避设计，则可以压低交易价格，甚至无需购买，自己回避开发，还能拥有新的专利。

(9) 发明人是否支持专利的实施

表面上看，发明人似乎与专利的交易没有什么关系，实则不然。因为没有发明人的技术支持，有些专利即使买回来也无法实施，或者无法克服一些技术问题。因此，如果卖方专利的发明人积极参与专利的交易，支持专利的实施，对于买方后续的专利利用则意义重大。在并购高科技企业时，有的企业还十分看重并购是否包括目标企业的技术骨干，如果专利开发的技术人员并没有包括在收购名单中，那么买方还会思量该项交易的可行性。因为专利技术也需要更新换代，对一件专利或一个专利组合进行后续技术升级，缺少原始开发者，此项工作会变得非常困难。[1]

(10) 专利权人是否具有足够的技术能力

如果专利权人具有强大的研究开发能力和技术支持能力，不仅可以持续改进专利，使专利产品一直处于有利的竞争地位，而且可以有效支持买方开展专利产业化的工作，使纸上的专利技术落实到现实的生产经营中。

(11) 专利组合是否存在问题

专利联营的兴起使专利的风险调查更为复杂。一个打包许可的专利池里，可能存在几十上百，甚至成千上万的专利，除了要调查专利池里是否存在垃圾专利（欠缺授权实质条件），相关专利是否在买方的目标市场有效等问题外，更要警惕“一女二嫁”的问题。有的专利池里，看似存在几个不同的专利，而且在不同的国家获得授权，但实际上是同一个技术主题和技术内容的专利，只是在不同的国家使用了不同的名称，或者在申请文件

❶ 袁雯卿．专利交易的尽职调查．[C]．上海大学知识产权学院《企业知识产权战略与策略》课程论文，2007.

上有些许表达上的差异。而专利权人很可能把这些“名为数个、实为一个”的专利权，在相同的使用范围内多次授权给买方，达到重复收费的目的。

8.3 专利风险的预警机制

8.3.1 专利风险预警机制概述

1. 专利风险预警机制的内涵

预警，就是事先发出警报，即根据事物的现实状况及其发展的客观规律，去判断、推测事物将要发展的方向，并在一定范围内发布警示性信息。随着社会科技的进步，各类传媒的迅速发展，预警已经广泛应用于社会生活的各个领域，并与日常生活息息相关，诸如天气预警、灾害预警、财务预警等。

而专利风险预警是指企业通过收集、整理与本企业产品相关的专利信息、国内外市场信息或其他相关信息，分析判断可能发生的专利纠纷和可能产生的危害程度等情况，并向企业决策部门发出警报。

2. 专利风险预警机制的作用

中国企业目前频频遭遇专利侵权纠纷，一波未平，一波又起，因此，有必要建立风险预警机制，通过预警机制未雨绸缪，赢得主动，积极应对竞争对手发动的专利挑战。

建立专利风险预警机制，不仅可以规避在先权利，防范侵权风险，加强企业预防及应对专利纠纷的能力，缩短处理专利风险的反应时间；也可以帮助企业找到技术的空白点和技术的发展趋势，节约研发时间和经费；还可以发现已有的和潜在的竞争对手，甚至可以为企业制定投资计划和发展方略提供依据。

8.3.2 专利风险预警的操作程序

1. 确定专利风险预警的目标

总体上看，企业开展专利风险预警的目标，是通过对相关专利信息进行收集、整理和分析判断，形成专利信息分析报告，对可能发生的专利侵权争端和可能产生的危害程度等情况，向企业决策层和政府有关部门发出警报，以避免专利侵权的发生，规避专利侵权的出现，或者减少专利侵权的损失。但在具体操作时，企业应当明确清晰的预警目标，不可漫无目的，否则风险预警无从落实。

2. 确定专利风险预警的机构

专利预警是比较专业的工作，需要通过专业机构或专业人员进行操作。企业根据风险预警的工作目标和应用范围，可以委托具有相应资质的专利代理机构或知识产权信息公司，进行专利的风险预警分析。大公司可以通过自己的知识产权部门或担当相应职责的机构或人员，进行专利预警风险分析。

3. 确定专利风险预警的对象

根据企业经营涉及的技术领域，结合企业自身的发展战略方向和主要竞争对手的专利情况，确定需要进行专利预警的技术领域或产业范围，具体制定专利风险预警报告的任务要求。比如，打算向美国出口产品的企业，可以围绕该产品进行美国专利信息分析，确定该产品是否存在侵犯美国专利权的风险，或者风险存在的程度如何。

4. 开展专利信息的检索分析

根据专利风险预警的任务要求，开展对目标市场、目标企业、目标对象的专利文献检索、分析，找出目标技术领域中专利申请量居前的重点国家、重点单位或个人，绘制目标领域专利申请量的时间分布，发现目标技术领域的发展趋势等信息，为专利风险预警提供数据支持和信息来源。为了便于实时跟踪和动态利用，企业可以根据技术或产品发展的方向和重点，建立相关技术领域的专利数据库。

5. 确定专利风险的威胁程度

通过对专利信息的检索分析，结合企业自身在相应产品和技术领域中的专利保护状况，初步判断企业可能面临的专利风险程度。根据专利侵权的风险对企业的威胁程度，可以将专利风险预警的等级用颜色来代表，比如设立绿、黄、红三种颜色的预警等级，绿色为安全状态，黄色为警戒状态，红色为危机状态。

6. 提出专利风险的处理措施

根据企业可能面临的专利风险状况，提出应急的解决方案，作出长远的战略安排，通过各种策略和措施，包括请求对方专利无效、购买对方专利、交叉许可各自技术、积极布局自己专利等，来化解或避免可能出现的专利危机。

7. 形成专利风险的预警报告

将上述专利信息的分析结果、专利风险的威胁程度、专利风险的处理措施等内容，整合成言简意赅、条理清晰、论证充分的专利风险预警报告，并呈交主管部门或主管领导。通常，专利风险预警报告应当包括以下内容：本技术领域的专利保护状况，如报告涉及的行业或企业的专利状况、国内外主要竞争对手的专利保护状况；本企业所面临的专利风险的类型和等级；本企业防范专利风险应当采取的措施；本技术领域中的重点专利说明书摘要副本、本技术领域专利信息数据库等。

8. 实施专利风险的预警方案

通过企业决策部门的讨论修改后，形成最终的专利风险预警方案，通过划拨经费、组织人员，积极实施预警方案，最大限度减少企业的专利风险和可能造成的经济损失。

通过专利风险预警，可以准确预报企业遭遇专利风险的时间范围吗？应当说这是比较困难的。专利风险预警不是天气预报，它受主观因素、竞争环境的影响很大。因此，我们只能根据一般的情形，总结出发生专利风险的可能性，给企业提供决策参考，以及自我警示。

8.4 专利诉讼的攻防策略

8.4.1 专利侵权的诉讼攻击

从诉讼成本、诉讼时间、诉讼程序等角度来看，专利侵权诉讼相对而言是一场昂贵的法律游戏，而且往往面临着被告猛烈的阻击，诸如针对争议专利提起无效宣告等等。经历如此昂贵且繁琐的法律程序，许多企业都会感受到相当的压力，因此，在打开专利侵权诉讼这个潘多拉的盒子之前，必须谨慎决定，充分准备。

由于专利侵权诉讼是比较复杂的专业事务，无论是专利侵权行为的打击，还是专利侵权指控的应对，都充满了大量的技巧、策略，以及变化。本书不求其全，但求其要，兹从专利侵权诉讼的主要环节和核心内容，来阐述其中的一些议题。

1. 识别侵权行为

在开展专利侵权诉讼之前，首先要通过各种渠道监视和收集侵权线索，比如通过展览会、产品广告、客户调查、消费者投诉、专利引证分析、专利授权公告监控、竞争对手监视、侵权举报奖励等。多数情况下，企业主要是借助自己的营销网络来发现、识别专利侵权行为。了解专利侵权行为的构成及其表现形式，是发现和识别专利侵权行为的基础。

(1) 专利侵权行为的构成

专利侵权行为是指在专利保护期或有效期内，行为人未经专利权人许可，违反专利法的规定，以营利为目的实施其专利的行为。构成专利侵权行为的要件包括两个方面：一是形式要件，二是实质要件。

①构成专利侵权行为的形式要件

首先，被侵犯的专利须为有效。一项发明创造只有在其被授予专利权的有效期间内才受法律保护，他人实施该项发明创造才有可能构成侵犯专利权。在授予专利权以前，专利权期限届满后，或专利权被宣告无效或者终止后，他人的实施行为不构成专利侵权。

其次，行为人须未经专利权人同意。只有未经专利权人同意的实施行为，才可能构成专利侵权。

第三，行为人须以营利为目的。凡是以生产经营目的实施他人的专利会造成专利权人利益的损失，因而构成侵权。

第四，行为人的行为不属于法律另有规定的情形。如果未经专利权人同意，但《专利法》另有规定，允许行为人使用的，不构成侵权。比如，根据强制许可而实施某项专利的行为，可以不经专利权人的许可。

②构成专利侵权行为的实质要件

构成专利侵权行为的实质要件，也就是技术条件，是指实施行为是否属于专利权的保护范围。如果行为人所涉及的技术特征属于专利权保护范围，那么该行为人就可能构成专利侵权。

(2) 专利侵权行为的表现

①直接侵权行为

根据《专利法》第 11 条的规定，未经专利权人许可，为生产经营目的制造、使用、许诺销售、销售、进口发明和实用新型专利产品，或者使用其专利方法以及使用、许诺销售、销售、进口依照该专利方法直接获得的产品，或者制造、许诺销售、销售、进口其外观设计专利产品的行为，均属于侵犯专利权的行为。这些行为都是直接侵犯权利人专利权的行为。

②间接侵权行为

间接侵权是指行为人本身的行为并不构成侵权，但却诱导、怂恿、教唆别人实施他人专利，发生直接的侵权行为，行为人在主观上有诱导或唆使他人侵犯专利权的故意，在客观上为直接侵权行为的发生提供了必要的条件。[1]

[1] 程永顺. 中国专利诉讼 [M]. 北京：知识产权出版社，2005：211.

表 8-1　专利直接侵权行为的表现

侵权行为	相关说明
制造专利产品的行为	指生产、加工受专利保护的发明、实用新型和外观设计产品
使用专利产品的行为	指发明或实用新型专利产品按照其用途得到了应用
许诺销售专利产品的行为	指以做广告、在商店橱窗中陈列或者在展销会上展出等方式作出销售发明、实用新型或外观设计专利产品的意思表示
销售专利产品的行为	指把专利产品有偿地从卖方转移到买方
进口专利产品的行为	指将其他国家（地区）制造的产品输入到我国，但该产品落入我国专利的保护范围
使用专利方法的行为	指采用方法专利的权利要求书记载的技术方案，实现发明的目的和效果
使用、许诺销售、销售、进口依照专利方法直接获得的产品	仅限于发明专利

间接侵权的对象仅限于专用品，而非共用品。这里的专用品是指仅可用于实施他人产品的关键部件，或者方法专利的中间产品，构成实施他人专利技术（产品或方法）的一部分，并无其他用途。对于一件产品专利而言，间接侵权是提供、出售或者进口用于制造该专利产品的原料或者零部件；对于一件方法专利而言，间接侵权是提供、出售或者进口用于该专利方法的材料、器件或者专用设备。

常见的间接侵权行为，主要有：

◆ 明知自己所生产的某个主要零件是为某个侵犯专利权者而特别制造的，且不具备通用性，这就有可能构成间接侵权。

◆ 提供成套的生产配件由他人组装产品，而这些成套的生产配件是成套销售的，其组装在一起必然构成侵犯他人专利的，应当视为间接侵权，但如果所生产的是通用配件，别人购买以后，还需加上其他配件才得以组合成产品，除有共同故意外，一般不构成间接侵权。

◆ 因转让、许可产生的间接侵权。如果将别人的某件专利转让或许可给他人生产使用，除了生产或使用者构成侵权外，转让方或许可方也可能构成间接侵权。

2. 确认侵权与否

如何确定对方的行为是否侵犯自己的专利权？可以根据《专利法》等法律的规定，进行初步的判断。针对发明专利、实用新型专利和外观设计专利，专利侵权的判断规则有所不同。下面分别简述发明专利、实用新型专利侵权与外观设计专利侵权的判断方法，以便确认是否存在侵犯专利权的事实，从而进一步采取相应的对策。[1]

（1）发明专利与实用新型专利侵权的确认

①确定发明或实用新型专利权的保护范围

确定发明或实用新型专利权的保护范围，应当以专利的权利要求书，而不是以实际的产品为依据。因此，当自己的产品与权利要求书所记载的内容不一致时，对方的产品虽然与自己的产品相同，但也有可能不构成侵权。

根据《专利法》第 26 条的规定，“申请发明或者实用新型专利的，应当提交请求书、说明书及其摘要和权利要求书等文件”，“权利要求书应当以说明书为依据，清楚、简要地限定要求专利保护的范围”。《专利法实施细则》第 19 条第 1 款规定，权利要求书应当记载发明或实用新型的技术特征。根据这些法律规定，权利要求书应当由反映发明或实用新型内容的技术特征组成。确定了技术特征，也就随之确定了专利权的保护范围。

在实践中，确定发明与实用新型专利的保护范围时，应当明确以下几点：

◇发明或实用新型专利权的保护范围以其权利要求的内容为准，而不是以权利要求的文字或者措辞为准。这就是说，权利要求是确定发明或实用新型专利权保护范围的直接依据。在这一点上，说明书和附图处于从属地位。一项技术构思尽管在说明书或者附图中有所体现，但如果在权利要求书中没有记载，就不在保护范围内。说明书或者附图本身不能确定保护范围。

◇权利要求只是发明或者实用新型说明书所记载的必要构成事项的简洁表述。为了弄清楚权利要求所表示的实质内容，应当参考和研究说明书及附图，了解发明或者实用新型的目的、作用和效果。这种参考、解释不应当是消极的、被动的，即只有在权利要求书中出现了含糊不清之处才参考说明书；而应当是积极的、主动的，从一开始就参考说明书和附图，以确定权利要求的实质内容。

[1] 陈有西，程永顺，李虹，张玉瑞．企业反侵权法律指南［M］．北京：人民法院出版社，2001：145.

◇为了弄清楚权利要求中某一术语的含义，有时还可参考申请过程中申请人和专利局之间的往来文件，特别是专利权人在这些文件中所认可、承诺、确认或者放弃的东西，不能因为后来指控他人侵权而反悔。

②提炼涉嫌侵权物的技术特征

确定了发明专利与实用新型专利的保护范围，也就确定了专利的技术特征。接下来的工作，就是提炼涉嫌侵权的产品或技术（简称涉嫌侵权物）的技术特征，以比较其和专利的异同之处，为作出侵权与否的判断提供依据。

③通过相互比较评估是否侵权

将经过分解后的专利权利要求所记载的必要技术特征，与涉嫌侵权物的技术特征一一对应比较，通过运用下列基本原则，判断是否构成专利侵权：

其一，全面覆盖原则的适用。

所谓全面覆盖，是指涉嫌侵权物将专利权利要求中记载的技术方案的必要技术特征全部再现，涉嫌侵权物与专利独立权利要求中记载的全部必要技术特征一一对应并且相同。而全面覆盖原则，也称为全部技术特征覆盖原则或字面侵权原则，是指如果涉嫌侵权物技术特征包含了专利权利要求中记载的全部必要技术特征，则落入专利权保护范围，构成专利侵权。

全面覆盖原则是发明或实用新型专利侵权判断的最基本的原则。实践中，下列情形也可以适用全面覆盖原则，认定涉嫌侵权物落入专利权的保护范围，构成专利侵权：

◇当专利独立权利要求中记载的必要技术特征采用的是上位概念特征，而涉嫌侵权物采用的是相应的下位概念特征时，构成专利侵权。

◇如果涉嫌侵权物不仅包含了专利权利要求书中记载的全部必要技术特征，而且还增加了新的技术特征，即使涉嫌侵权物的技术效果与专利技术不相同，仍然应认为落入专利权的保护范围，构成侵权。

表 8-2 全面覆盖原则的适用

专利必要技术特征	涉嫌侵权物技术特征	对 比	结 论
A+B+C+D	A+B+C+D	涉嫌侵权物的技术特征全部呈现了专利的必要技术特征，落入专利权的保护范围之内	侵权成立
A+B+C+D	A+B+C+F	D 是 F 的上位概念特征，涉嫌侵权物仍然落入专利权的保护范围	侵权成立
A+B+C+D	A+B+C+D+E	涉嫌侵权物的技术特征不仅包括了专利必要技术特征 A、B、C、D，还增加了技术特征 E	侵权成立

其二，多余指定原则的适用。

所谓多余指定原则，是指在专利侵权判定中，在解释专利独立权利要求和确定专利权保护范围时，将记载在专利独立权利要求中的明显附加技术特征（即多余的非必要技术特征）略去，仅以专利独立权利要求中的必要技术特征来确定专利权保护范围，判定涉嫌侵权物是否落入专利权保护范围，从而认定是否构成专利侵权。换言之，涉嫌侵权物的技术特征与专利的技术特征相比，虽然缺少独立权利要求中的部分必要技术特征，但缺少的必要技术特征经过分析，实际应作为非必要技术特征，而不应当作为该专利的必要技术特征，此时侵权成立。

表 8-3 多余指定原则的适用

专利必要技术特征	涉嫌侵权物技术特征	对 比	结 论
A+B+C+D	A+B+C	涉嫌侵权物缺少技术特征 D，但是写在专利独立要求之中的 D，实际上是非必要技术特征	侵权成立

根据专利法的要求，独立权利要求应当包括说明新颖性、创造性的必要技术特征，但并不等于独立权利要求记载的技术特征都是必要技术特征。在现实中，由于各种原因，比如申请人缺乏撰写申请文件的技巧，把应当位于从属权利要求的非必要的附加技术特征也写进了独立权利要求，这种事情屡见不鲜。

对于记载在独立权利要求中的非必要技术特征的认定，应当结合专利说明书及附图中记载的该技术特征在实现发明目的、解决技术问题的功能、效果，以及专利权人在专利审批、撤销或者无效审查程序中向专利局或者专利复审委员会所做出的涉及该技术特征的陈述，进行综合分析判定。实践中，适用多余指定原则认定附加的非必要技术特征，应当考虑以下因素：

>该技术特征是否属于区别专利技术方案与专利申请日前的已有技术方案所必需的，是否属于体现专利新颖性、创造性的技术特征，即专利权利要求中略去该技术特征，该专利是否还具有新颖性、创造性。

>该技术特征是否属于实现专利发明目的、解决发明技术问题、获得发明技术效果所必需的，即专利独立权利要求所描述的技术方案略去该技术特征，该专利是否仍然能够实现或基本实现发明目的，达到发明效果。

>该技术特征不得存在专利权人反悔的情形。

在适用多余指定原则方面，最著名的案例莫过于1995年的周林频谱仪专利侵权案件。该案中，被诉侵权产品除了缺少专利中立体声放音系统这一技术特征外，其余特征均与专利特征完全相同。对于这一技术特征，说明书的解释是："为了增加本发明装置的治疗功能，在本装置中加入了音乐治疗装置，使治疗者在接受频谱匹配治疗的同时，接受音乐治疗，有助于恢复大脑神经系统机能，推迟脑的衰老，消除紧张、疲倦感，使精神和躯体状态获得改善，还可对某些身心疾病具有疗效。如此一机多功能，既节省时间，又让患者在愉快、舒适的治疗环境中治疗多种疾病。"法院由此认定去除该技术特征不影响频谱治疗仪的治疗效果，也不会对技术方案的完整性构成破坏，因此认定该技术特征是非必要技术特征。

不过，由于多余指定原则的适用实际上扩大了专利权人的保护范围，稍有不慎，反而损害社会公共利益，因此，法院对多余指定原则的适用相当谨慎，并有废弃之势。

其三，等同原则的适用。

所谓等同原则，是指涉嫌侵权物中有一个或者一个以上技术特征经与专利独立权利要求保护的技术特征相比，从字面上看不相同，但经过分析可以认定两者是相等同的技术特征，此种情形下，应当认定涉嫌侵权物落入了专利权的保护范围，构成侵权。换言之，涉嫌侵权物的技术特征与专利权利要求中的必要技术特征相比，其中所不同的技术特征属于等同手段代替，仍构成侵权。

表 8-4　等同原则的适用

专利必要技术特征	涉嫌侵权物技术特征	对　比	结　论
A+B+C+D	A+B+C+E	涉嫌侵权物的技术特征 E 与专利独立要求中的 D 表面上不同，实质上相同	侵权成立

由于现实生活中，完全一模一样的仿制他人专利产品或照搬他人专利方法的侵权行为并不多见，多数侵权行为是在他人专利技术的基础上改头换面进行的，因此，尽管我国《专利法》中未明确规定等同原则，但适用等同原则判断专利侵权已为我国司法实践所认可。不过，与多余指定原则一样，等同原则也扩张了专利权的保护范围，运用不当可能损及公共利益，因此，在司法实践中，法院对等同原则的适用也相当谨慎。

在运用等同原则时，关键是对等同特征的理解。等同特征是指与专利权利要求书所记载的技术特征，以基本相同的手段，实现基本相同的功能，达到基本相同的效果，并且本领域的普通技术人员无需经过创造性劳动就能够联想到的特征。例如，在特定的技术主题中，传送皮带与齿轮、二极管与电容器、螺钉与铆钉等都可以视为相互的等同物。

在判断是否为等同物和运用等同原则时，应当注意以下几点：

◇判断代替手段与被代替的必要技术特征是否具有等效性时，不是从专家或者个别审查员的角度出发，而是从所属技术领域的普通技术人员的角度出发。判断等效性虽然可以有一定的灵活性，但也不能任意解释，必须以所属技术领域的普通技术人员拥有的专业知识为准。

◇在分析判断有无等效性时，应当依据专利说明书和附图。因为发明或者实用新型的目的和优点或者积极效果，不允许写入权利要求书中，这些内容只能从专利说明书中获知，而目的和效果这两部分恰恰是构成发明内容的不可缺少的组成部分。确定专利保护范围时不能孤立地从技术特征出发，同时还要考虑发明的目的和效果。

◇适用等同原则判定侵权，仅适用于涉嫌侵权物中的具体技术特征与专利独立权利要求中相应的必要技术特征是否等同，而不适用于涉嫌侵权物的整体技术方案与独立权利要求所限定的技术方案是否等同。

◇对于故意省略专利权利要求中个别必要技术特征，使其技术方案成为在性能和效果上均不如专利技术方案优越的变劣技术方案，而且这一变劣技术方案明显是由于省略该必要技术特征造成的，应当适用等同原则，认定构成侵权。

◇在运用等同原则时，应当注意是否存在禁止反悔的侵权抗辩。关于禁止反悔原则，在后面将详细谈到。

(2) 外观设计专利侵权的确认

①确定外观设计专利产品与涉嫌侵权产品是否属于相同或相似商品。

外观设计专利侵权判定中，首先应当参照外观设计分类表，并考虑商品销售的客观实际情况，审查涉嫌侵权产品与专利产品是否属于同类产品。不属于同类外观设计产品的，不构成专利侵权。但要注意，虽然同类产品是外观设计专利侵权判定的前提，但不排除在特殊情况下，类似产品之间的外观设计亦可进行侵权判定。

②确定外观设计专利权的保护范围。

外观设计，是指对产品的形状、图案或者其结合以及色彩与形状、图案的结合所作出的富有美感并适于工业应用的新设计。由于外观设计与发明、实用新型在本质上存在较大差异，因而它们保护范围的确定有所不同。根据《专利法》第 59 条第 2 款的规定，外观设计专利权的保护范围以表示在图片或者照片中的该产品的外观设计为准，简要说明可以用于解释图片或者照片所表示的该产品的外观设计。

③通过对比外观设计专利与涉嫌侵权产品判断是否构成侵权。

将外观设计专利与涉嫌侵权产品进行对比，判断涉嫌侵权产品与外观设计专利是否构成相同或相近似，如果相同或相近似，则构成侵权。

实践中，应当注意以下问题：

第一，专利产品的外观设计与涉嫌侵权产品的外观设计是否构成相同或相近似，应当从以下几个方面进行比较：

＞如果两者的形状、图案、色彩等主要设计部分（要部）相同，则应当认定两者是相同的外观设计；

＞如果构成要素中的主要设计部分（要部）相同或相近似，次要部分不相同，则应当认为是相近似的外观设计；

＞如果两者的主要设计部分（要部）不相同或不相近似，则应当认为是不相同或者不相近似的外观设计；

＞对要求保护色彩的外观设计，应当先确定该外观设计的形状是否属于公知外观设计，如果是公知的，则应当仅对其图案、色彩作出判定；如果形状、图案、色彩均为新设计，则应当以形状、图案、色彩三者的结合作出判定。

第二，进行外观设计专利侵权判定，即判断涉嫌侵权产品与外观设计专利是否构成相同或相近似，应当以普通消费者（即该外观设计专利同类产品或类似产品的购买群体或者使用群体）的审美观察能力为标准，不应当以该外观设计专利所属领域的专业技术人员的审美观察能力为标准。

第三，对涉嫌侵权产品与专利产品的外观设计进行对比，应当进行整体观察与综合判定，看两者是否具有相同的美感。比较的重点应当是专利权人独创的富于美感的主要设计部分（要部）与涉嫌侵权产品的对应部分，看是否存在抄袭、模仿的情形。

第四，在发生专利侵权纠纷的双方当事人均获得并实施了外观设计专利权的情况下，如果两个外观设计构成相同或相近似，则可以认定实施在后获得的外观设计专利权的行为，侵犯了在先获得的外观设计专利权。❶

3. 收集侵权证据

（1）需要哪些侵权证据

作为专利权人，企业在提起专利侵权诉讼前，应当进行必要的证据准备，即积极收集被告侵权的证据。侵权诉讼的核心在于证据，对证据的把握直接影响诉讼的结果。企业作为原告，应当结合侵权责任的构成要件和专利侵权的特殊性，收集整理书证、物证、视听资料等各种证据，形成一条完整的证据链。

①证明权利人及权利范围的证据。这些证据通常包括：

＞主体身份的资格证明。自然人的为身份证，企事业单位的为营业执照或事业单位登记证。

＞专利权证书或专利登记簿副本，证明专利的权属状况、权利主体等。

＞专利许可合同及其备案证明材料。证明自己是被许可人，与案件存在直接利害关系。

＞专利授权公告文本。发明或实用新型专利为权利要求书、说明书、摘要及摘要附图；外观设计专利为公告授权的图片或照片及简要说明。

＞专利年费收据，证明专利持续有效。

＞实用新型专利检索报告。《最高人民法院关于审理专利纠纷案件适用法律的若干规定》第8条规定，提起侵犯实用新型专利权诉讼的原告，应当在起诉时出具由国务院专利行政部门作出的检索报告。❷

❶ 郑瑞琨，朝霞．专利侵权判定的基本规则［J］．电子知识产权，2003（9）．

❷ 《最高人民法院关于对出具检索报告是否为提起实用新型专利侵权诉讼的条件的请示的答复》（［2001］民三函字第2号）中明确表示："检索报告，只是作为实用新型专利权有效性的初步证据，并非出具检索报告是原告提起实用新型专利侵权诉讼的条件。""但对于原告坚持不出具检索报告，且被告在答辩期间内提出宣告该项实用新型专利权无效的请求，如无其他可以不中止诉讼的情形，人民法院应当中止诉讼。"

②证明侵权行为及损害赔偿的证据。这些证据通常包括：

＞侵权物品的实物、照片

＞侵权物品的广告宣传材料

＞侵权物品的销售发票、购销合同

＞证明侵权行为地的证据，这是确定管辖法院的依据

＞专利实施许可合同：以合同约定的许可使用费作为请求赔偿的依据

＞证明损失状况的财务审计报告

＞权利人销售量减少的证据

＞侵权产品销售量的证据

＞调查制止侵权行为的合理费用

专利权人在发现侵权事实后，可以向公证机关提出申请，对购买侵权产品的过程及购得的侵权产品进行公证，或对侵权现场（如许诺销售）、对侵权产品的安装地进行勘查公证，取得公证书，从而证明被告存在侵权行为。通过公证的证据，可以增强证据的法律效力。

③证明侵权人身份的证据。这些证据通常包括：

＞侵权人的工商登记或其他登记资料，包括法定代表人、营业场所及地址等信息

＞侵权人的身份证明

（2）搜集证据的途径

调查取证有时候是万分困难和艰辛的。企业应当通过各种途径，包括聘请律师或专业机构去收集侵权诉讼的相关证据，以支持诉讼的进行，或者以此掌握谈判的主动权。

①通过自己努力收集证据。侵权诉讼中的很多证据，都是由当事人自己收集的。

②通过公证机关收集证据。目前，通过公证机关公证侵权事实，并取得证据，在知识产权诉讼中日益普遍。由于公证证据的证明力和有效性高于未公证的证据，除非有相反证据，法院一般都会认定公证证据的有效性。另外，法院对音像证据的要求非常严格，通过公证机关取得录音、录像、摄影等证据，比较容易被法院所接纳。

③利用行政机关搜集证据。专利权人可以向行政执法部门举报，并请求查处专利侵权活动。在行政机关查处侵权的过程中，可以得到许多通常难以获得的证据，比如侵权产品销售记录等。这些证据，包括行政处理决定，都可以成为法院受理侵权赔偿案件证据的来源。

④请求法院保全证据。当事人向法院起诉后，在证据可能灭失或者以后难以取得的情况下，可以向法院申请保全证据。通常的做法是，由当事人提供初步证据，证明侵权的存在，并申请保全证据。法院立案后，将审查当事人的请求和担保，根据案件的实际情况作出是否准予的决定。如准许，即发出民事裁定，并由专门人员执行。

4. 明确诉讼目标

专利侵权诉讼的目标是什么？只是为了获得侵权赔偿吗？事实并非如此。专利侵权诉讼经常被用来当作是市场竞争的策略之一，特别是当市场不景气的时候，拥有专利优势的公司，经常以专利诉讼当作确保其商业利润及市场占有率的利器。可见，获得赔偿并不完全是企业发动诉讼的期待。

既然如此，在发动专利侵权诉讼之前，企业应当明确自己提起诉讼的目的为何，比如，是为了增加市场份额，还是争取权利金（许可使用费）？并需要评估自己的这些目标能否通过专利侵权诉讼得以达成。下面我们简单介绍一些常见的专利侵权诉讼目的。

（1）获得侵权赔偿

有的企业发动专利侵权诉讼，其基本目的是获得可观的侵权赔偿。很多时候，一些企业还故意放纵别人侵权，然后伺机打击，以侵权赔偿作为自己的主要营收。

（2）驱逐不正当竞争

有的门槛较低的行业，同业竞争的企业可谓千军万马、前赴后继。国有企业、乡镇企业、民营企业、外资企业，不计其数，导致行业内恶性竞争特别严重，企业之间相互仿冒产品。有的企业发动专利侵权诉讼，并不在意能否拿到赔偿，关键是要借机打击竞争对手，消除无序的仿冒竞争。

（3）争夺市场份额

有的企业发动专利侵权诉讼，是为了将竞争对手挤出市场，独占天下。美国阿赖公司和日本的日立、新日铁、TDK等十几家公司分别进行了一项非结晶金属材料冶炼技术的开发。阿赖公司因比其他公司提前几个月研制成功并申请获得了专利权，于是向美国国际贸易委员会提出诉讼，控告新日铁、日立、TDK等十几家公司侵犯其专利权，从而把新日铁等十几家公司挤出了美国市场，进而又用此项专利技术，打进了日本市场，新日铁等公司不得不以每年2300万美元的专利使用费付给阿赖公司，方勉强维持了国内市场。[1]

（4）发放专利许可

有的企业进行专利侵权诉讼或以诉讼相威胁，并不是为了把对手赶出市场，只是迫使对方屈服，接受专利许可，当然有时可能是为了迫使对方以较高的许可使用费接受许可。

（5）消耗被告资源

围绕专利侵权而展开的诉讼，包括与之相关的行政调处、海关保护，以及侵权警告，都会给被告造成或大或小的干扰，并消耗其时间成本、经济资源。尤其是海外专利侵权诉讼，动辄上百万美元的律师费，都会让一些中小企业胆战心惊，疲惫不堪，在经济上难以招架。

> 知识产权现在被认为是一种适用范围广泛的综合业务资产：作为一种谈判工具，作为一种富有战略性的定位公司的方法，或者甚至是一种影响股票价格的方法。
>
> ——《董事会里的爱迪生》

（6）损害被告形象

知识产权纠纷，包括专利纠纷，现已成为媒体报道的重点。无论诉讼结果如何，作为被告的企业往往都深受其害。首先，损害了企业长期树立的商业形象，动摇了企业客户及合作伙伴的信心；其次，一些有误导性的新闻评论往往把被指控的企业作为侵权的典型教材（事实上这些企业可能并没有侵权），教育公众应当尊重知识产权，这会损害企业的商业信誉。

（7）免费广告宣传

发动专利侵权诉讼的企业，有时经过巧妙运作，能够从媒体的报道中获益良多，至少免费作了宣传。有些企业开始把专利诉讼，特别是针对跨国公司的专利诉讼，当作提升企业形象与知名度的快捷方式。为此，这些企业常常主动邀请媒体报道，乃至聘请国际公关公司进行策划，以达到炒作自己，并伤害对方的目的。

（8）实现商业合作

有的企业利用专利侵权指控，逼迫被告与其开展合作，并接受其不公平的条件。比如，在国内低压电器行业首屈一指的正泰集团，就受到国外同行的“骚扰”。这些同行可是国际市场上的“巨无霸”，比如瑞士的ABB、

[1] 戚昌文，邵洋，等．市场竞争与专利战略［M］．武汉：华中理工大学出版社，1995：87.

法国的施耐德等。他们上门来找正泰的“茬”，就是觉得正泰是他们进入中国市场的绊脚石。正泰副总裁陈建克透露说，正泰在全国共有 2000 多个销售点，老外早就垂涎三尺，因为他们要想进入中国市场，最省事的办法就是利用这 2000 多个销售网点。于是他们就找到正泰，提议合作，方式是他们出技术标准，正泰打他们的品牌。这理所当然地遭到了正泰的拒绝，于是他们就说正泰侵犯了他们 100 多件专利。[1]

(9) 震慑侵权人

侵权诉讼是一个强烈的信号，暗示其他人不要涉侵权者的后尘，否则会遭遇同样的下场。如此一来，可以给已有的或潜在的侵权人施加压力，有效减少自己的维权成本。

专利诉讼的商业目的非常复杂，除了上述一些商业目的外，专利权人还可能根据具体的个别化的商业考虑，发动专利侵权诉讼。

作为原告，企业应当考虑金钱和时间的预算，应当对诉讼的成本与收益进行理性分析，不要盲目行动。企业必须自问：诉讼目标到底是什么？诉讼策略是否与其目标一致？采取这些诉讼手段必须支付哪些额外的成本？它可以产生什么样的利益？

5. 组建诉讼团队

经过前面初步的判断，得出可以发动专利侵权诉讼的结论后，接下来应当尽快安排处理诉讼事务的人员，比如外聘知识产权律师或者安排企业法务人员，并安排相应的专业技术人员，协助处理专利诉讼中涉及的技术问题。

专业的事由专业的人来做，相比于一般的民事或经济诉讼，专利诉讼非常复杂，可能牵涉到专利无效宣告、专利行政诉讼等程序。而且专利本身更是集合了法律与技术的因素，如果不聘请专业的知识产权律师，可能难以顺利地完成诉讼事务。

如果企业内部配有知识产权顾问或者知识产权法务人员，也可以直接交由内部的知识产权专业人士去处理诉讼事宜。另外，在决定发动专利侵权诉讼后，最好立即指派公司内部在相关专利技术领域内的资深专家，与诉讼律师互相配合，协助处理专利诉讼中的技术问题。

6. 试探和解可能

专利权人在正式提出诉讼之前，如果期望和平解决争议，可以事先向

[1] 佚名. 抓“辫子”还是抓市场 [N]. 中华工商时报，2002-04-10.

被告寄发侵权的警告函或警告信（Notice letter），试探和解的可能性。如果能够与侵权人进行和解谈判，以授权、合作等方式和平收场，并能达到自己期望的目的，自然最为妥当。如果对方并无和解的诚意，甚至毫无反应，则考虑启动诉讼程序。

但要注意的是，寄发警告函之前必须切实做好诉讼前的调查取证工作，否则被告收到侵权警告后，可能立即有所防御，导致不易取证，甚至转移证据。

侵权警告函的写法可以根据不同情况而采取灵活的处理方式，口气可以强硬，也可以缓和。通常，警告函一般应写明以下内容：

◆专利权人的专利号，专利的主要权项内容；

◆对方产品或方法侵害了该专利权，希望对方中止或禁止某种侵权行为；

◆希望对方在何时就此作出答复；

◆如果对方不作答复，专利权人可能采取的措施。[1]

7. 提起侵权诉讼

专利诉讼充满着法律与智慧的运用，我们这里不再一一详述其中的细节，仅以四个 W（who、where、when、what）为引子，讨论一些相对重要的问题。

(1) 谁是被告

从专利侵权人的角度，大致有制造者、销售者、使用者、进口者等类型，同时存在这些侵权人时，企业作为专利权人应该向谁主张权利？是全线出击还是各个击破？

如果专利权人并不想拉长战线、分散力量，可以针对这些侵权人，估算其侵权行为对专利权人利益损害的程度，从而排出专利侵权诉讼的优先顺序，伺机而动，逐个出击。比如，在多个侵权人之间，选择最有赔偿能力的被告，或者最需要打击的竞争对手，或者著名的跨国公司，作为自己优先考虑的诉讼对象。

不过，需要提醒的是，选择大公司打官司固然比较容易获得赔偿，也容易声名鹊起，但这些大公司在专利诉讼中的反击能力，往往也非常强大，也有实力和财力来进行诉讼对抗。因此，有时候选择一些弱小的被告，反而容易旗开得胜，并可确立打击专利侵权的胜诉先例，以影响后续的侵权

[1] 蓉诚．专利侵权解决有方 怎样对待专利侵权［N］．中国知识产权报，2004－06－30.

诉讼案件。

（2）在哪里起诉

对于原告来讲，掌握着选择诉讼地点的主动权。选择一个合适的诉讼地点，也是保障诉讼成功的一个因素。为什么需要选择诉讼地点呢？这里存在诸多的策略性考虑。

①如果诉讼地点便利，则可以节省诉讼成本。比如营业场所在上海的企业，如果在上海本地的法院向外地企业提起诉讼，不仅可以节省很多外地诉讼的差旅费用和时间支出，并方便法律文书的往来和法律程序的进行；而且还可以占尽地利人和，并给被告带来巨大的诉讼成本，造成强大的诉讼压力。

②选择合适的诉讼地点，还可以避免地方保护主义。如果被告是所在地的纳税大户，在那里诉讼就可能受到地方保护主义的阻力。

③如果诉讼地法院审判水平较高，则有利于公正裁判。法官审判水平的差异，自然影响对专利侵权诉讼的审理。我国幅员辽阔，各地知识产权发展水平参差不齐，知识产权案件主要集中在北京、上海、广州等沿海地区，内地许多法院很少受理专利案件，法官对专利案件的审理自然也不是轻车熟路，不利于当事人与法官就案件争议进行沟通。因此，选择知识产权审判水平较高的法院，对于保障专利侵权案件的公正裁判意义重大。有时候，法院的倾向、办事效率及其法官的素质对诉讼的发展和结果都很重要。

在国外，跨国公司打专利官司，选择诉讼地点时，也都会考虑到这些因素。比如，荷兰飞利浦公司趁着韩国的 Sewon Telcom 有限公司参加世界电信展览会的机会，依据其 GSM 手机专利在杜塞尔多夫法院提起诉讼，指控后者展出的 GSM 手机模型（model）侵权。那么，飞利浦为什么选择德国的杜塞尔多夫法院呢？它为什么不到销售 Sewon Telcom 公司的 GSM 手机的其他国家发动诉讼呢？因为上述法院在欧洲，乃至全世界都以“亲专利”着称。由于该法院在专利侵权诉讼中维护权利人的倾向极为明显，全德国 70%以上的专利侵权诉讼都会被提交到该法院。飞利浦的估计果然没错。起诉后没多久，该法院就于 2004 年 2 月 11 日签发了有利于飞利浦公司的判决。该院甚至认为，展览会本身就是侵权活动，飞利浦不需要证明

被告的其他销售或者传播活动。❶

资料链接：起诉地的选择

起诉地的选择不仅对于国外当事人，对国内当事人也同样重要。因为按照《民事诉讼法》，一般是在被告的住所地起诉。但是像这种知识产权案件，因为侵权认定的难度非常高，如果选择被告的住所地起诉，往往会受到地方保护主义的干扰。地方保护主义不光在涉外案件里，即使在仅涉及国内当事人的案件中也是普遍存在的一种现象。所以在专利侵权诉讼中，如何选择专利诉讼的管辖地是非常重要的。按照最高人民法院的司法解释，侵权行为发生地是改变管辖地的一个很好的选择。在几件胜诉案件中，通过对侵权行为的调查和取证，我们都选择了向非被告住所地的法院起诉。这样做，我们明显地感到案件受到的外界干扰少了很多。

在GP（原告）与KT（被告）这两个法国公司之间就制备化肥方法专利的争议中，由于法国KT公司在中国没有住所地，但是它在山西、河北、陕西各有一个技术的使用者，这三家公司进口法国KT技术时是通过北京的一家中间商，可以作为共同被告。因为中介公司是北京的，按理说可以把案子放在北京审理，但当事人有些顾虑，因为它和北京这家公司还有其他的业务往来，最终选择了到各省分别起诉。在各省进行的诉讼中，这个案子出现了非常困难的局面：在经过五年之久的诉讼后，当事人在三个省都败诉了。无可否认，案件受到很强的地方保护主义的影响，三家被诉企业都是当地很强的大型国有骨干企业。而且这里面还有一些意外情况，三个省的高院在判决中对同一件专利、同一当事人、同一个权利要求作出了三种不同的解释，这一点是非常令人吃惊的。就此，GP公司已经向最高法院进行了申诉，已被最高法院受理。到现在，这个涉案的专利权已经过期，而争议还在继续。

资料来源：董巍，等．专利侵权诉讼策略和技巧［EB/OL］．［2006—05—05］．http：//www.mypatentblog.com.

当然，诉讼地点的选择并不随心所欲，必须合乎法律的规定。根据《最高人民法院关于审理专利纠纷案件适用法律问题的若干规定》，诉讼地点的选择应当符合以下规则。

❶ 魏衍亮．“手机大战”与专利之争［EB/OL］．［2005-03-31］．http：//www.zlfm.com/pmag/2004/8-26/15-39-0096018.html.

①从地域管辖的角度，针对专利侵权行为，应当到侵权行为地或者被告住所地的人民法院起诉。

这里的侵权行为地包括：被控侵犯发明、实用新型专利权的产品的制造、使用、许诺销售、销售、进口等行为的实施地；专利方法使用行为的实施地，依照该专利方法直接获得的产品的使用、许诺销售、销售、进口等行为的实施地；外观设计专利产品的制造、销售、许诺销售、进口等行为的实施地；假冒他人专利的行为实施地；上述侵权行为的侵权结果发生地。

另外，如果原告仅对侵权产品制造者提起诉讼，未起诉销售者，侵权产品制造地与销售地不一致的，可以向制造地人民法院起诉；如果以制造者与销售者为共同被告起诉的，也可以向销售地人民法院起诉。如果销售者是制造者分支机构，原告在销售地起诉侵权产品制造者制造、销售行为的，可以向销售地人民法院起诉。

②从级别管辖的角度，专利侵权纠纷的第一审案件，应当到各省、自治区、直辖市人民政府所在地的中级人民法院和最高人民法院指定的中级人民法院起诉。

截至 2007 年 7 月，我国专利纠纷案件一审管辖法院共计 62 个中级法院（如表 8－5 所示），除此以外的其他法院并无管辖专利纠纷案件的权力。在这 62 个中级法院中，35 个为省、自治区和直辖市省会的中级法院，有 27 个为最高人民法院根据专利案件审判的需要陆续指定的中级法院。

表 8－5　专利纠纷案件一审管辖法院名单

地区	法院	地区	法院
北京（2 个）	一中院、二中院	河北	石家庄中院
上海（2 个）	一中院、二中院	山西	太原中院
天津（2 个）	一中院、二中院	陕西	西安中院
重庆（2 个）	一中院、五中院	河南	郑州中院
福建（3 个）	福州中院、厦门中院、泉州中院	安徽	合肥中院
浙江（4 个）	杭州中院、温州中院、金华中院、宁波中院	吉林	长春中院
江苏（4 个）	南京中院、苏州中院、南通中院、镇江中院	黑龙江	哈尔滨中院

续表

地区	法院	地区	法院
山东（6个）	济南中院、青岛中院、烟台中院、潍坊中院、淄博中院、东营中院	广西	南宁中院
湖南（2个）	长沙中院、株洲中院	海南	海口中院
四川（2个）	成都中院、绵阳中院	贵州	贵阳中院
江西（3个）	南昌中院、景德镇中院、宜春中院	云南	昆明中院
辽宁（3个）	沈阳中院、大连中院、葫芦岛中院	西藏	拉萨中院
内蒙古(2个)	呼和浩特中院、包头中院	甘肃	兰州中院
新疆	乌鲁木齐中院	青海	西宁中院
湖北	武汉中院	宁夏	银川中院
广东（8个）	广州中院、深圳中院、珠海中院、汕头中院、佛山中院、东莞中院、江门中院、中山中院		

（3）在何时起诉

选择什么样的时机起诉，也是诉讼开始前要考虑的。时机的选择，在不同的案件中是不一样的，但基本的原则是不可仓促行事。有的专利权人往往一发现有侵权行为出现，便立即提起侵权诉讼，而在诉讼中又常常因为证据不足，或自己的专利不具备专利性，或对方根本不侵权，给自己造成被动，以至酿成更大损失。因此，起诉一定要慎重，要选择好时机。

在许多情况下，侵权产品的出现可能并不会影响到专利权人的经济效益，此时，专利权人不必急于提起诉讼，而应当把诉讼前的准备工作尽量做充分。当然，由于侵犯专利权的诉讼时效在我国仅为2年（自专利权人或者利害关系人得知或者应当得知侵权行为之日起计算），因此，专利权人的起诉时机，不要超过2年的诉讼时效，以免丧失诉讼解决侵权问题的机会。

如果专利权人有胜诉的把握，又担心侵权人会因提起诉讼而转产、改行、毁灭证据、藏匿财产，可以在起诉前或起诉时，向法院提出采取保全措施的申请，以有利于案件审结后判决的执行。❶

当然，在选择诉讼时机的问题上，还有很多策略性的考虑。比如，出

❶ 蓉诚．专利侵权解决有方 怎样对待专利侵权［N］．中国知识产权报，2004－06－30.

于更大收益的考虑，有的企业发现专利侵权人后，并不急于起诉，而是放水养鱼，静观其成。等到这些侵权企业发展到较大规模后，才发起诉讼，收网捕鱼，不仅给侵权企业以沉重打击，而且也能获得更多赔偿。

例如，1990 年的一个专利纠纷中，日本东芝被迫支付了 5 亿美元的专利侵权赔偿金。这个案子中，专利权人美国得州仪器公司对东芝公司发动专利攻击前 5 年就已经确认后者的侵权行为。5 年后，东芝公司在美国市场的侵权规模已经相当可观。这时，得州仪器公司通过发动专利攻击，强迫东芝公司支付了巨额赔偿金。

美国太阳公司和微软公司之间的专利纠纷也有类似之处。太阳公司对微软发动专利攻击之时，微软的主流软件产品已经离不开前者的 Java 专利。于是，官司打了几年，微软最终还是屈服了。2004 年，微软公司宣布将对太阳公司支付 9 亿美元以上的专利使用费，以换取与后者之间的诉讼和解。在这两个案子中，专利权人依靠自己独占实施相关专利赚来的利润，可能还少于它们获得的赔偿金或使用费。❶

此外，有的企业等到被告企业准备上市之前，才发动专利侵权诉讼，干扰其融资计划；有的企业挑选在影响较大的展览会开幕前，向被告企业发起专利侵权诉讼，干扰被告的客户与其下单签约。凡此种种，不胜枚举。

(4) 用什么起诉

在专利侵权诉讼中，自然是用专利去起诉。不过，对于拥有众多专利权的企业，面对侵犯自己多个专利权的被告，就需要考虑采用哪一个或哪一些专利来发起专利攻击了。把所有被侵权的专利都拿去诉讼，虽然可以保证更多的胜诉机会，但因为涉及专利较多，也会拖延整个诉讼的处理时间。如果企业不是为了获得更多的赔偿，而是为了尽快把侵权人赶出市场，就不必如此大动干戈，只需在能够一举消灭对方侵权产品的前提下，拿出最可靠的专利，在尽可能短的时间内，攻击对方最明确的侵权行为，即可达到事半功倍的效果。

一些实用新型与外观设计的专利，尽管俗称为小专利，但是如果其稳定性较强的话，在专利侵权诉讼中反而容易取证，而且审理期间相对较短，比之发明专利，更可能对案件成功起到一些意想不到的效果。如果针对一项技术成果同时申请了发明专利、实用新型专利或外观设计专利，而发明

❶ 魏衍亮．"手机大战"与专利之争［EB/OL］．［2005－03－31］．http：//www.zlfm.com/pmag/2004/8－26/15－39－0096018.html.

专利因为实质审查尚未授权时，利用业已授权的实用新型专利或外观设计专利去攻击侵权人，显然是此时最为合适的选择。

另外，由于发明专利与实用新型专利拥有制造权、使用权、许诺销售权、销售权、进口权等权利，外观设计专利拥有制造权、销售权、许诺销售权、进口权等权利，原告在提起专利侵权诉讼时，必须清楚自己需要主张被告侵犯了自己哪一项专利权，比如是制造权，还是销售权。

8.4.2 专利侵权的诉讼防卫

1. 保持冷静对待的态度

多数时候，专利侵权纠纷的背后是经济利益的争夺，专利侵权指控及其诉讼已经成为许多企业的商业工具和经营策略。[1]既然专利侵权指控已经作为一种商业竞争手段，已经成为现代商业活动中不可或缺的内容，那么专利侵权纠纷的发生也就是家常便饭，随时都可能造访每家企业。即使你谨慎从事，推出产品之前已经进行专利检索，以避免专利侵权，但是一些专利权人的专利侵权指控照样可能落入你家。

正如前面所揭示的，一些专利权人发起专利侵权诉讼，目的并非单纯的“为权利而斗争”，他们发动诉讼就是期望打击被告这个竞争者，或许是为了分散被告的精力和财力，或许是为了损害被告的企业形象和商业信誉，或许是为了动摇被告的客户和合作伙伴的信心，或许是为了给已有的或潜在的侵权人施加压力。可见，法庭不过是市场的延伸，司法也是商业竞争的有效工具。

尽管我国企业随时都可能面对一些以专利侵权诉讼为伎俩的商业竞争，但是，对日益增多的专利侵权纠纷，无论如何都应当保持冷静的态度，既不要回避事实，任人摆布，也不要全身投入，将所有财力、人力都投入到专利战争中，中了别人设下的圈套。否则，即使赢得诉讼，也是“拣了芝麻，丢了西瓜”，实际损失可能更大。

首先，要认真分析专利指控的目的，有针对性地采取策略措施。处于被告地位的企业，面对专利指控的第一要务，就是了解原告的目的究竟为何。如果原告并不自己生产专利产品，则原告的目的很可能只是索取专利许可费；如果原告正在进行专利授权活动，也许可以判断其不会与被告诉讼到底，因为这可能会削减其授权机会。比如，一旦被告成功赢得侵权诉讼，或者反击原告专利无效获得成功，则可能拖累专利授权，致使原告一

[1] 袁真富．知识产权：从权利到工具［J］．电子知识产权，2003（11）．

无所获，在此情形之下，原告自然不愿冒险，而期望以和解方式解决侵权争议。

其次，要利用法律规则从容应诉，不要回避侵权指控。即使面对费用高昂的海外专利诉讼，也不要轻言放弃。美国华盛顿霍金·豪森律师事务所律师杨卫宁指出，我国企业对外国企业知识产权投诉采取的回避态度十分有害，它导致外国企业专门选择我国企业投诉，这将给我国企业带来惨重损失。据律师介绍，在美国，如果美国企业诉中国企业侵犯其知识产权，中国企业又不应诉的话，那么法官将采用美国企业提供的充分证据，直接判中国企业败诉，由此，中国企业将赔偿美国企业3倍的损失。外商正是抓住我国企业知识产权保护意识不强，卷入此类纠纷后，大多采取回避态度不敢应诉或不会使用法律武器保护自己的弱点，专门盯住中国企业，屡告屡赢。❶

因此，在应对专利侵权纠纷时，被告既要保持冷静清醒的态度，认真分析对方的意图何在；又要依据法律规则，凭借各种资源，积极寻找因应之策，只有如此，才能把握应对专利侵权纠纷的进程和节奏，做好或进或退的各种准备。事实上，许多侵权指控可能只是子虚乌有，即使指控属实，也有可能力挽狂澜于既倒，将损失降低到最低限度。

2. 应对侵权诉讼的准备

面对专利侵权指控，积极组建应对诉讼的团队，收集整理支持自己的有利证据，是被告应当的姿态，自不待言。下面简单介绍一些被告处理专利侵权诉讼需要注意的准备工作。

（1）如何处理对方侵权警告函

专利侵权诉讼开打前，原告发出的警告函经常满天飞，被告的企业该怎么办？首先要“安定军心、探明敌情”。事实上，很多所谓的侵权指控都不会进入诉讼程序，而进入诉讼程序的侵权纠纷绝大多数都会以和解结束。

根据我国台湾联华电子公司宣明智总经理介绍，联华电子自开始生产销售以来，每一年发生的权利金（许可费）追索事件约有4件，至今已经发生40～50件的相关纠纷，其中真正走向法庭诉讼一途的大约5～6件，另外一半以上自知理亏不了了之。另外，有25%～30%虽以诉讼威胁但到最后关头协商收场。❷

可见，侵权警告并不表明你真正存在侵权行为，因为，总有一些不怀

❶ 叶华新．中国被告企业不应诉要吃大亏［N］．中国知识产权报，2002-11-01.

❷ 黄中慧．“信息业所面临智权法律困境”座谈会［J］．智慧财产权管理季刊，6.

好意的专利权人，挥舞专利大棒，以侵权相威胁，四处恐吓他人。特别是许多外商挟其海量的专利数目，一开始通常摆出非常强硬的高姿态，气势上往往就使国内厂商俯首称臣，任其摆布。但在专利权利金追索上有丰富经验的一些国内知名厂商表示，据其经验，外商所开出的专利清单中可能有80％以上是无效的。有些外商在取得专利后，根本未继续缴费维护专利，致使专利失效，却仍大言不惭地向国内厂商索取权利金。[1]因此，接到警告函后，依法据理力争，可能会免除不必要的经济支出。

那么，针对警告函，企业如何采取行动呢？

很多警告函由于只是起到威胁或恐吓作用，因而对具体的侵权问题，通常语焉不详，此时，接到警告函的企业在回应专利权人时，可以采取如下回应。

＞要求专利权人提供专利有效性及其具体保护范围，比如，要求专利权人提供详细之专利号、专利说明书等。

＞要求专利权人具体表明何种权利内容受到侵害，比如，应具体表明是制造权还是使用权遭到侵害。

＞要求专利权人具体指明自己涉嫌侵权之产品或生产方法。

对于内容明确的警告函，可以继续深入了解对方的真实意图。但是，既不能不理不睬，也不要立即缴械投降，急于答复对方，否则往往会在谈判中处于不利地位，但迟迟不答复往往很快会招致诉讼。

理智的做法应当是给予积极的响应，而且应与对方保持良好沟通。若是置之不理或沟通失败，可能造成不必要的诉讼或故意侵权嫌疑，进而造成企业的损害及赔偿金额的增加。当然，对警告函的回应，最好以程序上的回应为宜，比如，向对方表示需要时间求证，但切忌在此时回答与案件相关的任何重要问题。

同时，企业应当立刻展开防守策略的规划，初步根据警告函的内容，咨询专利律师，并由内部工程师协助，仔细研读对方的专利文件，对专利权有效与否、产品侵权与否作出分析，如果对方的专利应当无效或者自己的产品并不侵权，则可以反馈书面的不侵权或者权利无效的法律意见。如果初步分析后认为自己产品侵权，而对方专利无效的证据确凿，不需出具任何书面法律意见，以免成为诉讼中的把柄。此时企业应当做好停止侵权活动，或者与对方磋商达成授权许可等准备。

[1] 洪丽玲．外商追索权利金中所列的专利可能有80％是无效的［J］．智慧财产权管理季刊，12.

此外，被告的企业还要调查涉嫌侵权的产品是自己制造的，还是来自其他厂商，从而采取不同的策略来处理侵权事宜。比如，函告对方自己不应作为被告，或者邀请侵权产品的供应厂商共同处理侵权事宜。

(2) 调查争议专利的法律状态

受到侵权指控的企业，在发生专利侵权纠纷时，应当交由负责人员或委托专业机构检索对方的专利权法律状态，以作出相应对策。进行专利检索的目的，主要在于查明以下情况。

◇查明被侵犯的专利权是否存在，是否仍然有效，在何地有效，何时申请授权，何时将到期。目的是查明对方专利的当前状态，防止其使用没有法律效力的专利来攻击自己；

◇查明专利权人是谁，有无继承或转让等事项，以及这些行为是否符合法定手续，其目的是查明对方有无起诉的资格；

◇查明涉嫌侵权产品与专利相比较有无实质性改进或区别，目的是为了确认侵权或不侵权的可能性；

◇查明有无在先公开的相同或相似的国内外专利或技术，目的是分析对方专利的稳定性，为反击对方专利无效做准备。

在现实的商业竞争中，有的企业在警告专利侵权时，往往抛出一大堆专利，笼统地指控被告企业侵犯了其专利权，此时，更要警惕对方这些专利是不是都有效，尤其是不是在指控侵权的地域有效，以免因为“莫须有”的专利指控，而付出不菲的代价。

在 1999 年 6 月，日立、松下、三菱电机、时代华纳、东芝、JVC 六大技术开发商结成联盟（简称“6C”），面向全球发表了关于“DVD 专利联合许可”的联合声明，称其拥有 DVD 核心技术的专利所有权，世界上所有从事生产 DVD 专利产品的厂商，必须向 6C 购买专利许可才能从事生产，且允许生产厂家一次性取得 6C 专利许可证书。然而需要明确的是，6C 在世界各国都有 DVD 核心技术的专利权吗？由于专利权具有地域性，在一国拥有专利权并不意味着在另一国也当然的具有专利权。如果 6C 在中国没有专利权，中国企业在国内制造、销售 DVD，当然不存在支付专利费的问题。据《中国知识产权报》报道，6C 虽然在中国就 DVD 生产的某些技术向中国申请了专利，但这些专利申请当时还处于审查阶段，尚未获得专利权。至少就这些未授权的专利而言，是不能主张中国 DVD 生产企业专利侵权的。

可见，在受到专利侵权指控时，调查对方的专利权法律状态，可以为反击对方侵权指控提供非常有用的帮助。

在“337电池调查案”中，作为原告的美国劲量电池公司利用一个名为“无汞碱锰电池”的专利（简称“709专利”），企图通过美国“337调查”在美国市场一举封杀中国电池。中国电池工业协会牵头组织了由20多名电池行业专家学者参加的应诉专家工作组，他们查阅了大量资料和文献，走访了许多当事人，检索了20世纪80年代中期以来发表的大部分涉及“无汞碱性电池"的文章。经过充分论证，专家们认为，此次“337电池调查案”中，对手用于向中国企业发难的“709”专利实际上只是保护了“无汞碱锰电池”这一名称，而且专家组收集的大量资料表明，这应该是一件无效的专利。专家认为，劲量公司的专利权在新颖性方面存在问题，早在劲量公司获得此项专利授权之前，德国某公司就已经取得了关于“无汞锌粉”的专利权，新加坡某公司也在20世纪90年代初取得了“9伏无汞碱性电池”的专利权。专家组还了解到，劲量公司的这项专利申请在欧洲也未获得授权。专家组卓有成效的工作帮助整个应诉团队更加客观地判断了案情，坚定了取胜的信心，并最终作出坚决应诉的决定。❶

（3）评估专利侵权的风险

受到侵权指控的企业，对原告专利权作了前述调查后，如果对方专利权的确有效，则需要进一步分析其专利的技术内容，根据专利侵权判定原则，进行专利侵权与否的初步判断。

前面通过对全面覆盖原则、等同原则和多余指定原则的介绍，分析了专利侵权的成立条件。这里换一个角度来看，如果存在以下情形，则不构成专利侵权，此时，受到侵权指控的企业，可以依法一一驳斥对方的侵权指控。

表8-6 不构成专利侵权的情形

专利必要技术特征	涉嫌侵权物技术特征	对比	结论
A+B+C+D	A+B+C	涉嫌侵权物相比于专利缺少一个或一个以上必要技术特征，且无多余指定原则的适用	侵权不成立
A+B+C+D	A+B+C+E	涉嫌侵权物相比于专利有一项或一项以上必要技术特征不相同，且无等同原则的适用	侵权不成立

❶ 岳善勇．“337电池调查案”启示录［N］．中国知识产权报，2004-10-22．

在分析原告的专利权时，了解其弱点也非常重要。如果经过对比分析后，发现侵权诉讼的结果可能对原告较为有利，则可以挖掘原告专利的弱点或缺陷，考虑是否有回避设计的可能性。当然，采取回避设计的时间及成本也必须加以考量，否则，还不如直接谈判许可，甚至退出市场。

资料链接：专利侵权的评估

1986 年 7 月 9 日，发明人于某向中国专利局申请了一项发明专利，发明名称为“固定式启蒙铅笔”。1992 年 1 月 22 日被授予专利权。1990 年 2 月 26 日，“书写保健笔”发明人陈某与制笔厂签订了一份技术转让合同，将“书写保健笔”的全套技术转让给制笔厂，制笔厂向陈某支付技术转让费 7 万元。合同签订后，制笔厂根据陈某提供的技术资料生产“书写保健笔”。

1992 年 2 月，于某以陈某和某制笔厂为被告，向人民法院起诉，称“书写保健笔”侵犯了“固定式启蒙铅笔”的专利权。被告陈某答辩称，“书写保健笔”技术，与原告于某获得专利权的“固定式启蒙铅笔”在技术上有根本性区别，不构成对于某专利权的侵犯。

为了判定“书写保健笔”是否构成对“固定式启蒙铅笔”专利的侵权，法院将“书写保健笔”与于某“固定式启蒙铅笔”的技术特征进行了对比。

“固定式启蒙铅笔”主要特征为：一种握笔架与活动铅笔组成的启蒙铅笔，其握笔架具有装笔孔，安装在铅笔的握笔部位，并具有适应手指握笔、防止手指下滑的结构。该发明的特征在于，握笔架在铅笔上是固定的，下部阻挡手指下滑的结构是个环圈，环圈上分布三条将手指分隔开的纵隔。

而陈某的“书写保健笔”主要特征在于：笔杆（可以是铅笔、钢笔、圆珠笔）正确的手握处按笔杆接触人手拇指、中指、食指外形特征相吻合的形状，形成三个偏椭圆球形凹面指穴。

经过对比分析，被控侵权物“书写保健笔”与专利产品“固定式启蒙铅笔”的技术特征有以下不同：

(1)“固定式启蒙铅笔”由握笔架与活动铅笔组合而成；而“书写保健笔”是笔杆与握笔矫正器构成的整体，系一次加工而成。

（2）“固定式启蒙铅笔”的握笔架安装在活动铅笔的握笔部位；“书写保健笔”则是直接在笔杆下部手指握笔处设拇指、中指、食指握窝。

（3）“固定式启蒙铅笔”的握笔架在铅笔上是固定的，防止手指下滑的结构是个环圈，环圈上分布三条将手指分隔开的纵隔，以适应手指握笔；“书写保健笔”则无防止手指下滑的环圈，而且握窝不具有明显的纵隔。

（4）“固定式启蒙铅笔”权利要求书中只描述了握笔架与活动铅笔结合的启蒙铅笔；“书写保健笔”则既有铅笔，也有钢笔、圆珠笔。

经过上述对比分析，法院认为“固定式启蒙铅笔”与被控侵权产品“书写保健笔”在技术特征上有明显区别。因此，认定陈某转让和制笔厂制造、销售“书写保健笔”的行为均未构成侵犯于某“固定式启蒙铅笔”的专利权。据此，一审法院判决驳回于某的诉讼请求。于某不服一审判决，提出上诉。二审法院经审理后，作出了驳回上诉、维持原判的终审判决。

资料来源：佚名．技术特征不同，不构成专利侵权［EB/OL］．［2004－11］．www. lawyershanghai. com.

3. 利用诉讼程序的规则

（1）主体资格异议

专利侵权诉讼中，对侵权行为有起诉权的仅限于特定的权利人。我国《专利法》第60条规定，未经专利权人许可，实施其专利，即侵犯其专利权，引起纠纷的，专利权人或者利害关系人可以向人民法院起诉。可见，有权提起专利侵权诉讼的人包括两类：一类是专利权人，另一类是利害关系人。

其中，专利权人可以是提出专利申请并获得授权的人，也可以是通过转让合同取得专利权的受让人，还包括因继承、企业并购等原因而已经获得专利权的人。不过，需要注意的是，根据《专利法》的规定，转让专利权的，当事人应当订立书面合同，并向国务院专利行政部门登记，由国务院专利行政部门予以公告。专利权的转让自登记之日起生效。因此，如果专利权的转让没有经过国家知识产权局的登记，受让人即使与转让人签订了专利权转让合同，也并不是实质上的专利权人，无权提起专利侵权诉讼。

至于利害关系人的范围，《专利法》并没有明确。根据《最高人民法院关于对诉前停止侵犯专利权行为适用法律问题的若干规定》第1条的规定，专利权人或者利害关系人可以向人民法院提出诉前责令被申请人停止侵犯专利权行为的申请。而提出申请的利害关系人，包括专利实施许可合同的被许可人、专利财产权利的合法继承人等。专利实施许可合同被许可人中，独占实施许可合同的被许可人可以单独向人民法院提出申请；排他实施许可合同的被许可人在专利权人不申请的情况下，可以提出申请。上述关于利害关系人的规定，针对的是诉前停止侵犯专利权行为的申请人，但对于专利侵权诉讼中的利害关系人，可以参照上述解释，加以适用。

因此，在专利侵权诉讼中，作为被告的企业，如果发现原告的主体资格并不适合，应当提出主体资格异议，从而在程序上消灭对方的起诉权。当然，被告也可以提出充分的证据，证明自己不是适合的被告，从而脱离诉讼的纠缠。

（2）管辖权异议

《根据最高人民法院关于审理专利纠纷案件适用法律问题的若干规定》，专利纠纷第一审案件，应当由各省、自治区、直辖市人民政府所在地的中级人民法院和最高人民法院指定的中级人民法院管辖；因侵犯专利权行为提起的诉讼，应当由侵权行为地或者被告住所地人民法院管辖。关于此点，前已详述。因此，如果原告提起诉讼的法院并没有专利侵权纠纷的管辖权，那么被告可以提出管辖权异议，以防止原告在诉讼地点的选择上存在策略性的安排。

当然，有的被告提出管辖权异议，事实上也是无中生有，存在战术上的考量，比如，借此拖延诉讼的时间。2004 年 10 月，备受关注的朗科公司诉索尼公司专利侵权的官司，由于索尼方面向深圳市中院提出了司法管辖权异议，原定首次开庭的一审被延迟。朗科公司的法务总监路攀认为，索尼是在有意拖延时间，这是专利诉讼中被告惯用的诉讼策略。如果法院作出裁定有管辖权，索尼还可以就管辖权问题上诉至广东省高院。即便省高院最终裁定深圳中院具有管辖权，这个过程至少也要 3 个月，然后才是案件的一审和二审。媒体评论说，朗科以专利之刃刺向索尼，猛然间像遭遇一团棉花，所有力道似乎被化解于无形。❶

（3）回避申请

《民事诉讼法》第 45 条规定："审判人员有下列情形之一的，必须回避，当事人有权用口头或者书面方式申请他们回避：（一）是本案当事人或者当事人、诉讼代理人的近亲属；（二）与本案有利害关系；（三）与本案

❶ 佚名．朗科诉索尼：专利权的意识觉醒［EB/OL］．［2005-04-17］．http：//61.129.44.23/news/detail/v5000441-d5419605.html.

当事人有其他关系，可能影响对案件公正审理的。前款规定，适用于书记员、翻译人员、鉴定人、勘验人。”《民事诉讼法》第46条规定：“当事人提出回避申请，应当说明理由，在案件开始审理时提出；回避事由在案件开始审理后知道的，也可以在法庭辩论终结前提出。被申请回避的人员在人民法院作出是否回避的决定前，应当暂停参与本案的工作，但案件需要采取紧急措施的除外。”

在专利侵权纠纷中，如果作为被告一方的企业，得知本案的审判人员可能与本案原告或与本案有利害关系，应当依法提出回避申请，以避免审判人员对案件可能造成的不公平裁判。

(4) 罹于诉讼时效

《专利法》第68条第1款规定，侵犯专利权的诉讼时效为2年，自专利权人或者利害关系人得知或应当得知侵权行为之日起计算。《最高人民法院关于审理专利纠纷案件适用法律问题的若干规定》第23条规定：“侵犯专利权的诉讼时效为2年，自专利权人或者利害关系人知道或者应当知道侵权行为之日起计算。权利人超过2年起诉的，如果侵权行为在起诉时仍在继续，在该项专利权有效期内，人民法院应当判决被告停止侵权行为，侵权损害赔偿数额应当自权利人向人民法院起诉之日起向前推算2年计算。”

如何认定“知道或应当知道”？所谓“知道”，是指知道有侵权行为的事实发生，它以权利人承认为前提。所谓“应当知道”是法律上的一种推定，它是针对权利人客观方面而言的，如果某一侵权行为一旦发生，在一定条件下，不论专利权人或者利害关系人是否知道，都视为他应当知道有侵权事实发生。

在专利侵权诉讼中，作为被告的企业，应当调查原告的起诉是否超过诉讼时效。如果被告主张原告的起诉已经超过诉讼时效，并有证据支持，则原告的专利侵权指控将会被法院驳回，被告可以因此免除承担侵权责任。

(5) 证据异议

在某种程度上讲，打官司就是打证据。证据是指能够证明民事案件真实情况的各种事实，也是法院认定有争议的案件事实的根据。《民事诉讼法》第63条规定：“证据有下列几种：(一) 书证；(二) 物证；(三) 视听资料；(四) 证人证言；(五) 当事人的陈述；(六) 鉴定结论；(七) 勘验笔录。以上证据必须查证属实，才能作为认定事实的根据。”作为证据应当满足“三性”的要求：合法性、相关性和真实性。

合法性，指证据必须符合法律规定的条件，不为法律所禁止，才能够作为诉讼证据。它包括：①证据的主体要合法，比如以不能正确表达意志的人作为证人，以不具有相应鉴定资质的人或与本案有利害关系的人作为鉴定人，证据的主体就不合法；②证据的形式要合法，一是证据的形式应当符合法律的要求，二是当法律规定某些法律行为要用特定形式实施时，应使用特定形式的证据来证明；③证据的收集要合法，不能以非法的手段收集证据，等等。而相关性，则是指证据对特定的案件事实有证明作用和价值。真实性是指证据必须要符合案件的事实情况，不是伪造的。

被告在专利侵权诉讼中，要仔细分析研究原告所提供的证据，检视其是否具有合法性、真实性和相关性，并积极开展于己有利的证据搜集工作，做到知己知彼，心中有数，以便进行有的放矢的质证。

比如，根据《最高人民法院关于民事诉讼证据的若干规定》第 11 条的规定，“当事人向人民法院提供的证据系在中华人民共和国领域外形成的，该证据应当经所在国公证机关予以证明，并经中华人民共和国驻该国使领馆予以认证，或者履行中华人民共和国与该所在国订立的有关条约中规定的证明手续”。如果原告的证据形成于国外，而又未能满足前述要求，被告可以据此要求法院对该证据不予采信。

证据对于一场诉讼的成败，起着十分关键的作用。如果能够否定原告的证据，不但可能降低专利侵权的程度，或者降低侵权赔偿的数额，而且甚至可能赢得不侵权的胜利。

4. 利用侵权抗辩的事由

发生专利侵权纠纷后，被告的企业要善于综合运用法律上的各种侵权抗辩事由。有的时候，一些侵权抗辩事由的运用，对于纠纷的解决具有四两拨千斤的作用。专利侵权抗辩的事由很多，由于对“抗辩事由”的理解各有不同，因此，关于抗辩事由的范围在不同的著述中往往并不一致，比如，有的学者主张将超过诉讼时效也列入抗辩事由之中[1]，但本书基于结构处理的需要，把专利侵权抗辩的事由限定在一个相对较窄的范围之中。

(1) 专利权已经失效的抗辩

如果原告的专利权已经超过专利保护期而终止、已经因未按规定缴纳年费被终止、已经被书面声明放弃或者已经被专利复审委员会宣告无效的，那么原告的专利权已经失效，不再具有法律效力，不应提出侵权的主张，

[1] 郑瑞琨，朝霞．专利侵权诉讼中的抗辩事由［J］．电子知识产权，2003（10）．

被告可以据此进行抗辩。

（2）专利权无效的抗辩

当原告专利权确属有效时，可以通过文献检索等途径，从专利授权所需的新颖性、创造性、实用性等角度，发现其无效的原因或瑕疵，从而向专利复审委员会以及管辖法院主张该专利权应属无效，这是被告对抗专利侵权指控最常用的措施。

各国专利侵权诉讼中，专利被宣告无效的比率都很高。例如，在专利审查质量最高的美国，这个比率大约是46%。从这个指标来衡量，各国的垃圾专利都很多，[1]因此，主张原告专利权无效，对于赢得诉讼或许是一个胜算较大的选择。不过，这需要被告收集到足够的能将原告专利宣告无效的证据，包括已经公开的专利文献、已经公开了技术的产品销售发票、产品广告或技术公开使用证明等。

如果能够使对方专利权全部无效，或者将导致侵权发生的权利要求申请无效，通常可以避免承担专利侵权责任。如果经过专利无效程序未能让对方专利权无效，但通过专利权人的解释将权利要求的保护范围缩小了，或者通过专利权人对创造性的争辩，从而利用禁止反悔原则，达到不承担专利侵权责任的目的。

（3）未落入保护范围的抗辩

如果运用全面覆盖原则比较原告专利（发明与实用新型）与被告涉嫌侵权物，发现涉嫌侵权物（产品或方法）缺少原告的专利权利要求中记载的必要技术特征（排除多余指定原则的适用）；或者涉嫌侵权物的技术特征与原告专利的必要技术特征相比，有一项或者一项以上的技术特征存在本质区别（排除等同原则的适用）；或者通过对比分析，发现被告侵权产品的外观与原告外观设计专利（以表示在专利申请文件中的图片或者照片中的该产品的外观设计为准）不相同也不近似，那么根据专利法的规定，被告的产品未落入原告的专利保护范围，可以据此主张不侵权。

（4）禁止反悔原则的抗辩

所谓禁止反悔（也称“禁反言”）原则，是指在专利申请的审批、专利或无效宣告等程序中，专利权人为确立其专利的新颖性或创造性，通过书面声明或者文件修改，对权利要求的保护范围做了限制或者部分放弃了保

[1] 魏衍亮．“手机大战”与专利之争［EB/OL］．［2005-03-31］．http：//www.zlfm.com/pmag/2004/8-26/15-39-0096018.html.

护，并因此获得了专利权，那么在专利侵权诉讼程序中，法院在适用等同原则确定保护范围时，禁止将已被限制排除或者已经放弃的内容重新纳入专利保护范围。[1]也就是说，当等同原则与禁止反悔原则在适用上发生冲突时，即原告主张适用等同原则判定被告侵犯其专利权，而被告主张适用禁止反悔原则判定自己不构成侵犯专利权的情况下，应当优先适用禁止反悔原则。

在专利申请的过程中，专利申请人为获得专利权，有时不得不接受专利审查员的意见，对权利要求中一些保护范围过宽、技术特征的显著性和创造性不足的地方做出放弃。对这些在专利申请过程中已经承诺、认可做出实质性修改或者放弃的内容，专利权人在以后的专利侵权诉讼过程中不能反悔，又把这些放弃的内容搬回到专利权利要求书中去，也不能用来解释保护范围。换言之，专利权人不能为了获得专利，在专利申请过程中对权利要求作出狭义的或者较窄的解释，而在以后的专利侵权诉讼过程中，为了使权利要求能够覆盖被控侵权物，又对权利要求作出广义的、较宽的解释。

在实践中，被告通过专利无效宣告程序，也可以达到利用禁止反悔原则进行侵权抗辩的目的。被告针对专利侵权指控，提起专利无效的宣告程序，那么专利权人在维持其专利权有效的答辩过程中，可能会限缩解释其专利的权利要求，以排除公有的技术特征，或避免出现与他人已有专利相同的技术特征，从而维持专利的有效性。但是，在后来的诉讼中，专利权人又对其权利要求作出宽于维持专利有效时的解释，则被告可以对此主张禁止反悔原则。

在专利侵权纠纷中，作为被告的企业，可以通过国家知识产权局了解专利权人原始的专利申请档案，包括申请过程中审查员的审查意见通知书、专利申请人的陈述意见书、专利申请人对专利申请所作修改前的文本及修改的原因等，这样才有可能判断专利权人是否违背了禁止反悔原则。

（5）现有技术或设计的抗辩

现有技术或设计抗辩是指在涉嫌侵权物与专利权利要求所记载的专利技术方案等同的情况下，如果涉嫌侵权物与一项现有技术或设计相同或无实质性差异，那么侵权就不成立。依据《专利法》的规定，授权的发明专利和实用新型专利必须具备新颖性、创造性和实用性，外观设计必须与现有设计或现有设计特征的组合相比，应当有明显区别。但是，由于审查制

[1] 白光清．专利侵权抗辨研究［M］//专利法研究．北京：知识产权出版社，2001：57—76.

度本身的原因，如实用新型和外观设计不经实质审查就可授予专利权，或者审查不严等原因，使得一些本不该授予专利权的发明创造获得了专利，而他人在使用这些本属于自由公知的现有技术或设计时，却又被上述获得专利权的专利权人起诉侵犯其专利权。因此，被告既可以提起专利无效宣告程序，也可以主张原告专利是现有技术或设计，从而进行侵权抗辩。

《专利法》第 62 条规定，在专利侵权纠纷中，被控侵权人有证据证明其实施的技术或者设计属于现有技术或者现有设计的不构成专利侵权。在专利侵权纠纷中，被告在运用现有技术或设计抗辩专利侵权时，应当注意现有技术或设计应当具备以下条件：

• 必须是可自由使用的现有技术或设计。该技术或设计必须是在专利申请日或优先权日之前已公知公用，成为可自由使用的现有技术或设计。

• 必须是非组合而成的现有技术或设计。用于抗辩的现有技术或设计，不应当是组合而成的现有技术或设计，因为基于特定的发明目的，对现有技术或设计的组合，往往本身就是一项新的发明创造，而非现有技术或设计。

• 必须是相同或无实质差异的现有技术或设计。《最高人民法院关于审理侵犯专利权纠纷案件应用法律若干问题的解释》（法释［2009］21 号）第 14 条规定，被诉落入专利权保护范围的全部技术特征，与一项现有技术方案中的相应技术特征相同或者无实质性差异的，人民法院应当认定被诉侵权人实施的技术属于专利法第六十二条规定的现有技术。被诉侵权设计与一个现有设计相同或者无实质性差异的，人民法院应当认定被诉侵权人实施的设计属于专利法第六十二条规定的现有设计。

现有技术或设计抗辩在专利侵权诉讼中，运用比较广泛，而且成功的例子并不少见，兹举一例说明之。NEFAB 包装公司建立于 1949 年，是世界著名的包装箱产品制造商。该公司于 2001 年 1 月 18 日申请了一份中国专利 ZL01217238.3，并于 2001 年 12 月 26 日获授权，该专利要求保护的是一种包装箱。同时，NEFAB 包装公司又对 ZL01217238.3 中的每一结构部件均申请了中国专利保护。此后，NEFAB 包装公司在中国发现有中国公司制造其专利包装箱，于是向该中国公司提出诉讼。该中国公司受到侵权指控后，委托上海一家科技情报所核查 ZL01217238.3 的专利性。通过对 NEFAB 包装公司曾经在世界各国申请的 166 件专利进行调查，最终查得 US3673638（1970 年申请的美国专利）与 ZL01217238.3 要求保护的技术内容极为相似，也就是说，NEFAB 包装公司把 30 多年前申请保护的技术内容在中国再一次申请了专利，而实际上这一技术目前已经是专利法意义上的现有技术。这一调查为中国公司扫清了全部侵权障碍。[1]

（6）享有专利权的抗辩

由于我国对实用新型和外观设计专利采用形式审查制，对其技术内容不进行实质性审查，因此重复授权现象不可避免，即完全相同的申请主题被授予了两项及其两项以上的专利。发明专利也有出现重复授权的可能性。

因此，在专利侵权纠纷中，如果被告对于原告指控侵权的专利技术也享有专利权，此时，被告实施专利的行为是否构成侵权，关键是要确认双方专利申请日期的先后。如果被告的专利申请日在原告之前，被告可以向专利复审委员会提出请求，要求宣告原告的专利权无效；也可以请求受诉法院根据《最高人民法院关于在专利纠纷中原被告企业双方均拥有实用新型专利权的批复》中的规定，对重复授权的实用新型专利直接作出认定。由于被告专利申请日在先，原告专利申请日在后，根据专利法的先申请原则和禁止重复授权原则，被告的抗辩理由成立，导致原告的专利权被宣告或被认定为无效的法律后果，而无效的专利被视为自始即不存在，所谓的专利侵权也就无从谈起，反过来，如果原告实施了专利，则是原告侵犯了被告企业的专利权。

（7）先申请专利的抗辩

与前一个抗辩理由稍有不同的是，被告虽然对涉嫌侵权物已经申请了专利，并且比原告专利的申请时间更早，但因为各种原因，比如负责的审查员迟延了授权，而尚未取得专利授权。如果被告申请的专利与原告已经授权的专利属于相同的发明创造，那么基于申请在先的原则，就相同的发明创造只能授予最先申请专利的申请人，因此，被告不仅可以否定专利侵权，而且可以针对原告专利，提起宣告无效的程序。

资料链接：蚊拍虽小 专利事大

从原告的角度，获得专利权后，最好过一段时间才起诉仿制侵权者，因为专利文献的检索有一个盲区，即从他人申请专利之日到专利授权公告之日的有关申请专利的文件是检索不到的。而且有时会出现这样一种情况：先申请的专利，由于在不同的审查员手中审查，可能后批准，而后申请并由另一位审查员审查的专利却可能先获得批准。如果该先后申请由不同审查员审查并获得批准的专利是一项相同的发明创造，就有可能出现后

[1] 吴敏．论企业如何对专利侵权进行积极应对［J］．电子知识产权，2003（1）．

申请先批准的专利权人去告先申请但尚未批准的另一申请人生产的产品侵权的不正常现象。

福建有一家企业申请了一种多层网的电蚊拍专利，专利获得批准后又及时对另一厂家福建九星集团生产出口的相同产品采取了边境保护措施，通过海关扣押了价值二百多万的“侵权”产品。九星集团的总经理当时大吃一惊，心想自己申请了专利，怎么却成了被告？原来他申请的专利一直没批下来，但申请日却在对方之前，在征询了自己律师的意见后，九星集团一面与对方周旋，一面请求专利局加快审理其专利申请。两周后其在先申请的专利终于获得批准，九星集团及时向省城中级人民法院起诉对方侵权，并提供相应担保将对方在海关提供的担保全部冻结起来。福州市中级人民法院及福建省高级人民法院一、二审均判对方败诉，两项共计赔偿180多万元人民币，而且对方在海关扣押九星集团电蚊拍时的索赔证据，正好反过来成为九星集团的索赔依据之一。这真是一步失算，百万不见，对方的律师什么都想到了，就是没想到专利文献检索有一个盲区，而在这个盲区的时段中，恰巧的是这个被告又正是先于自己提出专利申请者。

“侵权者”成了专利权人，而“专利权人”又成为专利侵权的被告，这一教训是非常深刻的。有了专利权，千万别操之过急，去告别人侵权，最好过几个月，证实确没有人先于自己申请专利时再告别人不迟，即使要告，也别轻易采取诉讼保全措施。对实用新型专利和外观设计专利注意这一问题尤为重要。

资料来源：温旭．知识产权——商战决胜之源［EB/OL］．［2005-04-19］．http：//www.szip.org.cn/llyjzh10.html.

(8) 专利权用尽的抗辩

所谓专利权用尽，是指享有专利保护的产品，由专利权人或其授权的人（合称权利人）首次销售或通过其他方式转移给他人以后，权利人即无权干涉该产品的使用和流通。换言之，权利人已经用尽了相关专利权，不能再度行使。《专利法》第69条第1项明确规定，“专利产品或者依照专利方法直接获得的产品，由专利权人或者经其许可的单位、个人售出后，使用、许诺销售、销售、进口该产品的”，不视为侵犯专利权。

专利权用尽原则的基本前提是，产品是由权利人合法投入市场的，而不是偷窃来的或者非法仿制的。因此，在专利侵权纠纷中，被告利用专利权用尽原则进行专利侵权抗辩时，应当找出证明其使用、许诺销售、销售、进口的专利产品，是由专利权人或其授权的人投入市场的。当然，根据专利法，使用、许诺销售、销售、进口的产品属于下列两种情况的，也不构成专利侵权：

• 由获得强制许可的人制造（包括使用专利方法直接获得）而售出的专利产品。

• 由政府机关为了推广应用而依法授权的单位制造（包括使用专利方法直接获得）而售出的专利产品。

（9）在先使用权的抗辩

《专利法》第 69 条第 2 项明确规定了在先使用权的存在，“在专利申请日前已经制造相同产品、使用相同方法或者已经作好制造、使用的必要准备，并且仅在原有范围内继续制造、使用的”，不视为侵犯专利权。享有在先使用权的条件包括以下方面：

• 作好了制造、使用的必要准备。必要准备，是指已经完成了产品图纸设计和工艺文件，已准备好专用设备和模具，或者完成了样品试制等项准备工作。如果仅仅知道有这样一种产品或方法，或者仅仅有利用的意图或者计划是不够的。

• 仅在原有范围内继续制造、使用。原有范围，是指专利申请日前所准备的专用生产设备的实际生产产量或者生产能力的范围。超出原有范围的制造、使用行为，构成侵犯专利权。

• 在先制造的产品或者使用的方法，应是在先使用权人自己独立研究完成或者以合法手段取得的，而不是在专利申请日前抄袭、窃取或者以其他不正当手段从专利权人那里获取的。

• 在先使用权人对于自己在先实施的技术不能转让，除非连同所属企业一并转让。

利用在先使用权抗辩侵权之诉，与现有技术或设计抗辩、反诉专利无效等抗辩方法一样，是专利诉讼中常用的方法之一。企业如果发现自己开发的同样的技术，被其他企业抢先申请了专利，而成为对方提起专利指控的对象，应当及时收集能证明自己享有在先使用权的有关证据，如上述的产品报批手续，设备、仪器购买及安装、测试证据等；主管部门批准立项、建厂文件，生产计划任务书等；产品购销合同、产品送检的质量检测报告等；产品样机试制的原始记录及批量试产的产品数目、进仓单等；新产品鉴定会的有关资料及产品报价单、产品说明书、广告宣传、产品包装或装潢的印制发票等，凡是能够直接或间接证明自己享有在先使用权的证据，都应尽可能事先准备好，以在解决专利侵权纠纷时做到有备无患。

（10）临时过境的抗辩

《专利法》第 69 条第 3 项明确规定，“临时通过中国领陆、领水、领空的外国运输工具，依照其所属国同中国签订的协议或者共同参加的国际条约，或者依照互惠原则，为运输工具自身需要而在其装置和设备中使用有关专利的”，不视为侵犯专利权。适用外国运输工具临时过境例外，应当符合如下条件：

• 适用的对象是临时进入中国领陆、领水、领空的外国运输工具。临时进入指非长期在中国上述领域运营。外国运输工具是指在中国以外的其他国家或地区登记注册的运输工具，包括船舶、航空器和运输车辆等。

• 适用的范围是该临时进入的外国运输工具为自身需要在其装置和设备中使用有关专利的行为。

• 该外国运输工具所属的国家或地区与中国签订有协议或共同参加国际条约，或者实施互惠原则。

（11）科研和实验使用的抗辩

《专利法》第69条第4项明确规定，“专为科学研究和实验而使用有关专利的”，不视为侵犯专利权。由于此种情形并非为了生产经营，不仅无损于专利权人的利益，还可以借此促进科学技术的发展和进步，因此专利法并不加以限制。

以“科学研究和实验而使用”为由进行抗辩，应当注意两点：

• 这里仅仅是使用而与制造和销售无涉。无论是为科学研究和实验目的而制造专利产品，还是制造后又销售，都构成对专利权人独占权的侵犯，使其利益直接受到损害，难逃侵权之嫌。

• 使用目的仅限于科学研究或实验。例如，对于一项有关水硬度分析方法的专利，研究所可以在其项目研制过程中使用，但是若利用该方法进行营利性服务则显然不在本条款范围之内。

（12）药品和医疗器械审批的抗辩

《专利法》第69条第5项明确规定，“为提供行政审批所需要的信息，制造、使用、进口专利药品或者专利医疗器械的，以及专门为其制造、进口专利药品或者专利医疗器械的”，不视为侵犯专利权。该规定主要是为专利期满后的药品和医疗器械的仿制者提供专利侵权的豁免，使其可以在药品和医疗器械的专利期满前，通过制造、使用、进口该专利药品或者专利医疗器械，提供行政审批所需要的信息，完成上市前的审批手续，仿制的药品和医疗器械迅速上市。

（13）享有强制许可的抗辩

根据《专利法》的规定，我国专利实施的强制许可主要有以下四种。

①防止滥用的强制许可。根据第48条规定，“有下列情形之一的，国

务院专利行政部门根据具备实施条件的单位或者个人的申请，可以给予实施发明专利或者实用新型专利的强制许可：

（一）专利权人自专利权被授予之日起满3年，且自提出专利申请之日起满4年，无正当理由未实施或者未充分实施其专利的；

（二）专利权人行使专利权的行为被依法认定为垄断行为，为消除或者减少该行为对竞争产生的不利影响的。”

②为公共利益的强制许可。根据第49条规定，在国家出现紧急状态或者非常情况时，或者为了公共利益的目的，国务院专利行政部门可以给予实施发明专利或者实用新型专利的强制许可。

③为公共健康的强制许可。根据第50条规定，为了公共健康目的，对取得专利权的药品，国务院专利行政部门可以给予制造并将其出口到符合中华人民共和国参加的有关国际条约规定的国家或者地区的强制许可。

④从属专利的强制许可。根据第51条规定，一项取得专利权的发明或者实用新型比前已取得专利权的发明或者实用新型具有显著经济意义的重大技术进步，其实施又有赖于前一发明或者实用新型的实施的，国务院专利行政部门根据后一专利权人的申请，可以给予实施前一发明或者实用新型专利的强制许可。在依照前款规定给予实施了强制许可的情形下，国务院专利行政部门根据前一专利权人的申请，也可以给予后一发明或者实用新型专利的强制许可。对于这种从属专利的强制许可，无论是单位，还是个人均可以提出请求，而且无时间限制。

如果企业存在上述4种强制实施许可情况，其实施专利的行为并不构成对他人专利权的侵害，但必须向专利权人支付专利实施许可费用。不过，由于我国目前几乎没有颁发过强制许可，因此很难利用这一抗辩事由。

（14）享有指定许可的抗辩

《专利法》第14条规定：“国有企业事业单位的发明专利，对国家利益或者公共利益具有重大意义的，国务院有关主管部门和省、自治区、直辖市人民政府报经国务院批准，可以决定在批准的范围内推广应用，允许指定的单位实施，由实施单位按照国家规定向专利权人支付使用费。”

此条规定的是专利权的指定许可[1]，即行政主管机关为推广应用对国家利益或者公共利益具有重大意义的发明专利，可以允许指定的单位非独

[1] 对于《专利法》第14条规定的指定许可，学者一般称为计划许可。“计划许可”这个称谓是根据2000年修改前的《专利法》第14条所进行的概括，但是2000年修改《专利法》时，为了适应建立市场经济体制的需要，以及适应政企分开、政府机构和国有企业改革的精神，删除了第14条中的“按照国家计划”字样，并对推广应用的专利范围重新作出了界定。因此，本书认为，此种非自愿许可不再适于称为“计划许可”，改称为“指定许可”可能更加妥当。

占性的实施，并由实施单位向专利权人支付使用费。专利权的指定许可仅适用于发明专利。如果被告是相关政府部门依法指定实施某一发明专利的企业，则可以根据《专利法》第14条的规定进行抗辩。

(15) 临时保护期的抗辩

在专利法中，临时保护期是指发明专利申请公布后，专利权授予前这段时期。根据《专利法》第13条的规定，发明专利申请公布后，申请人可以要求实施其发明的单位或者个人支付适当的费用。如果实施人不主动支付这笔适当的使用费，则权利人可以提起诉讼，这种诉讼属于临时保护期的费用纠纷，不属于专利侵权。因此，在专利侵权纠纷中，被告应当分析自己的使用是不是处于临时保护期，这样可以只支付适当的费用，而不是承担专利侵权赔偿责任。

(16) 无知侵权的抗辩

无知侵权（innocent infringement），也称为不知情侵权、善意侵权等。所谓无知侵权，是指当事人没有合理的理由知道其行为侵犯了他人的专利权。《专利法》第70条规定："为生产经营目的使用、许诺销售或者销售不知道是未经专利权人许可而制造并售出的专利产品，能证明该产品合法来源的，不承担赔偿责任。"可见，在专利法上，无知侵权只是不承担赔偿责任，对于停止侵权等民事责任，仍然需要承担。

(17) 合法使用权的抗辩

①以委托开发合同为由进行抗辩

根据《合同法》第339条的规定，委托开发合同中没有明确技术成果归属的，申请专利的权利属于开发方，开发方取得专利权的，委托方可以免费实施该项专利。在专利侵权诉讼中，如果争议的对象为被告委托原告开发完成的发明创造，因原委托开发合同中没有明确技术成果的归属，那么根据《合同法》的规定，被告可以免费使用，从而抗辩原告指控的侵权行为。

②以合作开发合同为由进行抗辩

在专利侵权诉讼中，如果发生争议的专利技术属于双方合作开发完成的发明创造，而合作开发合同中又没有明确技术成果归属，原告作为其中的一方在未征得被告同意或在被告不知道的情况下，单独申请专利并获授权的；或者是被告作为合作开发的一方声明放弃专利申请权的，被告可以根据《合同法》第340条的规定，向法院提供合作开发合同和技术成果资料等证明材料，请求法院确认其为共同专利权人，或者依法确认其具有免费实施该项专利的权利。

③以转让许可合同为由进行抗辩

由于我国专利申请中存在重复授权现象，对同一技术主题的发明创造可能存在两个以上的专利权人。因此，在专利侵权纠纷中，如果发生争议的专利涉及被告与原告以外的其他专利权人签订的转让或使用许可合同，被告应向受诉法院提供该项专利权转让或使用许可合同等证据，以此证明自己实施的专利技术是从其他专利权人那里受让或取得许可的，自身并无过错，从而免除侵权赔偿的责任。

5. 反击专利侵权指控

当自己被别人告上法庭时，在传统上都会给外界带来不好的联想，因为一般人都对被告有着一种先入为主的负面印象。因此，很多企业总是不太愿意一直坐在被告的位置上，它们需要反攻，发起针对原告（或指控人）的挑战，反击对方的专利侵权指控，其目的除了扭转被动的局面外，有时是为了打压对方咄咄逼人的气势，甚至迫使其坐到谈判桌前，促成双方的和解谈判。

（1）请求宣告专利无效

在专利授权程序中，对于发明专利而言，由于审查人员的工作经验、认识水平不同，对有关法规理解、掌握不同，加之在文档检索上有时不可避免地出现漏检，同时，在专利性条件的判断基准上又存在着客观上的不确定性，因此，一些不符合专利法规定的发明创造也能够获得发明专利权。对于实用新型和外观设计专利而言，由于我国专利法对实用新型和外观设计的专利申请实行形式审查制，因此，有大量的不符合专利法规定的实用新型和外观设计专利申请也获得了专利权。

根据国家知识产权局发布的1999年年报统计，在专利复审委员会审理的无效案件中有46.7%的专利权被宣告无效，而被宣告部分无效的占5.4%，也就是说，在对专利权效力提出质疑的案件中，其中近一半的专利权灭失。[1]可见我国专利权（主要是实用新型和外观设计专利权）的稳定性不高，因此主张原告专利权无效的空间较大。既然如此，在专利侵权诉讼中，作为被告的企业，认为原告的专利不符合专利法的授权条件，可以通过法定程序请求宣告专利权无效。

在专利侵权纠纷中，运用专利无效宣告成功的例子并不少见。在法国施耐德电器公司与德力西集团公司、乐清市沪川继电器厂的发明、外观设

[1] 白光清．专利侵权抗辩研究//专利法研究［M］．北京：知识产权出版社，2001：57－76.

计专利侵权纠纷案中，作为被告的沪川继电器厂向专利复审委员会提起专利无效宣告，结果有效地减少了损失。

资料链接：专利无效成功 减少侵权赔偿

原告法国施耐德公司向杭州市中级人民法院起诉称，德力西集团公司、沪川继电器厂制造和销售的接触器及其辅助装置大规模地抄袭了施耐德公司的专利产品，特别是侵犯了施耐德公司在中国的四项专利权，包括一项专利号为89102281.3的名为“带制动螺钉的连接柱”的发明专利，一项专利号为88301720.2的接触器外观设计专利，一项专利号为88301721.0的接触器外观设计专利，和一项专利号为89301273.4的装在接触器前面的辅助电子装置外观设计专利。

被告沪川继电器厂在诉讼期间，向国家专利复审委员会提出宣告施耐德公司拥有的专利号为89102281.3、88301720.2、88301721.0、89301273.4等四项专利权无效的请求。1998年5月29日，专利复审委员会作出第1033号决定书，决定宣告施耐德公司89102281.3号发明专利无效。2000年1月10日，专利复审委员会作出第1714、第1715号无效宣告请求审查决定书，决定宣告施耐德公司88301720.2、88301721.0二项外观设计专利权无效。

施耐德公司不服该决定，先后起诉、上诉至北京市第一中级人民法院、北京市高级人民法院，上述法院先后作出民事判决，驳回施耐德公司的诉讼请求，维持专利复审委员会第1033号决定。

至此，沪川厂通过反诉法国施耐德公司专利无效，使对方一项发明专利权和两项外观设计专利权被宣告无效，使得对方只剩下一项外观设计专利权，沪川厂因此大为降低了侵权赔偿数额。

资料来源：童兆洪．知识产权判案评述［M］．北京：人民法院出版社，2003：29－39.

（2）请求确认不侵犯专利权

2002年7月12日，最高人民法院民三庭对江苏省高级人民法院就苏州龙宝生物工程实业公司诉苏州朗力福保健品公司请求确认不侵犯专利权纠纷是否予以受理的请示作出批复：“依据《民事诉讼法》第108条和第111条的规定，对于符合条件的起诉，人民法院应当受理。本案中，由于被告朗力福保健品公司向销售原告龙宝生物工程实业公司产品的商家发函称原告的产品涉嫌侵权，导致经销商停止销售原告的产品，使原告的利益受到了损害，原告与本案有直接的利害关系；原告在起诉中，有明确的被告；

有具体的诉讼请求和事实、理由；属于人民法院受理民事诉讼的范围和受诉人民法院管辖，因此，人民法院对本案应当予以受理。”

这一批复第一次明确了人民法院可以受理当事人提出的请求确认不侵犯专利权纠纷案件，同时还确认了此类案件以“请求确认不侵犯专利权纠纷”作为案由。在最高人民法院颁布的《民事案件案由规定》（法发［2008］11号）中，确认不侵犯专利权已经作为一项民事案由列入其中。

在现实世界里，有些专利权人四处散发专利侵权的警告函，威慑竞争对手及其客户，但并不打算与之走上法庭，或者通过其他途径，辩明专利侵权的是非，协商解决争议的办法。如此一来，受到侵权警告但又无辜的企业却背上了侵权的黑锅，并且无处争辩是非，陷入被动的境地，不仅商业信誉严重受损，而且大量客户因担心侵权问题纷纷流失。为了变被动为主动，受到侵权警告的企业提起诉讼，请求确认不侵犯专利权，便成为脱离侵权这个泥潭的重要法宝。从某种意义上讲，确认不侵犯专利权之诉是防止专利权人滥用权利的重要司法手段。

所谓确认不侵犯专利权之诉，是指当专利权人向第三人或其利益攸关者，发出专利侵权警告或者作出其他有可能宣示第三人涉嫌侵权的行为时，第三人自认为没有侵犯专利权，而向人民法院起诉，请求确认其不侵犯专利权的诉讼。目前，对于确认不侵犯专利权之诉，民事诉讼法并无明文规定，最高人民法院虽然作过几次批复，但并未作出全面的规定，因此，关于请求确认不侵犯专利权之诉的受理条件等具体问题，仍然存在争议。

不过，我们认为，在满足下列条件的情形下，企业针对专利权人提出确认不侵犯专利权之诉，比较容易被法院所接受：

①企业已经受到专利权人实际的专利侵权威胁。比如，专利权人已经向企业发出了明确的侵权警告，已经向企业的客户或者合作伙伴等发出专利侵权警告，已经针对企业的产品开展了专利侵权举报或行政查处，等等。否则，如果企业没有受到实际的专利侵权威胁，则确认不侵犯专利权之诉没有成立的基础。

②专利权人在合理的期限内，一直迟延向法院起诉。

③受到专利侵权威胁的企业，因此而受到经济损失或信誉损害。

需要注意的是，如果专利权人已经向法院提起专利侵权诉讼，则受到侵权指控的企业，不能再提起确认不侵犯专利权之诉，而应该直接在专利侵权诉讼中解决是否侵权的争议问题。所以，受到侵权指控的企业如果希望利用确认不侵权之诉，来反击专利权人的侵权指控，则必须注意提起确认不侵犯专利权之诉的时间问题。

(3) 起诉原告侵犯知识产权

对于拥有自主知识产权的被告而言，如果发现指控自己专利侵权的原告，其产品也有侵害自己专利权，甚至商标权、著作权等其他知识产权的问题时，可以迅即向原告提出知识产权侵权指控，通过知识产权反击对方，达到互相制衡的目标。

对于同业竞争者而言，往往在相同、同类或者关联的产品和服务上，相互部署了密集的专利，在高科技领域尤其如此，因而“你中有我，我中有你”的现象比较普遍，这就为被告快速发起专利报复提供了机会。例如，Adobe 和 Macromedia 相互起诉的时间间隔仅约一个半月，初审裁决只差 8 天。其中，Adobe 用了一个软件专利提起诉讼，初审获得了 282 万多美元的赔偿；Macromedia 公司用了 4 个软件专利诉讼，初审获得了 490 多万美元的赔偿。首先挑起专利战的 Adobe 虽然在第一个诉讼中胜出，但是在第二个诉讼中吃亏更大。Macromedia 的闪电式反攻取得了预期的效果。[1]

不过，尽管起诉原告侵犯自己知识产权具有相当强大的威慑力，对改善侵权的负面形象助益甚巨，但是，向原告发起知识产权侵权诉讼时，不能盲目和冲动，应当有根有据，否则，不仅达不到预定的目的，反倒浪费自己的时间和金钱。

需要注意的是，针对原告的专利侵权，对抗性地起诉原告，并不拘束于民事诉讼法中的“反诉”，其视野更加开阔。因此，起诉原告侵权不一定限于其侵犯专利权，起诉的地点也不限于原告起诉的法院。

(4) 提出不正当竞争之诉

有的企业发动专利侵权指控乃至诉讼，可能是无中生有，或别有深意，根本目的不在于赢得诉讼，而在于打压竞争对手，比如把已经无效的专利拿来指控竞争对手，或者毫无根据地散播被告侵权成立的信息，借此打击被告。此时，被告可以向原告提起不正当竞争之诉，以消除自己因被控侵权带来的不良形象，挽回自己的商业信誉。

《反不正当竞争法》第 2 条规定：“经营者在市场交易中，应当遵循自愿、平等、公平、诚实信用的原则，遵守公认的商业道德。”其第 14 条更是明确宣示：“经营者不得捏造、散布虚伪事实，损害竞争对手的商业信誉、商品声誉。”如果专利权人在竞争对手是否成立专利侵权尚未明确之前，

[1] 魏衍亮．美国软件专利大战的八个特点［N］．中国知识产权报，2005-04-07.

径以信函、电话、网络等方式恫吓或忠告竞争者的交易伙伴，则可能构成损害被告商业信誉的不正当竞争行为。

2003 年，LG. Philips LCD 在美国控诉我国台湾华映公司侵犯其 6 件面板专利。然而，华映公司实际上早已购得其中 4 件专利的所有权。因此，华映公司以诬告损害华映的商机与名誉为由，在美国法院反诉 LG. Philips LCD，要求被告支付 10 亿美元侵权赔偿。[1]此案虽发生在域外，但也昭示一个事实：无论中外，凡借专利侵权诉讼，恶意打击竞争对手者，皆有诸如不正当竞争之诉加以反制。

资料链接：民营企业 VS 跨国大鳄

◇ 初次过招选择应诉

2001 年 6 月，杭州斯泰幕墙机械有限公司（简称“斯泰”）首批背栓产品进入市场，销量一路攀升。感受到市场压力的德国费希尔公司（简称“费希尔”）试图改进产品工艺，却发现要改进的工艺已被“斯泰”研发成功，并已申请了专利。为夺回市场，“费希尔”开始擎起“专利大旗”。

从 2001 年 10 月开始，“费希尔”的中国子公司慧鱼（太仓）建筑锚栓有限公司（下称“慧鱼”）多次向国家知识产权局专利复审委员会申请，要求裁定“斯泰”的石材、陶瓷用锚栓等 5 件专利无效。专利复审委员会经过仔细比对和审核后，认定两家公司的专利并不等同。

专利无效的申请被驳回后，“慧鱼”又于 2002 年 5 月、2003 年 12 月，分别向北京第二中级人民法院和武汉中级人民法院起诉“斯泰”专利侵权。

面对突如其来的诉讼，“斯泰”总裁徐跃华举棋不定：应诉，意味着巨额的官司开支；回避，即默认有侵权行为，必然要按照惯例接受对方的要求，自己就有可能成为对方在中国的加工厂，向其交纳专利使用费，甚至被对方吞并。出于对公司发展前途的珍惜和对自主研发产品的自信，徐跃华选择了积极应诉。

◇ 胜了官司丢了市场

由于产品为自主研发，并申请了专利保护，在与“费希尔”一轮接

[1] 裴宏．小企业频频发动专利攻击［EB/OL］．［2004-09-15］．http：//www. sipo. gov. cn/sipo/zscqb/tianxia/t20040909_33545. htm.

一轮的较量中，“斯泰”先后出庭几十次，官司全面胜出。但结果却是：“斯泰”面临“胜了官司，丢了市场”的尴尬。

在上述官司的开庭、取证等过程中，“慧鱼”利用一切机会在市场上施加影响，在“斯泰”的客户群中散布消息：“斯泰”的产品是侵权的伪劣产品，如果用“斯泰”的产品，也一样会被告上法庭。此举对不明真相的公众产生了不可低估的影响。

2001年底，北京旺座商业广场等数十家工程的幕墙装饰已经决定用“斯泰”产品，但到了2002年5月，“费希尔”利用官司向旺座工程的业主施压，业主只好改用其产品。同样的打压方式使得“斯泰”很快失去了在北京的其他几宗业务，在全国的许多工程中也失去了机会。

在与“费希尔”频频过招之后，徐跃华才渐渐意识到对方诉讼的目的是“醉翁之意不在酒，在乎市场份额也”。正像专家们提醒的那样，知识产权保护，往往是世贸组织许多“老成员”开拓“新成员”市场的“常规武器”。

◇展开反诉证据厚达185页

“一定要反诉对手！”对手既然试图利用知识产权手段来打击“斯泰”，“斯泰”同样可以用这个武器还以颜色。徐跃华一边应诉，一边为反诉对手搜集证据。他们搜集到的第一组证据为湖北高艺装饰公司提供的。该公司于2001年承建湖北移动通讯指挥大楼装饰施工，当时“慧鱼”和“斯泰”均向其推销产品。当年7月，“慧鱼”致函湖北高艺公司，将“斯泰”生产的产品大大贬损一番……

接着，东莞市地税局办公大楼幕墙装饰及深圳文化中心幕墙装饰施工期间，“慧鱼”向有关施工方发出的信函、声明也被“斯泰”取证到手。

2003年7月，“斯泰”以344万元的标的，在武汉正式起诉“费希尔”中国子公司“慧鱼”，称其诽谤，属于不正当竞争。武汉市中级人民法院受理了此案。期间，“慧鱼”提出管辖异议，被上一级法院依法驳回。

为打赢官司，“斯泰”在武汉律师的帮助下，准备了一本厚达185页的证据书，并在庭前与“慧鱼”进行了证据交换。就是这本武汉中院知识产权庭有史以来“最完整最充分”的证据书，使“斯泰”再次胜诉。

◇反戈一击收复失地

法院审理认为，被告“慧鱼”的行为已触犯《反不正当竞争法》第14条“经营者不得捏造、散发虚伪事实，损害竞争对手的商业信誉、商品声誉”的规定，并依法判定，“慧鱼”立即停止侵害“斯泰”商业信誉和商品声誉的不正当竞争行为，并在《中国建材报》刊登向“斯泰”的致歉声明，赔偿“斯泰”损失15万元。

这起持续2年多的涉外知识产权纠纷案，在我国建筑装饰行业引起广泛关注。“斯泰”耗资200多万元应诉和取证，与最终获赔的15万元似乎不能画等号。但重要的是，企业以此赢回了清白，更赢回了市场。

徐跃华告诉记者，官司结束时，“斯泰”在全国背栓市场上的占有率已达到了90%以上，年销售额冲破6000万元。

资料来源：黄明，金文兵. 20项专利在手 一民企在汉告赢“跨国大鳄”［EB/OL］.［2005-05-24］. http://www.xinhuanet.com.

（5）起诉对方构成垄断行为

美国、欧盟等发达国家建立了复杂的保护竞争、限制垄断行为的规则体系。美国司法部和联邦贸易委员会在1995年联合发布了《知识产权许可的反垄断法指南》，欧共体委员会1996年颁布了规范若干类型的技术转让协议是否违反竞争法的《技术转让规章》，日本公平交易委员会1999年颁布了《专利和技术秘密许可协议中的反垄断指导方针》，这些法律被用来规制知识产权的滥用行为。

我国企业已经开始利用国外的反垄断法律，反击知识产权巨头借助侵权指控所开展的专利打压行为。2004年6月，无锡多媒体公司和东强无锡数码科技有限公司将3C联盟告上美国法院。据报道，两家中国公司起诉的主要理由是，以飞利浦为首的3C联盟对中国DVD企业收取专利费，拒绝授予两家公司专利许可，违反了美国谢尔曼反托拉斯法。[1]

在《反垄断法》出台前，我国对知识产权领域的反垄断问题，并非完全置于法律的空白地带。《技术进出口管理条例》第29条、《合同法》第329条、最高人民法院《全国法院知识产权审判工作会议关于审理技术合同纠纷案件若干问题的纪要》第11条都对专利、技术秘密等技术转移中的

[1] 马锋. 反垄断法与知识产权滥用［EB/OL］.［2005-05-28］. http://www.yesky.com.

限制竞争行为，有着较为仔细的规范。

2007年8月30日通过、自2008年8月1日起施行的我国《反垄断法》第55条特别提到："经营者滥用知识产权，排除、限制竞争的行为，适用本法。"事实上，反垄断法的许多条款都可以适用于知识产权领域。比如，《反垄断法》第13条规定："禁止具有竞争关系的经营者达成下列垄断协议：……（四）限制购买新技术、新设备或者限制开发新技术、新产品……"该条可以禁止专利权人限制被许可人购买新技术、新设备或者限制开发新技术、新产品，诸如此类，兹不详述。

因此，我国企业如果认为专利权人利用专利侵权指控或侵权诉讼，强迫、威胁自己签订或接受不公平的协议、条件，或者从事其他限制竞争的活动，构成垄断行为的，则可以援引《反垄断法》等法律的规定，向对方提起垄断之诉。

资料链接：东进 VS Intel

2004年12月，Intel公司向深圳市中级人民法院起诉，状告深圳市东进通讯技术股份有限公司（以下简称"深圳东进"）未经其许可，擅自复制、发行以及通过信息网络传播原告的SR5.1.1软件中的"intel头文件"，构成了对其著作权的侵权，并以此为由，要求"深圳东进"赔偿796万美元（当时折合人民币6583万元），被媒体被称为"2005年国内IT界知识产权第一案"。

之后，"深圳东进"的子公司——北京东进信达科技有限公司（以下简称"北京东进"）以用户身份另案起诉Intel公司，北京市第一中级人民法院已经于2005年4月1日受理该案。

根据媒体报道，北京东进的主要诉讼请求之一，是"请求确认《Interl软件许可协议》中关于软件许可使用条件的限制性格式条款构成非法垄断技术，妨碍技术进步"。此案旋即被媒体称为"中国知识产权领域反垄断第一案"。

Intel的许可协议中规定，用户获得Intel的许可是非独占的、非再许可的、非转让的，并且Intel限制用户只能在Intel产品或包含了Intel相关产品的用户产品上，复制和发行该软件。根据Intel的这项限制性条款，北京东进认为被许可方在合法取得SR5.1.1软件的使用权后，只能将其与被告语音板产品进行捆绑使用，并因此只能从被告处购买相关

> 的语音卡产品，从而限制被许可方从其他来源获得类似的或与其竞争的技术。
>
> 因此，北京东进认为这是一种明显损害用户利益并禁止同业竞争者与其进行公平竞争的非法技术垄断行为，显然违反《与贸易有关的知识产权协议》《中华人民共和国技术进出口管理条例》《中华人民共和国合同法》等一系列法律的强制性规定，系损害用户利益并禁止公平竞争的非法技术垄断行为。
>
> 资料来源：金红蕾．东进案再起风云 东进反诉 Intel 垄断技术［EB/OL］．［2005－04－12］．http：//tech. sina. com. cn/it/2005－04－05/1040571729. shtml. 杨华权．东进另行起诉 Intel 须注意的问题［EB/OL］．［2005－04－17］．http：//tech. sina. com. cn/it/2005－04－07/1328574839. shtml.

（6）提出不利于对方的其他诉讼或请求

考虑到反击对方专利侵权指控的主要目的，在于压制对方的诉讼攻势，或者提供交易的法律筹码等等，因此，凡是不利于对方的类似诉讼或请求，都可列入考虑范围，并不限于前述五种情形，只要能够有效地打击和遏制对方咄咄逼人、毫不让步的气势，扭转自己比较被动的状态，为改变自己的谈判地位增添重要筹码，即是成功的反击。

在朗科公司诉华旗公司的 U 盘专利侵权诉讼中，华旗不仅质疑对方移动存储器的专利无效，而且进一步向国家工商行政管理总局商标评审委员会申请撤销其“优盘”商标。虽然华旗未能成功申请无效朗科的专利，但在商标评审委员会成功撤销了朗科注册的“优盘”商标。商标评审委员会经过审理作出裁决，认定“优盘”商标已成为其指定使用商品——计算机移动存储器的通用名称，应予撤销。[1]这一策略为华旗与朗科的专利侵权和解谈判提供了有力的支持。

6. 降低专利侵权的赔偿数额

在专利侵权诉讼中，如果被告的确构成专利侵权，胜诉几率较小，那么最重要的事情，就是如何设法降低专利侵权的赔偿数额，以降低企业因

[1] 需要说明的是，商标评审委员会作出裁定后，朗科公司不服裁决结果，向北京市第一中级人民法院提起行政诉讼。北京市第一中级人民法院认为，“华旗公司申请撤销争议商标所依据的具体理由在撤销申请书及补充意见中并不相同。”对于申请人改变具体理由的情形，应当比照针对评审申请进行答辩和举证的情形，参照《商标法实施条例》第 32 条的规定，给予被申请人更为充分的举证时间。“被告（即商评委）仅仅指定原告（即朗科公司）在 30 日内一次性提交相反证据，违背了公平原则。”据此，一审法院以“违反法定程序”为由判决撤销了商评委裁定。华旗公司不服一审判决，向北京市高级人民法院提出上诉。在案件审理当中，华旗公司又向北京市高级人民法院申请撤回上诉。北京市高级人民法院于 2007 年 8 月 23 日作出裁定，准许了华旗公司的撤回上诉申请，一审判决遂发生法律效力。因此，目前从法律上讲，“优盘”仍然为朗科公司有效的注册商标。

败诉而带来的损失。

（1）明确赔偿数额的计算方法

被告在与原告就专利侵权赔偿数额讨价还价之前，应先了解我国法律关于侵权赔偿数额的计算方法。《专利法》第 65 条第 1 款规定：“侵犯专利权的赔偿数额按照权利人因被侵权所受到的实际损失确定；实际损失难以确定的，可以按照侵权人因侵权所获得的利益确定。权利人的损失或者侵权人获得的利益难以确定的，参照该专利许可使用费的倍数合理确定。赔偿数额还应当包括权利人为制止侵权行为所支付的合理开支。”

根据《专利法》以及相关司法解释，可知专利侵权的损失赔偿额，按照下列方法计算。

①以专利权人因侵权行为受到的实际经济损失作为损失赔偿额。根据《最高人民法院关于审理专利纠纷案件适用法律问题的若干规定》第 20 条的规定，权利人因被侵权所受到的损失可以根据专利权人的专利产品因侵权所造成销售量减少的总数乘以每件专利产品的合理利润所得之积计算。权利人销售量减少的总数难以确定的，侵权产品在市场上销售的总数乘以每件专利产品的合理利润所得之积可以视为权利人因被侵权所受到的损失。

②以侵权人因侵权行为获得的全部利润作为损失赔偿额。根据《最高人民法院关于审理专利纠纷案件适用法律问题的若干规定》第 20 条的规定，侵权人因侵权所获得的利益可以根据该侵权产品在市场上销售的总数乘以每件侵权产品的合理利润所得之积计算。侵权人因侵权所获得的利益一般按照侵权人的营业利润计算，对于完全以侵权为业的侵权人，可以按照销售利润计算。

③参照该专利许可使用费的倍数合理确定。根据《最高人民法院关于审理专利纠纷案件适用法律问题的若干规定》第 21 条的规定，被侵权人的损失或者侵权人获得的利益难以确定，有专利许可使用费可以参照的，人民法院可以根据专利权的类别，侵权人侵权的性质和情节，专利许可使用费的数额，该专利许可的性质、范围、时间等因素，参照该专利许可使用费的 1 至 3 倍合理确定赔偿数额。

④适用法定赔偿额。根据《最高人民法院关于审理专利纠纷案件适用法律问题的若干规定》第 21 条的规定，被侵权人的损失或者侵权人获得的利益难以确定，而且没有专利许可使用费可以参照或者专利许可使用费明显不合理的，人民法院可以根据专利权的类别、侵权人侵权的性质和情节等因素，一般在人民币 5000 元以上、30 万元以下确定赔偿数额，最多不得

超过人民币 50 万元。根据 2008 年 12 月 27 日修订通过的《专利法》第 65 条第 2 款，法定赔偿范围已经修改为 1 万元以上，100 万元以下。

必须说明的是，根据《专利法》第 65 条的规定，侵权赔偿数额的计算方法存在着先后顺序。首先，应当以权利人因被侵权所受到的实际损失确定；实际损失难以确定的，可以按照侵权人因侵权所获得的利益确定。其次，在被侵权人的损失或者侵权人获得的利益难以确定时，才适用参照专利许可使用费的倍数确定侵权赔偿额；最后，只有前述计算方法都不可行时，才适用法定赔偿额。当然，如果当事人双方商定用其他计算方法计算损失赔偿额的，只要是公平合理的，人民法院也会予以准许。

此外，根据《最高人民法院关于审理专利纠纷案件适用法律问题的若干规定》第 22 条的规定："人民法院根据权利人的请求以及具体案情，可以将权利人因调查、制止侵权所支付的合理费用计算在赔偿数额范围之内。"

(2) 评估自己的侵权状况

被告在和原告就赔偿数额讨价还价之前，应当从以下几个方面评估自己实际的侵权状况：

- 侵犯了对方什么类型的专利
- 侵犯了对方哪些有效的专利及其数量
- 侵犯了其有效专利权中哪些权利

……

在对自己的侵权作出了充分的评估后，才能有理有据地与原告讨价还价，争论应当承担的赔偿责任。比如，在我国 DVD 出口欧盟因专利纠纷遭扣押后，国家知识产权局知识产权发展研究中心随即进行了研究，他们发现，6C 联盟将 1500 多件专利捆绑起来联合许可，这样，不管谁生产，只要生产 DVD 用了 6 家公司任何一个专利，都要支付全额许可费。这种联合许可、捆绑销售，是没有合法依据的。[1] 因此，要正确评估自己的侵权状况，避免支付不合理的赔偿金。

(3) 设法降低侵权赔偿数额

①通过质疑对方证据，降低对方提出的侵权赔偿数额

在专利侵权纠纷中，原告为支持其提出的赔偿数额，必须提供真实可

[1] 戴劲松．中国企业的"知识产权之痛"［EB/OL］．［2005－07－06］．http：//www.jcrb.com/zyw/n97/ca56278.htm.

靠的证据加以支撑。因此，被告可以针对其证据，从合法性、真实性、相关性等方面，提出质疑，进行否认。

比如，如果原告参照专利许可使用费的倍数确定赔偿数额，应当注意原告提供的专利许可合同，是不是专门为了索赔而假签的许可合同。在实践中，一些专利权人通过假签许可合同故意抬高许可费，并以此为参照获得更多的赔偿数额。如果原告提供的专利许可合同是虚假的，那么就不能参照该许可合同中的高额许可费，来计算赔偿数额。

②通过质疑对方损失，降低对方提出的侵权赔偿数额

在专利侵权纠纷中，除了质疑原告提供的证据外，被告还要注意原告所称的损失应当如何计算，避免对方抬高损失，或者不正确计算损失，从而获得巨额赔偿。

如果对方以其因侵权行为受到的损失作为损失赔偿额时，被告应当提请法庭注意，造成对方损失的因素往往有很多，并不单纯是自己侵权的因素，可能还有市场本身的因素及经营管理不善等因素。而且，如果市场上同时存在多个侵权行为人，那么对方的经济损失也不应该全部归自己承担。此时，被告应当收集相关证据，比如同时存在多个侵权人的证据，以要求降低侵权赔偿数额。

如果对方以自己因侵权而获得的利润作为损失赔偿额，此时被告应当注意的是，自己侵权产品的全部利润，并不一定都是因侵权而获得的利润。兹举一例说明之：一项药瓶外观设计专利的专利权人，起诉一企业制造销售了侵权药瓶，原告诉称被告的侵权行为导致其专利产品大量积压，企业被迫停产改行，而被告也否认其制造的500余万只药瓶与专利药瓶的外观设计相近似。法院在计算损失赔偿数额时，是以侵犯外观设计专利药瓶本身的利润（每只0.1元左右）计算出55万元赔偿额的，而不是以整瓶药（包括药瓶里的药物）来计算侵权利润的。[1]可见，如果被侵权的外观设计是被告产品的包装盒、袋、箱、标贴，或者被侵权的外观设计是被告产品的部件，那么原告就不应该将被告整个产品的利润都作为侵权所得的利润。

③通过证明自己善意，降低对方提出的侵权赔偿数额

对于民事赔偿责任的承担，侵权人的过错是过失还是故意，并不十分重要。但是，在适用法定赔偿额时，考虑到法定赔偿本身具有惩罚侵权人的目的，因此，侵权人的过错程度可能是法院在确定法定赔偿数额时考虑

[1] 程永顺．外观设计侵权损失赔偿额计算问题［J］．知识产权，2003（4）．

的一个重要因素。在过去的知识产权司法实践中，比如在日本手冢株式会社诉北京黑豹电器公司等5家音像销售商侵犯动画电影著作权纠纷等案件中，人民法院在适用“定额赔偿”或者酌情赔偿方法时，已将侵权人的过错程度作为考虑的一个因素。[1]因此，在专利侵权纠纷中，被告证明自己在侵权行为上的不知情等善意心理状态时，对于降低侵权赔偿数额，总是有益无害的。

尤其要注意的是，根据《专利法》第70条的规定：“为生产经营目的使用、许诺销售或者销售不知道是未经专利权人许可而制造并售出的专利产品或者依照专利方法直接获得的产品，能证明该产品合法来源的，不承担赔偿责任。”可见，如果能够证明自己是善意使用或销售侵权产品，虽然仍构成侵权行为，但不会因此承担侵权赔偿责任。

④通过促成双方和解，降低对方提出的侵权赔偿数额

在专利侵权纠纷中，正如前面分析专利侵权诉讼目标时所提到的，原告提出诉讼，有时并非想一棒子把被告打死，而可能是以诉讼换取其他利益，比如相互合作，利用被告成熟的销售网络拓展业务。因此，被告应当善于应用诉讼策略，在适当时机争取诉讼和解，提出合作。一般而言，双方达成和解的过程中，必然相互让步，因此最后和解的结果，可能是以被告向原告象征性地支付一笔赔偿费用而告终，因为此时原告需要的不是赔偿金，而是双方合作，实现共赢。

7. 围绕诉讼的预防性安排

专利侵权诉讼是一个风险极高、前景难以预测的法律游戏。任何受到侵权指控的被告，在诉讼过程之中，甚至诉讼来临之前，都必须认真地对待这些问题：如果侵权成立，将怎么办？如何降低专利侵权诉讼带来的负面影响？而解决这些问题的方式，除了继续应对诉讼之外，还应当根据实际情况，作出预防性的安排，下列是一些常见的措施。

（1）暂停产品销售

如果被告经过专利侵权的评估，认为专利侵权的风险较大，那么可以考虑暂停侵权产品的销售，尤其是被告还有顾客满意的替代品时，停止销售受到指控的侵权产品，可以降低败诉后可能的赔偿数额。

（2）取得客户支持

正如前面所述，有的专利权人在诉讼结果尚不明朗时，就给被告的客

[1] 张广良．知识产权侵权民事救济［M］．北京：法律出版社，2003：193.

户发出侵权警告或通知，要求或暗示其不要销售或使用“侵权产品”。为避免卷入侵权诉讼，一些客户有时宁愿放弃销售或使用被控侵权的产品。

被告如果无法做到停止销售，对产品不侵权又充满信心，则应当即时与客户进行沟通，说明事实，寻求共识和支持，设法安抚客户仍然购买现有产品，必要时可以签署专利不侵权的保证书，并为客户提供补偿的保证，如果客户被起诉侵权，被告愿意派出律师支持应诉，并承担一切法律上的责任。

我国台湾威盛公司在各界预期 Intel 一定会对其提起诉讼的情形下，为避免下游厂商在 Intel 的影响下，拒绝采购威盛设计的芯片组，而对下游厂商签具保证书，承诺未来若这些厂商因为采用其芯片组，导致 Intel 提起专利诉讼，因此所生之损害，均由威盛负担。此种做法就是为了避免是否有侵害的问题都尚未厘清，但是，因为下游工厂不愿配合出货，经销商不愿销售有争议的产品，发生胜负尚未见分晓，公司财务即发生危机，被迫退出市场的问题。❶

（3）开展回避设计

如果原告想独占市场，被告难以取得授权时，应当考虑开展专利的回避设计，开发替代产品。由于侵权诉讼的时间很长，少则一、二年，多则四、五年，对于一些技术并不复杂的产品，完全有时间在诉讼结束前，推出不侵权的新产品。通过回避设计，推陈出新，可以让被告在受到停止侵权的裁决，而无法生产被判侵权的主打产品后，不至于陷入瘫痪。

（4）利用剩余市场

作为一个策略性的考虑，可以将侵权产品制造、销售、使用的地域，转移至专利权人未取得专利保护的国家或地区。由于专利权具有地域性，如果在其他国家或地区，原告没有取得专利授权，则在这些地方使用其专利，不会构成侵权。关于剩余市场的利用，前已述及，不再详述。

针对专利侵权诉讼而采取的策略或措施，在诉讼实践中千变万化，又因时因地而各有不同，本书无法揭其全貌。比如下面将要阐述的争取诉前或诉中的侵权和解、通过企业并购消灭侵权争议等措施，都可以认为是因应专利侵权诉讼的策略安排。

❶ 赖文智．专利制度对产业发展的影响——从 Intel 控告威盛 P4 专利侵权案谈起［EB/OL］．［2004-07-10］．http：//www.is-law.com/专文发表/IPR/专利制度对产业发展的影响．

8.5　专利争议的和平解决

8.5.1　解决专利争议的和解协商

1. 分析专利争议和解的可能

(1) 屡见不鲜的专利和解

在以美国为代表的知识产权保护水平很高的西方国家，有资料显示 80%的专利侵权案件是通过和解谈判方式解决的，如：美国霍尼韦尔公司与理光相机生产商就自动对焦专利技术纠纷于 1992 年 8 月达成协议，理光支付约 57 亿美元的专利使用费。[1]即使进入侵权诉讼程序，双方当事人也比较重视和解，以免长时间的诉讼消耗自己的时间和精力，影响自己的经营和生产。

我国企业发生的专利诉讼中，无论是国内的专利纠纷，还是涉外的专利争议，都有很多以和解收场的例子。2002 年 9 月 16 日，朗科公司起诉华旗资讯等侵犯其“用于数据处理系统的快闪电子式外存储方法及其装置”的专利权。2004 年 6 月 1 日，深圳中院宣判朗科诉国内众闪存盘厂商一案，一审判决华旗等厂商赔偿朗科公司 100 万元人民币并停止销售闪存盘产品。华旗对一审判决不服，称专利无效。在此后的这段时间内，双方又为二审寻求有利于自己的证据。最后，这场沸沸扬扬 4 年之久的“中国 IT 知识产权第一案”，终于在 2006 年 7 月达成和解。

2005 年初，SigmaTel 指控珠海炬力侵犯其多件 MP3 芯片专利，并请求美国国际贸易委员会（ITC）下令禁止珠海炬力产品进入美国市场。珠海炬力随后对 SigmaTel 提起反诉，称后者也侵犯了珠海炬力专利。但在 2007 年 6 月，珠海炬力宣布与美国 MP3 芯片制造商 SigmaTel 达成全面和解协议，结束了双方长达 3 年之久的 MP3 专利官司。根据达成的和解协议，珠海炬力和 SigmaTel 将撤销所有针对对方及对方客户的起诉；未来 3 年内，不会因第三方专利侵权或法律诉讼行为而相互起诉或起诉各自客户。另外，双方还就相互专利授权事宜达成了一致。至此，珠海炬力现有及未来产品在进入美国市场时将不再受到限制。

(2) 专利争议的和解原因

专利争议的当事人各执己见，特别是进入诉讼阶段的案件往往剑拔弩

[1] 杨利华．论处理专利侵权纠纷的法律效益［J］．律师世界，2001 (2).

张，为什么还需要达成和解呢？从下面列举的原因中，我们可以看到，和平解决专利争议，往往对争议各方都大有裨益。

>专利诉讼只是一个市场策略，而非目的。

>双方都存在败诉风险，谁也不能保证是最终的赢家。

>诉讼的成本开支太高，不如投入研发创新或营销活动。

>诉讼时间较长、程序复杂，牵扯企业正常的生产经营。

>和解创造双赢，通过谈判交换商业利益。

……

> 没有永远的敌人，也没有永远的朋友，只有永远的利益。
>
> ——英国前首相温斯顿·丘吉尔

专利争议一旦走上法庭，无论是对于原告，还是被告，胜算都可能难以预料。比如，在一件专利侵权纠纷中，专利权人往往将其专利权的保护范围做扩大的解释，而被指控侵权人则相反，往往做缩小的解释。由于专利技术相对具有复杂性，保护范围相对具有模糊性，在这种情况下，可能难以预测法官会支持哪一方的意见。因此，和解有助于消除双方都不确定的诉讼风险。

更重要的是，和解可以让企业避免将过多精力投入到诉讼中，节省了庞大的诉讼开支，因为对于企业来讲，“时间就是金钱，效率就是生命”。事实上，绝大多数专利争议问题归根到底都是市场问题。知识产权已经成为企业相互竞争的手段。如果和解能够带来双赢的效果，双方各得其所，何乐而不为？

(3) 专利争议的和解时机

从发生专利争议开始，都存在和解的可能性。有的专利权人并不愿意走上法庭，因为花费时间，损耗金钱，程序复杂，而结果又不确定。因此，他们在发出专利侵权警告函的同时，也期待能够以停止侵权、发放许可等方式解决争议。对于这类专利权人，被指控侵权人通过分析专利，比对技术、明确争议之后，可以抱着互谅的精神，进行和解协商。

当然，在一些不十分明朗的专利争议中，双方经过多次对话可能也难以取得共识，在交涉破裂之后，双方还是走上了法律诉讼之路。有时候，专利权人诉讼开始时，满怀信心，态度强硬，也比较难以达成和解。不过，和解的希望并不会因为诉讼的启动而随之破灭，相反，随着专利诉讼的进展，各自利益的博弈，双方基于各种考虑，在诉讼结束之前随时都可能达成和解的可能。

既然如此，专利争议的各方应当时刻做好和解的准备，包括判断和解的时机，期望和解的条件，初拟和解的方案等，惟其如此，才能在需要和解谈判的时候，显得胸有成竹，有条不紊。

对被指控侵权的企业而言，特别要注意分析对方发动专利侵权诉讼的目标，比如是为了发放专利许可，还是为了把自己赶出市场？然后再根据对方的诉讼目标，评估和解的可能性和难易度，以把握适当的机会和场合，与对方进行许可谈判等商业合作事宜，从而化解双方的专利争议。

2. 创造专利争议和解的条件

专利争议如何和解，学问很大，而且并无规则可循，只能因时因事，因地制宜。我们先看一下日本两家企业的和解方式，一家是被动的和解，另一家是主动的和解，效果和影响大不相同。

先看美能达的被动和解。美能达一度是蜚声日本的照相机企业，1987 年 4 月，当其产品进军美国后，美国霍尼韦尔公司在美国控告美能达侵犯了其有关照相机方面的专利，并称其是恶意侵权。1992 年 2 月一审判决美能达赔偿 9635 万美元。后来双方达成和解协议，和解赔偿金是 12 700 万美元，超过了法院判决的数额，原因是美能达担心继续诉讼会造成更大的损失。美能达还支付了 40 亿日元的巨额律师费，如再打下去已经是力不从心了。

与之相反，日本住友电工却在美国进行了一场双赢的专利和解。住友是日本最大的光纤维生产商，决心进入美国市场。而美国康宁公司则是世界上最大的玻璃生产公司，并在 1974 年获得了光纤维的基本专利。住友进军美国市场，看似篮球比赛中的低级错误——是在“找帽”（小个儿冲向有大个儿防守的篮下让人家盖帽）。果然，康宁向美国国际贸易委员会（ITC）诉住友专利侵权，一审和二审住友都是败诉，但住友边打官司边与康宁寻求和解——要求与之建立合资企业。1989 年 12 月，双方和解，住友在支付了赔偿金的情况下同康宁成立了合资公司，这使得日美两家企业联手打造了全球最大的光纤维公司，占领世界市场。住友的两手战略是握手与打手。就此，住友的法务部作出了巨大的贡献，因为合同是商务与法务相结合的结果。[1]

美能达和住友，同是和解，但结果却大相径庭。它们的教训与经验都值得我们在进行和解时借鉴。因此，在专利侵权纠纷中，企业在分析与对

[1] 马秀山．专利纠纷怎样和解［N］．中国知识产权报，2004 - 04 - 14.

方和解的必要性后，还要善于把握和解的时机，创造和解的条件，掌握和解的主动权。下面是一些不完全的建议，以供受到侵权指控的企业参考。

（1）主动要求合作，促成双方和解

如果自己确实侵犯了对方专利权，胜诉的可能性也微乎其微，最好主动提出侵权赔偿，要求与对方相互合作，比如以自己市场换取对方专利。一方面可以化解双方的纠纷，保全企业名誉；另一方面主动赔偿表达了自己的诚意，可以为双方开展合作扫清障碍。由于主动赔偿减少了双方的诉讼开支，节省了精力，因此在谈判赔偿数额时，可以提出少赔，甚至是象征性的赔偿。同时，被指控侵权的企业可以根据其不同的目的，向专利权人提供不同的合作模式。如果存在专利权人自己并不使用专利，或者其专利技术即将淘汰等情形，企业可以以合适的价格，受让对方专利权或取得对方的专利许可。当然，与专利权人的合作并不限于专利权的受让或许可，也可以用自己的销售渠道、政策优势和市场份额等条件，与对方展开亲密的合作。

（2）拖延诉讼时间，促成双方和解

在专利侵权纠纷刚刚发生时，专利权人可能会对和解方案置之不理，而执意要走上法庭。作为被告的企业不必心灰意冷，可以采用疲劳战术，拖延诉讼时间，让对方长时间陷入诉讼的泥潭，久而久之，惊人的诉讼开支和漫长的时间消耗，必然让对方按捺不住。此时，再开出条件，适当让步，和解成功的可能性就会提升许多。

（3）发动无效宣告，促成双方和解

在专利侵权纠纷中，针对专利权人发动专利无效宣告，不仅可以拖延诉讼时间，给自己开展诉讼与非诉策略提供宝贵的时间资源，而且可以通过威胁对方专利权的有效性，迫使对方让步寻求和解。很多时候，专利权的稳定性并不高，如果提起专利无效宣告，对方也担心自己的专利权被宣告无效或部分无效，这样一来对方的损失会更加巨大。因此，通过发动无效宣告，也在某种程度上可以迫使对方考虑和解的可行性。

（4）利用专利筹码，促成双方和解

在专利侵权纠纷中要促成双方和解，被指控侵权的企业要善于利用自己手中的知识产权牌。一般而言，与自己发生专利侵权争议的，往往是同行企业。因此，被指控的企业可以以自己手中的专利与对方进行专利合作，从而达成和解。三菱被其他公司警告侵犯专利时，经过调查认为确有侵权行为，即以自己拥有的专利为谈判筹码，和对方谈判互相转让，如此即可减少或免除赔偿额，并消除专利侵权诉讼。[1] 当然，在发生专利侵权纠纷时，被指控企业可能手中并没有专利，或者没有合适的专利作筹码。此时，可以考虑收购他人的专利以获得与对方平等对话的权利。

(5) 反诉对方侵权，促成双方和解

在专利侵权纠纷中，反诉对方侵权通常也是一种促进和解的策略。反诉对方侵权要注意两点：首先，得有对方侵犯自己权利的事实，如果凭白无据地起诉对方，不仅达不到促进和解的目的，而且反倒浪费自己很多时间或财力。其次，反诉对方侵权不一定限于侵犯同种知识产权，反诉的地点也不限于对方起诉的法院，只要能够有效打击和遏制对方咄咄逼人、毫不让步的气势，即是成功的反诉。由于反诉把对方也陷入被动状态，可以给和解谈判增添很大的筹码。

8.5.2　解决专利争议的商业策略

专利争议的和解协商，很多时候就是一种商业解决的方式，比如双方同意签订许可协议，而放弃正在进行的诉讼。但是，在这里我们将目光投向更为广阔的视野，来看待如何采取非法律的商业手段，解决正在发生或者即将发生的专利争议。

1. 专利权人的商业策略

作为专利权人，企业必须明白，即使在最佳的环境下，法律的保护网也不是天衣无缝的，更重要的是，法律诉讼耗时耗力又耗钱；加上知识产权自身的模糊性，实际上很难完全确认某项侵权是否成立。最根本的一点，知识产权的保护范围是有局限性的。比如，专利产品经由第三方重新设计，即使它可以实现相同功效，但只要实现的方式有所不同，就不会被视为侵权。

于是，很多眼光敏锐的公司开始借助灵活多变的市场策略来对抗侵权。下面是《哈佛商业评论》上的专家介绍的 6 种市场策略，它们或许可以帮助企业解决专利等知识产权容易受到侵犯的问题：

第一个策略是防患于未然。为了对付侵权，你可以快速出击，不给竞争对手喘息的机会。具体办法是先发制人，以产品强势压倒竞争对手或者将它们一开始就拒之门外。

第二个策略是备好“定心丸”。将对手拒之门外是要付出代价的——它

[1] 佚名．国外企业的知识产权管理战略［EB/OL］．［2005-03-23］．http：//www.hbstd.gov.cn/info.jsp? id=2375.

使企业无法与同行交流思想、互利互惠。因此，尽管交流蕴藏着风险，不少行业还是不愿放弃共享的好处。当某个行业的竞争者选择合作或被迫合作时，他们就能够互相通融并且相互依存，这样就阻止了任何一方挖对方的墙脚或免费搭车。

第三个策略是创造关联效应。有时，一个公司的经营成败维系于一个或几个关键业务，而这个公司又往往不具有或没有能力拥有这些业务的知识产权。即便如此，公司仍可以通过核心业务与相邻次要业务的协同合作，使自己免受对手与侵权人的侵犯。核心业务产生的巨大需求可以拉动对相邻业务的需求，甚至足以使公司获得比拥有知识产权更大的安全保障。

第四个策略是捆绑销售。假如要拥有某项业务的知识产权有一定困难，那么将你能控制的产品作为互补产品与核心产品捆绑销售不失为一个明智的做法。捆绑销售能够带来产品增值，这将导致造假者遭受巨大损失。

第五个策略是调整经营范围。这样做有几种途经：直接进入相邻产业；收购从事这类新业务的公司，或者允许自己被这类公司收购。

最后一个策略是适时放弃。对于已经调整了经营范围、具备了更多活跃业务的企业来说，不去理会核心业务的衰退也许更有益处。

为了决定应该采用哪一种策略，你应该分析所在行业的技术更新速度，以及本企业核心技术力量所在，并以此为指导排除不适用的策略：首先要确定哪种策略能够保护你的核心资产，然后再考虑哪种策略能够发挥相邻业务的优势。遵循这一逻辑，你就能权衡利弊，找出最适合当前情况的市场策略。❶

2. 专利被指控者的商业策略

一个受到专利侵权指控威胁的企业，也可以把面临的法律问题演变为一个商业问题，以商业模式处理专利争议。比如，购买对方的专利权，收购可能发动专利诉讼的中小企业等。

威盛（Via）公司发起的一个以知识产权为动力的并购实例，就是典型的解决专利争议的商业操作。电脑芯片制造商威盛（Via）公司把公司的将来押在开发速度快、成本低，与 Intel 兼容的芯片设施上。然而，在 1999 年 6 月，Intel 打乱了威盛公司的发展计划，它终止了发给威盛公司的许可证，并控告其侵权。但威盛公司巧妙地绕过了 Intel 公司的封锁：它收购了

❶ 巴拉特·阿南德，亚历山大·加莱托维奇．保护知识产权的非法律手段［J］．哈佛商业评论（中文版），2005（1）．

美国国家半导体公司的克莱克斯芯片制造部，这个部门拥有 Intel 发放的许可证。在美国国家半导体公司的生产支持下，威盛公司飞速进入利润丰厚、发展迅速的新市场。❶

美国还有一个在医疗设备领域利用专利争夺新市场的著名例子。这种医疗设备叫做“斯坦特”，是一种小型网状设备，用于清洗冠状动脉后保持其开放。在 1997 年以前，强生公司、波士顿科技公司和动脉血管工程公司 3 家公司一直垄断着这个高达 13 亿美元的市场，表面上看似乎新的竞争对手无法加入。

但“勇者无惧”，1997 年 10 月，Guidant 公司向“斯坦特”专利技术发起了进攻。Guidant 公司开发的“多连接斯坦特”技术获得了联邦药品管理局的批准，从而打响了“斯坦特战役”的第一枪，13 亿美元的市场眼看就要被 4 家公司而不是 3 家公司分享，这个前景当然让原来的 3 家公司不安。强生公司首先发难，在 24 小时内便向法院提起诉讼，控告 Guidant 公司侵权。

Guidant 公司进入新市场的计划似乎面临威胁。但它没有像人们预料中那样反过来控告强生公司侵权或者强生公司的专利无效，相反，它斥资 1.7 亿美元收购了心血管技术公司。因为心血管技术公司拥有一件斯坦特技术专利，而且它比强生公司的专利要早获得两年。最后是强生让步，于是 Guidant 公司顺利进入了市场。在销售斯坦特设备的前 6 个月里，他们就获得了 3.5 亿美元的回报。❷

上面介绍的都是通过收购来避免或消除专利侵权的案例，但被指控侵权者应对专利争议的商业策略，并不只有收购这一个方案。前述案例只是提醒企业在面临专利侵权的指控威胁时，不要一味只从法律上寻找解决方案。

8.6 专利危机的防御支持

8.6.1 专利危机防御中的企业联盟

1. 专利危机防御联盟的建立

企业联盟是这样一种关系：双方贡献其不同的，但是互补的资源和能力来实现一个共同的目标。例如，一家公司可能有研究能力，但是不具备

❶ 凯文·里韦特，戴维·克兰．尘封的商业宝藏——启用商战新的秘密武器：专利权［M］．陈彬，杨时超，译．北京：中信出版社，2002：154.

❷ 王晋刚，张铁军．专利化生存［M］．北京：知识产权出版社，2005：211.

指导产品通过管制和临床实验路径的能力，而第二家公司拥有指导产品通过该路径的专门技术。在这种情况下，企业可以考虑组建一种战略联盟，将它们不同的，但是互补的资源和能力结合起来，将产品推向市场。广义上讲，企业之间的战略联盟可分成共同开发联盟、共同营销联盟和共同诉讼联盟等形态。从专利危机防御的角度，我们这里主要关注共同诉讼联盟。

(1) 诉讼联盟的成员来源

针对专利侵权的指控，诉讼联盟的成员主要是来自受到共同侵权指控或诉讼威胁的企业。如果受到海外专利侵权指控，中国企业甚至可以与外国受到相同指控的企业组建诉讼联盟。

很多情形下，专利权人可能同时对许多被告提起诉讼，那么，寻找其他被告一起合作对付诉讼威胁将产生更大的力量。在 Harris 案中，Siemens 就和现代公司合作，嗣后 Siemens 也将其成功之经验与其他公司分享，帮助他们与 Harris 对抗，类似的案例也在中国企业中上演。

美国劲量公司在美国一个电池展览会上，收集了中国企业的全部参展产品，其中包括几个产品还没有进入美国市场，只是初次到美国参展的中国企业。2003 年，劲量公司针对 24 家企业向 ITC 提出了 337 电池专利侵权的调查申请。其中包括中国内地的中银（宁波）电池有限公司、福建南平南孚电池有限公司、广州虎头电池集团有限公司、宁波豹王电池有限公司、四川长虹电器股份有限公司、浙江三特电池有限公司、广东正龙股份有限公司和中国香港金力实业有限公司、高力电池实业有限公司等 9 家企业。中国电池工业协会在有关政府部门和企业的大力支持下，于 2003 年 5 月 28 日，牵头组织了联合应诉团队。❶

当然，在对付专利侵权诉讼时，也可以联合其他有共同利益但未被侵权困扰的企业，以各种合作的形式，对抗发动侵权诉讼的企业。2003 年 1 月 22 日，思科向美国得州东区马歇尔辖区法院起诉，指控华为技术有限公司及其在美国的两家全资子公司侵犯了思科拥有的知识产权。十万火急之下，华为加快了与 3COM 的联合。2003 年 3 月，总部设在香港的“华为—3COM 公司”初步设立。3COM 公司的 CEO 立即站出来为华为作证。这一戏剧性的合作改变了整个诉讼格局。这样一来，思科的主要诉讼对手就不再是对美国专利战没有任何感觉的中国内地的华为公司，而包括美国土生土长的专利战悍将 3COM，更主要的是这个公司有“900 多件颁发的

❶ 岳善勇．“337 电池调查案”启示录［N］．中国知识产权报，2004－10－22.

美国专利及 950 多件在美国申请待发的专利”，这些专利中的某些部分很可能正牵绕着思科的神经。在“华为—3COM 公司”正式得到中国政府批准成立后，2003 年 6 月 11 日，3COM 也正式介入诉讼，成为诉讼的第三方，要求法院判决 3COM 与华为合资生产的产品没有侵权，以保证其与华为的新合资公司产品的顺利销售。❶

（2）诉讼联盟的注意事项

组建诉讼联盟，多数情形下是针对特定知识产权诉讼的临时性的结合体。即使是并非专为应付诉讼而成立的战略联盟，其组织形式也是比较松散的，加上各自利益不同，使得诉讼联盟的成员关系较不稳定。在这种情形下，强化联盟协议的约束，就显得比较重要。

因此，在组建诉讼联盟时，必须通过协议规定清楚各方的权利义务、成本分担，特别是共同一致行动的规则等事宜，避免在诉讼对抗过程中，发生成员分裂、内斗不止的现象。

另外，需要注意的是，目前国内不少企业已经有较多的专利筹码，并已加入了一些国外专利池。这样，他们使用外国技术可以不付费或者少付费了。“但是，更多的企业也丧失了与本土厂商结盟，共同对抗外国专利联盟的机会。”在 1999 年，台湾工研院曾联合台湾厂商组成技术联盟，共同对抗外国液晶显示器大厂的专利战。结果，外国大厂失败。“相反，如果拥有专利筹码的本土厂商站到外国大厂的阵营中，那么大量的本土厂商就只能任人宰割了。”因此，有专家提醒注意，在专利战爆发之前，外国厂商往往千方百计分化本土企业，阻止本土厂商结盟。对此，国内企业应有一定的思想准备。❷

2. 专利危机防御联盟的优势

（1）分摊巨额诉讼成本，共担侵权风险

在诉讼联盟中，多家企业共同委托律师，处理争议事宜，可以分摊律师费用和官费支出。尤其是海外专利诉讼费用高昂，可能耗费数百万甚至上千万美元，通过诉讼联盟分摊下来，比较接近企业所能负担的诉讼成本范围，使得中国企业能够累积较多的法律资源、律师意见、技术分析资料、专利检索报告等，共同对抗海外发动侵权指控的企业。为能有效地降低各企业律师、诉讼费用，组建诉讼联盟，对抗海外专利侵权诉讼，基本上是我国中小型企

❶ 王晋刚，张铁军．专利化生存［M］．北京：知识产权出版社，2005：6－7.

❷ 佚名．学者邓军分析国外厂商花样繁多的专利战术［EB/OL］．［2004－07－02］．http：//www.szip.org.cn/gzdt/cqdtbf2004－02－25.html.

业正确的选择。

（2）提升和解谈判优势，获得最大利益

通常情形下，一些中小企业，由于创新能力较弱，经济实力不济，面对势力庞大的跨国巨头或大型企业，往往没有什么谈判的话语权。通过组建诉讼联盟，可以集合多家企业的力量，改变被告的谈判地位，提升被告的谈判优势。

（3）建立知识产权组合，对抗专利权人

从单个企业来看，很多中国企业往往缺乏核心专利，因此，必须整合优势资源，形成知识产权组合，比如建立专利联营，放大单个专利的价值，借此打造知识产权交易筹码，提高与大企业进行交叉许可或专利合作的机会，从而停止专利的侵权纷争。

（4）整合创新研发能力，突破专利包围

通过组建诉讼联盟，也可以整合既有创新能力，一边应付侵权诉讼，一边共同研发创新，通过专利回避设计，规避现有的专利侵权问题，从而避免诉讼失败退出市场的结果；或者通过二次开发，改进专利，形成自主知识产权，与对方达成停止指控、共同分享的结局。

3. 专利危机防御合作的成本分担

专利侵权诉讼的处理，需要较大的成本支出。比如，美国“337调查案”的特点就是节奏快、制裁狠、花费高，应对调查的律师费用一般在200～600万美元之间，没有强大实力的企业难以应对。商务部一位有经验的同志介绍：以前中国企业的一些涉外官司，在前期谈论应诉的时候群情激昂，表示坚决要打，可一到落实费用问题就夭折。这么多企业谁拿多谁拿少，很难达成一致，平均分配有的企业还考虑：你出口多，我出口少，为什么我们平分？所以这个问题很难协调。❶

因此，制定合理的成本分配方案，使巨额的应诉费用得以分解和落实，是成立诉讼联盟、促进共同应诉的基本保证。中国电池工业协会组织电池企业应对美国“337电池调查案”时，在广泛征求应诉团队意见的基础上，确定了一个大家认可的费用分配方案，可以为中国企业成立诉讼联盟，分担诉讼成本，提供参考借鉴。

中国电池工业协会的费用分配方案，主要遵循四个原则：（1）按照目前企业碱性电池产量大小；（2）根据目前向美国出口产品量的大小；（3）官司打下来谁获益最大；（4）要为行业为国家作贡献。❷

❶ 岳善勇．“337电池调查案”启示录［N］．中国知识产权报，2004-10-22.

❷ 同本页注❶。

8.6.2　专利危机防御中的协会支持

1. 行业协会的作用日益彰显

行业协会可以建立知识产权管理体制，通过建章立制、配置人员、明确职能，主动承担起成员企业的知识产权保护工作。比如，提供知识产权申请和保护的指导、提供知识产权专业资讯、提供打击知识产权侵权的支持、提供知识产权培训或教育、指导企业制定知识产权战略、建立行业知识产权自我监督机制、建立行业知识产权协调机制、牵头建立行业知识产权战略联盟、组织实施行业知识产权培训工作、编制行业知识产权工作指南等。在专利侵权危机中，尤其是涉外的专利侵权危机中，行业协会更应该发挥重要的作用。

近年来，针对中国企业的涉外专利侵权诉讼，呈现出几个令人瞩目的特点：（1）数量越来越多。正如本书开篇所提到的，中国企业已经成为国外企业挥舞“337 大棒”的主要攻击目标，涉案件数几乎占据了美国“337 调查案”总数的半壁江山。（2）规模越来越大。国外企业或组织索要的专利费用和赔偿额越来越多，动辄数以亿元计。目前中国企业已经为生产 DVD 支付了 30 亿元专利许可费。（3）范围越来越广。从打火机、拉链和书写笔等传统产业到生物制药、数码芯片等高科技产业，纠纷涉及的产业和部门越来越多。（4）手段越来越隐蔽。专利往往隐藏在标准和技术壁垒之后发挥作用。（5）外国企业往往结成产业同盟对我国整个行业或主导企业提起专利诉讼，对我国相关产业发展造成的影响越来越大，甚至对某些产业的经济安全构成了威胁。[1]

上述特点表明，受到专利侵权纠纷波及或影响的，往往不只一两家中国企业，而可能是牵涉多家企业，甚至整个行业。由于涉案金额巨大、牵涉范围较广、解决难度很大、诉讼成本高昂，单独的中国企业很难应诉或难以成功应对。因此，需要发挥行业协会的作用，通过召集、协调、组织协会成员企业，调动、发掘和利用协会各种资源，支持中国企业处理专利侵权争议。近年来，我国行业协会开始充分利用自身优势，为中国企业海外应对专利争议提供支持。

在 2003 年美国劲量对中国企业发动 337 电池专利侵权调查后，面对调查指控，面对不利的时机，面对着经验不足、时间紧迫的巨大压力，中国电池工业协会挺身而出，毅然承担起协调组织相关企业积极应对的工作。他们在中国轻工业联合会、中国工业经济联合会和中国机电产品进出口商

[1] 邓卫华，李菲．我国涉外知识产权纠纷进入高发期［EB/OL］．［2007 - 12 - 30］．http://finance.sina.com.cn.

会等部门的大力支持与配合下，确定了“协会牵头、企业为主、商会配合、政府支持、选好律师”的工作思路，动员和组织全行业的力量联合应诉，迅速组成了由18家企业参加的联合应诉团队。❶

2005年，为维护地板生产企业的合法权益，协调化解企业和国外专利持有人之间的知识产权纠纷，中国林产工业协会专门成立地板锁扣知识产权工作小组，聘请知名的知识产权顾问、法律顾问及技术顾问，对国内外地板锁扣专利技术进行比较全面的研究和分析，争取调动一切积极因素，寻找公平、合理、可行的途径，解决地板锁扣知识产权问题。同时，中国林产工业协会还就地板锁扣知识产权纠纷召开会议，倡导全行业加强自律，积极参与国内外市场的公平竞争，严格按照有关法律、法规行事，扎扎实实开拓市场，提高自身研发能力，增强企业的创新能力。❷

2. 行业协会的支持活动

对于行业协会而言，鉴于其自身性质，除了牵头成立诉讼联盟之外，还可以开展下列（但不限于下列）支持活动，协助中国企业提升管理知识产权的能力，减少专利争议的发生。

(1) 构建专利知识宣传平台

建立以网站、行业刊物、临时通知等渠道组成的立体信息平台，定期关注国内外专利发展的新动向和新动态，向企业提供专利方面的专业资讯，包括新法传递、专利预警、培训信息、交易信息、案例发布、操作指南、最新动态等信息。

(2) 提供专利培训研讨服务

邀请律师事务所、知识产权咨询机构到重点企业进行专利申请、保护、管理、利用及相关政策的宣传，侧重专利实务指导，加强典型案例示范。充分利用高等院校、科研院所、企业等社会各方面力量，探索与国内外专业机构合作，定期举办专利管理与战略论坛或专题研讨会。通过各种形式灵活、内容丰富的宣传培训方式，以及不同内容、不同层次的专题讲座形式，针对不同的员工背景和职业要求，为企业培养一批既懂专利保护，又懂专利经营的人员。

(3) 推动企业专利保护水平

牵头建立行业专利战略联盟，共同制定技术标准，建立专利合作机制，

❶ 岳善勇．“337电池调查案”启示录［N］．中国知识产权报，2004-10-22.

❷ 佚名．行业协会组织协调解决地板锁扣知识产权纠纷［N］．光明日报，2005-06-08.

共同应对外来专利危机。建立专家数据库（包括学者、律师、咨询人员），通过引荐专家，提高企业管理专利事务、应对专利纠纷的能力。编制中国企业专利实务系列指南，比如组织知识产权专家为企业编制专利知识读本、专利申请指南、专利保护指南等，有效指导企业开展专利保护工作。

（4）建立专利侵权纠纷数据库

对本行业企业的专利争议等状况进行定期调查统计，找出近期专利侵权的发生领域、发生特点，总结应对这些侵权的经验，及时传递给相关部门和企业交流共享，为专利战略决策或政策制定提供数据支撑。建立应对专利侵权的律师数据库，便于企业在发生专利纠纷时，能及时高效地找到满意合适的律师。

（5）探索专利诉讼应诉基金

随着“走出去”的战略实施和数年来的苦心经营，越来越多的中国企业逐渐远涉国际市场，开始全球化的征程。面对中国企业价廉物美的产品竞争，国外企业开始频频亮出专利牌，通过知识产权来巩固市场份额，保持竞争优势。但大部分企业应诉乏力，反应不积极，且应诉成功率比较低。造成这种局面的因素很多，其中重要一点就是企业面对高额的海外诉讼费用望而却步。

因此，以行业协会为基础，通过政府监督和支持，可以探索设立专利诉讼应诉基金。设立专利诉讼应诉基金的主要目的是为了帮助企业，特别是中小企业应对专利诉讼、处理“337调查”、开展专利风险预警等。全国各大行业协会可以发起组织，按照自愿加入的原则，对行业内出口产品中有类似技术或相关技术的企业进行登记，按出口商品价值的一定比例提取应诉费用，并规定好基金加盟和退出的机制，以及基金使用的条件和程序。[1]

8.6.3 专利危机防御中的政府援助

1. 政府可以参与涉外侵权防御

日本特许厅每年把预算的10%左右用于专利文献的深加工，并组织厅内、厅外专家定期绘制关键技术领域的“专利地图”，以指导日本企业实施专利战略。该战略的两个关键点是：帮助日本企业通过外围专利、小专利，封杀欧美上游专利的实施、改进路径；指导日本企业在欧美国家直接、间接收购专利。例如，在后一关键点上，日本企业根据专利分析报告在美国

[1] 刘彬．海外知识产权诉讼应诉基金设立的思考［J］．知识产权，2006（6）．

甄别了值得据为己用的发明人、高科技企业、优质专利。然后，它们通过资助美国发明人、收购美国企业和专利，迅速抢占了很多技术领域的竞争优势。为了抵制日本的收购活动，美国曾于1986年发布规章，以加强对本国高科技企业的行政保护。例如，为了保证本国在超级计算机某个关键领域的技术优势，美国政府曾经引用该规章，以妨害国防为由拒绝了日本富士通公司收购一家美国硅谷公司的申请。最近，日本特许厅还提出了建立亚洲知识产权网（AIPN）的建议。通过这个项目，日本能够对亚洲地区的专利文献数据库资源实施更加便利的控制，并为日本民营专利分析企业的崛起创造区位优势。

当然，日本正在通过两个方面的工作淡化专利情报开发活动中的官办色彩。其一是把政府专利预警项目外包给美国私人公司。例如，为了给政府调整宏观政策提供依据，日本通产省等政府机关曾多次付费让美国著名的专利分析公司——CHI公司为日本政府制作大型的专利分析报告。其二是推动一些专利情报分析组织走上商业化道路。例如，“日本专利信息组织”最近已经被改组为Patolis公司，并购买了美国Delphion公司专利分析软件的使用权，以期在日本开展商业化的专利分析服务。

韩国原先基本沿用了日本对专利情报的开发模式。这种模式在韩国产生了极大的社会效益。据称，韩国企业在世界手机产业的巨大成功离不开韩国知识产权局在相关技术领域绘制的专利地图。和日本类似，韩国政府也在积极推动企业从事专利分析活动。例如，韩国知识产权局最近的一个相关举措是：在自己的网站免费提供一种专利信息分析系统（PIAS），帮助韩国企业用国家知识产权局的数据库或者自己构造的数据库进行专利分析。❶

尽管上述日本、韩国的做法，并不完全是为了辅助本国企业防御海外侵权，但这些专利情报和专利分析服务当然有助于本国企业避免或减少专利争议，甚至有助于本国企业在海外从事知识产权布局，发动知识产权攻击。

近年来，我国一些地方政府也开始学习国外经验，为本地企业提供专利预警的信息服务。温州市早在2004年就启动实施了专利应急和预警机制，希望帮助企业准确掌握专利竞争态势，及时了解本行业新技术发展动态。其中，烟具、剃须刀、五金（锁具）、拉链、汽摩配等5个轻工行业率

❶ 魏衍亮．解读企业专利预警的作用［EB/OL］．［2006-08-27］．http：//www. qxciw. com/cimanage.

先进入预警范围。据介绍，温州市科技局将针对不同行业，建立以该行业技术领域为主，包含相关技术领域的专利数据库和国内外市场信息库，并请专家对数据进行分析，一旦发现当地企业有侵权的征兆，及时发布警告，使企业能及早应对。

而哈尔滨市科技局、知识产权局在建立专利预警分析报告制度和专利信息服务体系的基础上，也联合启动了哈尔滨市企业专利预警工作，希望通过发布专利预警通报，建立企业的专利战略，促进和帮助企业建立专利应急机制，使企业通过对专利信息的分析，及时应对可能发生的专利争端或市场紧急事件，控制或减轻专利危机可能造成的危害，找出企业技术的发展趋势和技术的空白点，合法地消化吸收已有技术并创造出新产品（新技术），发现已有的和潜在的竞争对手，争取赢得市场竞争的主动权，达到以最小的代价获得最大的企业效益。目前，第一批专利预警报告已经完成并发送到哈尔滨锅炉有限责任公司、哈尔滨汽轮机厂有限责任公司、哈尔滨电机有限责任公司、阿城继电器股份有限公司、哈尔滨轴承股份有限公司等 5 家企业的管理层。

2007 年北京市知识产权局搭建和大力推进北京市重点行业知识产权联盟，在北京市 6 个重点领域——电子信息、医药生物、新材料、能源环保、光机电和精密仪器制造行业，搭建国外公知公用专利技术引进消化吸收及再创新公共信息平台，指导和资助专利翻译、检索、分析、代理、管理和保护等专业的知识产权中介机构，将已被外国授权，但不受我国专利法保护的国外有效高端发明专利免费引入北京市重点产业知识产权联盟进行消化吸收和再创新，同时为企业科研投入、知识产权战略运用、进出口贸易以及可能出现的涉外知识产权纠纷提供预警、预测。

2. 政府参与涉外侵权防御的行动

一般而言，对于具体的专利侵权诉讼，政府部门不宜直接参与其间，但可以通过间接辅助的方式，或者外交关切的方式，来参与中国企业涉外的知识产权侵权风险防御，下列（但不限于下列）一些做法可资参考。

（1）加强培养知识产权高级人才

培养应对专利侵权纠纷的人才，应当长线培养与短期培训相结合，不仅要在企业内部培养处理知识产权事务的法律人才，而且在相应的政府机构和行业协会中也应培养具有知识产权专业知识和实践经验的人才，更应在法律院校中加强知识产权人才的培养和教育，以备其将来在企业的实践工作中发挥其作用。

（2）广泛宣传专利保护

前已述及，我国企业对外国企业专利诉讼采取的回避态度是十分有害的。政府应动用各种宣传媒介，包括电视、广播、报刊、网络等各种传播手段，加大宣传如何应对专利纠纷的力度。

（3）为企业制作相应的专利地图

专利地图作为一种搜集、整理和利用专利信息的工具，早已为发达国家和地区所重视和利用，前已述及，兹不复述。我国政府应当指导企业制作专利地图，但由于专利地图的制作对于相应的行业整体，都有重要作用，因此，可以协助相应的行业协会牵头制作各个行业的专利地图，分析本行业具体产品的世界专利形势，一方面，是为了揭示产品发展方向和技术发展态势，同时预防专利侵权，另一方面，也是为了在发生专利侵权后，让企业及时查找和了解对方的专利状况，寻找对方的专利漏洞，从而有理有节地与对方针锋相对。

（4）引导建立专利风险预警机制

政府可以引导企业建立专利风险预警机制，未雨绸缪，以防侵犯他人专利权。由于知识产权意识和经济实力方面的因素，大多数企业都没有建立起专利风险预警及其反应机制，尤其是对于中小企业而言，更是如此。考虑到应对专利侵权纠纷具有一定的共同性，政府部门可以制定一些应对专利侵权指控的参考指南，然后，再由各个企业根据自身的特点制定更具针对性和操作性的专利风险预警机制，这样可以有效地减少企业各自建立专利风险预警机制的成本。

（5）建立专利纠纷应急机制

知识产权局可以与各行业主管部门加强合作，建立专利保护应急机制，及时妥善处理专利侵权案件和突发事件，包括为中国企业提供便利的专利信息检索通道，召开专利侵权形势分析会议，及时提醒同一行业的其他企业，注意加强自我保护，防范侵权风险等。

（6）外交协调涉外专利争议

中国是一个极具潜力的市场，任何一家国外企业都不会轻易放弃在这里分享利益的蛋糕。而国外企业来到中国，在打击盗版、保护知识产权和完善投资环境等方面，离不开与政府的合作，因此许多国外企业把政府公关作为其对外关系的重要部分。可见，政府对于国外企业有着不可忽视的影响力。当中国企业与国外企业进行专利侵权诉讼或者使用费谈判之时，政府通过外交手段，适当地斡旋其间，必定有所成就。当然，政府的任务并非庇护侵权行为，让侵权行为合法化，也不是阻止国外企业保护专利权，而是让双方在平等的基础上讨价还价或商谈解决办法，避免国外企业借助其垄断地位和竞争优势提出不合理的要求。

思考与练习

1. 专利回避设计的方法有哪些？
2. 站在专利买方的角度，专利风险尽职调查的主要内容有哪些？
3. 专利风险预警的基本操作程序有哪些？
4. 发明专利与实用新型专利侵权成立的初步判断方法是什么？
5. 提起专利侵权诉讼，应当收集哪些方面的证据？搜集证据有哪些途径？
6. 在专利侵权诉讼中，常见的诉讼目的有哪些？
7. 侵权警告函一般应当写明哪些内容？
8. 从策略性的考虑出发，为什么需要选择诉讼地点？
9. 对于专利侵权诉讼的被告，可以利用哪些诉讼程序上的规则？
10. 对于专利侵权诉讼的被告，可以利用哪些侵权抗辩的事由？
11. 专利侵权诉讼的被告可以采取哪些反击原告专利侵权指控的行动？
12. 围绕诉讼的预防性安排有哪些措施？
13. 专利争议和解的原因主要有哪些？
14. 受到侵权指控的企业如何创造专利争议和解的条件？
15. 在发生专利侵权危机时，诉讼联盟的优势体现在哪里？

重要词汇

回避设计：技术创新过程中一种常见的技术开发策略，指通过设计一种不同于受专利保护的新方案，来规避该项专利权。

尽职调查：在本书是指通过收集和分析对方的专利信息，预测和评价相关的法律风险和收益机会，作为调查方决策参考的依据。

专利风险预警：指企业通过收集、整理与本企业产品相关的专利信息、国内外市场信息或其他相关信息，分析判断可能发生的专利纠纷和可能产生的危害程度等情况，并向企业决策部门发出警报。

全面覆盖原则：也称为全部技术特征覆盖原则或字面侵权原则，指如果涉嫌侵权物技术特征包含了专利权利要求中记载的全部必要技术特征，则落入专利权保护范围，构成专利侵权。

多余指定原则：指在专利侵权判定中，在解释专利独立权利要求和确定专利权保护范围时，将记载在专利独立权利要求中的明显附加技术特征（即多余的非必要技术特征）略去，仅以专利独立权利要求中的必要技术特征来确定专利权保护范围，判定涉嫌侵权物是否落入专利权保护范围，从而认定是否构成专利侵权。

等同原则：是指涉嫌侵权物中有一个或者一个以上技术特征经与专利独立权利要求保护的技术特征相比，从字面上看不相同，但经过分析可以认定两者是相等同的技术特征，此种情形下，应当认定涉嫌侵权物落入了专利权的保护范围，构成侵权。

禁止反悔原则：指在专利申请的审批、专利无效宣告等程序中，专利权人为确立其专利的新颖性或创造性，通过书面声明或者文件修改，对权利要求的保护范围作了限制或者部分地放弃了保护，并因此获得了专利权，那么在专利侵权诉讼程序中，法院在适用等同原则确定保护范围时，禁止将已被限制排除或者已经放弃的内容重新纳入专利保护范围。

现有技术或设计抗辩原则：指在涉嫌侵权物与专利权利要求所记载的专利技术方案等同的情况下，如果涉嫌侵权物与一项现有技术或设计相同或无实质性差异，那么侵权不成立。

专利权用尽：是指享有专利保护的产品，由权利人首次销售或通过其他方式转移给他人以后，权利人即无权干涉该产品的使用和流通。

无知侵权：指当事人没有合理的理由知道其行为侵犯了他人的专利权。无知侵权只是不承担赔偿责任，对于停止侵权等民事责任，仍然需要承担。

主要参考文献

[1] David M. Klein，Intellectual Property in Mergers and Acquisitions，westlaw，2005.

[2] Federal Trade Commission，To Promote Innovation：The Proper Balance of Competition and Patent Law and Policy（October 2003）。

[3] Japan Patent Office Asia - Pacific Industrial Property Center，Patent Management in Enterprises，2000.

[4] Japan Patent Office Asia - Pacific Industrial Property Center，Technology Transfer and Licensing，2001.

[5] Lisa M. Brownlee，Intellectual Property Due Diligence in Corporate Transactions，Westlaw，June 2005.

[6] 程永顺．中国专利诉讼［M］．北京：知识产权出版社，2005.

[7] 丹尼斯·昂科维克．商业秘密——关于保护公司情报的策略与技术［M］．胡翔，叶方恬，译．北京：企业管理出版社，1991.

[8] 渡边睦雄．化学和生物技术专利申请文件的撰写与阅读［M］．冯剑波，译．北京：知识产权出版社，2005.

[9] 冯晓青．企业知识产权战略［M］．北京：知识产权出版社，2005.

[10] 丰泽丰雄．提案制度与专利管理［M］．蔡竹根，编译．北京：光明日报出版社．

[11] 洪允楣．技术创新专利申请策划基础［M］．北京：化学工业出版社，2004.

[12] 富田彻男．市场竞争中的知识产权［M］．北京：商务印书馆，2002.

[13] 甘古力．知识产权：释放知识经济的能量［M］．宋建华，姜丹明，张永华，译．北京：知识产权出版社，2004.

[14] 冈田全启．专利·商标侵权攻防策略［M］．詹政敏，杨向东，付文君，译．北京：知识产权出版社，2005.

[15] 国家知识产权局知识产权发展研究中心．规制知识产权的权利行使［M］．北京：知识产权出版社，2004.

[16] 江镇华．怎样检索中外专利信息［M］．北京：知识产权出版社，2001.

[17] 凯文·里韦特，戴维·克兰．尘封的商业宝藏——启用商战新的秘密武器：专利权［M］．陈彬，杨时超，译．北京：中信出版社，2002.

[18] 柯克·W. M. 泰森．竞争情报完全指南（第2版）［M］．北京：中国人民大学出版社，2005.

[19] 李建蓉．专利文献与信息［M］．北京：知识产权出版社，2002.

[20] 李兆阳．公司知识产权的保护和管理［M］．北京：清华大学出版社，2002.
[21] 刘江彬，黄俊英．智慧财产管理总论．台北：华泰文化事业公司，2004.
[22] 美国大学技术经理人协会．技术移转实务指南［M］．台北：技术经理人协会，2004.
[23] 戚昌文，邵洋，等．市场竞争与专利战略．武汉：华中理工大学出版社，1995.
[24] Stephen C. Glazier. 商务专利战略［M］．李德山，译．北京：北京大学出版社，2001.
[25] 孙丽．思科与华为之争［M］．北京：中国言实出版社，2003.
[26] 陶鑫良，袁真富．知识产权法总论［M］．北京：知识产权出版社，2005.
[27] 汤宗舜．专利法教程［M］．北京：法律出版社，2003.
[28] 王晋刚，张铁军．专利化生存［M］．北京：知识产权出版社，2005.
[29] 温旭．企业专利保护［M］．北京：法律出版社，1999.
[30] 亚历山大·I. 波尔托拉克，保罗·J. 勒纳．美国知识产权精要［M］．北京：中国人民大学出版社，2004.
[31] 于泽辉．商标与专利代理［M］．北京：法律出版社，2006.
[32] 袁真富，苏和秦．商标战略管理——公司品牌的法务支持［M］．北京：知识产权出版社，2007.
[33] 曾忠禄．公司竞争情报管理［M］．广州：暨南大学出版社，2004：279.
[34] 张广良．知识产权侵权民事救济［M］．北京：法律出版社，2003.
[35] 张平，马骁．标准化与知识产权战略［M］．北京：知识产权出版社，2002.
[36] 周延鹏．虎与狐的智慧力——智慧资源规划九把金钥［M］．台北：天下文化有限公司，2006.
[37] 朱雪忠．企业知识产权管理［M］．北京：知识产权出版社，2007.
[38] 朱莉·L. 戴维斯，苏珊娜·S. 哈里森．董事会里的爱迪生——智力资产获利管理方法［M］．江林，等译．北京：机械工业出版社，2003.